例題で学ぶ 連続体力学

非線形CAE協会 編

石井 建樹
只野 裕一
加藤 準治
車谷 麻緒
共著

森北出版株式会社

まえがき

本書は，数多くの例題を通して，連続体力学を独習するためのテキストである．連続体力学という単語をはじめて目にした読者のなかには，「れんぞく・たいりょくがく」という魅力的な学問だと思った人がいるかもしれない．連続体力学（れんぞくたいりきがく）は，有限要素法の基礎となる力学理論であり，応力やひずみなどを用いて力学現象を理解・把握する学問である．大学などで一度は学んだことのある読者も，連続体力学に対して非常に難解な印象をもち，その当時は必要性をあまり感じていなかったのではないだろうか．

近年，有限要素法は産業界において重要な役割を果たすツールとなり，実務で有限要素法を扱う技術者は著しく増大している．いまでは，洗練された汎用プログラムの普及が進み，その計算の中身や基礎を知らなくても利用できる環境が整ってきている．しかし，有限要素法の結果を実際の問題解決に利用する場合には，応力やひずみの理解が必要不可欠である．本書を手にとった読者は，日々の業務や研究活動などで連続体力学の知識が必要になって，独自に学習してみようというモチベーションをもった人であると想像する．

本書は，NPO 法人 非線形 CAE 協会主催の分科会活動「連続体力学・基礎研究会」（2011 年 1 月～2013 年 3 月）を経て，その成果を実務者のための連続体力学の入門書としてまとめたものである．この分科会では，2008 年に森北出版より出版された『よくわかる連続体力学ノート』（東北大学 京谷孝史教授著）を題材として，実務で有限要素法や力学を利用する企業技術者と意見を交えながら，実務者が求める連続体力学の内容を整備した．

同分科会での活発な意見交換のなかでは，連続体力学を学習するうえで，企業技術者が抱える問題点についても多くの意見を頂戴した．たとえば，実務で連続体力学の知識が必要になっても，業務と直接の関係がない連続体力学を学ぶ機会は与えられない．上司からは「そんなことも知らないで業務にあたっているのか」といわれてしまう．さまざまなテキストを読んでみたが，連続体力学の習得度を判断する具体的な方法がない．部下や後輩に連続体力学を理解してほしいが，それを教えるために必要な資料や時間がない．こうした意見から，実務者が連続体力学を学ぶ主な機会は自学自習であることが明らかとなり，これまでに世の中になかった「連続体力学の独習書」を作成することになった．

有限要素法の基礎となる連続体力学は，大学あるいは大学院レベルの学問である．実際の場面を想定した多次元の問題を取り扱い，テンソルなどのわかりにくい物理量が頻出する．そのため，従来の書籍では，理論や数式の詳細な解説に多くの紙面を割いている．

これに対して，本書では，テンソルを扱いながらも，手計算できる具体的な例題を多数掲載しており，読者が実際に手を動かしながら連続体力学を独習できる珍しいテキストである．著者らも，例題とその解答の作成に試行錯誤するなかで，それまでは何となく理解していた内容を改めて学び直し，実際に手を動かすことの大切さを痛感した．個々のテンソルの性質なども文章で記述すればそれですんでしまうが，実際に問題を解くことで具体的な理解が可能になるはずである．そこまでしなければ十分な理解が得られないことは，著者らの年齢が若く未熟なことにも関係があるかもしれないが，初学者にとってもそれは同じではないだろうか．本書に掲載している例題には，つまずきやすい内容や理解のポイントなど，企業技術者からのアドバイスも多く取り入れている．重要な式の展開や導出なども問題化して掲載している．ぜひ，手を動かしながら学習してほしい．

かくいう私は高専の教員であり，高専のコアカリキュラムに連続体力学を教える授業はない．しかし，折角の機会なので，日頃より頭のなかにある一つの思いを込めさせていただいた．それは「有限要素法の業務は，高専を卒業した若い技術者に担ってほしい」ということである．いま，汎用プログラムの普及により，電卓のように有限要素法を利用できるようになりつつある．連続体力学さえ容易に学習できるようになれば，高専を卒業した20歳程度の若い技術者も，その誠実さと若さをもって汎用プログラムを活用することで，戦力として十分に活躍できると思っている．そのため，本書の執筆にあたっては，大学の教員であるほかの著者にも無理をいって，材料力学や構造力学を学んだ読者であれば独学で読み進められるように心を砕いていただいた．初学者が一度で理解することは難しい数式演算や内容も，例題を何度も繰り返すことで，パターン化された考え方に慣れてしまえばよいことに気付くはずである．例題を通して学ぶという本書が，連続体力学の入門書として，実務技術者，とくに若い技術者のアクティブ・ラーニングによる学習に役立つことができれば，このうえない幸せである．

最後に，本書を書く機会を与えてくださったNPO法人 非線形CAE協会の理事長である東北大学教授 寺田賢二郎先生，ご自身の著書の解説や資料提供を通じてアドバイスをくださった東北大学教授 京谷孝史先生，分科会や本書の企画からご指導いただいた日本工業大学准教授 瀧澤英男先生，株式会社メカニカルデザイン 小林卓哉様をはじめとする理事の皆様に心より感謝申し上げます．また，同協会の青木雅司，秋山善克，天石敏郎，海老原寛，表竜二，公門えつこ，小塚祐也，小林勇介，諏訪利明，田中真人，月野誠，寺嶋隆史，永井亨，西方恵理，西口浩司，西脇武志，深堀穂高，堀岡聡，村田真伸，吉田聡（50音順，敬称略）の皆様には，多忙ななかにもかかわらず原稿を確認くださり，貴重なご意見を数多く頂戴しました．そして，分科会「連続体力学・基礎研究会」参加者や多くの皆様との有意義な意見交換が，本書の礎になっています．ここに記して心からの謝意を表します．

2016年3月

著者代表　石井建樹

目　次

第1章　連続体力学を学ぶ前に

力学では，現象を表す物理量をスカラーやベクトルなどで記述する．そして，物理法則は，それらの物理量を用いた**数式**によって記述される．数式として記述された物理法則は数学のルールに則って展開され，最終的に得られた数式を再び物理の言葉に翻訳して，現象の理解や予測に用いている．

連続体力学の理解につまずく理由には，物理量を表すテンソルという量のイメージが難しく，また，その数式演算の煩雑さに目を奪われ，なぜそのような演算を行ったのかという動機を見失いやすいことがあげられる．構造を棒や梁などでモデル化する材料力学や構造力学などの 1 次元モデルの力学では，数学のルールを意識せずとも現象から漠然と理解できてしまった読者ほど，連続体力学を難解に感じるかもしれない．

この章では，1 次元モデルの力学と連続体力学との違いから連続体力学を学ぶうえで意識すべき要点を整理したあとに，連続体力学を理解するうえで最低限必要と思われるベクトルやテンソルに関する数学のルールを学ぶ．

1.1　1 次元モデルの力学から連続体力学へ

私たちが目にする物体（気体，液体，固体）は 3 次元空間を連続的に占めている．連続体力学は，物体中のどんな微小な 1 部分（＝点）にも必ず物体は存在するという視点で見て，微分や積分を利用しながら，物体（＝連続体）における力と運動・変形の関係を把握・予測しようとする．連続体力学を学ぶうえで，

- さまざまな形状に対応するために，点に付随する物理量で物理法則を記述する
- 対象物体は連続体であり，点の物理量は位置ベクトル $\boldsymbol{x}$ の関数で表す
- 点の物理量で表した物理法則を系全体（物体全体）の物理法則に拡張する
- 大きな変形についても考慮する

という前提を意識することは，非常に重要である．これらの前提を意識しながら 1 次元モデルの力学を復習して，連続体力学の要点を整理しておく．

1.1.1　力・応力（力の変数）

物体に力（外力）が作用すると，物体内部にそれに抵抗する力（内力）が生じる．物体内部の力は，物体を仮想断面で二つに分けると，この断面を介して，部分 A，B が互いに及ぼし合う力として取り出すことができる．たとえば，図 1.1(a) のように，引張力を物体に与えたとき，物体が離れないた

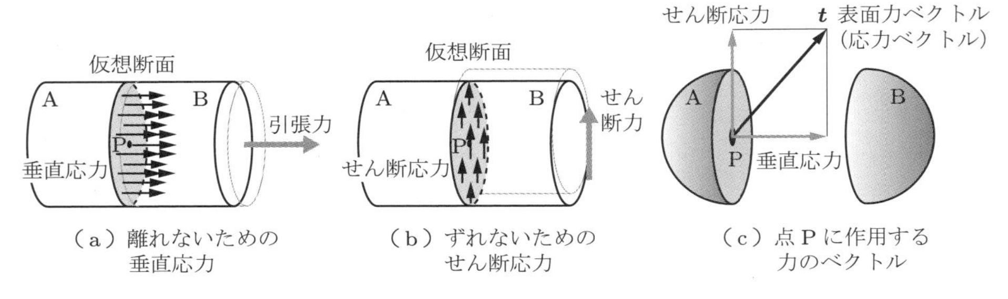

図 1.1 物体内に生じる力の状態

めに，部分Aの仮想断面には部分Bが断面を介して引っ張る力（垂直応力）が分布するはずである．せん断力を与えたときには，図1.1(b)のように，断面がずれないようにする力（せん断応力）が分布する．物体に引張力やせん断力が作用する場合，重ね合わせの原理より，点Pには図1.1(c)のように垂直応力とせん断応力を成分にもつ力のベクトル $\boldsymbol{t}$（表面力ベクトル†）が現れる．

1次元モデルの力学では棒のような物体を対象にしているため，棒の軸に垂直な断面で分けると仮定するのが自然である．一方，連続体力学で対象とする物体はさまざまな形状を有しているため，図1.2に示すように，点Pを通る断面は1次元モデルの力学のように形から自明には決まらない．部分Aの仮想断面に生じる力は，断面を介して部分Bが及ぼす力であるから，断面が異なれば，点Pに生じる力のベクトル $\boldsymbol{t}$ も当然変化する．点Pには，無数にある断面の取り方に応じた力のベクトルが現れる．

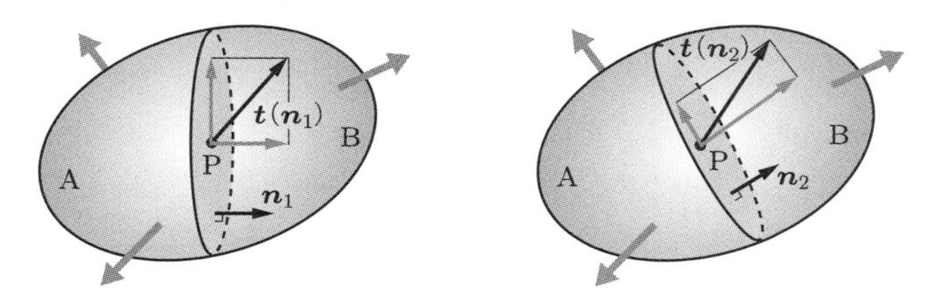

図 1.2 仮想断面と表面力ベクトル

連続体力学では，物理量を**点**に付随する量で表す．しかし，点に現れる力のベクトルは無数に存在するので，力の状態を表す物理量としては扱いにくい．この問題を解決する概念として，**コーシー応力テンソル**を用いる（詳しくは第2章で説明する）．

コーシー応力テンソルは，仮想断面の方向と力という二つのベクトルが関与する2階テンソルである．私たちは，普段の生活のなかでテンソルという量を実感することがないので，物理的な意味を直接理解することが難しい．

---

† 書籍によっては，応力ベクトルや牽引力（トラクション）とも呼ばれる．

本書では，さまざまなテンソルを**数式演算上の機能**としてとらえて，物理的な意味はテンソルが機能を果たした結果から説明するように努めた．たとえば，コーシー応力テンソルの場合，断面の方向（外向き単位法線ベクトル）を入力すると表面力ベクトルを返す機能を有しており，その結果として得られる表面力ベクトルを用いてコーシー応力テンソルの物理的な意味を明らかにする．力のベクトルであれば，生活実感をともなう量として理解しやすいはずである．

テンソルの数式演算上の機能については，1.2 節で説明する．

1.1.2　運動・変形（運動学的変数）

物理現象は，運動や変形を通じて認識される．力の状態は，対象とする瞬間を切り取ることで物体に生じている力を取り出すことができるが，運動や変形は，図 1.3 のように，運動中のある瞬間だけを切り取っても取り出すことができない．

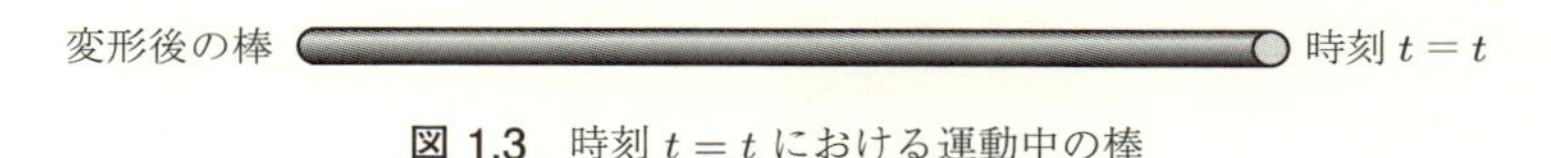

図 1.3　時刻 $t = t$ における運動中の棒

運動や変形を取り出すためには，変形前と変形後の二つの状態を，ある基準に照らして見比べる必要がある．図 1.4 のように，目盛り X が書かれた棒がある．目盛り X は，最初，時刻 $t = 0$ のとき，空間に固定した 1 次元座標 x に照らして，変形前の棒に書き込んだとする．そうすれば，時刻 $t = 0$ のとき，目盛り X と外部座標による位置 x は一致しているはずである．変形前の初期状態の棒（連続体）を**基準配置**（初期配置）と呼ぶ．

この棒が，時刻 $t = t$ までに，長さ方向に移動すると同時に伸びたと仮定する．時刻 $t = t$ における棒の移動量や変形量を考える．連続体力学では，対象とする時刻 $t = t$ での棒（連続体）の状態を**現在配置**と呼ぶ．

私たちは，目盛り X_1 または X_2 が新たな位置 $x(X_1, t)$ や $x(X_2, t)$ に移ったことを見て，棒が運動したことを認識する．したがって，棒に書かれた「目盛り X」が，棒

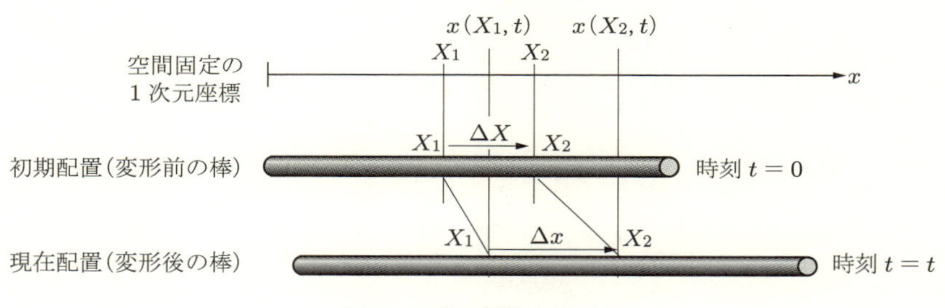

図 1.4　棒の運動と伸び

の運動によって変化しない外部座標に照らして，どの「位置 x」にあるかを見て棒の運動を認識している．連続体力学では，「目盛り X」を**物質座標**，外部座標の「位置 x」を**空間座標**と呼ぶ．物質座標は点を特定する印（ラベル）として，空間座標は空間内の位置を特定するための基準となるものさしとして，物体の運動を把握するのに必要不可欠な概念である．

変形前に X_1 と $x(X_1, 0)$ は一致していたので，点 X_1 の変位 $u(X_1, t)$ は，

$$u(X_1, t) = x(X_1, t) - X_1 = x(X_1, t) - x(X_1, 0)$$

となり，点 X_1 に付随する物理量として表される．

変形に関しては，2 点 X_1, X_2 の相対的な位置関係を考える．対象の部分の伸び量 Δl は，もとの長さ $\Delta X = X_2 - X_1$ と変形後の新しい長さ $\Delta x = x(X_2, t) - x(X_1, t)$ を比べればよいので，

$$\Delta l = \Delta x - \Delta X = \{x(X_2, t) - x(X_1, t)\} - (X_2 - X_1) = u(X_2, t) - u(X_1, t)$$

であり，両点の変位の差になる．

棒の伸び量 Δl に対して基準となる長さで割った無次元量が**ひずみ**である．たとえば，もとの長さ ΔX を基準の長さとしたひずみは，

$$\varepsilon = \frac{\Delta l}{\Delta X} \quad \Longleftrightarrow \quad \Delta l = \varepsilon \Delta X$$

となる†．点 X_1 における（局所的な）ひずみは，$\Delta X \to 0$ の極限であり，

$$\begin{aligned}
\varepsilon(X_1, t) &= \lim_{\Delta X \to 0} \frac{u(X_1 + \Delta X, t) - u(X_1, t)}{\Delta X} = \frac{\mathrm{d}u(X_1, t)}{\mathrm{d}X} \\
&= \lim_{\Delta X \to 0} \left\{ \frac{x(X_1 + \Delta X, t) - x(X_1, t)}{\Delta X} - \frac{(X_1 + \Delta X) - X_1}{\Delta X} \right\} \\
&= \lim_{\Delta X \to 0} \left\{ \frac{x(X_1 + \Delta X, t) - x(X_1, t)}{\Delta X} - \frac{\Delta X}{\Delta X} \right\} \\
&= \frac{\mathrm{d}x(X_1, t)}{\mathrm{d}X} - 1
\end{aligned}$$

となる．また，基準の長さには新しい長さ Δx を用いることもできる．

$$\varepsilon' = \frac{\Delta l}{\Delta x} \quad \Longleftrightarrow \quad \Delta l = \varepsilon' \Delta x$$

---

† 右の式は，基準の長さ ΔX にひずみ ε を作用させると伸び量 Δl が得られることを示している．ひずみテンソルを学ぶときに，同様のイメージを覚えておくとよい．

物体の変形は，変形前後の長さ Δx, ΔX を用いて，次のように引き延ばしの倍率で表すこともできる．

$$\lambda = \frac{\Delta x}{\Delta X} \quad \Longleftrightarrow \quad \Delta x = \lambda \Delta X$$

この倍率 λ を**ストレッチ**と呼ぶ．実際の問題において，一連の変形を N 個の段階に分けて扱う場合，最終的なストレッチ λ_N は，次のように各段階でのストレッチを掛け合わせるだけで得ることができる．

$$\lambda_N = \frac{\Delta x_N}{\Delta x_{N-1}} \cdots \frac{\Delta x_n}{\Delta x_{n-1}} \cdots \frac{\Delta x_2}{\Delta x_1} \frac{\Delta x_1}{\Delta X} = \frac{\Delta x_N}{\Delta X}$$

ストレッチは，ひずみと同様に，連続体力学における重要な変形量の一つである．

連続体力学でいう**点**とは，物質座標 X という印（ラベル）を付けられた微小な粒子であり，点でありながら変形までする．連続体は，そうした粒子が切れ目なく並んだものである．

第3章では，3次元空間における連続体の運動や変形を考える．3次元空間では，物体は回転して向きが変わる可能性もある．しかし，その場合でも，運動や変形を取り出すために目盛り $\boldsymbol{X}$ や絶対的なものさし $\boldsymbol{x}$ が必要であること，変形は2点の相対的な位置関係から取り出すという基本的な考え方は変わらないことを頭の片隅にとどめて読み進めてほしい．

1.1.3 構成則（物体の性質）

力学現象は，「物体に何らかの力が作用して，運動・変形という状態変化が起こる」ことである．連続体力学では，図1.5のように，現象を引き起こす原因・作用を表す物理量（力の変数）として力や応力があり，状態変化を表す物理量（運動学的変数）として変位やひずみが準備されている．そして，力の作用に対する変形の現れ方は，物体の性質に依存して決まる．そのような物体の性質を，力の変数と運動学的変数の応答関係として数式で記述し，その数式を**構成則**と

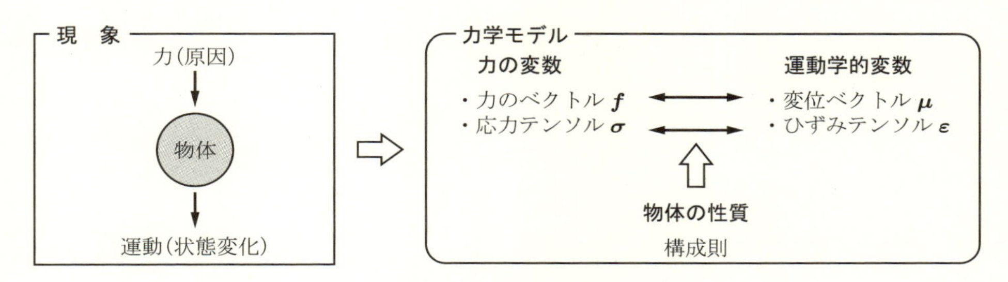

図 1.5 力学現象の記述

いう．構成則のなかに現れる物体の特性値は**材料特性パラメータ**などと呼ばれ，通常は材料試験によって設定される．

連続体力学では，力の変数である応力テンソル，運動学的変数であるひずみテンソルを，物体の点に付随する物理量として扱う．したがって，それらの応答関係を表す数式である構成則も点における物体の性質を表している†1．

なお，構成則は物体の性質を表す数式なので，物体の位置や向きによって構成則の本質が変わることはない．これを構成則の**客観性**という．これを言い換えれば，物体は単に移動したり回転したりしても，その物体の性質が変化することはないということである．

1.1.4　ベクトルと座標系

力学で扱う物理量は，スカラーやベクトルで表される量が多い．**スカラー**は，実数と一対一で対応させることのできる量であり，量の大きさを表す．一方，**ベクトル**は，私たちが**大きさと方向**をもって認識する量であり，力のベクトルのように，いわゆる**矢印ベクトル**で図示される．

本書では，ベクトルを $\boldsymbol{a}$ のような太字で記したボールド表記†2，あるいはデカルト座標系†3の導入による指標表記ならびにその行列表記（表現行列）を適宜用いる．

ボールド表記は，式中の数量の関係が理解しやすく，物理的事実を記述するのに向いている．しかし，そのままでは具体的に計算することができず，事実の定量評価に結び付かない．たとえば，図1.6のように，加速度ベクトル $\boldsymbol{a}$ が存在しているとする．物理法則の数式では「$\boldsymbol{f} = m\boldsymbol{a}$」などのように，ボールド表記の $\boldsymbol{a}$ で記述するのが物理的な意味もわかりやすい．しかし，$\boldsymbol{a}$ という量が，どの方向にどのような大きさの加速度なのかを具体的に知るためには，**座標系**を導入して成分表示する必要がある．座標系を導入すると，加速度ベクトル $\boldsymbol{a}$ は $\boldsymbol{a} = (a_1, a_2, a_3)$ のように成分表示され，は

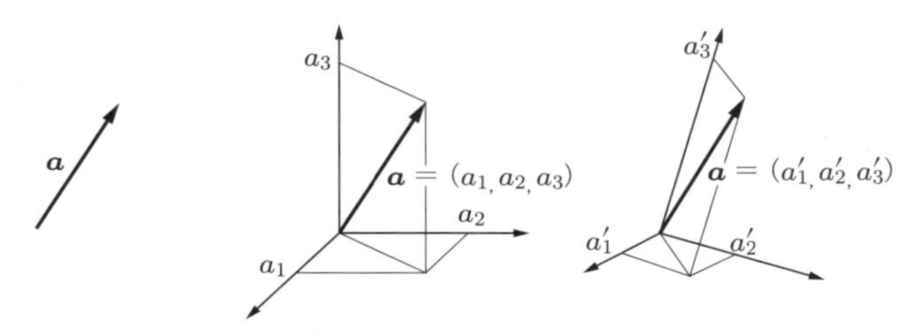

図1.6　ベクトルと座標系

†1 局所作用の原理と呼ばれ，点での応力には点近傍の運動のみが関与し，その外の運動は無視できる．
†2 テンソルにもボールド表記を利用するので，その場合は注意してほしい．
†3 詳細は，1.2.2項で後述する．

じめて定量的な扱いが可能となる[†1]．1.2 節で述べる指標表記や行列表記は，そうした具体的な成分に注目した表記法である．

実際の場面で物理現象を定量評価するためには座標系が必要であるが，導入する座標系の選択には絶対的な基準がないので注意が必要である．図 1.6 で，異なる座標系により加速度ベクトル $\boldsymbol{a}$ を成分表示すると，当然ながら**見かけ**の成分の値が変化する．しかし，**見かけ**は変化したとしても，具体的な加速度ベクトル $\boldsymbol{a}$ として同じ量（矢印ベクトル）でなければならない．座標系によらず物理量として不変であることを保証するルールが，**座標変換則**である．

1.1.5　仮想仕事の原理

連続体力学のなかで，応力やひずみ，それらの応答関係を表す構成則（物体の性質）は，物体中の点において設定される．一方，私たちの興味の対象は，それらの点が切れ目なく並んでいて，形状と体積を有する連続体である．そのため，点での物理法則だけではなく，物体全体にわたって足し合わせた（積分した）系全体の物理法則が必要である[†2]．

点に付随する力や変位などのベクトル，また本書で学ぶ応力やひずみなどのテンソルは，導入する座標系によって見かけの数値が変化する．そのため，ベクトルやテンソルを足し合わせるには座標系を揃える必要がある．この観点から，座標系の取り方によらないスカラーである**エネルギー**を用いた定式化や**仮想仕事の原理（仮想仕事式）**を，物理現象を支配する物理法則（運動方程式）として利用している[†3]．

ただし，単に積分を用いた数式といっても，連続体力学の場合には注意が必要である．物体全体にわたって積分する場合，積分領域は物体の体積である．連続体力学では，物体は運動・変形してその体積（関数の定義域）が変化する．すなわち，積分領域が変化するのである．当然ながら，積分領域が変化しない場合より，計算は格段に煩雑になる．

連続体力学では，物理法則が最終的に積分を用いた数式で表されることを想定して，物理量（関数）の定義域を工夫することがある．本書では，工夫の過程で導かれるさまざまな応力テンソルについて第 5 章で説明する．

連続体力学における力学問題は，図 1.7 のような構成になる．応力，ひずみなどは点の物理量として定義され，それらの物理量を用いて系全体の物理法則（運動方程式）

---

†1 オイラーがニュートン力学にデカルト座標系の概念を導入したため，運動の第 2 法則に相当する法則を，オイラーの運動法則と記述する書籍も多い．

†2 力学は微積分学の進歩とともに発展している．連続体力学では，応力やひずみなどの点の物理量を述べるために微分・極限が多用される一方で，系全体について述べるために積分を用いた数式が多く出てくる．

†3 熱流体解析などでは，エネルギー（汎関数）を基礎とする物理法則のほうが作りやすい場合がある．その場合は，エネルギー（汎関数）の変分問題として問題が定義されることが多い．

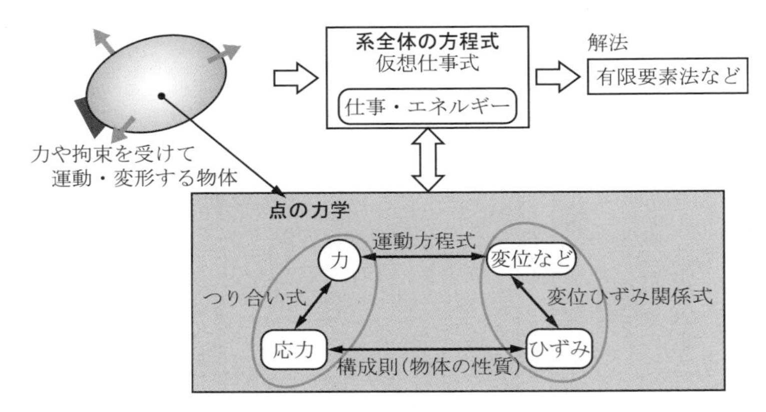

図 1.7 連続体力学と力学問題

を記述している．連続体力学を学ぶうえでは，図 1.7 の概念をもとに，どの部分について考えているのかを整理するとよい．

1.2 テンソル解析の基礎

連続体力学は，テンソルという概念で記述される．ある量が大きさに加えて n 個の方向の情報をもつとき，n をテンソルの階数といい，その量を n 階テンソルという．その量が大きさと同時に方向の情報をいくつ含んでいるかを調べることで，その量の本質的な特性（機能）を把握することができる．

質量や温度などは大きさだけで定まり，方向の情報を含んでいない．したがって，質量や温度は **0 階テンソル**である．0 階テンソルはスカラーともいう．また，力や変位・速度・加速度は，大きさと一つの方向の情報を含んだ量である．したがって，これらは **1 階テンソル**であり，いわゆるベクトルである．これから学ぶ応力やひずみは，大きさに加えて二つの方向の情報を含む **2 階テンソル**である．

1.2.1 ベクトルの内積・大きさ・直交性

任意の二つのベクトルの**内積**（スカラー積）を，二つのベクトルを同じ始点から描いたときに，それらのなす角を θ として，

$$\boldsymbol{a} \cdot \boldsymbol{b} = \|\boldsymbol{a}\|\|\boldsymbol{b}\| \cos\theta \tag{1.1}$$

と表すことにする†．また，ベクトル $\boldsymbol{a}$ の大きさ（**ノルム**）は，

† 一般には，ある集合において，任意の二つの要素に対して一つの実数を対応させる演算 $\langle *, * \rangle$ があって，それが内積公理（線形性，可換性，正値性）と呼ばれる簡単なルールを満たすとき，その演算 $\langle *, * \rangle$ を内積という．ベクトルの内積はそうした演算の一つにすぎない．

$$\|\boldsymbol{a}\| = \sqrt{\boldsymbol{a}\cdot\boldsymbol{a}} \geq 0 \tag{1.2}$$

と定義され，$\|\boldsymbol{a}\| = 1$ であれば $\boldsymbol{a}$ は**単位ベクトル**と呼ばれる．大きさが 0 であるベクトルを**零ベクトル**という．

さらに，$\|\boldsymbol{a}\| \neq 0$ および $\|\boldsymbol{b}\| \neq 0$ であるベクトル $\boldsymbol{a}, \boldsymbol{b}$ について，

$$\boldsymbol{a}\cdot\boldsymbol{b} = 0 \tag{1.3}$$

であるとき，$\cos\theta = 0$ になり，ベクトル $\boldsymbol{a}$ とベクトル $\boldsymbol{b}$ は**直交**する．

1.2.2 正規直交基底とデカルト座標系 □□

具体的なベクトルやテンソルを計算するためには，座標系を導入する必要がある．3 次元空間の座標系は，三つの独立な方向を用いて定義できる．図 1.8 のように，どこかの基準点に線形独立な（同一平面にない）三つのベクトル $[\boldsymbol{e}_1, \boldsymbol{e}_2, \boldsymbol{e}_3]$ を考えれば，任意のベクトル $\boldsymbol{b}$ は，$[\boldsymbol{e}_1, \boldsymbol{e}_2, \boldsymbol{e}_3]$ の線形結合で表現できる．このベクトルの組 $[\boldsymbol{e}_1, \boldsymbol{e}_2, \boldsymbol{e}_3]$ を**基底**という．

これらの基底のなかで，

$$\begin{cases} \boldsymbol{e}_i\cdot\boldsymbol{e}_i = 1 & (i = 1, 2, 3) \\ \boldsymbol{e}_i\cdot\boldsymbol{e}_j = 0 & (i \neq j, \quad i, j = 1, 2, 3) \end{cases} \tag{1.4}$$

を満たすような，大きさが 1 で互いに直交する基底を**正規直交基底**という．正規直交基底を基準の単位とする座標系を**正規直交座標系**，あるいは**デカルト座標系**という．

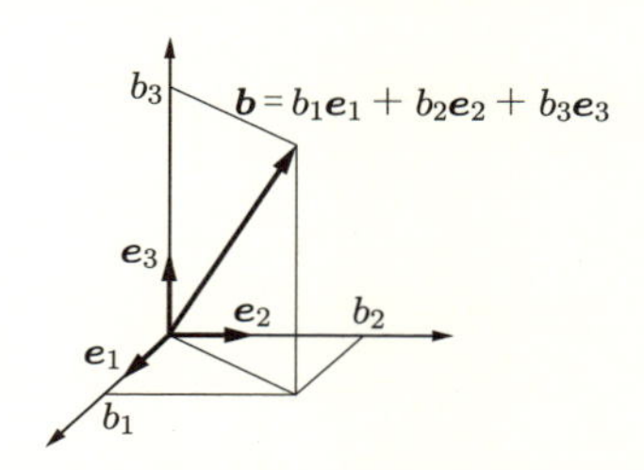

図 1.8 正規直交基底とデカルト座標系

なお，基底 $[\boldsymbol{e}_1, \boldsymbol{e}_2, \boldsymbol{e}_3]$ の方向は，右手の親指，人差し指，中指の方向に順に並べる．このような基底の組を**右手系**といい，座標系は基本的に右手系を用いる．

デカルト座標系を導入すると，任意のベクトル $\boldsymbol{b}$ は，正規直交基底 $[\boldsymbol{e}_1, \boldsymbol{e}_2, \boldsymbol{e}_3]$ の線形結合として，次式のように一意に表される．

$$\boldsymbol{b} = b_1\boldsymbol{e}_1 + b_2\boldsymbol{e}_2 + b_3\boldsymbol{e}_3 = \sum_{i=1}^{3} b_i\boldsymbol{e}_i \tag{1.5}$$

図 1.8 に示す，成分 $b_i\,(i=1,2,3)$ はベクトル $\boldsymbol{b}$ とそれぞれの基底ベクトル $\boldsymbol{e}_i\,(i=1,2,3)$ の内積

$$b_i = \boldsymbol{b}\cdot\boldsymbol{e}_i \qquad (i=1,2,3) \tag{1.6}$$

で与えられる．具体的に $i=1$ を例にとれば，正規直交基底の直交性より，

$$\boldsymbol{b}\cdot\boldsymbol{e}_1 = (b_1\boldsymbol{e}_1+b_2\boldsymbol{e}_2+b_3\boldsymbol{e}_3)\cdot\boldsymbol{e}_1 = b_1\boldsymbol{e}_1\cdot\boldsymbol{e}_1+b_2\boldsymbol{e}_2\cdot\boldsymbol{e}_1+b_3\boldsymbol{e}_3\cdot\boldsymbol{e}_1 = b_1 \tag{1.7}$$

となる†1.

もとのベクトル $\boldsymbol{b}$ は，導入した基底に関する成分 (b_1,b_2,b_3) と一対一に対応するので，演算の際に同じ基底を使い続けるという条件のもとで，成分の数字を単に並べた数ベクトル $\{b_1\;b_2\;b_3\}^T$ と同一視して表すことがある†2.

$$\boldsymbol{b} = b_1\boldsymbol{e}_1+b_2\boldsymbol{e}_2+b_3\boldsymbol{e}_3 \quad\Longrightarrow\quad \begin{Bmatrix} b_1\\ b_2\\ b_3 \end{Bmatrix} \tag{1.8}$$

本書では，直接に

$$\boldsymbol{b} = \begin{Bmatrix} b_1\\ b_2\\ b_3 \end{Bmatrix} \tag{1.9}$$

という表記（方便）も用いることがあるが，本来，基底が存在するという式 (1.8) の背景があることを忘れてはいけない．

1.2.3 総和規約に基づく指標表記 □□

ここで，大胆に「b_i」という表記でベクトル $\boldsymbol{b}$ そのものを表すことを考える．そのために，b_i はベクトル $\boldsymbol{b}$ の**成分のどれか**という意味に加えて，i などの指標（$j,k,\cdots$ など何でもよい）に関して次の演算ルールを導入する．

① 指標 $i,j,k,\cdots$ は数字 1, 2, 3 を代表し，すべての数字が順不同で入ることができる．

② 同じ指標は同一項に 2 回までしか現れない．

③ 1 回だけ現れる指標は，数式のすべての項で同じでなければならない．

---

†1 正規直交基底を用いない場合，ベクトル成分はどのようになるかを考えてほしい．

†2 上付き文字 T は転置を意味する．ここでは，文中に記載するために数ベクトルの行と列を入れ替えたことを表す．

④ 2 回現れる指標は，1, 2, 3 のすべての数字を入れて，和をとる（**総和規約**）.
総和規約に基づく指標表記の式において，1 回だけ現れる指標を**自由指標**，2 回現れて和をとる指標を**ダミー指標**という.

総和規約を用いると，式 (1.5) は総和記号 $\sum$ を使わずに，ダミー指標によって，

$$\boldsymbol{b} = b_1\boldsymbol{e}_1 + b_2\boldsymbol{e}_2 + b_3\boldsymbol{e}_3 = b_i\boldsymbol{e}_i \tag{1.10}$$

と表すことができる．このとき，$\boldsymbol{b}$ がベクトルであることは基底 $\boldsymbol{e}_i$ が表している．b_i はそれぞれの基底ベクトルに対応する成分である．なお，ダミー指標の文字は何でもよい．式 (1.10) の指標 i を j に書き換えても，次のように式の意味は変わらない.

$$b_i\boldsymbol{e}_i = b_1\boldsymbol{e}_1 + b_2\boldsymbol{e}_2 + b_3\boldsymbol{e}_3 = b_j\boldsymbol{e}_j \tag{1.11}$$

さらに，基底 $\boldsymbol{e}_i$ を省略して，成分 b_i にベクトル $\boldsymbol{b}$ を代表させることを考える.

$$\boldsymbol{b} = b_i\boldsymbol{e}_i \quad \Longrightarrow \quad b_i \tag{1.12}$$

結果として，「b_i」という表記でベクトル $\boldsymbol{b}$ そのものを表している．ただし，その背景には，基底 $\boldsymbol{e}_i$ が隠れていることを忘れてはいけない．この場合，隠れている基底 $\boldsymbol{e}_i$ と自由指標が組合せになるので，自由指標の数から $\boldsymbol{b}$ はベクトルであると判断できる†.

一般に，基底を明確にする必要がある場合のみ基底を明記して，それ以外の場合には基底を省略する．いずれの場合であっても，総和規約に基づく指標表記を使いこなすには慣れが必要である．しかし，慣れてしまえば，総和記号 $\sum$ を書く必要がなくなり，複雑なテンソル計算も難なく扱えるようになるはずである.

1.2.4 クロネッカーのデルタ，ベクトルの内積 □□

正規直交基底の内積が満たす式 (1.4) の関係は，

$$\boldsymbol{e}_i \cdot \boldsymbol{e}_j = \delta_{ij} \qquad \therefore\ \delta_{ij} \equiv \begin{cases} 1 & (i = j) \\ 0 & (i \neq j) \end{cases} \tag{1.13}$$

と簡潔に表される．δ_{ij} を**クロネッカーのデルタ**という.

二つのベクトル $\boldsymbol{u}, \boldsymbol{v}$ を正規直交基底を導入して表すと，それらの内積はクロネッカーのデルタを使って次のようになる.

$$\boldsymbol{u} \cdot \boldsymbol{v} = (u_i\boldsymbol{e}_i) \cdot (v_j\boldsymbol{e}_j) = u_iv_j(\boldsymbol{e}_i \cdot \boldsymbol{e}_j) = \delta_{ij}u_iv_j = u_iv_i \tag{1.14}$$

$i \neq j$ の場合の $\delta_{ij} = 0$ なので，最終的に δ_{ij} が消えて $i = j$ の場合だけが残る．u_iv_i

† 基底を省略した指標表記の場合，自由指標の数はテンソルの階数を表す.

はダミー指標 i について和をとること，すなわち内積はベクトルの成分どうしの積を足す $u_1v_1 + u_2v_2 + u_3v_3$ というスカラーになることを意味する[†].

例題 1.1 デカルト座標系におけるベクトルの内積

デカルト座標系において，二つの数ベクトル $\boldsymbol{u} = \{u_1 \quad u_2 \quad u_3\}^T$ と $\boldsymbol{v} = \{v_1 \quad v_2 \quad v_3\}^T$ の内積 $\boldsymbol{u} \cdot \boldsymbol{v}$ を求めよ.

解 内積 $\boldsymbol{u} \cdot \boldsymbol{v}$ は，デカルト座標系の導入によって，以下のように計算できる.

$$\boldsymbol{u} \cdot \boldsymbol{v} = u_i v_i = u_1v_1 + u_2v_2 + u_3v_3 = \{u_1 \quad u_2 \quad u_3\} \begin{Bmatrix} v_1 \\ v_2 \\ v_3 \end{Bmatrix}$$

1.2.5 ベクトルの外積，置換記号 □□

図 1.9 のように，二つのベクトル $\boldsymbol{u}, \boldsymbol{v}$ が作る平行四辺形の面積 S は，

$$S = \|\boldsymbol{u}\|\|\boldsymbol{v}\| \sin\theta \tag{1.15}$$

で与えられる．ここで，$\boldsymbol{u}$ から $\boldsymbol{v}$ に向かって右ねじ回転となる方向に立てた単位法線ベクトルを $\boldsymbol{n}$ とし，$\boldsymbol{n}$ を平行四辺形の面積 S 倍したベクトル $S\boldsymbol{n} = \boldsymbol{w}$ を，もとの二つのベクトル $\boldsymbol{u}, \boldsymbol{v}$ から生成されるベクトルとして，

$$\boldsymbol{u} \times \boldsymbol{v} \equiv S\boldsymbol{n} = \boldsymbol{w} \tag{1.16}$$

と表す．この演算をベクトルの**外積**という．外積は二つのベクトルに直交する別のベクトルを対応させる演算であり，ベクトル積とも呼ばれる．

$\boldsymbol{u}, \boldsymbol{v}$ の順番を入れ替えると，右ねじ方向は反対になるので負号がつく．

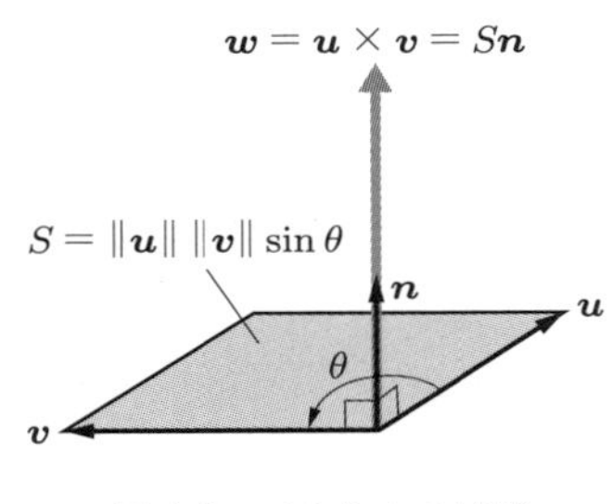

図 1.9 ベクトルの外積

† 式 (1.1) とベクトルの成分どうしの積を足すという内積演算が一致する.

$$\boldsymbol{v} \times \boldsymbol{u} = -\boldsymbol{u} \times \boldsymbol{v} \tag{1.17}$$

正規直交基底 $[\boldsymbol{e}_1, \boldsymbol{e}_2, \boldsymbol{e}_3]$ について外積を考えると，それぞれの大きさが1で互いに直交すること，右手系をなしていることから次のようになる．

$$\begin{cases} \boldsymbol{e}_1 \times \boldsymbol{e}_2 = \boldsymbol{e}_3 \\ \boldsymbol{e}_2 \times \boldsymbol{e}_3 = \boldsymbol{e}_1 \\ \boldsymbol{e}_3 \times \boldsymbol{e}_1 = \boldsymbol{e}_2 \\ \boldsymbol{e}_2 \times \boldsymbol{e}_1 = -\boldsymbol{e}_3 \\ \boldsymbol{e}_3 \times \boldsymbol{e}_2 = -\boldsymbol{e}_1 \\ \boldsymbol{e}_1 \times \boldsymbol{e}_3 = -\boldsymbol{e}_2 \\ \boldsymbol{e}_1 \times \boldsymbol{e}_1 = \boldsymbol{e}_2 \times \boldsymbol{e}_2 = \boldsymbol{e}_3 \times \boldsymbol{e}_3 = \boldsymbol{0} \end{cases} \tag{1.18}$$

これらの9個の関係式は，**置換記号** ϵ_{ijk} を用いると

$$\boldsymbol{e}_i \times \boldsymbol{e}_j = \epsilon_{ijk}\boldsymbol{e}_k \tag{1.19}$$

と一つの式で表される．置換記号 ϵ_{ijk} は次のように $1, -1, 0$ のいずれかの値をとる．

$$\epsilon_{ijk} = \begin{cases} 1 & ((i,j,k) = (1,2,3), (2,3,1), (3,1,2) \text{ の順の場合}) \\ -1 & ((i,j,k) = (2,1,3), (3,2,1), (1,3,2) \text{ の順の場合}) \\ 0 & (i,j,k \text{ のうちの少なくとも二つが同じ数字の場合}) \end{cases} \tag{1.20}$$

任意のベクトルの外積に話を戻すと，式(1.16)のままでは計算に不便なので，正規直交基底で表現して置換記号 ϵ_{ijk} を用いると，外積 $\boldsymbol{w} = \boldsymbol{u} \times \boldsymbol{v}$ の指標表記が次のように得られる．

$$w_i\boldsymbol{e}_i = (u_j\boldsymbol{e}_j) \times (v_k\boldsymbol{e}_k) = u_jv_k(\boldsymbol{e}_j \times \boldsymbol{e}_k) = \epsilon_{ijk}u_jv_k\boldsymbol{e}_i \tag{1.21}$$

したがって，指標表記や数ベクトルによる表記との対応は，次のようになる．

$$\boldsymbol{w} = \boldsymbol{u} \times \boldsymbol{v} = \epsilon_{ijk}u_jv_k\boldsymbol{e}_i \;\Rightarrow\; w_i = \epsilon_{ijk}u_jv_k \;\Leftrightarrow\; \begin{Bmatrix} w_1 \\ w_2 \\ w_3 \end{Bmatrix} = \begin{Bmatrix} u_2v_3 - u_3v_2 \\ u_3v_1 - u_1v_3 \\ u_1v_2 - u_2v_1 \end{Bmatrix} \tag{1.22}$$

このように，二つのベクトルの外積についても，デカルト座標系のもとで指標表記および数ベクトルによる表記によって具体的に計算が可能となる．

例題 1.2 置換記号と基底ベクトルの外積

デカルト座標系において，基底ベクトルの外積 $\boldsymbol{e}_i \times \boldsymbol{e}_j = \epsilon_{ijk}\boldsymbol{e}_k$ の指標 i, j, k に，1〜3 までの任意の数字を入れて具体的に計算せよ．

解 指標に具体的な数字を代入すれば，式 (1.18) のように求められるが，ここでは，指標表記の理解のために，総和規約に基づいて次のような展開をする．

$$\boldsymbol{e}_i \times \boldsymbol{e}_j = \epsilon_{ijk}\boldsymbol{e}_k = \epsilon_{ij1}\boldsymbol{e}_1 + \epsilon_{ij2}\boldsymbol{e}_2 + \epsilon_{ij3}\boldsymbol{e}_3$$

このままでは，基底による線形結合で表される任意のベクトルのように見える．しかし，二つ以上の指標が同じ数字になるとき置換記号 ϵ_{ijk} は 0 なので，最右辺は必ず一つの項のみが残る．たとえば，$i = 1$, $j = 2$ を代入すると，$\boldsymbol{e}_3$ のみが残る．同様に，すべての組み合わせを考えれば，外積の概念に合致した演算が必ず成立することがわかる．

例題 1.3 デカルト座標系におけるベクトルの外積

デカルト座標系において，二つの数ベクトル $\boldsymbol{u} = \{u_1 \quad u_2 \quad u_3\}^T$ と $\boldsymbol{v} = \{v_1 \quad v_2 \quad v_3\}^T$ の外積 $\boldsymbol{v} \times \boldsymbol{u}$ に対応するベクトル $\boldsymbol{w}'$ の成分を指標表記によって計算せよ．

解 外積 $\boldsymbol{v} \times \boldsymbol{u}$ は，デカルト座標系の導入によって，

$$\boldsymbol{v} \times \boldsymbol{u} = (v_j\boldsymbol{e}_j) \times (u_k\boldsymbol{e}_k) = v_j u_k(\boldsymbol{e}_j \times \boldsymbol{e}_k) = \epsilon_{ijk} v_j u_k \boldsymbol{e}_i$$

となる．この式は式 (1.21) と同じに見える．しかし，ダミー指標 j, k の文字は何でもよいので入れ替えると，式 (1.21) と置換記号の指標の並びが異なることがわかる．

$$\boldsymbol{v} \times \boldsymbol{u} = \epsilon_{ijk} v_j u_k \boldsymbol{e}_i = \epsilon_{ikj} v_k u_j \boldsymbol{e}_i = \epsilon_{ikj} u_j v_k \boldsymbol{e}_i$$

$i = 1$ のとき，置換記号の定義により，j, k には 2 または 3 のいずれかの場合のみ，値が残る．具体的に計算すれば，

$$\epsilon_{1jk} u_j v_k \boldsymbol{e}_1 = \epsilon_{132} u_2 v_3 \boldsymbol{e}_1 + \epsilon_{123} u_3 v_2 \boldsymbol{e}_1 = (-u_2 v_3 + u_3 v_2)\boldsymbol{e}_1$$

となる．$i = 2, 3$ の場合も同様に考えれば，外積に対応するベクトル $\boldsymbol{w}'$ の成分は，数ベクトルとして次のように求められる．

$$\begin{Bmatrix} w'_1 \\ w'_2 \\ w'_3 \end{Bmatrix} = \begin{Bmatrix} u_3 v_2 - u_2 v_3 \\ u_1 v_3 - u_3 v_1 \\ u_2 v_1 - u_1 v_2 \end{Bmatrix}$$

したがって，式 (1.21) とは逆向きのベクトルが得られる．

1.2.6　2 階テンソル

2 階テンソル $\boldsymbol{A}$ とは，ベクトル $\boldsymbol{u}$ を別のベクトル $\boldsymbol{v}$ へ写像する**線形変換作用素**である．

$$\boldsymbol{v} = \boldsymbol{A}\boldsymbol{u} \tag{1.23}$$

この意味で，2 階テンソルはあるベクトルから別のベクトルを作る演算機能（作用素）であるといえる（図 1.10）．これらの作用素の中で，任意のベクトル $\boldsymbol{u}$ を $\boldsymbol{u}$ 自身に対応させる恒等変換

$$\boldsymbol{I}\boldsymbol{u} = \boldsymbol{u} \tag{1.24}$$

の機能を有する 2 階テンソル $\boldsymbol{I}$ を**恒等テンソル**という．

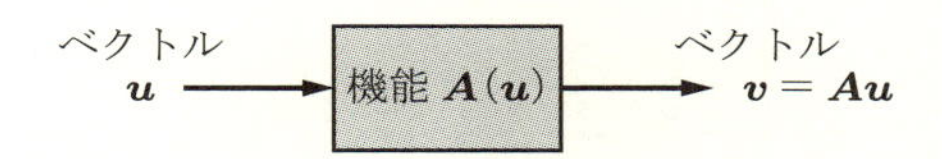

図 1.10　2 階テンソルの機能（その 1）

また，2 階テンソルは，任意の二つのベクトル $\boldsymbol{u}, \boldsymbol{v}$ から一つのスカラー z を作る機能 $F(\boldsymbol{u}, \boldsymbol{v})$ も有している．図 1.11 よりその機能を確認すると，図 1.10 に示す機能によりベクトル $\boldsymbol{w} = \boldsymbol{A}\boldsymbol{v}$ を作り，もう一方のベクトル $\boldsymbol{u}$ との内積を計算してスカラー z が得られる†．

$$z = F(\boldsymbol{u}, \boldsymbol{v}) = \boldsymbol{u} \cdot \boldsymbol{w} = \boldsymbol{u} \cdot \boldsymbol{A}\boldsymbol{v} \tag{1.25}$$

したがって，ベクトルからベクトルを作る線形変換作用素としての機能と，二つのベクトルからスカラーを作る機能の間には一対一の対応がある．

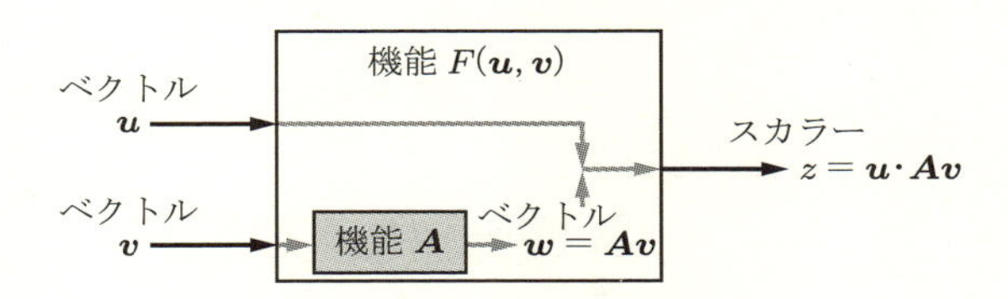

図 1.11　2 階テンソルの機能（その 2）

2 階テンソルの理解には，まずは線形変換作用素としての機能を知り，物理の意味は入出力されるベクトルから考えればよい．

† ベクトル（1 階テンソル）は，内積の意味で，一つのベクトルから一つのスカラーを作る機能を有する．ちなみに，n 階テンソルは，n 個のベクトルから一つのスカラーを作る機能を有する．

1.2.7 テンソル積 □□

二つのベクトル $\boldsymbol{u}, \boldsymbol{v}$ から2階テンソルを作る演算をテンソル積といい,

$$\boldsymbol{u} \otimes \boldsymbol{v} \tag{1.26}$$

と表す. テンソル積により生成された2階テンソル $\boldsymbol{u} \otimes \boldsymbol{v}$ は, 次の定義に従って, ベクトル $\boldsymbol{w}$ を別のベクトル $\boldsymbol{z}$ に変換する†.

$$\boldsymbol{z} = (\boldsymbol{u} \otimes \boldsymbol{v})\boldsymbol{w} = (\boldsymbol{v} \cdot \boldsymbol{w})\boldsymbol{u} \tag{1.27}$$

式 (1.27) を正規直交基底 $[\boldsymbol{e}_1, \boldsymbol{e}_2, \boldsymbol{e}_3]$ に適用すれば, 次の式を得る.

$$(\boldsymbol{e}_i \otimes \boldsymbol{e}_j)\boldsymbol{e}_k = (\boldsymbol{e}_j \cdot \boldsymbol{e}_k)\boldsymbol{e}_i = \delta_{jk}\boldsymbol{e}_i \tag{1.28}$$

例題 1.4 テンソル積

式 (1.28) を用いて, $(\boldsymbol{u} \otimes \boldsymbol{v})\boldsymbol{w} = (\boldsymbol{v} \cdot \boldsymbol{w})\boldsymbol{u}$ を導け.

解 ここでは, 指標表記に基づいて式を展開する.

$$\begin{aligned}\{(u_i\boldsymbol{e}_i) \otimes (v_j\boldsymbol{e}_j)\}(w_k\boldsymbol{e}_k) &= \{u_iv_j(\boldsymbol{e}_i \otimes \boldsymbol{e}_j)\}(w_k\boldsymbol{e}_k)\\ &= u_iv_jw_k(\boldsymbol{e}_i \otimes \boldsymbol{e}_j)\boldsymbol{e}_k = u_iv_jw_k\delta_{jk}\boldsymbol{e}_i\\ &= v_jw_ju_i\boldsymbol{e}_i = (\boldsymbol{v} \cdot \boldsymbol{w})\boldsymbol{u}\end{aligned}$$

1.2.8 2階テンソルの成分, 3次正方行列との関係 □□

2階テンソルもベクトルと同様に, 座標系すなわち基底を導入することで, はじめて具体的な数値を入れて計算できる.

正規直交基底 $[\boldsymbol{e}_1, \boldsymbol{e}_2, \boldsymbol{e}_3]$ を導入すると, 任意の2階テンソル $\boldsymbol{A}$ は9個のテンソル積 $\boldsymbol{e}_i \otimes \boldsymbol{e}_j$ $(i, j = 1, 2, 3)$ の線形結合として

$$\boldsymbol{A} = A_{ij}(\boldsymbol{e}_i \otimes \boldsymbol{e}_j) \tag{1.29}$$

のように一意に表される. ここに, 二つのベクトルから一つのスカラーを作る機能により, 成分 A_{ij} は次式で与えられる.

$$A_{ij} = \boldsymbol{e}_i \cdot \boldsymbol{A}\boldsymbol{e}_j \tag{1.30}$$

2階テンソル $\boldsymbol{A}$ に対して一意に定まる成分 A_{ij} は, 3次正方行列 $[A]$ として表すこ

† テンソル積 $\boldsymbol{u} \otimes \boldsymbol{v}$ による線形変換は結果的に内積を含むので, $(\boldsymbol{u} \otimes \boldsymbol{v}) \cdot \boldsymbol{w}$ と記すこともある. 本書では, 2階テンソルがベクトルの線形変換作用素であることを強調するために, 式 (1.27) のように記載する.

とができる．これを $\boldsymbol{A}$ の表現行列という[†]．

$$\boldsymbol{A} = A_{ij}(\boldsymbol{e}_i \otimes \boldsymbol{e}_j) \quad\Longrightarrow\quad A_{ij} \quad\Longleftrightarrow\quad [A] = \begin{bmatrix} A_{11} & A_{12} & A_{13} \\ A_{21} & A_{22} & A_{23} \\ A_{31} & A_{32} & A_{33} \end{bmatrix} \tag{1.31}$$

例題 1.5 2 階テンソルの成分

指標標記を用いて $\boldsymbol{e}_i \cdot \boldsymbol{A}\boldsymbol{e}_j$ を計算し，2 階テンソル $\boldsymbol{A}$ の成分を求めよ．

解 正規直交基底におけるテンソル積の式 (1.28) を用いる．ただし，2 階テンソル $A_{ij}(\boldsymbol{e}_i \otimes \boldsymbol{e}_j)$ をそのまま代入すると，一つの項に指標 i, j が 3 回現れる．これは，指標のルールに反するので，ダミー指標の文字を別の文字に変える必要があることに注意する．

$$\begin{aligned} \boldsymbol{e}_i \cdot \boldsymbol{A}\boldsymbol{e}_j &= \boldsymbol{e}_i \cdot \{A_{kl}(\boldsymbol{e}_k \otimes \boldsymbol{e}_l)\}\,\boldsymbol{e}_j = \boldsymbol{e}_i \cdot (A_{kl}\delta_{lj}\boldsymbol{e}_k) = A_{kj}(\boldsymbol{e}_i \cdot \boldsymbol{e}_k) = \delta_{ik}A_{kj} \\ &= A_{ij} \end{aligned}$$

例題 1.6 テンソル積と数ベクトルの積

二つのベクトル $\boldsymbol{u}, \boldsymbol{v}$ のテンソル積 $\boldsymbol{u} \otimes \boldsymbol{v}$ を数ベクトルの積で表せ．

解 テンソル積の表現行列は，

$$\boldsymbol{u} \otimes \boldsymbol{v} = u_i v_j(\boldsymbol{e}_i \otimes \boldsymbol{e}_j) \quad\Longrightarrow\quad u_i v_j \quad\Longleftrightarrow\quad \begin{bmatrix} u_1v_1 & u_1v_2 & u_1v_3 \\ u_2v_1 & u_2v_2 & u_2v_3 \\ u_3v_1 & u_3v_2 & u_3v_3 \end{bmatrix}$$

である．すると，この表現行列は二つの数ベクトルの積によって，次式のようになる．

$$\begin{bmatrix} u_1v_1 & u_1v_2 & u_1v_3 \\ u_2v_1 & u_2v_2 & u_2v_3 \\ u_3v_1 & u_3v_2 & u_3v_3 \end{bmatrix} = \begin{Bmatrix} u_1 \\ u_2 \\ u_3 \end{Bmatrix} \{v_1 \quad v_2 \quad v_3\}$$

すなわち，次の指標表記および数ベクトルの積と同一視できる．

$$\boldsymbol{u} \otimes \boldsymbol{v} = u_i v_j(\boldsymbol{e}_i \otimes \boldsymbol{e}_j) \quad\Longrightarrow\quad u_i v_j \quad\Longleftrightarrow\quad \begin{Bmatrix} u_1 \\ u_2 \\ u_3 \end{Bmatrix} \{v_1 \quad v_2 \quad v_3\}$$

---

† いったん表現行列で表してしまえば，式 (1.25) はいわゆる**双 1 次形式**である．式 (1.25) の $\boldsymbol{u} = \boldsymbol{v}$，すなわち，$z = F(\boldsymbol{u}, \boldsymbol{u}) = \boldsymbol{u} \cdot \boldsymbol{A}\boldsymbol{u}$ のときを **2 次形式**と呼ぶ．2 次形式が $\boldsymbol{u} \cdot \boldsymbol{A}\boldsymbol{u} > 0\,(\forall \boldsymbol{u} \neq \boldsymbol{0})$ であるとき，$\boldsymbol{A}$ は**正定値**であるという．

例題 1.7 恒等テンソルの表現行列と機能

恒等テンソル $\boldsymbol{I}$ の表現行列を求めよ．また，恒等テンソル $\boldsymbol{I}$ が，二つのベクトル $\boldsymbol{u}, \boldsymbol{v}$ から作るスカラーの値を求めよ．

解　正規直交基底 $[\boldsymbol{e}_1, \boldsymbol{e}_2, \boldsymbol{e}_3]$ を参照したときの $\boldsymbol{I}$ の成分は，

$$I_{ij} = \boldsymbol{e}_i \cdot \boldsymbol{I}\boldsymbol{e}_j = \boldsymbol{e}_i \cdot \boldsymbol{e}_j = \delta_{ij}$$

となる．すなわち，$\boldsymbol{I}$ の表現行列は単位行列である．

$$\boldsymbol{I} = \delta_{ij}(\boldsymbol{e}_i \otimes \boldsymbol{e}_j) \implies \delta_{ij} \iff \begin{bmatrix} 1 & 0 & 0 \\ 0 & 1 & 0 \\ 0 & 0 & 1 \end{bmatrix}$$

また，恒等テンソル $\boldsymbol{I}$ が二つのベクトル $\boldsymbol{u}, \boldsymbol{v}$ から作るスカラーは，

$$\begin{aligned} \boldsymbol{u}_i \cdot \boldsymbol{I}\boldsymbol{v}_j &= u_i\boldsymbol{e}_i \cdot \{\delta_{kl}(\boldsymbol{e}_k \otimes \boldsymbol{e}_l)\} v_j\boldsymbol{e}_j = u_iv_j\boldsymbol{e}_i \cdot (\delta_{kl}\delta_{lj}\boldsymbol{e}_k) = u_iv_j\delta_{kj}\delta_{ik} \\ &= u_iv_i = \boldsymbol{u} \cdot \boldsymbol{v} \end{aligned}$$

と求められる．したがって，二つのベクトル $\boldsymbol{u}, \boldsymbol{v}$ の内積が求められる．

1.2.9 線形変換の合成 □□

2階テンソル $\boldsymbol{A}, \boldsymbol{B}$ があり，それぞれが次の線形変換の機能をもつものとする．

$$\boldsymbol{v} = \boldsymbol{A}\boldsymbol{u}, \quad \boldsymbol{w} = \boldsymbol{B}\boldsymbol{v} \tag{1.32}$$

このとき，$\boldsymbol{u}$ を直接 $\boldsymbol{w}$ に変換する2階テンソルは，二つの線形変換の合成変換として与えられる．それは，二つのテンソルどうしの積として，次のように表される．

$$\boldsymbol{w} = \boldsymbol{B}\boldsymbol{v} = \boldsymbol{B}(\boldsymbol{A}\boldsymbol{u}) = \boldsymbol{B}\boldsymbol{A}\boldsymbol{u} \tag{1.33}$$

表現行列で考えれば，いわゆる行列の掛け算であり，作用させる順番によって結果が変わるので注意する．

ここで，$\boldsymbol{C} = \boldsymbol{B}\boldsymbol{A}$ とおき，正規直交基底 $[\boldsymbol{e}_1, \boldsymbol{e}_2, \boldsymbol{e}_3]$ を導入して，指標表記で計算を進めると，次のようになる．

$$\begin{aligned} C_{ij}(\boldsymbol{e}_i \otimes \boldsymbol{e}_j) &= \{B_{ij}(\boldsymbol{e}_i \otimes \boldsymbol{e}_j)\}\{A_{kl}(\boldsymbol{e}_k \otimes \boldsymbol{e}_l)\} = B_{ij}A_{kl}(\boldsymbol{e}_i \otimes \boldsymbol{e}_j)(\boldsymbol{e}_k \otimes \boldsymbol{e}_l) \\ &= B_{ij}A_{kl}\{(\boldsymbol{e}_i \otimes \boldsymbol{e}_j)\boldsymbol{e}_k\} \otimes \boldsymbol{e}_l = B_{ij}A_{kl}(\boldsymbol{e}_j \cdot \boldsymbol{e}_k)(\boldsymbol{e}_i \otimes \boldsymbol{e}_l) \\ &= B_{ij}A_{kl}\delta_{jk}(\boldsymbol{e}_i \otimes \boldsymbol{e}_l) = B_{ij}A_{jl}(\boldsymbol{e}_i \otimes \boldsymbol{e}_l) \end{aligned} \tag{1.34}$$

このままでも式の意味は変わらないが，読みやすくするためにダミー指標 j と l を入れ替えて基底の指標を両辺で合わせる．

$$\therefore\ C_{ij}(\boldsymbol{e}_i \otimes \boldsymbol{e}_j) = B_{il}A_{lj}(\boldsymbol{e}_i \otimes \boldsymbol{e}_j) \tag{1.35}$$

合成変換として，線形変換の機能を有する 2 階テンソル $\boldsymbol{C}$ が得られることがわかる．各表記法による対応関係は次のとおりである．

$$\begin{aligned} \boldsymbol{C} = \boldsymbol{B}\boldsymbol{A} \quad &\Leftrightarrow \quad C_{ij}(\boldsymbol{e}_i \otimes \boldsymbol{e}_j) = B_{ik}A_{kj}(\boldsymbol{e}_i \otimes \boldsymbol{e}_j) \\ &\Rightarrow \quad C_{ij} = B_{ik}A_{kj} \\ &\Leftrightarrow \quad \begin{bmatrix} C_{11} & C_{12} & C_{13} \\ C_{21} & C_{22} & C_{23} \\ C_{31} & C_{32} & C_{33} \end{bmatrix} = \begin{bmatrix} B_{11} & B_{12} & B_{13} \\ B_{21} & B_{22} & B_{23} \\ B_{31} & B_{32} & B_{33} \end{bmatrix} \begin{bmatrix} A_{11} & A_{12} & A_{13} \\ A_{21} & A_{22} & A_{23} \\ A_{31} & A_{32} & A_{33} \end{bmatrix} \end{aligned} \tag{1.36}$$

基底を省略した指標表記の場合，二つの自由指標 i, j が 2 階テンソルであることを示している．三つ以上の 2 階テンソルによる合成変換も，この手順を繰り返し行えばよい．

$$\therefore\ F_{ij}(\boldsymbol{e}_i \otimes \boldsymbol{e}_j) = E_{ik}D_{kl}\cdots B_{pq}A_{qj}(\boldsymbol{e}_i \otimes \boldsymbol{e}_j) \tag{1.37}$$

この場合も，両辺ともに自由指標 i, j の二つが残り，2 階テンソルであることを表す．

1.2.10 転置テンソル，逆テンソル □□

任意の 2 階テンソル $\boldsymbol{A}$ に対して，任意のベクトル $\boldsymbol{x}, \boldsymbol{y}$ について，常に

$$\boldsymbol{x} \cdot \boldsymbol{A}\boldsymbol{y} = \boldsymbol{A}^T\boldsymbol{x} \cdot \boldsymbol{y} = \boldsymbol{y} \cdot \boldsymbol{A}^T\boldsymbol{x} \tag{1.38}$$

を満たすテンソル $\boldsymbol{A}^T$ が一意に存在する．$\boldsymbol{A}^T$ を $\boldsymbol{A}$ の**転置テンソル**という．この定義から $\boldsymbol{A}^T$ の成分については

$$A_{ij}^T = \boldsymbol{e}_i \cdot \boldsymbol{A}^T\boldsymbol{e}_j = \boldsymbol{A}\boldsymbol{e}_i \cdot \boldsymbol{e}_j = \boldsymbol{e}_j \cdot \boldsymbol{A}\boldsymbol{e}_i = A_{ji} \tag{1.39}$$

が成立する．したがって，$\boldsymbol{A} = A_{ij}(\boldsymbol{e}_i \otimes \boldsymbol{e}_j)$ に対して $\boldsymbol{A}^T$ の基底表示は

$$\boldsymbol{A}^T = A_{ij}^T(\boldsymbol{e}_i \otimes \boldsymbol{e}_j) = A_{ji}(\boldsymbol{e}_i \otimes \boldsymbol{e}_j) \tag{1.40}$$

となる†．成分と基底における指標 (i, j) の対応関係に注意してほしい．

また，2 階テンソル $\boldsymbol{A}$ に対して，

---

† 本来は $A_{ij}(\boldsymbol{e}_j \otimes \boldsymbol{e}_i)$ が転置テンソルの定義であるが，正規直交基底の場合，式 (1.40) に一致する．

$$\boldsymbol{AB} = \boldsymbol{BA} = \boldsymbol{I} \tag{1.41}$$

が成立するとき，$\boldsymbol{B} = \boldsymbol{A}^{-1}$ と表して $\boldsymbol{A}$ の**逆テンソル**という．$\boldsymbol{A}^{-1}$ の成分と $\boldsymbol{A}$ の成分の間には次の関係が成立する．

$$A_{ij}A^{-1}_{jq} = \delta_{iq}, \quad A^{-1}_{pq}A_{qj} = \delta_{pj} \tag{1.42}$$

逆テンソルは $\det \boldsymbol{A} \neq 0$ のときに存在する．このとき $\boldsymbol{A}$ は正則であるという．ここで，$\det \boldsymbol{A}$ は**デターミナント**と呼ばれ，$\boldsymbol{A}$ の表現行列 $[\boldsymbol{A}]$ の行列式である．

例題 1.8 指標表記に基づく2階テンソルの積

正規直交基底を省略した指標表記を用いて線形変換の合成変換が，$A_{ik}B_{kj}$, $A_{ki}B_{kj}$ と表されている．それぞれが表す演算のボールド表記が，$\boldsymbol{AB}$, $\boldsymbol{A}^T\boldsymbol{B}$ であることを確かめよ．

解 省略されている正規直交基底 $[\boldsymbol{e}_1, \boldsymbol{e}_2, \boldsymbol{e}_3]$ を補って計算を進めると，それぞれ次のようになる．

$$\begin{aligned}
A_{ik}B_{kj}(\boldsymbol{e}_i \otimes \boldsymbol{e}_j) &= A_{ik}B_{lj}\delta_{kl}(\boldsymbol{e}_i \otimes \boldsymbol{e}_j) = A_{ik}B_{lj}(\boldsymbol{e}_k \cdot \boldsymbol{e}_l)(\boldsymbol{e}_i \otimes \boldsymbol{e}_j)\\
&= A_{ik}B_{lj}(\boldsymbol{e}_i \otimes \boldsymbol{e}_k)(\boldsymbol{e}_l \otimes \boldsymbol{e}_j)\\
&= \{A_{ik}(\boldsymbol{e}_i \otimes \boldsymbol{e}_k)\}\{B_{lj}(\boldsymbol{e}_l \otimes \boldsymbol{e}_j)\} = \boldsymbol{AB}\\
A_{ki}B_{kj}(\boldsymbol{e}_i \otimes \boldsymbol{e}_j) &= A_{ki}B_{lj}\delta_{kl}(\boldsymbol{e}_i \otimes \boldsymbol{e}_j) = A_{ki}B_{lj}(\boldsymbol{e}_k \cdot \boldsymbol{e}_l)(\boldsymbol{e}_i \otimes \boldsymbol{e}_j)\\
&= A_{ki}B_{lj}(\boldsymbol{e}_i \otimes \boldsymbol{e}_k)(\boldsymbol{e}_l \otimes \boldsymbol{e}_j)\\
&= \{A_{ki}(\boldsymbol{e}_i \otimes \boldsymbol{e}_k)\}\{B_{lj}(\boldsymbol{e}_l \otimes \boldsymbol{e}_j)\} = \boldsymbol{A}^T\boldsymbol{B}
\end{aligned}$$

この演算は，表現行列における掛け算を用いても確かめられる．合成変換（2階テンソルの積）の指標表記においては，ダミー指標の位置関係に注意してほしい．

1.2.11 直交テンソル，回転テンソル □□

転置テンソルが逆テンソルになるようなテンソル $\boldsymbol{Q}$，すなわち，

$$\boldsymbol{Q}^T = \boldsymbol{Q}^{-1} \tag{1.43}$$

であるような $\boldsymbol{Q}$ を**直交テンソル**という．任意の直交テンソル $\boldsymbol{Q}$ の $\det \boldsymbol{Q}$ は1または -1 のいずれかとなる．そして，$\det \boldsymbol{Q} = 1$ となる直交テンソル $\boldsymbol{Q}$ は**回転テンソル**と呼ばれる†．

† $\det \boldsymbol{Q} = -1$ となる直交テンソルは鏡像変換を与える．また，第3章で出てくる座標変換をともなうような回転テンソル（ツーポイントテンソル）は $\boldsymbol{R}$ を用いて記す．

直交テンソルはベクトルを回転もしくは鏡像変換するだけで，その長さは変えない．任意のベクトル $\boldsymbol{x}$ について，次の関係を満足する．

$$\|\boldsymbol{Qx}\|^2 = (\boldsymbol{Qx}) \cdot (\boldsymbol{Qx}) = \boldsymbol{x} \cdot \boldsymbol{Q}^T \boldsymbol{Qx} = \boldsymbol{x} \cdot \boldsymbol{Q}^{-1} \boldsymbol{Qx} = \boldsymbol{x} \cdot \boldsymbol{x} = \|\boldsymbol{x}\|^2 \quad (1.44)$$

1.2.12 対称テンソル，反対称テンソル，2 階テンソルの直交分解 □□ 転置テンソルとの関係において，$\boldsymbol{S}^T = \boldsymbol{S}$ となる $\boldsymbol{S}$ を**対称テンソル**，$\boldsymbol{W}^T = -\boldsymbol{W}$ となる $\boldsymbol{W}$ を**反対称テンソル**という．デカルト座標系を参照したとき，対称テンソル $\boldsymbol{S}$ の成分には，

$$S_{ij}^T = S_{ji} = S_{ij} \quad (1.45)$$

が成り立ち，表現行列は，

$$[S] = \begin{bmatrix} a & b & c \\ b & d & e \\ c & e & f \end{bmatrix} \quad (1.46)$$

のような形になる．一方，反対称テンソル $\boldsymbol{W}$ の成分は，

$$W_{ij}^T = W_{ji} = -W_{ij} \quad (1.47)$$

であり，表現行列は，

$$[W] = \begin{bmatrix} 0 & b & c \\ -b & 0 & e \\ -c & -e & 0 \end{bmatrix} \quad (1.48)$$

のように，対角項はすべて 0 である．

任意の 2 階テンソル $\boldsymbol{A}$ は，次のように対称テンソル $\boldsymbol{A}_\mathrm{s}$ と反対称テンソル $\boldsymbol{A}_\mathrm{a}$ の和に一意に分解できる．

$$\boldsymbol{A} = \frac{1}{2}\left(\boldsymbol{A} + \boldsymbol{A}^T\right) + \frac{1}{2}\left(\boldsymbol{A} - \boldsymbol{A}^T\right) = \boldsymbol{A}_\mathrm{s} + \boldsymbol{A}_\mathrm{a} \quad (1.49)$$

ここで，$\boldsymbol{A}_\mathrm{s}$ と $\boldsymbol{A}_\mathrm{a}$ がそれぞれ対称，反対称であることは以下のように確認できる．

$$\boldsymbol{A}_\mathrm{s}^T = \frac{1}{2}\left(\boldsymbol{A} + \boldsymbol{A}^T\right)^T = \frac{1}{2}\left(\boldsymbol{A}^T + \boldsymbol{A}\right) = \boldsymbol{A}_\mathrm{s} \quad (1.50)$$

$$\boldsymbol{A}_\mathrm{a}^T = \frac{1}{2}\left(\boldsymbol{A} - \boldsymbol{A}^T\right)^T = \frac{1}{2}\left(\boldsymbol{A}^T - \boldsymbol{A}\right) = -\boldsymbol{A}_\mathrm{a} \quad (1.51)$$

1.2.13 2 階テンソルの内積 □□

2 階テンソル $\boldsymbol{A}$, $\boldsymbol{B}$ の内積（二つの 2 階テンソルからスカラーを作る演算）を

$$\boldsymbol{A} : \boldsymbol{B} \tag{1.52}$$

と表す．演算 (:) は，二つのテンソル積について，

$$(\boldsymbol{u} \otimes \boldsymbol{v}) : (\boldsymbol{w} \otimes \boldsymbol{z}) \equiv (\boldsymbol{u} \cdot \boldsymbol{w})(\boldsymbol{v} \cdot \boldsymbol{z}) \tag{1.53}$$

のように，それぞれのテンソル積 $(* \otimes *)$ の左右の対応する位置にあるベクトルどうしを内積して，その二つの内積の値を掛け合わせる操作として定義する．

正規直交基底 $[\boldsymbol{e}_1, \boldsymbol{e}_2, \boldsymbol{e}_3]$ については，次のようになる．

$$(\boldsymbol{e}_i \otimes \boldsymbol{e}_j) : (\boldsymbol{e}_k \otimes \boldsymbol{e}_l) = (\boldsymbol{e}_i \cdot \boldsymbol{e}_k)(\boldsymbol{e}_j \cdot \boldsymbol{e}_l) = \delta_{ik}\delta_{jl} \tag{1.54}$$

したがって，一般的な 2 階テンソルの内積 $\boldsymbol{A} : \boldsymbol{B}$ を正規直交基底を用いて表すと，

$$\begin{aligned} \boldsymbol{A} : \boldsymbol{B} &= \{A_{ij}(\boldsymbol{e}_i \otimes \boldsymbol{e}_j)\} : \{B_{kl}(\boldsymbol{e}_k \otimes \boldsymbol{e}_l)\} = A_{ij}B_{kl}(\boldsymbol{e}_i \otimes \boldsymbol{e}_j) : (\boldsymbol{e}_k \otimes \boldsymbol{e}_l) \\ &= A_{ij}B_{kl}\delta_{ik}\delta_{jl} = A_{ij}B_{ij} \end{aligned} \tag{1.55}$$

が導かれる．指標 i, j はダミー指標である．式 (1.55) より，デカルト座標系においては，2 階テンソル $\boldsymbol{A}$, $\boldsymbol{B}$ の内積は，それぞれの対応する 9 個の (i, j) 成分を掛けてそれらを足し合わせればよいことがわかる．

この計算は $\boldsymbol{A}$, $\boldsymbol{B}$, それぞれの表現行列 $[A]$, $[B]$ の積のトレース（対角和）に一致する．トレース演算は $\mathrm{tr}([*])$ と表し，行列 $[*]$ の対角項の和をとることを意味する．すなわち，2 階テンソルの内積は次のような指標表記および行列の演算と対応する．

$$\begin{aligned} \boldsymbol{A} : \boldsymbol{B} \quad &\Longrightarrow \quad A_{ij}B_{ij} \\ &\Longleftrightarrow \quad \mathrm{tr}\left([A]^T[B]\right) = \mathrm{tr}\left(\begin{bmatrix} A_{11} & A_{21} & A_{31} \\ A_{12} & A_{22} & A_{32} \\ A_{13} & A_{23} & A_{33} \end{bmatrix}\begin{bmatrix} B_{11} & B_{12} & B_{13} \\ B_{21} & B_{22} & B_{23} \\ B_{31} & B_{32} & B_{33} \end{bmatrix}\right) \end{aligned} \tag{1.56}$$

また，トレース演算の性質 $\mathrm{tr}[A] = \mathrm{tr}[A]^T$, $\mathrm{tr}([A][B]) = \mathrm{tr}([B][A])$ から，

$$\boldsymbol{A} : \boldsymbol{B} = \mathrm{tr}\left([A]^T[B]\right) = \mathrm{tr}\left([B]^T[A]\right) = \mathrm{tr}\left([A][B]^T\right) = \mathrm{tr}\left([B][A]^T\right) \tag{1.57}$$

である．

恒等テンソル $\boldsymbol{I}$ との内積は，次のように任意の2階テンソル $\boldsymbol{A}$ のトレースになる．

$$\boldsymbol{A} : \boldsymbol{I} = A_{ij}\delta_{ij} = A_{ii} = \mathrm{tr}[A] = \mathrm{tr}\boldsymbol{A} \tag{1.58}$$

したがって，行列で表した式 (1.57) と次のような対応がある．

$$\boldsymbol{A} : \boldsymbol{B} = \boldsymbol{I} : \left(\boldsymbol{A}^T\boldsymbol{B}\right) = \mathrm{tr}\left(\boldsymbol{A}^T\boldsymbol{B}\right) = \left(\boldsymbol{A}\boldsymbol{B}^T\right) : \boldsymbol{I} = \mathrm{tr}\left(\boldsymbol{A}\boldsymbol{B}^T\right) \tag{1.59}$$

また，式 (1.2) で定義したベクトルのノルムと同様に，2階テンソルの内積演算

$$\|\boldsymbol{A}\| = \sqrt{\boldsymbol{A} : \boldsymbol{A}} \tag{1.60}$$

を用いて，2階テンソルの大きさ（ノルム）$\|\boldsymbol{A}\|$ とすることがある．

例題 1.9 対称テンソルと反対称テンソルの内積

式 (1.45)，(1.47) を用いて，任意の対称テンソル $\boldsymbol{S}$ と反対称テンソル $\boldsymbol{W}$ の内積を求めよ．

解 2階テンソルの内積の式 (1.55) より，

$$\boldsymbol{S} : \boldsymbol{W} = S_{ij}W_{ij} = S_{ji}W_{ji}$$

となる．このままではダミー指標 i, j の入れ替えであり，式の意味は変わらない．しかし，各テンソルの (i, j) 成分には，$S_{ji} = S_{ij}$，$W_{ji} = -W_{ij}$ が成り立つので，上式に代入すると，

$$S_{ij}W_{ij} = S_{ij}(-W_{ij}) = -S_{ij}W_{ij}$$

という関係式を得る．内積が二つの2階テンソルからスカラーを作る演算であることを踏まえると，任意の対称テンソル $\boldsymbol{S}$ と反対称テンソル $\boldsymbol{W}$ の内積 $\boldsymbol{S} : \boldsymbol{W} = S_{ij}W_{ij} = 0$ が必ず成り立つことを意味する．したがって，対称テンソル $\boldsymbol{S}$ と反対称テンソル $\boldsymbol{W}$ は必ず直交する†．

これは，コーシー応力テンソル（対称テンソル）とひずみテンソルの内積で与えられる**仕事**を考える際の重要な事実である．

1.2.14 2階テンソルのスペクトル分解 □□

2階テンソル $\boldsymbol{A}$ は，ベクトルの線形変換作用素としてはたらくが，

† 式 (1.3) に示すベクトルのイメージで内積 = 0 を**直交**と呼ぶと，二つの2階テンソルの内積=0 も直交と表現される．式 (1.49) のように，任意の2階テンソルを対称テンソルと反対称テンソルに分解することを直交分解という．

$$\boldsymbol{A}\boldsymbol{n} = \lambda \boldsymbol{n} \tag{1.61}$$

であるような $\boldsymbol{n} \neq \boldsymbol{0}$ が存在する場合，$\boldsymbol{A}$ による作用はベクトル $\boldsymbol{n}$ を単に λ 倍に引き伸ばすだけになる．このような $\boldsymbol{n}$ を $\boldsymbol{A}$ の**固有ベクトル**，$\boldsymbol{n}$ を含む直線の方向を**固有方向**といい，対応する倍率 λ を**固有値**という．

$\boldsymbol{A}$ を対称テンソルとすると，固有値と固有方向については次の性質がある．

① 固有値はすべて実数である．

② 異なる固有値に対応する固有方向（固有ベクトル）は互いに直交する．

すなわち，固有ベクトルの大きさを1とすれば，固有ベクトルを正規直交基底とする新しい座標系を設定することができる．その座標系を参照して，対称テンソル $\boldsymbol{A}$ は

$$\boldsymbol{A} = \sum_{i=1}^{n} \lambda_{(i)} (\boldsymbol{n}_{(i)} \otimes \boldsymbol{n}_{(i)}) \tag{1.62}$$

と表すことができる．ここで，指標 (i) は固有値を識別する機能だけをもち，総和規約には従わないことを表す．式 (1.62) は $\boldsymbol{A}$ の**スペクトル分解**と呼ばれる．固有ベクトルを基底とするときの $\boldsymbol{A}$ の表現行列は，次のような対角行列になる．

$$[A] = \begin{bmatrix} \lambda_{(1)} & 0 & \cdots & 0 \\ 0 & \lambda_{(2)} & \cdots & 0 \\ \vdots & \vdots & \ddots & \vdots \\ 0 & 0 & \cdots & \lambda_{(n)} \end{bmatrix} \tag{1.63}$$

任意のテンソル $\boldsymbol{A}$ のすべての固有値 $\lambda_{(i)}$ は，式 (1.61) である $\boldsymbol{n}_{(i)} \neq \boldsymbol{0}$ が存在することから，次式で与えられる**固有方程式（特性方程式）**を満たす†．

$$\det(\boldsymbol{A} - \lambda_{(i)} \boldsymbol{I}) = 0 \tag{1.64}$$

3次元空間では，任意の λ に対して

$$\det(\boldsymbol{A} - \lambda \boldsymbol{I}) = -\lambda^3 + I_1 \lambda^2 - I_2 \lambda + I_3 = 0 \tag{1.65}$$

と表される．ここで，I_1, I_2, I_3 はテンソル $\boldsymbol{A}$ に対して座標系によらない不変の値をとり，$\boldsymbol{A}$ の**主不変量**と呼ばれる．この場合，主不変量はそれぞれ次式で定義される．

$$I_1 = \mathrm{tr}[A] = A_{ii} \tag{1.66}$$

$$I_2 = \frac{1}{2} \left\{ (\mathrm{tr}[A])^2 - \mathrm{tr}([A]^T [A]) \right\} = \frac{1}{2} \left\{ (A_{ii})^2 - A_{ij} A_{ij} \right\} \tag{1.67}$$

† 詳しくは 7.1 節で説明する．

$$I_3 = \det \boldsymbol{A} \tag{1.68}$$

例題 1.10　2 次元空間における 2 階テンソルの主不変量

2 次元空間において，2 階テンソル $\boldsymbol{A}$ の表現行列が

$$[A] = \begin{bmatrix} A_{11} & A_{12} \\ A_{21} & A_{22} \end{bmatrix}$$

で与えられている．$\boldsymbol{A}$ の固有方程式 $\det(\boldsymbol{A} - \lambda \boldsymbol{I}) = \lambda^2 - I_1 \lambda + I_2 = 0$ から，主不変量 I_1, I_2 をそれぞれ求めよ．

解　2 次元空間において，$\boldsymbol{A}$ の固有方程式は，

$$\det(\boldsymbol{A} - \lambda \boldsymbol{I}) = \begin{vmatrix} A_{11} - \lambda & A_{12} \\ A_{21} & A_{22} - \lambda \end{vmatrix}$$
$$= \lambda^2 - (A_{11} + A_{22})\lambda + (A_{11}A_{22} - A_{12}A_{21}) = 0$$

となる．したがって，主不変量 I_1 と I_2 はそれぞれ次のように求められる．

$$I_1 = A_{11} + A_{22} = \mathrm{tr}[A]$$
$$I_2 = A_{11}A_{22} - A_{12}A_{21} = \det \boldsymbol{A}$$

1.2.15　4 階テンソルの機能 □□

一般的な 4 階テンソルは，正規直交基底 $[\boldsymbol{e}_1, \boldsymbol{e}_2, \boldsymbol{e}_3]$ を用いて，次のように表される．

$$\boldsymbol{\mathcal{G}} = \mathcal{G}_{ijkl}(\boldsymbol{e}_i \otimes \boldsymbol{e}_j \otimes \boldsymbol{e}_k \otimes \boldsymbol{e}_l) \tag{1.69}$$

ここでは，4 階テンソルの機能についてのみ説明する．

2 階テンソルがベクトルを別のベクトルに線形変換する機能と同様に，図 1.12 に示すように，4 階テンソル $\boldsymbol{\mathcal{G}}$ は 2 階テンソル $\boldsymbol{A}$ を別の 2 階テンソル $\boldsymbol{B}$ に線形変換する機能をもつ．本書では，そのような機能を

$$\boldsymbol{B} = \boldsymbol{\mathcal{G}} : \boldsymbol{A} \tag{1.70}$$

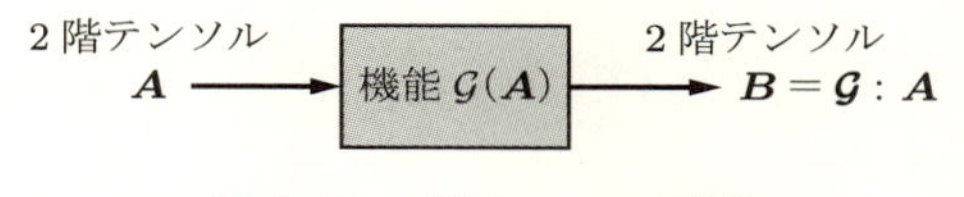

図 1.12　4 階テンソルの機能

と表す[†]．正規直交基底を用いると，

$$B_{ij}(\boldsymbol{e}_i \otimes \boldsymbol{e}_j) = \mathcal{G}_{ijkl}(\boldsymbol{e}_i \otimes \boldsymbol{e}_j \otimes \boldsymbol{e}_k \otimes \boldsymbol{e}_l) : \{A_{mn}(\boldsymbol{e}_m \otimes \boldsymbol{e}_n)\}$$
$$= \mathcal{G}_{ijkl}A_{mn}(\boldsymbol{e}_i \otimes \boldsymbol{e}_j)(\boldsymbol{e}_k \cdot \boldsymbol{e}_m)(\boldsymbol{e}_l \cdot \boldsymbol{e}_n)$$
$$= \mathcal{G}_{ijkl}A_{mn}\delta_{km}\delta_{ln}(\boldsymbol{e}_i \otimes \boldsymbol{e}_j) = \mathcal{G}_{ijkl}A_{kl}(\boldsymbol{e}_i \otimes \boldsymbol{e}_j) \tag{1.71}$$

のように表される．すなわち，$\boldsymbol{\mathcal{G}}$ の4個の基底における後ろ2個の基底のテンソル積と，$\boldsymbol{A}$ の基底のテンソル積を内積（：）させるような演算を行うのである．これにより，4階テンソル $\boldsymbol{\mathcal{G}}$ は2階テンソルの線形変換作用素として機能する．

基底を省略した指標表記では，

$$B_{ij} = \mathcal{G}_{ijkl}A_{kl} \tag{1.72}$$

となる．i, j は自由指標，k, l はダミー指標であり，自由指標の数から2階テンソルが得られることがわかる．

1.3 力学モデルにおける主要な微分演算子

1.3.1 多変数関数としての表現

空間内のある領域 Ω において，位置 $\boldsymbol{x}$ を指定するとスカラー値（実数値）$f(\boldsymbol{x})$ がただ一つに定まるとき，$f(\boldsymbol{x})$ を Ω を定義域とするスカラー場という．たとえば，空間内の領域 Ω を占める物体内に分布する温度のような物理量は，Ω を定義域とするスカラー場 $f(\boldsymbol{x})$ になる．

空間の位置 $\boldsymbol{x}$ はデカルト座標系の導入により

$$\boldsymbol{x} = x_i\boldsymbol{e}_i \implies \begin{Bmatrix} x_1 \\ x_2 \\ x_3 \end{Bmatrix} \tag{1.73}$$

のように指標表記および数ベクトルで表される．したがって，スカラー場 $f(\boldsymbol{x})$ は

† 書籍によっては，線形変換という意味で $\boldsymbol{B} = \boldsymbol{\mathcal{G}}\boldsymbol{A}$ と表しているものもあるが，正規直交基底を用いて展開する際に，

$$\boldsymbol{\mathcal{G}}\boldsymbol{A} = \mathcal{G}_{ijkl}(\boldsymbol{e}_i \otimes \boldsymbol{e}_j \otimes \boldsymbol{e}_k \otimes \boldsymbol{e}_l)\{A_{mn}(\boldsymbol{e}_m \otimes \boldsymbol{e}_n)\} = \mathcal{G}_{ijkl}A_{mn}(\boldsymbol{e}_i \otimes \boldsymbol{e}_j \otimes \boldsymbol{e}_k \otimes \boldsymbol{e}_n)(\boldsymbol{e}_l \cdot \boldsymbol{e}_m)$$
$$= \mathcal{G}_{ijkm}A_{mn}(\boldsymbol{e}_i \otimes \boldsymbol{e}_j \otimes \boldsymbol{e}_k \otimes \boldsymbol{e}_n)$$

のように，線形変換 $\boldsymbol{B} = \boldsymbol{\mathcal{G}}\boldsymbol{A}$ が4階テンソルになるという間違った結果を導きかねない．そのため，本書では式 (1.70) のように表す．これにより，2階テンソルの線形変換であることを示す．

$$f(\boldsymbol{x}) = f(x_1, x_2, x_3) \tag{1.74}$$

のように空間座標 (x_1, x_2, x_3) の多変数関数として具体的な形が与えられる．

連続体力学では，スカラー場だけでなくベクトル場やテンソル場によって，点に付随するさまざまな物理量を考えている．この場合も，位置 $\boldsymbol{x}$ を指定すると一つのベクトルやテンソルが定まるだけであり，スカラー場と同様に考えればよい．

1.3.2 勾　配 □□

スカラー場 $f(\boldsymbol{x})$ については，しばしば値そのものでなく，位置のずれによる値の変化が興味の対象となる．その際，変化を知る手がかりとしては，空間座標 (x_1, x_2, x_3) の関数であるから，それぞれに関する三つの**偏導関数**（**偏微分係数**）を考える．

$$\frac{\partial f}{\partial x_1}, \quad \frac{\partial f}{\partial x_2}, \quad \frac{\partial f}{\partial x_3} \quad \Longleftrightarrow \quad \frac{\partial f}{\partial x_i} \tag{1.75}$$

これらは位置 $\boldsymbol{x}$ における基底方向ごとの変化の割合である．スカラー場 $f(\boldsymbol{x})$ について，これら三つの偏導関数を成分にもつ次のようなベクトル

$$\begin{aligned} \operatorname{grad} f = \nabla_x f = \frac{\partial f}{\partial \boldsymbol{x}} &= \frac{\partial f}{\partial x_1}\boldsymbol{e}_1 + \frac{\partial f}{\partial x_2}\boldsymbol{e}_2 + \frac{\partial f}{\partial x_3}\boldsymbol{e}_3 = \frac{\partial f}{\partial x_i}\boldsymbol{e}_i \\ &\Longrightarrow \quad \frac{\partial f}{\partial x_i} \quad \Longleftrightarrow \quad \begin{Bmatrix} \partial f/\partial x_1 \\ \partial f/\partial x_2 \\ \partial f/\partial x_3 \end{Bmatrix} \end{aligned} \tag{1.76}$$

をスカラー場 $f(\boldsymbol{x})$ の**勾配**または**勾配ベクトル**という[†1]．式 (1.76) から，f を消去した

$$\nabla_x = \frac{\partial}{\partial x_1}\boldsymbol{e}_1 + \frac{\partial}{\partial x_2}\boldsymbol{e}_2 + \frac{\partial}{\partial x_3}\boldsymbol{e}_3 \quad \Longrightarrow \quad \frac{\partial}{\partial x_i} \quad \Longleftrightarrow \quad \begin{Bmatrix} \partial/\partial x_1 \\ \partial/\partial x_2 \\ \partial/\partial x_3 \end{Bmatrix} \tag{1.77}$$

は，その右側に書かれたスカラー値関数に対して作用して，スカラー値関数の変化に関する情報を取り出す機能を有している．これを**ナブラ演算子**という．ナブラ演算子は，スカラー値関数に作用してベクトルを作る[†2]．

3 次元空間上のスカラー値関数は紙の上では描けないので，図 1.13 に示すような 2 次元空間上のスカラー場 $f(\boldsymbol{x}) = f(x_1, x_2)$ を考える．スカラー場 $f(\boldsymbol{x})$ が与えられて

---

†1 ∇_x の指標 x は変数 $\boldsymbol{x} = (x_1, x_2, x_3)$ についての偏導関数であることを示すが，変数が明らかな場合には省略する．

†2 スカラー場の勾配は，ナブラ演算子をスカラー値関数 $f(x_1, x_2, x_3)$（0 階テンソル）に作用させてベクトル（1 階テンソル）を作る演算である．この演算を通して，テンソルの階数が増えている．

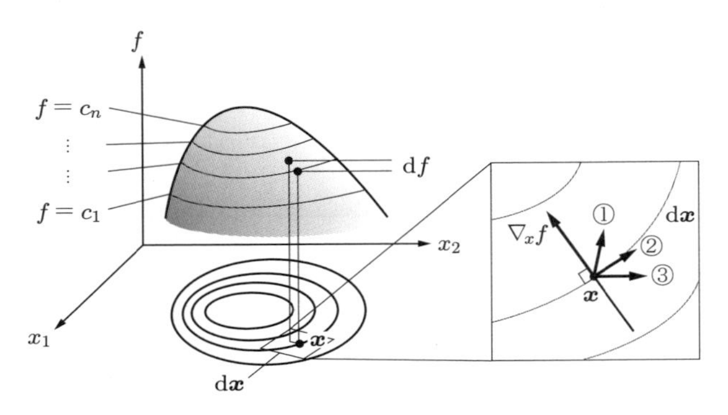

図 1.13 2次元スカラー場の勾配ベクトル

いるとき，

$$f(\boldsymbol{x}) = c_i \qquad (c_i\text{は任意定数}) \tag{1.78}$$

を満たす点 $\boldsymbol{x}$ の集合は，図のように，2次元平面における地図の等高線のような曲線群†を描く．点 $\boldsymbol{x}$ における勾配ベクトル $\nabla_x f(\boldsymbol{x})$ は，その点を通る等高線に垂直かつ関数値が増加する方向のベクトルになる．そして，その大きさは，定義式に見るとおり，$f(\boldsymbol{x})$ の変化の大きさを表す．

ここで，点 $\boldsymbol{x} = (x_1, x_2)$ から $\boldsymbol{x} + \Delta\boldsymbol{x} = (x_1 + \Delta x_1, x_2 + \Delta x_2)$ へ移動したときのスカラー場 $f(\boldsymbol{x})$ の変化を考えると，テイラー展開によって

$$\begin{aligned}\Delta f &= f(x_1 + \Delta x_1, x_2 + \Delta x_2) - f(x_1, x_2)\\ &= \frac{\partial f}{\partial x_1}\Delta x_1 + \frac{\partial f}{\partial x_2}\Delta x_2 + O(\|\Delta\boldsymbol{x}\|^2)\end{aligned} \tag{1.79}$$

となる．物理現象の数学表現では，微小量の極限をとることが多く，テイラー展開中の2次以上の項 $O(\|\Delta\boldsymbol{x}\|^2)$ はいち早く消えるので考えなくてよい．式 (1.79) から $O(\|\Delta\boldsymbol{x}\|^2)$ を消去したものを f の**全微分**という．したがって，$\|\boldsymbol{x}\| \to 0$ としたとき，$f(\boldsymbol{x})$ の変化を表す全微分を $\mathrm{d}f$ として，

$$\mathrm{d}f = \frac{\partial f}{\partial x_1}\mathrm{d}x_1 + \frac{\partial f}{\partial x_2}\mathrm{d}x_2 \tag{1.80}$$

で表す．さらに，勾配ベクトルを用いて表せば，

$$\mathrm{d}f = \frac{\partial f}{\partial x_1}\mathrm{d}x_1 + \frac{\partial f}{\partial x_2}\mathrm{d}x_2 = \frac{\partial f}{\partial \boldsymbol{x}} \cdot \mathrm{d}\boldsymbol{x} = \nabla_x f \cdot \mathrm{d}\boldsymbol{x} \tag{1.81}$$

† 3次元空間では曲面群（等関数値曲面群）になる．3次元空間について考えるときは，適宜，読みかえてほしい．

であり，点 $\boldsymbol{x}$ における勾配ベクトル $\nabla_x f$ と，$\boldsymbol{x}$ からの微小移動量を示す微分ベクトル[†] $\mathrm{d}\boldsymbol{x}$ との内積にほかならない．すなわち，任意のベクトル $\mathrm{d}\boldsymbol{x}$ 方向の f の変化量を表す全微分 $\mathrm{d}f$ は，勾配ベクトル $\nabla_x f$ と $\mathrm{d}\boldsymbol{x}$ を内積すればわかるということである．この事実は極めて重要である．

例題 1.11 勾配ベクトルと全微分

勾配ベクトル $\nabla_x f$ と微小移動量を示す微分ベクトル $\mathrm{d}\boldsymbol{x}$ のなす角を θ とする．θ を変化させて，ベクトル $\mathrm{d}\boldsymbol{x}$ を位置 $\boldsymbol{x}$ のまわりで回したときの全微分 $\mathrm{d}f$ の値の範囲を確かめよ．

解 図 1.13 の②のように，$\mathrm{d}\boldsymbol{x}$ を等高線方向に選ぶと，その方向において f の値は変化しないので，

$$\mathrm{d}f = \nabla_x f \cdot \mathrm{d}\boldsymbol{x} = \|\nabla_x f\| \|\mathrm{d}\boldsymbol{x}\| \cos\theta = 0$$

である．すなわち，$\nabla_x f$ と $\mathrm{d}\boldsymbol{x}$ のなす角 $\theta = \pm 90°$ であり，勾配ベクトル $\nabla_x f$ は等高線と直交することがわかる．

次に，図 1.13 の①のように θ が鋭角となるように選べば，$-90° < \theta < 90°$ より，

$$\mathrm{d}f = \nabla_x f \cdot \mathrm{d}\boldsymbol{x} = \|\nabla_x f\| \|\mathrm{d}\boldsymbol{x}\| \cos\theta > 0$$

となり，f が増加する方向であることがわかる．そして，$\nabla_x f$ は f が最も増加する方向を向いており，$\nabla_x f$ と $\mathrm{d}\boldsymbol{x}$ の方向が一致する $\theta = 0$ のときに変化量 $\mathrm{d}f$ は最大になる．一方，図 1.13 の③のように，θ が鈍角になる場合は $\cos\theta < 0$ より，

$$\mathrm{d}f = \nabla_x f \cdot \mathrm{d}\boldsymbol{x} = \|\nabla_x f\| \|\mathrm{d}\boldsymbol{x}\| \cos\theta < 0$$

となり，f が減少する方向であることがわかる．

1.3.3 勾配ベクトルと物理法則 □□

スカラー場の勾配ベクトルが物理的な意味をもつ量であるとき，それを生み出す源であるという意味でスカラー場は**スカラーポテンシャル**あるいは単に**ポテンシャル**と呼ばれる．ポテンシャルとその勾配ベクトルの組み合わせはいろいろな場面で現れる．たとえば，熱伝導の問題においてはフーリエ則が

$$\boldsymbol{q} = -\lambda \nabla T \tag{1.82}$$

[†] 数学では，一般に微分形式や余接ベクトルと呼ばれる．しかし，連続体力学では，「高校数学で学ぶ微小変化量 $\mathrm{d}x$（または増分 Δx）を少し拡張して，任意方向で考えられるようにベクトルで扱う」と理解してもらえば十分である．そのため，本書では，微分形式ではなく，微分ベクトルと記す．

のように与えられる．これは熱流束ベクトル（単位時間あたりの熱移動量ベクトル）$\boldsymbol{q}$ が温度ポテンシャル $T(\boldsymbol{x})$ の勾配ベクトルの逆向きに比例して現れるという式であり，温度が高いほうから低いほうへ熱が流れるということの数式表現である．比例係数 λ は熱伝導係数と呼ばれる物質の特性値である．

よく似た式として，物質の移動拡散問題において物質が濃度の濃いほうから薄いほうへ移動することを表すフィック則

$$\boldsymbol{w} = -\mu \nabla C \tag{1.83}$$

がある．ここで，$\boldsymbol{w}$ は物質流束ベクトル，C は濃度ポテンシャル，μ は分散係数である．また，地盤の透水現象において水が高いほうから低いほうへ流れることを表すダルシー則

$$\boldsymbol{v} = -\kappa \nabla H \tag{1.84}$$

がある．ここで，$\boldsymbol{v}$ は浸透流速度ベクトル，H は水頭ポテンシャル，κ は透水係数である．このほか，重力場あるいは電場や磁場などにおいては，物体に作用する力のベクトルが，ポテンシャルの勾配で与えられる．このような力のベクトルは保存力と呼ばれる．

1.3.4 ラプラシアン

スカラー場 $f(\boldsymbol{x})$ のラプラシアンは空間変数に関する 2 階偏微分の演算として，

$$\nabla^2 f = \frac{\partial^2 f}{\partial {x_1}^2} + \frac{\partial^2 f}{\partial {x_2}^2} + \frac{\partial^2 f}{\partial {x_3}^2} \tag{1.85}$$

と定義される．この演算子 ∇^2 を**ラプラシアン**という．ラプラシアンはスカラー値関数の 2 階微分であり，関数曲面の凹凸，すなわち曲率のようなものを表す．

勾配ベクトル ∇f とナブラ演算子 ∇ を用いると，式 (1.85) は次のように展開できる．

$$\nabla^2 f = \frac{\partial^2 f}{\partial {x_1}^2} + \frac{\partial^2 f}{\partial {x_2}^2} + \frac{\partial^2 f}{\partial {x_3}^2} = \left\{ \frac{\partial}{\partial x_1} \quad \frac{\partial}{\partial x_2} \quad \frac{\partial}{\partial x_3} \right\} \begin{Bmatrix} \partial f/\partial x_1 \\ \partial f/\partial x_2 \\ \partial f/\partial x_3 \end{Bmatrix} = \nabla \cdot \nabla f \tag{1.86}$$

したがって，勾配ベクトル ∇f の変化の割合を表しており，$\nabla^2 f > 0$ のときに傾きが大きくなることを示し，$\nabla^2 f < 0$ のときに傾きが小さくなることを示す．すなわち，もとのスカラー値関数 $f(\boldsymbol{x})$ は，$\nabla^2 f > 0$ のときに下に凸であり，$\nabla^2 f < 0$ のときに

上に凸となる．これは関数 $y = f(x)$ のグラフの凹凸を表すことと一致しており，同様のイメージを考えればよい．

1.3.5 力学モデルと2階偏微分方程式

連続体力学で扱う問題の多くは，最終的に2階偏微分方程式の初期値・境界値問題に帰着する．それらは，問題の性質に応じて，楕円型，放物型，双曲型の3種類の2階偏微分方程式のいずれかになる．

楕円型偏微分方程式とは，次のような2階偏微分方程式である．

$$\nabla^2 u(\boldsymbol{x}) = f(\boldsymbol{x}) \tag{1.87}$$

ここに，$\boldsymbol{x}$ は位置ベクトルであり，f は与えられた既知の関数である．式 (1.87) は「点 $\boldsymbol{x}$ における関数曲面 $u(\boldsymbol{x})$ の局所的な曲率は所与の関数 $f(\boldsymbol{x})$ に等しい」ということである．周囲に条件を与えて内部の状態を決める問題が楕円型偏微分方程式になる．本書の主題である連続体の力のつり合いと変形の問題は，楕円型偏微分方程式に分類される．

放物型偏微分方程式とは，

$$\frac{\partial u(t, \boldsymbol{x})}{\partial t} = \nabla^2 u(t, \boldsymbol{x}) \tag{1.88}$$

のような形をした偏微分方程式をいう．左辺は関数 u の時間変化率（変化速度）だから，式 (1.88) は「点 $\boldsymbol{x}$ における関数 u の時間変化率は，その点の関数曲面の曲率に比例する」ということである．熱源に触れた物体の温度分布の時間変化や，地盤内の間隙水圧分布の変化にともなう圧密沈下のように，初期状態が時間経過とともに最終の定常状態に向かって変化する様子を調べる問題が放物型偏微分方程式に分類される．

双曲型偏微分方程式とは，次のように左辺が時間の2階微分の形になった偏微分方程式である．

$$\frac{\partial^2 u(t, \boldsymbol{x})}{\partial t^2} = \nabla^2 u(t, \boldsymbol{x}) \tag{1.89}$$

左辺の時間の2階微分は加速度を表すから，今度は「点 $\boldsymbol{x}$ における関数 u の変化の加速度は，その点の関数曲面の曲率に比例する」ということである．弦や膜の振動，波動伝播の問題などが双曲型偏微分方程式で記述される．

ほとんどの力学の問題はこれら3種類のいずれかの偏微分方程式として記述し，問題に応じた境界条件・初期条件を与えてそれを解く．しかし，実際はそれらの偏微分方程式は簡単には解けない．そこで，有限要素法などの近似解法を使って，計算機の力を最大限に利用して数値解を得ることになる．

1.4 指標表記を用いた演算の演習

連続体力学を学ぶうえでは，指標表記による演算を会得しておくとよい．ここでは，テンソル演算の例題を通して，指標表記による演算に慣れてほしい．

例題 1.12 行列式と置換記号の性質

2階テンソル $\boldsymbol{A}$ の表現行列 $[A]$（3次正方行列）について，その行列式 $\det \boldsymbol{A} = \det[A]$ を指標表記で表せ．

解 まず，たすき掛け（サラスの方法）などにより行列式を計算すると，次のようになる．

$$\det[A] = A_{11}A_{22}A_{33} + A_{31}A_{12}A_{23} + A_{21}A_{32}A_{13} \\ - A_{33}A_{21}A_{12} - A_{23}A_{32}A_{11} - A_{13}A_{22}A_{31}$$

次に，各項において，行番号（前の指標）を 1, 2, 3 の順に並べて，項の符号と列番号（後ろの指標）の並びに着目して上式を整理する．すると，右辺1行目は各項の符号は「+」であり，列番号が $1, 2, 3, 1, \cdots$ の順に現れている．また，右辺2行目は列番号が $3, 2, 1, 3, \cdots$ の順に現れて各項の符号は「−」である．そして，その他の組み合わせが0であるから，行列式は置換記号 ϵ_{ijk} を用いて，

$$\begin{aligned} \det[A] &= A_{11}A_{22}A_{33} + A_{12}A_{23}A_{31} + A_{13}A_{21}A_{32} \\ &\quad - A_{12}A_{21}A_{33} - A_{11}A_{23}A_{32} - A_{13}A_{22}A_{31} \\ &= \epsilon_{ijk}A_{1i}A_{2j}A_{3k} \end{aligned}$$

と表すことができる．置換記号 ϵ_{ijk} は，行列式の演算と密接な関係があることがわかる．

なお，上式を列番号が 1, 2, 3 の順になるように並べ替えて，行番号の順番に着目すると，

$$\begin{aligned} \det[A] &= A_{11}A_{22}A_{33} + A_{31}A_{12}A_{23} + A_{21}A_{32}A_{13} \\ &\quad - A_{21}A_{12}A_{33} - A_{11}A_{32}A_{23} - A_{31}A_{22}A_{13} \\ &= \epsilon_{ijk}A_{i1}A_{j2}A_{k3} = \det[A]^T \end{aligned}$$

となり，次の関係が成立する．

$$\det[A] = \epsilon_{ijk}A_{1i}A_{2j}A_{3k} = \epsilon_{ijk}A_{i1}A_{j2}A_{k3} = \det[A]^T$$

また，上式と置換記号 ϵ_{ijk} を用いた外積の式 (1.21) を見比べると，デカルト座標

系における二つのベクトル $\boldsymbol{u} = \{u_1 \quad u_2 \quad u_3\}^T$, $\boldsymbol{v} = \{v_1 \quad v_2 \quad v_3\}^T$ の外積は，次のような行列式の計算に一致する．

$$\boldsymbol{u} \times \boldsymbol{v} = \epsilon_{ijk} u_j v_k \boldsymbol{e}_i = \det \begin{bmatrix} \boldsymbol{e}_1 & \boldsymbol{e}_2 & \boldsymbol{e}_3 \\ u_1 & u_2 & u_3 \\ v_1 & v_2 & v_3 \end{bmatrix} = \begin{vmatrix} \boldsymbol{e}_1 & \boldsymbol{e}_2 & \boldsymbol{e}_3 \\ u_1 & u_2 & u_3 \\ v_1 & v_2 & v_3 \end{vmatrix}$$

例題 1.13 スカラー 3 重積と行列式

デカルト座標系において，同じ始点を有する三つの数ベクトル $\boldsymbol{a} = \{a_1 \quad a_2 \quad a_3\}^T$, $\boldsymbol{b} = \{b_1 \quad b_2 \quad b_3\}^T$, $\boldsymbol{c} = \{c_1 \quad c_2 \quad c_3\}^T$ が作る平行六面体の体積を指標表記により計算せよ．

解 図 1.14 に示すように，外積 $\boldsymbol{b} \times \boldsymbol{c}$ は二つのベクトルが作る平行四辺形の面積 S をもつ面に垂直なベクトルになる．また，内積はベクトル間の射影を与えるので，外積で得たベクトルともう一つのベクトル $\boldsymbol{a}$ の内積を計算すれば，その絶対値は底面積 S と高さ h の積であり，平行六面体の体積（スカラー）が計算できる．この演算をベクトルの**スカラー 3 重積**という．

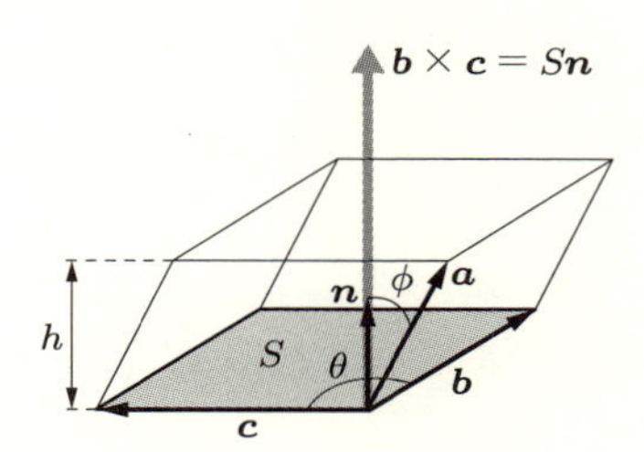

図 1.14 スカラー 3 重積と平行六面体と体積

この手順を，指標表記を用いて計算すると，外積 $\boldsymbol{b} \times \boldsymbol{c}$ とベクトル $\boldsymbol{c}$ の内積である平行六面体の体積は，

$$\begin{aligned} \boldsymbol{a} \cdot (\boldsymbol{b} \times \boldsymbol{c}) &= (a_l \boldsymbol{e}_l) \cdot (\epsilon_{ijk} b_j c_k \boldsymbol{e}_i) = \epsilon_{ijk} b_j c_k a_l (\boldsymbol{e}_i \cdot \boldsymbol{e}_l) = \epsilon_{ijk} a_l b_j c_k \delta_{il} \\ &= \epsilon_{ijk} a_i b_j c_k \end{aligned}$$

のように計算できる．ここで，ベクトル $\boldsymbol{a}, \boldsymbol{b}, \boldsymbol{c}$ の代わりに，それぞれの成分を 3 次正方行列 $[A]$ に並べることを考える．上式は，$a_i = A_{i1}$, $b_j = A_{j2}$, $c_k = A_{k3}$ として，

$$\boldsymbol{a}\cdot(\boldsymbol{b}\times\boldsymbol{c}) = \epsilon_{ijk}A_{i1}A_{j2}A_{k3}$$

となる．これは【例題 1.12】にあるように 3 次正方行列 $[A]$ の行列式 $\det[A]$ にほかならない．そのため，スカラー 3 重積は次のように記述されることが多い．

$$|\boldsymbol{a},\boldsymbol{b},\boldsymbol{c}| = \boldsymbol{a}\cdot(\boldsymbol{b}\times\boldsymbol{c})$$

スカラー 3 重積では，外積を含む演算であるため，三つのベクトルを並べる順番に依存して符号が変化する．そのような符号の性質は，$\boldsymbol{a}=\boldsymbol{a}_1, \boldsymbol{b}=\boldsymbol{a}_2, \boldsymbol{c}=\boldsymbol{a}_3$ として，

$$|\boldsymbol{a}_i,\boldsymbol{a}_j,\boldsymbol{a}_k| = \epsilon_{ijk}|\boldsymbol{a}_1,\boldsymbol{a}_2,\boldsymbol{a}_3|$$

という関係式で表すことができる．この関係式から，スカラー 3 重積に関する次の公式が導ける．

$$|\boldsymbol{B}\boldsymbol{a},\boldsymbol{B}\boldsymbol{b},\boldsymbol{B}\boldsymbol{c}| = \det\boldsymbol{B}|\boldsymbol{a},\boldsymbol{b},\boldsymbol{c}|$$

ここで，$\boldsymbol{B}$ は何らかの線形変換を表す 2 階テンソルである．その証明は次のとおりである．

$$\begin{aligned}|\boldsymbol{B}\boldsymbol{a},\boldsymbol{B}\boldsymbol{b},\boldsymbol{B}\boldsymbol{c}| &= |\boldsymbol{B}(a_i\boldsymbol{e}_i),\boldsymbol{B}(b_j\boldsymbol{e}_j),\boldsymbol{B}(c_k\boldsymbol{e}_k)| = a_ib_jc_k|\boldsymbol{B}\boldsymbol{e}_i,\boldsymbol{B}\boldsymbol{e}_j,\boldsymbol{B}\boldsymbol{e}_k| \\ &= \epsilon_{ijk}a_ib_jc_k|\boldsymbol{B}\boldsymbol{e}_1,\boldsymbol{B}\boldsymbol{e}_2,\boldsymbol{B}\boldsymbol{e}_3| = (|\boldsymbol{a},\boldsymbol{b},\boldsymbol{c}|)(|\boldsymbol{B}\boldsymbol{e}_1,\boldsymbol{B}\boldsymbol{e}_2,\boldsymbol{B}\boldsymbol{e}_3|)\end{aligned}$$

さらに同様にして，

$$\begin{aligned}|\boldsymbol{B}\boldsymbol{e}_1,\boldsymbol{B}\boldsymbol{e}_2,\boldsymbol{B}\boldsymbol{e}_3| &= |B_{p1}\boldsymbol{e}_p,B_{q2}\boldsymbol{e}_q,B_{r3}\boldsymbol{e}_r| = B_{p1}B_{q2}B_{r3}|\boldsymbol{e}_p,\boldsymbol{e}_q,\boldsymbol{e}_r| \\ &= \epsilon_{pqr}B_{p1}B_{q2}B_{r3}|\boldsymbol{e}_1,\boldsymbol{e}_2,\boldsymbol{e}_3| = \det\boldsymbol{B} \quad (\because |\boldsymbol{e}_1,\boldsymbol{e}_2,\boldsymbol{e}_3|=1)\end{aligned}$$

となるので，もとの式に戻せば上記の公式が導かれる．ヤコビアン J の導出†などで利用するので，併せて覚えてほしい．

例題 1.14 ナブラ演算子によるベクトルの演算

位置ベクトル $\boldsymbol{x}$，任意のベクトル $\boldsymbol{u}(\boldsymbol{x})$ について，次の演算を指標表記により計算せよ．

(1) $\mathrm{grad}\,\boldsymbol{u} = \nabla_x\boldsymbol{u}(\boldsymbol{x})$ (2) $\mathrm{grad}\,\boldsymbol{x} = \nabla_x\boldsymbol{x}$ (3) $\mathrm{div}\,\boldsymbol{u} = \nabla_x\cdot\boldsymbol{u}(\boldsymbol{x})$

解 (1) スカラー場と同様，空間内のある領域 Ω において，位置 $\boldsymbol{x}$ を指定するとベクトル $\boldsymbol{u}(\boldsymbol{x})$ がただ一つに定まるとき，$\boldsymbol{u}(\boldsymbol{x})$ を Ω を定義域とするベクトル場

† 詳しくは 3.2.3 項で説明する．

という．ベクトル場 $\boldsymbol{u}(\boldsymbol{x})$ の勾配は，ナブラ演算子とベクトル $\boldsymbol{u}$ のテンソル積のように計算できる．

$$\operatorname{grad}\boldsymbol{u} = \nabla_x \boldsymbol{u} = \frac{\partial \boldsymbol{u}}{\partial \boldsymbol{x}} = \frac{\partial u_i}{\partial x_j}(\boldsymbol{e}_i \otimes \boldsymbol{e}_j) \implies \frac{\partial u_i}{\partial x_j}$$

$$\iff \begin{bmatrix} \partial u_1/\partial x_1 & \partial u_1/\partial x_2 & \partial u_1/\partial x_3 \\ \partial u_2/\partial x_1 & \partial u_2/\partial x_2 & \partial u_2/\partial x_3 \\ \partial u_3/\partial x_1 & \partial u_3/\partial x_2 & \partial u_3/\partial x_3 \end{bmatrix}$$

すなわち，ベクトル場 $\boldsymbol{u}(\boldsymbol{x})$ の勾配は $\mathrm{d}\boldsymbol{x}$ をベクトル場の全微分 $\mathrm{d}\boldsymbol{u}$ に変換する線形変換作用素としての 2 階テンソルになる．

(2) 位置ベクトル $\boldsymbol{x}$ の勾配は，(1) と同様にして，次のように計算できる．

$$\operatorname{grad}\boldsymbol{x} = \nabla_x \boldsymbol{x} = \frac{\partial \boldsymbol{x}}{\partial \boldsymbol{x}} = \frac{\partial x_i}{\partial x_j}(\boldsymbol{e}_i \otimes \boldsymbol{e}_j) \implies \frac{\partial x_i}{\partial x_j}$$

$$\iff \begin{bmatrix} \partial x_1/\partial x_1 & \partial x_1/\partial x_2 & \partial x_1/\partial x_3 \\ \partial x_2/\partial x_1 & \partial x_2/\partial x_2 & \partial x_2/\partial x_3 \\ \partial x_3/\partial x_1 & \partial x_3/\partial x_2 & \partial x_3/\partial x_3 \end{bmatrix}$$

このとき，得られた 2 階テンソルの成分は具体的に計算できて，

$$\begin{bmatrix} \partial x_1/\partial x_1 & \partial x_1/\partial x_2 & \partial x_1/\partial x_3 \\ \partial x_2/\partial x_1 & \partial x_2/\partial x_2 & \partial x_2/\partial x_3 \\ \partial x_3/\partial x_1 & \partial x_3/\partial x_2 & \partial x_3/\partial x_3 \end{bmatrix} = \begin{bmatrix} 1 & 0 & 0 \\ 0 & 1 & 0 \\ 0 & 0 & 1 \end{bmatrix}$$

となり，最終的に次の対応関係が成り立つ．

$$\operatorname{grad}\boldsymbol{x} = \nabla_x \boldsymbol{x} = \frac{\partial x_i}{\partial x_j}(\boldsymbol{e}_i \otimes \boldsymbol{e}_j) = \delta_{ij}(\boldsymbol{e}_i \otimes \boldsymbol{e}_j) \implies \frac{\partial x_i}{\partial x_j} = \delta_{ij}$$

(3) ベクトル場 $\boldsymbol{u}(\boldsymbol{x})$ の発散は，次式で定義できる．

$$\operatorname{div}\boldsymbol{u} = \nabla_x \cdot \boldsymbol{u} = \frac{\partial u_i}{\partial x_j}\boldsymbol{e}_i \cdot \boldsymbol{e}_j = \frac{\partial u_i}{\partial x_j}\delta_{ij} = \frac{\partial u_1}{\partial x_1} + \frac{\partial u_2}{\partial x_2} + \frac{\partial u_3}{\partial x_3} = \frac{\partial u_i}{\partial x_i}$$

すなわち，ナブラ演算子とベクトル $\boldsymbol{u}$ の内積のような演算である．

以上のように，勾配 grad や発散 div は，ナブラ演算子 ∇ をベクトルと見なすことで，テンソル積 $(\nabla \otimes *)$ や内積 $(\nabla \cdot *)$ のように計算できる．なお，ベクトル $\boldsymbol{u}$ の回転 rot は外積 $(\nabla \times *)$ のような演算（別のベクトルが得られる演算）であり，指標表記を用いると置換記号 ϵ_{ijk} を含む式で表される．

$$\operatorname{rot}\boldsymbol{u} = \nabla_x \times \boldsymbol{x} = \epsilon_{ijk}\frac{\partial u_k}{\partial x_j}\boldsymbol{e}_i \implies \epsilon_{ijk}\frac{\partial u_k}{\partial x_j}$$

例題 1.15　指標表記によるテンソル解析の実際

ベクトル $\boldsymbol{u}, \boldsymbol{v}$，2 階テンソル $\boldsymbol{A}, \boldsymbol{B}, \boldsymbol{C}$ について，次のようにボールド表記で表される演算がある．それぞれを指標表記により表せ．

(1) $\boldsymbol{A}^T\boldsymbol{u}$　(2) $\boldsymbol{AB}$　(3) $\boldsymbol{ABu}$　(4) $\boldsymbol{A}^T\boldsymbol{B}$
(5) $\boldsymbol{A}^T\boldsymbol{Bu}$　(6) $\boldsymbol{AB}^T$　(7) $\boldsymbol{AB}^T\boldsymbol{u}$　(8) $\boldsymbol{ABC}$
(9) $\boldsymbol{A}^T\boldsymbol{BC}$　(10) $\boldsymbol{AB}^T\boldsymbol{C}$　(11) $\boldsymbol{ABC}^T$　(12) $\boldsymbol{Au}\cdot\boldsymbol{v}$
(13) $\boldsymbol{u}\cdot\boldsymbol{Av}$　(14) $(\boldsymbol{Au})\cdot(\boldsymbol{Bv})$　(15) $\boldsymbol{I} : \left(\boldsymbol{A}^T\boldsymbol{B}\right)$

（ヒント）$\boldsymbol{Au} \Longrightarrow [A]\{u\} \Longrightarrow A_{ij}u_j$ の変換が自在に計算できるとよい．

例題 1.16　指標表記によるテンソル解析の実際

ベクトル $\boldsymbol{u}, \boldsymbol{v}$，2 階テンソル $\boldsymbol{A}, \boldsymbol{B}, \boldsymbol{C}$ について，次のように指標表記で表される演算がある．それぞれをボールド表記で表せ．

(1) $A_{ji}u_j$　(2) $A_{ik}B_{kj}$　(3) $A_{ik}B_{kj}u_j$　(4) $A_{ki}B_{kj}$
(5) $A_{ki}B_{kj}u_j$　(6) $A_{ik}B_{jk}$　(7) $A_{ik}B_{jk}u_j$　(8) $A_{ik}B_{kl}C_{lj}$
(9) $A_{ki}B_{kl}C_{lj}$　(10) $A_{ik}B_{lk}C_{lj}$　(11) $A_{ik}B_{kl}C_{jl}$　(12) $A_{ij}u_jv_i$
(13) $u_iA_{ij}v_j$　(14) $A_{ij}u_jB_{ik}v_k$　(15) $\delta_{ij}A_{ki}B_{kj}$

（ヒント）$A_{ij}u_j \Longrightarrow [A]\{u\} \Longrightarrow \boldsymbol{Au}$ の変換が自在に計算できるとよい．

解　【例題 1.15】の解が【例題 1.16】の問題文に示す指標表記である．一方，【例題 1.16】の解が【例題 1.15】の問題文に示すボールド表記の演算となる．見比べながら指標表記による演算に慣れてほしい．なお，(15) については，

$$\boldsymbol{I} : \left(\boldsymbol{A}^T\boldsymbol{B}\right) = \mathrm{tr}\left(\boldsymbol{A}^T\boldsymbol{B}\right) = \boldsymbol{A} : \boldsymbol{B}$$

と整理することができて，指標表記では次のようになる．

$$\delta_{ij}A_{ki}B_{kj} = A_{kj}B_{kj}$$

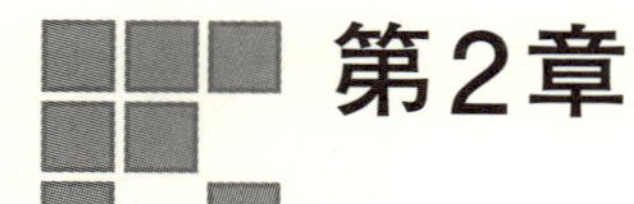

第2章 コーシー応力

連続体力学を学ぶにあたって，コーシー応力テンソルの概念は欠くことのできないものである．しかし，連続体力学における応力の定義は，初等材料力学や構造力学における定義とやや異なるものに見え，初学者をしばしば困惑させる．この章では，コーシー応力テンソルの定義とその性質を解説する際に，コーシー応力テンソルを線形変換作用素としてとらえて，コーシー応力テンソルの物理的な意味は線形変換の結果から説明するように努めた．これにより，初等材料力学や構造力学における応力との関連性や，幾何学的なイメージを通じたコーシー応力テンソルの理解が可能となる．

2.1 連続体内部に生じる力

2.1.1 コーシーの応力原理

ニュートンの運動法則によれば，物体に作用する力がつり合うとき，物体は静止しているか，等速直線運動をしている[†1]．静止（または等速直線運動）している物体からその一部分を抜き出すと，当然ながらその部分も静止（または等速直線運動）している．したがって，力がつり合っている物体においては，その任意の部分に作用する力もつり合っていることになる．

物体に力が作用すると，物体内部にはそれに抵抗する力（内力）が生じる．力学では，注目する部分を仮想的に切り出して，任意部分の力のつり合いから，そこに作用する未知の力を取り出す．初等材料力学や構造力学では，棒や板のような形状の物体を対象にして，図 1.1 に示すような軸に垂直な断面を仮定する．その断面に作用する内力が，軸力，せん断力，曲げモーメントあるいはトルクなどの部材力（断面力）であり，それらの部材力によって単位面積あたりに作用する力が応力である．連続体においても同様に，断面を仮定して，その断面に分布する力に着目してみよう．

図 2.1 に示すように，ある物体が断面 S によって V_1，V_2 に分けられるとする．断面 S で分けられる二つの部分のうち，注目する部分から見て，断面 S に**外向き単位法線ベクトル** $\boldsymbol{n}$ を立てると，外向き単位法線ベクトルの向きに応じて注目する部分を判別できる[†2]．V_1，V_2 のうち，注目する部分を V_2 とする場合，外向き単位法線ベクト

[†1] 静止とは速度 0 の等速直線運動と見なせる．

[†2] 形から自明には決まらない断面を特定するための連続体力学特有のルールである．

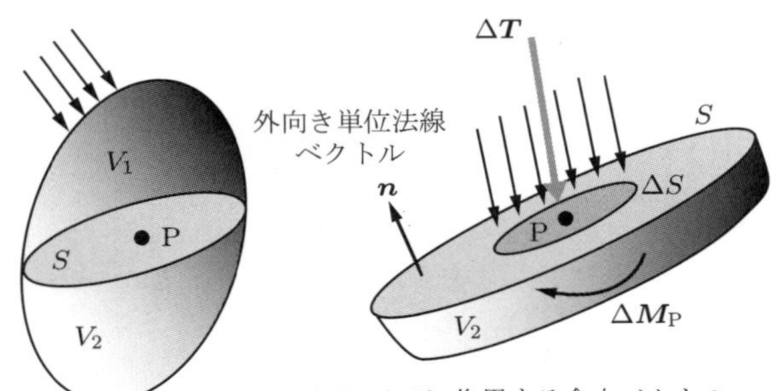

$\Delta \boldsymbol{T}$：ΔS に作用する合力ベクトル
$\Delta \boldsymbol{M}_{\mathrm{P}}$：$\Delta S$ に作用する点 P まわりの力のモーメント

$$\Delta S \to 0 \text{ とすると} \begin{cases} \dfrac{\Delta \boldsymbol{T}}{\Delta S} \to \boldsymbol{t}^{(\boldsymbol{n})} & \text{：ある有限ベクトル（表面力ベクトル）に収束} \\ \Delta \boldsymbol{M}_{\mathrm{P}} \to 0 & \text{：点 P まわりの力のモーメントは消える} \end{cases}$$

図 2.1　コーシーの応力原理

ル $\boldsymbol{n}$ は，断面 S から V_1 に向かって垂直に立つ．V_2 には，断面 S を介して V_1 が力を及ぼしている．

連続体力学で扱う物体はさまざまな形をしており，初等材料力学や構造力学のように形から自明には，お決まりの断面を決められない．そこで，力のつり合いを考えながら，任意部分を限りなく小さくすることで，断面 S 上の点 P に作用する力の状態を考える．

図 2.1 において，点 P 近傍の微小面積 ΔS に作用する分布力の合力ベクトルを $\Delta \boldsymbol{T}$ とすると，微小面積 ΔS に作用する単位面積あたりの平均の力は $\Delta \boldsymbol{T}/\Delta S$ で与えられる．また，ΔS に作用する分布力は必ずしも一様ではなく，点 P も ΔS の重心とは限らないので，点 P まわりの力のモーメントを $\Delta \boldsymbol{M}_{\mathrm{P}}$ とする．そして，微小面積 ΔS をどんどん小さくすると，$\Delta \boldsymbol{T}/\Delta S$ や $\Delta \boldsymbol{M}_{\mathrm{P}}$ について，次の二つの命題が成り立つとする．

- $\Delta S \to 0$ の極限として，点 P に作用する単位面積あたりの平均の内力ベクトルがある有限ベクトル $\boldsymbol{t}^{(\boldsymbol{n})}$ に収束する．

$$\lim_{\Delta S \to 0} \frac{\Delta \boldsymbol{T}}{\Delta S} = \boldsymbol{t}^{(\boldsymbol{n})} \tag{2.1}$$

- $\Delta S \to 0$ の極限において，点 P まわりの力のモーメントが 0 となる†．

$$\lim_{\Delta S \to 0} \Delta \boldsymbol{M}_{\mathrm{P}} = \boldsymbol{0} \tag{2.2}$$

† ΔS の極限において力のモーメントが 0 とならないとする考え方もある．本書では，極限では長さが 0 に近付いて力のモーメントは 0 になるという，コーシーの応力原理によるこの命題を受け入れる．

この二つの命題を併せて**コーシーの応力原理**という．

式 (2.1) で定義される $\boldsymbol{t}^{(\boldsymbol{n})}$ を**表面力ベクトル**[†1]と呼ぶ．表面力ベクトル $\boldsymbol{t}^{(\boldsymbol{n})}$ は，部分 V_1 が断面 S を介して部分 V_2 側の点 P に作用する内力である[†2]．表面力ベクトルは単位面積あたりの力として定義され，その次元は圧力と同じ（たとえば [Pa]）である．

2.1.2 任意の断面に作用する表面力ベクトル □□

連続体力学においても，連続体に断面を仮定すれば，点 P に作用する内力として表面力ベクトル $\boldsymbol{t}^{(\boldsymbol{n})}$ を取り出すことができる．しかし，点 P を通る断面は無数に存在するため，点 P の表面力ベクトル $\boldsymbol{t}^{(\boldsymbol{n})}$ も無数に存在する．そこで，あるデカルト座標系（基底 $[\boldsymbol{e}_1, \boldsymbol{e}_2, \boldsymbol{e}_3]$）を導入して，点 P を通る任意の断面に作用する表面力ベクトル $\boldsymbol{t}^{(\boldsymbol{n})}$ が満たすべき条件を明らかにする．

点 P 近傍において，図 2.2 に示す微小な四面体の力のつり合いを考える．四面体は，任意の外向き単位法線 ベクトル $\boldsymbol{n}$ の面 ABC と，三つの座標系に垂直な面 PCB，PAC，PBA からなる．三角形 ABC，PCB，PAC，PBA の面積をそれぞれ $\Delta S, \Delta S_1, \Delta S_2, \Delta S_3$，四面体の体積を ΔV と表す．そして，注目する四面体から見て外向きに単位法線ベクトルを立てる連続体力学特有のルールを適用すると，それぞれの面に作用する表面力ベクトルは $\boldsymbol{t}^{(\boldsymbol{n})}$, $\boldsymbol{t}^{(-\boldsymbol{e}_1)}$, $\boldsymbol{t}^{(-\boldsymbol{e}_2)}$, $\boldsymbol{t}^{(-\boldsymbol{e}_3)}$ と表される．四面体が微小であることから，四つの面に作用する表面力の合力は，表面力ベクトルに面積を掛けて $\boldsymbol{t}^{(\boldsymbol{n})}\Delta S$ のようになる．

微小四面体の密度 ρ，単位体積あたりの加速度ベクトル $\boldsymbol{a}$，体積力（重力加速度）ベ

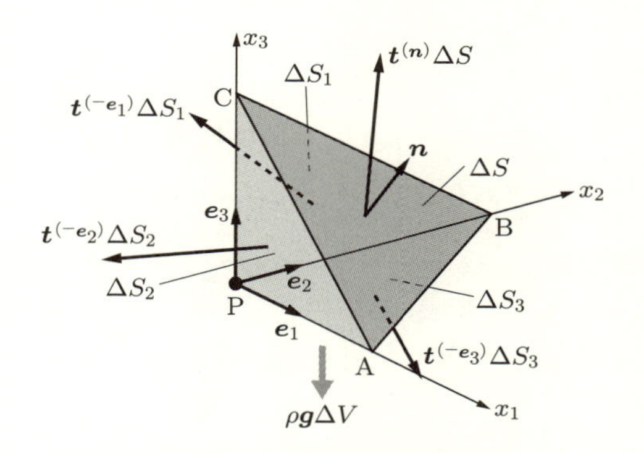

図 2.2 微小四面体に作用する力のつり合い

---

†1 書籍によっては，応力ベクトルや牽引力（トラクション）とも呼ばれる．

†2 連続体力学では，断面 S に関する情報を外向き単位法線ベクトル $\boldsymbol{n}$ にもたせる．添え字 $(\boldsymbol{n})$ は断面 S に作用する表面力ベクトルであることを示す．

クトル $\boldsymbol{g}$ とすれば，この微小四面体におけるニュートンの第2法則[†]は，

$$\boldsymbol{t}^{(\boldsymbol{n})}\Delta S + \boldsymbol{t}^{(-\boldsymbol{e}_1)}\Delta S_1 + \boldsymbol{t}^{(-\boldsymbol{e}_2)}\Delta S_2 + \boldsymbol{t}^{(-\boldsymbol{e}_3)}\Delta S_3 + \rho\boldsymbol{g}\Delta V \fallingdotseq \rho\boldsymbol{a}\Delta V \tag{2.3}$$

で与えられる．ここで，面の表裏に作用する表面力は作用・反作用の関係にあることから，

$$\boldsymbol{t}^{(-\boldsymbol{e}_i)} = -\boldsymbol{t}^{(\boldsymbol{e}_i)} \qquad (i = 1, 2, 3) \tag{2.4}$$

が成り立つ．また，座標軸に垂直な三角形 PCB，PAC，PBA は，三角形 ABC の x_i 軸 $(i = 1, 2, 3)$ に垂直な平面への射影面である．したがって，座標軸に垂直な三つの面の面積 $\Delta S_i\ (i = 1, 2, 3)$ は，ΔS を用いて次のように表される．

$$\Delta S_i = \Delta S(\boldsymbol{n} \cdot \boldsymbol{e}_i) = n_i \Delta S \qquad (i = 1, 2, 3) \tag{2.5}$$

ここで，n_i は外向き単位法線ベクトルの成分である．

式 (2.4)，(2.5) を式 (2.3) に代入して整理すると，次のように書き換えられる．

$$\boldsymbol{t}^{(\boldsymbol{n})} - \boldsymbol{t}^{(\boldsymbol{e}_1)}n_1 - \boldsymbol{t}^{(\boldsymbol{e}_2)}n_2 - \boldsymbol{t}^{(\boldsymbol{e}_3)}n_3 - \rho(\boldsymbol{a} - \boldsymbol{g})\frac{\Delta V}{\Delta S} \fallingdotseq \boldsymbol{0} \tag{2.6}$$

有限な体積の物体において体積力や表面力は位置によって変化するため，式 (2.6) は近似式としているが，体積が無限小に近付くほど等式に近付く．そこで，微小四面体の体積を $\Delta V \to 0$ とすると，体積のほうが面積よりも早く 0 に収束して $\Delta V/\Delta S \to 0$ となり，

$$\boldsymbol{t}^{(\boldsymbol{n})} = \boldsymbol{t}^{(\boldsymbol{e}_1)}n_1 + \boldsymbol{t}^{(\boldsymbol{e}_2)}n_2 + \boldsymbol{t}^{(\boldsymbol{e}_3)}n_3 \tag{2.7}$$

という関係式が得られる．これは，点 P を通る任意方向の面に作用する表面力ベクトル $\boldsymbol{t}^{(\boldsymbol{n})}$ が，面の外向き単位法線ベクトル $\boldsymbol{n}$ と，座標軸に垂直な面に現れる表面力ベクトル $\boldsymbol{t}^{(\boldsymbol{e}_1)}, \boldsymbol{t}^{(\boldsymbol{e}_2)}, \boldsymbol{t}^{(\boldsymbol{e}_3)}$ から求められるということを表している．

例題 2.1 射影面の面積

正規直交基底 $\boldsymbol{e}_i\ (i = 1, 2, 3)$ で張られる 3 次元空間に，点 P(0, 0, 0)，点 A(2, 0, 0)，点 B(0, 1, 0)，点 C(0, 0, 1) を頂点にもつ四面体 PABC がある．以下の問いに答えよ．

(1) 三角形 PAB，PAC，PBC の面積をそれぞれ求めよ．

(2) 三角形 ABC の面積 ΔS と外向き単位法線ベクトル $\boldsymbol{n}$ を求めよ．

(3) 基底 $\boldsymbol{e}_i\ (i = 1, 2, 3)$ を単位法線ベクトルにもつ面への三角形 ABC の射影面

---

† オイラーの第 1 運動法則とも呼ばれる．オイラーは，質点と区別して体積のある物体を定義して，その運動法則が質点の運動法則と同じように記述できることを示した．

積 ΔS_i が，三角形 ABC の面積 ΔS と外向き単位法線ベクトル $\boldsymbol{n}$ の成分を用いて

$$\Delta S_i = \Delta S(\boldsymbol{n} \cdot \boldsymbol{e}_i) = n_i \Delta S$$

で求められることを確認せよ．

解 (1) それぞれの三角形の面積は，座標値より次のように計算できる．

$$\text{PAB}: \frac{1}{2} \times 2 \times 1 = 1,\ \text{PAC}: \frac{1}{2} \times 2 \times 1 = 1,\ \text{PBC}: \frac{1}{2} \times 1 \times 1 = \frac{1}{2}$$

(2) 三角形の面積を求める公式はいくつか存在するが，ここでは線分 AB,BC,CA の長さ a, b, c を求めて，ヘロンの公式

$$S = \sqrt{s(s-a)(s-b)(s-c)} \qquad \left(s = \frac{1}{2}(a+b+c)\right)$$

を利用する．$\overrightarrow{\text{AB}} = \{-2 \quad 1 \quad 0\}^T, \overrightarrow{\text{BC}} = \{0 \quad -1 \quad 1\}^T, \overrightarrow{\text{AC}} = \{-2 \quad 0 \quad 1\}^T$ より，$a = c = \sqrt{5}, b = \sqrt{2}$ であり，ヘロンの公式へ代入すると，三角形 ABC の面積 $\Delta S = 3/2$ となる．

次に，外向き単位法線ベクトル $\boldsymbol{n}$ はベクトルの外積を利用して求める．

$$\overrightarrow{\text{AB}} \times \overrightarrow{\text{AC}} = \begin{vmatrix} \boldsymbol{e}_1 & \boldsymbol{e}_2 & \boldsymbol{e}_3 \\ -2 & 1 & 0 \\ -2 & 0 & 1 \end{vmatrix} = \boldsymbol{e}_1 + 2\boldsymbol{e}_2 + 2\boldsymbol{e}_3$$

大きさ 1 のベクトルにするため，各成分をこのベクトルの大きさ $3 = \sqrt{1^2 + 2^2 + 2^2}$ で割ると，外向き単位法線ベクトル $\boldsymbol{n}$ が次のように求められる．

$$\boldsymbol{n} = \frac{1}{3}\boldsymbol{e}_1 + \frac{2}{3}\boldsymbol{e}_2 + \frac{2}{3}\boldsymbol{e}_3$$

もしくは，成分を数ベクトルとして次のようになる．

$$\begin{Bmatrix} n_1 \\ n_2 \\ n_3 \end{Bmatrix} = \frac{1}{3} \begin{Bmatrix} 1 \\ 2 \\ 2 \end{Bmatrix}$$

なお，ベクトルの外積で求められるベクトルの大きさは，二つのベクトルを辺にもつ平行四辺形の面積である．外積により求めたベクトルの大きさを 2 で割ると，三角形 ABC の面積 $\Delta S = 3/2$ と一致する．

(3) $\boldsymbol{e}_3$ を単位法線ベクトルにもつ面へ三角形 ABC を射影すると，その影は三角形 PAB であることは容易に想像できる．また，射影面積 ΔS_3 を計算すると，

$$\Delta S_3 = \Delta S(\boldsymbol{n} \cdot \boldsymbol{e}_3) = n_3 \Delta S = \frac{2}{3} \times \frac{3}{2} = 1$$

となり，三角形PABの面積に一致する．

同様に，射影面積 $\Delta S_2, \Delta S_1$ を計算すると，

$$\Delta S_2 = \Delta S(\boldsymbol{n} \cdot \boldsymbol{e}_2) = n_2 \Delta S = \frac{2}{3} \times \frac{3}{2} = 1$$
$$\Delta S_1 = \Delta S(\boldsymbol{n} \cdot \boldsymbol{e}_1) = n_1 \Delta S = \frac{1}{3} \times \frac{3}{2} = \frac{1}{2}$$

となり，それぞれ三角形PAC，PBCの面積と確かに一致する．

2.2 コーシー応力テンソル

2.2.1 コーシーの式とコーシー応力テンソル

デカルト座標系を参照して，式(2.7)を成分表示すると，

$$\begin{Bmatrix} t_1^{(\boldsymbol{n})} \\ t_2^{(\boldsymbol{n})} \\ t_3^{(\boldsymbol{n})} \end{Bmatrix} = \begin{Bmatrix} t_1^{(\boldsymbol{e}_1)} \\ t_2^{(\boldsymbol{e}_1)} \\ t_3^{(\boldsymbol{e}_1)} \end{Bmatrix} n_1 + \begin{Bmatrix} t_1^{(\boldsymbol{e}_2)} \\ t_2^{(\boldsymbol{e}_2)} \\ t_3^{(\boldsymbol{e}_2)} \end{Bmatrix} n_2 + \begin{Bmatrix} t_1^{(\boldsymbol{e}_3)} \\ t_2^{(\boldsymbol{e}_3)} \\ t_3^{(\boldsymbol{e}_3)} \end{Bmatrix} n_3$$
$$= \begin{bmatrix} t_1^{(\boldsymbol{e}_1)} & t_1^{(\boldsymbol{e}_2)} & t_1^{(\boldsymbol{e}_3)} \\ t_2^{(\boldsymbol{e}_1)} & t_2^{(\boldsymbol{e}_2)} & t_2^{(\boldsymbol{e}_3)} \\ t_3^{(\boldsymbol{e}_1)} & t_3^{(\boldsymbol{e}_2)} & t_3^{(\boldsymbol{e}_3)} \end{bmatrix} \begin{Bmatrix} n_1 \\ n_2 \\ n_3 \end{Bmatrix} \tag{2.8}$$

のように表される．式(2.8)は，$\boldsymbol{t}^{(\boldsymbol{e}_1)}, \boldsymbol{t}^{(\boldsymbol{e}_2)}, \boldsymbol{t}^{(\boldsymbol{e}_3)}$ をそれぞれ縦にして並べた正方行列によって，面の方向を定める $\boldsymbol{n}$ を線形変換することで，その面に作用する表面力ベクトル $\boldsymbol{t}^{(\boldsymbol{n})}$ が得られることを示している．すなわち，この正方行列さえわかれば，点Pを通るあらゆる断面に作用する表面力ベクトルがわかることになる．

この正方行列において，基底ベクトル $\boldsymbol{e}_j$ を外向き単位法線ベクトルにもつ面に作用する表面力ベクトルの $\boldsymbol{e}_i$ 方向成分 $t_i^{(\boldsymbol{e}_j)} = \sigma_{ij}$ とすれば†，$\boldsymbol{t}^{(\boldsymbol{e}_j)}$ $(j = 1, 2, 3)$ は

$$\boldsymbol{t}^{(\boldsymbol{e}_j)} = \sigma_{1j}\boldsymbol{e}_1 + \sigma_{2j}\boldsymbol{e}_2 + \sigma_{3j}\boldsymbol{e}_3 = \sigma_{ij}\boldsymbol{e}_i \tag{2.9}$$

† 指標 i, j の定義は書籍によって異なる．既往の書籍の多くでは，本書と逆の定義にして $t_j^{(\boldsymbol{e}_i)} = \sigma_{ij}$ として，コーシーの式を $\boldsymbol{t}^{(\boldsymbol{n})} = \boldsymbol{\sigma}^T \boldsymbol{n}$ と転置の定義式としている．しかし，最近では，式(2.10)のような定義が採用されている．最終的には $\boldsymbol{\sigma}$ の対称性により，どちらの定義でも同じになるが，本書では線形変換作用素として理解しやすい定義を採用した．

となり，表面力ベクトル $\boldsymbol{t}^{(\boldsymbol{n})}$ は，

$$\boldsymbol{t}^{(\boldsymbol{n})} = (\sigma_{ij}\boldsymbol{e}_i)n_j = (\sigma_{ij}\boldsymbol{e}_i)\delta_{jk}n_k = \sigma_{ij}\{\boldsymbol{e}_i(\boldsymbol{e}_j \cdot \boldsymbol{e}_k)\}n_k = \{\sigma_{ij}(\boldsymbol{e}_i \otimes \boldsymbol{e}_j)\}(n_k\boldsymbol{e}_k)$$

$$\therefore\ \boldsymbol{t}^{(\boldsymbol{n})} = \boldsymbol{\sigma}\boldsymbol{n} \tag{2.10}$$

と表される．式 (2.10) を**コーシーの式**といい，式のなかに現れる 2 階テンソル $\boldsymbol{\sigma}$ を**コーシー応力テンソル**と呼ぶ．

$$\boldsymbol{\sigma} = \sigma_{ij}(\boldsymbol{e}_i \otimes \boldsymbol{e}_j) \tag{2.11}$$

ここで，コーシー応力テンソルは，対称テンソル（$\boldsymbol{\sigma} = \boldsymbol{\sigma}^T$）である（詳しくは 2.6 節，4.1.4 項で説明する）．したがって，式 (2.10) のコーシーの式は次のようになる．

$$\boldsymbol{t} = \boldsymbol{\sigma}\boldsymbol{n} = \boldsymbol{\sigma}^T\boldsymbol{n}, \quad t_i = \sigma_{ij}n_j = \sigma_{ji}n_j \tag{2.12}$$

$$\begin{Bmatrix} t_1 \\ t_2 \\ t_3 \end{Bmatrix} = \begin{bmatrix} \sigma_{11} & \sigma_{12} & \sigma_{13} \\ \sigma_{12} & \sigma_{22} & \sigma_{23} \\ \sigma_{13} & \sigma_{23} & \sigma_{33} \end{bmatrix} \begin{Bmatrix} n_1 \\ n_2 \\ n_3 \end{Bmatrix} \tag{2.13}$$

この場合，表面力ベクトル $\boldsymbol{t}$ が $\boldsymbol{n}$ を法線とする面に作用するのは明らかなので，添え字 $(\boldsymbol{n})$ は省略する．

コーシーの式は，連続体内部の点において，その点を通る面（外向き単位法線ベクトル $\boldsymbol{n}$）を指定したとき，コーシー応力テンソル $\boldsymbol{\sigma}$ による線形変換によって，その面の表面力ベクトル $\boldsymbol{t}$ が一意に決まることを示している．したがって，ある点の力は，コーシー応力テンソル $\boldsymbol{\sigma}$ によって表現できることになる．そのため，連続体力学では，点の力の状態を表す量として，コーシー応力テンソル $\boldsymbol{\sigma}$ を用いるのである．

なお，外向き単位法線ベクトルは無次元量であり，表面力ベクトルは圧力と同じ次元を有していることから，コーシー応力テンソルの各成分も圧力と同じ次元をもっている．

例題 2.2 コーシーの式の導出

式 (2.8) において「$\boldsymbol{e}_i$ を外向き単位法線ベクトルにもつ面に作用する表面力ベクトルの $\boldsymbol{e}_j$ 方向成分 $t_j^{(\boldsymbol{e}_i)} = \sigma_{ij}$」と定義した場合，式 (2.9) および式 (2.10) と同様の計算を行って，コーシーの式を導け．

解 本書でのコーシーの式 (2.10) の導出と異なり，多くの連続体力学の本で見られる σ_{ij} の定義を採用してコーシーの式を導出する．

式 (2.8) の正方行列において，基底ベクトル $\boldsymbol{e}_i$ を外向き単位法線ベクトルにも

つ面に作用する表面力ベクトルの $\boldsymbol{e}_j$ 方向成分 $t_j^{(\boldsymbol{e}_i)} = \sigma_{ij}$ とすれば，ベクトル $\boldsymbol{t}^{(\boldsymbol{e}_i)}$ $(i = 1, 2, 3)$ は，式 (1.5) のように線形結合として表される．

$$\boldsymbol{t}^{(\boldsymbol{e}_i)} = \sigma_{i1}\boldsymbol{e}_1 + \sigma_{i2}\boldsymbol{e}_2 + \sigma_{i3}\boldsymbol{e}_3 = \sigma_{ij}\boldsymbol{e}_j$$

これを式 (2.8) に当てはめると，表面力ベクトル $\boldsymbol{t}^{(\boldsymbol{n})}$ は次のように計算できる．

$$\begin{aligned}\boldsymbol{t}^{(\boldsymbol{n})} &= (\sigma_{ij}\boldsymbol{e}_j)n_i = (\sigma_{ij}\boldsymbol{e}_j)\delta_{ik}n_k = \sigma_{ij}\left\{\boldsymbol{e}_j(\boldsymbol{e}_i \cdot \boldsymbol{e}_k)\right\}n_k \\ &= \left\{\sigma_{ij}(\boldsymbol{e}_j \otimes \boldsymbol{e}_i)\right\}(n_k\boldsymbol{e}_k) \\ \therefore\ \boldsymbol{t}^{(\boldsymbol{n})} &= \boldsymbol{\sigma}^T\boldsymbol{n}\end{aligned}$$

この例題での定義の場合，$\sigma_{ij}(\boldsymbol{e}_j \otimes \boldsymbol{e}_i)$ は式 (2.11) に示す $\boldsymbol{\sigma}$ の転置テンソルであり，コーシーの式は $\boldsymbol{\sigma}^T$（転置）を含んだ式で定義される．読者によっては，こちらの式のほうが馴染みがあるかもしれない．

本書を定義を採用しても，多くの書籍の定義を採用しても，コーシー応力テンソルは，$\boldsymbol{\sigma} = \boldsymbol{\sigma}^T$ のように対称テンソルであるので，結果的に同じコーシーの式 (2.12) が得られる．ここでは，式の表記に惑わされないで，線形変換によって点の力の状態を表すというコーシー応力テンソル $\boldsymbol{\sigma}$ の機能を理解してほしい．

2.2.2 コーシー応力テンソルの成分 □□

一般に，コーシー応力テンソル $\boldsymbol{\sigma}$ の表現行列は，

$$[\sigma] = \begin{bmatrix} \sigma_{11} & \sigma_{12} & \sigma_{13} \\ \sigma_{21} & \sigma_{22} & \sigma_{23} \\ \sigma_{31} & \sigma_{32} & \sigma_{33} \end{bmatrix} \tag{2.14}$$

であり，六面体に作用する単位面積あたりの力として，図 2.3 のように図示される．

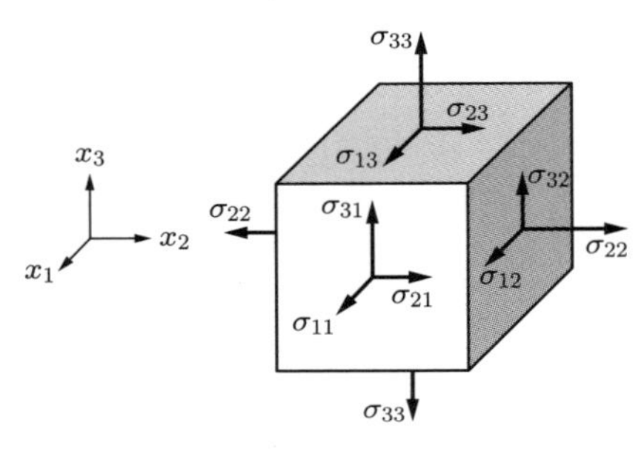

図 2.3 コーシー応力テンソルの成分

ここで，表面力ベクトルを用いて，式 (2.14) や図 2.3 の意味を考えてみる．式 (2.9) より，2 番目の添え字 j は表面力ベクトルが作用する面の法線方向 $\boldsymbol{e}_j$ を表し，1 番目の添え字 i はその表面力ベクトルの $\boldsymbol{e}_i$ 方向の成分である．導入した座標系の基底ベクトルを法線とする三つの面を考えることで，表面力ベクトルの成分がコーシー応力テンソルの成分 σ_{ij} として一致することが，式 (2.12) のコーシーの式からわかる．これを模式的に示すと，図 2.4 のようになる．

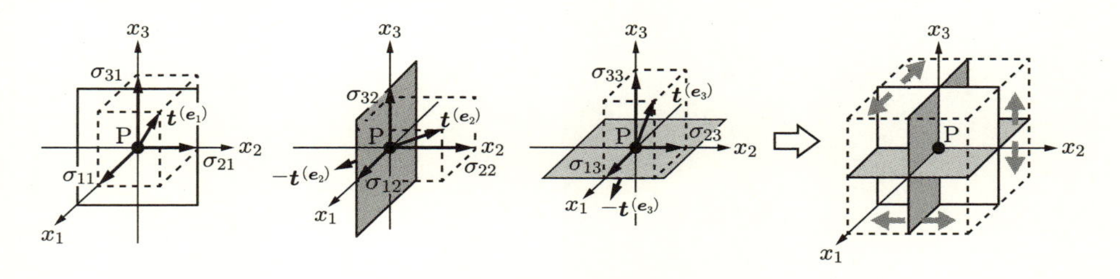

図 2.4 各表面力ベクトル

これらの三つの面に作用する表面力ベクトルを重ね合わせて，物質点での力の情報をそのまま図示したいが，そうすると非常に見にくくなってしまう．そこで，三つの面の表裏を剥がすようにして少しずらして描くと，図 2.5 のような正六面体が現れて，単位面積を有する六面体の各面にはそれぞれに作用する表面力ベクトルが図示できるようになる．コーシー応力テンソルが式 (2.14) や図 2.3 のように表される背景には，式 (2.12) のコーシーの式が隠れているのである．

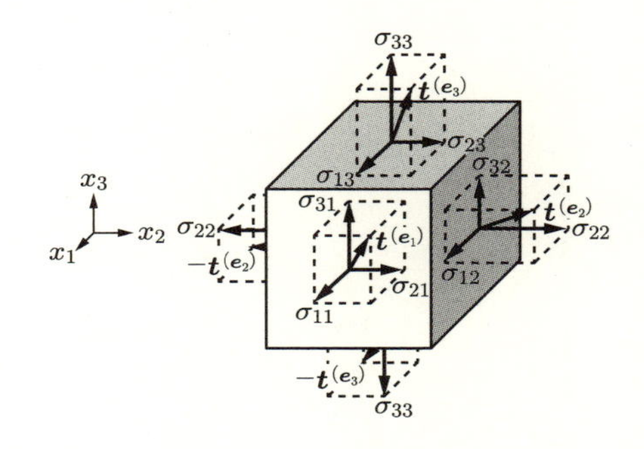

図 2.5 コーシーの式に基づく応力テンソルの成分

図 2.5 のように表面力ベクトルを補うと，コーシー応力テンソルの各成分の物理的な意味もとらえやすい．コーシー応力テンソルの対角成分 σ_{ii} $(i = 1, 2, 3)$ には，それぞれの面に垂直な成分が現れる．また，非対角成分 σ_{ij} $(i \neq j)$ には，面 j に平行な二つの方向の成分が現れる．図 2.4 に戻って作用・反作用を考えると，非対角成分が表

すベクトルは面の表裏を互いにずらすように逆方向を向いている．このような力の状態を**せん断**という．

連続体内部の任意部分に対する力のモーメントのつり合い式から，コーシー応力テンソルは対称テンソルであり，非対角成分（せん断成分）については $\sigma_{ij} = \sigma_{ji}$ が成立する（詳しくは 2.6 節，4.1.4 項で説明する）．まずは図 2.5 に示すような微小六面体を導入して，六面体がつり合う（回転しない）条件をイメージすると直感的な理解の助けになるだろう．

例題 2.3 表面力ベクトルとコーシー応力テンソル

図 2.6 の薄い円板は，平面応力状態にあって xy 平面内において一様な応力 $\boldsymbol{\sigma}$ が分布している．外向き単位法線ベクトルが，xy 座標系を参照して，

$$\boldsymbol{n}_1 = \begin{Bmatrix} 1 \\ 0 \end{Bmatrix}, \quad \boldsymbol{n}_2 = \begin{Bmatrix} 0 \\ 1 \end{Bmatrix}$$

となる断面に生じる表面力ベクトルは，それぞれ

$$\boldsymbol{t}^{(\boldsymbol{n}_1)} = \begin{Bmatrix} 4 \\ -3 \end{Bmatrix}, \quad \boldsymbol{t}^{(\boldsymbol{n}_2)} = \begin{Bmatrix} -3 \\ 5 \end{Bmatrix}$$

であった．

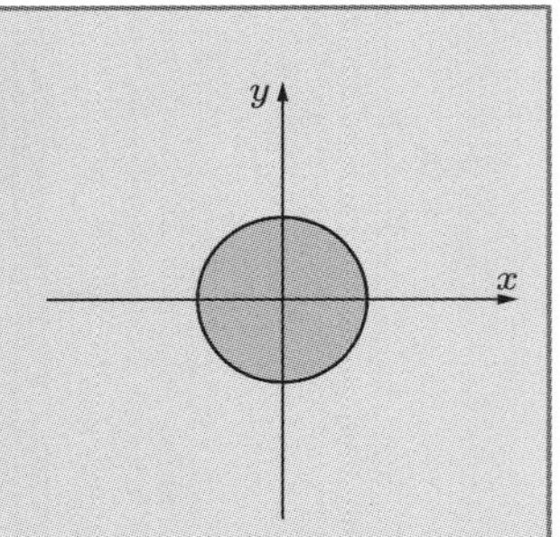

図 2.6 平面応力状態の円板

xy 座標系を参照するときのコーシー応力テンソル $\boldsymbol{\sigma}$ の表現行列を求めよ．なお，応力や長さは無次元化しており，単位は考えなくてよいものとする．

解 平面応力状態とは，薄い板のように面外方向の応力成分はすべて 0 と見なせる状態をいう．したがって，コーシー応力テンソルの表現行列は

$$[\sigma] = \begin{bmatrix} \sigma_{11} & \sigma_{12} \\ \sigma_{21} & \sigma_{22} \end{bmatrix}$$

と表記できる．このとき，コーシーの式と与えられた条件より，次の関係式が得られる．

$$\begin{Bmatrix} 4 \\ -3 \end{Bmatrix} = \begin{bmatrix} \sigma_{11} & \sigma_{12} \\ \sigma_{21} & \sigma_{22} \end{bmatrix} \begin{Bmatrix} 1 \\ 0 \end{Bmatrix}, \quad \begin{Bmatrix} -3 \\ 5 \end{Bmatrix} = \begin{bmatrix} \sigma_{11} & \sigma_{12} \\ \sigma_{21} & \sigma_{22} \end{bmatrix} \begin{Bmatrix} 0 \\ 1 \end{Bmatrix}$$

これらをまとめると，

$$\begin{bmatrix} 4 & -3 \\ -3 & 5 \end{bmatrix} = \begin{bmatrix} \sigma_{11} & \sigma_{12} \\ \sigma_{21} & \sigma_{22} \end{bmatrix} \begin{bmatrix} 1 & 0 \\ 0 & 1 \end{bmatrix} = \begin{bmatrix} \sigma_{11} & \sigma_{12} \\ \sigma_{21} & \sigma_{22} \end{bmatrix} \implies [\sigma] = \begin{bmatrix} 4 & -3 \\ -3 & 5 \end{bmatrix}$$

というコーシー応力テンソルが得られる．このように座標系を導入して，座標軸に垂直な有限個の断面に現れる表面力ベクトル $\boldsymbol{t}^{(\boldsymbol{e}_i)}$ さえ調べておけば，物質点の情報を与えるコーシー応力テンソル $\boldsymbol{\sigma}$ の具体的な成分を知ることが可能である．

例題 2.4 コーシー応力テンソルと表面力ベクトル

図 2.7 の薄い円板は，平面応力状態にあり，xy 平面内において応力分布は一様である．コーシー応力テンソル $\boldsymbol{\sigma}$ が，xy 座標系を参照して，

$$[\sigma] = \begin{bmatrix} 6 & -2 \\ -2 & 6 \end{bmatrix}$$

であるとき，以下の問いに答えよ．応力は無次元化しており，単位は考えなくてよいものとする．

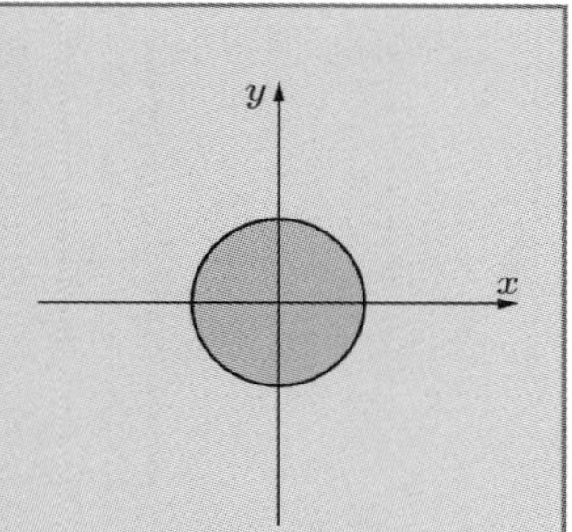

図 2.7 平面応力状態の円板

(1) この円板を図 2.8 のように仮想的に切ったときの表面力ベクトルを $\boldsymbol{t}^{(\boldsymbol{n})}$ とする．コーシーの式を用いて，それぞれの表面力ベクトル $\boldsymbol{t}^{(\boldsymbol{n})}$ を求め，その概形を図示せよ．

(2) (1) で求めたそれぞれの表面力ベクトル $\boldsymbol{t}^{(\boldsymbol{n})}$ の，断面に垂直な成分を σ_n，断面に沿う成分を τ としたとき，それぞれの値を求めよ．

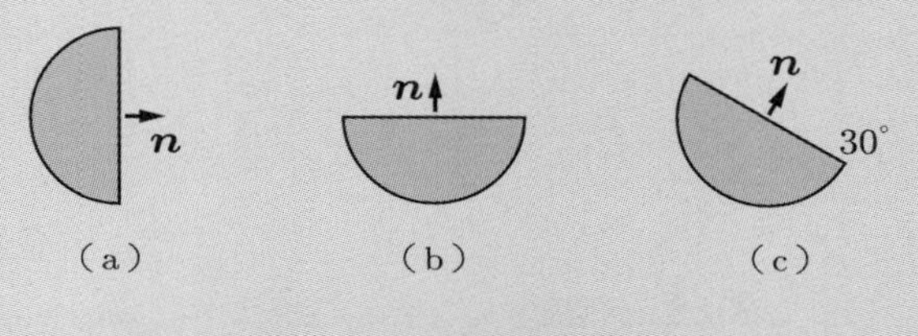

図 2.8 円板の仮想断面

解 (1) コーシーの式より，断面の外向き単位法線ベクトル $\boldsymbol{n}$ にコーシー応力テンソル $\boldsymbol{\sigma}$ を作用させると，その断面に作用する表面力ベクトル $\boldsymbol{t}^{(\boldsymbol{n})}$ がわかる．

【例題 2.3】より，(a), (b) の外向き単位法線ベクトル $\boldsymbol{n}$ は

$$\text{(a)} \quad \begin{Bmatrix} n_x \\ n_y \end{Bmatrix} = \begin{Bmatrix} 1 \\ 0 \end{Bmatrix}$$

$$\text{(b)} \quad \begin{Bmatrix} n_x \\ n_y \end{Bmatrix} = \begin{Bmatrix} 0 \\ 1 \end{Bmatrix}$$

であり，(c) では外向き単位法線ベクトル $\boldsymbol{n}$ が x 軸から 60° 傾くので，

$$\text{(c)}\quad \begin{Bmatrix} n_x \\ n_y \end{Bmatrix} = \begin{Bmatrix} \cos 60^\circ \\ \sin 60^\circ \end{Bmatrix} = \begin{Bmatrix} 1/2 \\ \sqrt{3}/2 \end{Bmatrix}$$

となる．これらをコーシーの式に代入すれば，表面力ベクトル $\boldsymbol{t}^{(\boldsymbol{n})}$ はそれぞれ次のようになる．

$$\text{(a)}\quad \begin{Bmatrix} t_x \\ t_y \end{Bmatrix} = \begin{bmatrix} 6 & -2 \\ -2 & 6 \end{bmatrix} \begin{Bmatrix} 1 \\ 0 \end{Bmatrix} = \begin{Bmatrix} 6 \\ -2 \end{Bmatrix}$$

$$\text{(b)}\quad \begin{Bmatrix} t_x \\ t_y \end{Bmatrix} = \begin{bmatrix} 6 & -2 \\ -2 & 6 \end{bmatrix} \begin{Bmatrix} 0 \\ 1 \end{Bmatrix} = \begin{Bmatrix} -2 \\ 6 \end{Bmatrix}$$

$$\text{(c)}\quad \begin{Bmatrix} t_x \\ t_y \end{Bmatrix} = \begin{bmatrix} 6 & -2 \\ -2 & 6 \end{bmatrix} \begin{Bmatrix} 1/2 \\ \sqrt{3}/2 \end{Bmatrix} = \begin{Bmatrix} 3-\sqrt{3} \\ -1+3\sqrt{3} \end{Bmatrix}$$

以上の表面力ベクトルは，それぞれ図 2.9 のように図示できる．

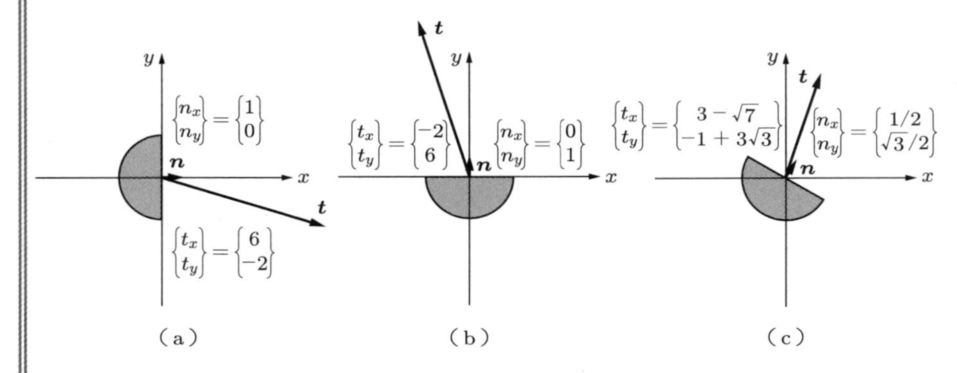

図 2.9 仮想断面に作用する表面力ベクトル

(2) (1) でコーシー応力テンソルから表面力ベクトル（力のベクトル）を求めたので，表面力ベクトルと知りたい方向の単位ベクトルの内積をとれば，その方向の成分が得られる．

(a) 断面に垂直な方向は外向き単位法線ベクトル $\boldsymbol{n}$ であり，xy 座標系を参照して接線方向の単位ベクトル $\boldsymbol{a}$ を

$$\begin{Bmatrix} a_x \\ a_y \end{Bmatrix} = \begin{Bmatrix} 0 \\ 1 \end{Bmatrix}$$

とすれば，それぞれの方向の成分は次のように求められる．

$$\sigma_n = \boldsymbol{t} \cdot \boldsymbol{n} = \begin{Bmatrix} t_x & t_y \end{Bmatrix} \begin{Bmatrix} n_x \\ n_y \end{Bmatrix} = \begin{Bmatrix} 6 & -2 \end{Bmatrix} \begin{Bmatrix} 1 \\ 0 \end{Bmatrix} = 6$$

$$\tau = \boldsymbol{t} \cdot \boldsymbol{a} = \begin{Bmatrix} t_x & t_y \end{Bmatrix} \begin{Bmatrix} a_x \\ a_y \end{Bmatrix} = \begin{Bmatrix} 6 & -2 \end{Bmatrix} \begin{Bmatrix} 0 \\ 1 \end{Bmatrix} = -2$$

(b) (a) と同様に，xy 座標系を参照して接線方向の単位ベクトル $\boldsymbol{a}$ を

$$\begin{Bmatrix} a_x \\ a_y \end{Bmatrix} = \begin{Bmatrix} 1 \\ 0 \end{Bmatrix}$$

とすれば，それぞれの方向の成分は次のように求められる．

$$\sigma_n = \boldsymbol{t} \cdot \boldsymbol{n} = \begin{Bmatrix} t_x & t_y \end{Bmatrix} \begin{Bmatrix} n_x \\ n_y \end{Bmatrix} = \begin{Bmatrix} -2 & 6 \end{Bmatrix} \begin{Bmatrix} 0 \\ 1 \end{Bmatrix} = 6$$

$$\tau = \boldsymbol{t} \cdot \boldsymbol{a} = \begin{Bmatrix} t_x & t_y \end{Bmatrix} \begin{Bmatrix} a_x \\ a_y \end{Bmatrix} = \begin{Bmatrix} -2 & 6 \end{Bmatrix} \begin{Bmatrix} 1 \\ 0 \end{Bmatrix} = -2$$

(c) xy 座標系を参照して，接線方向の単位ベクトル $\boldsymbol{a}$ を

$$\begin{Bmatrix} a_x \\ a_y \end{Bmatrix} = \begin{Bmatrix} -\sin 60^\circ \\ \cos 60^\circ \end{Bmatrix} = \begin{Bmatrix} -\sqrt{3}/2 \\ 1/2 \end{Bmatrix}$$

とすれば，それぞれの方向の成分は次のように求められる．

$$\sigma_n = \boldsymbol{t} \cdot \boldsymbol{n} = \begin{Bmatrix} t_x & t_y \end{Bmatrix} \begin{Bmatrix} n_x \\ n_y \end{Bmatrix} = \begin{Bmatrix} 3-\sqrt{3} & -1+3\sqrt{3} \end{Bmatrix} \begin{Bmatrix} 1/2 \\ \sqrt{3}/2 \end{Bmatrix}$$
$$= 6 - \sqrt{3}$$

$$\tau = \boldsymbol{t} \cdot \boldsymbol{a} = \begin{Bmatrix} t_x & t_y \end{Bmatrix} \begin{Bmatrix} a_x \\ a_y \end{Bmatrix} = \begin{Bmatrix} 3-\sqrt{3} & -1+3\sqrt{3} \end{Bmatrix} \begin{Bmatrix} -\sqrt{3}/2 \\ 1/2 \end{Bmatrix}$$
$$= 1$$

【例題 2.4】(2) の (a)，(b) では，座標軸と一致するように外向き単位法線ベクトル $\boldsymbol{n}$ を設定している．このとき，xy 座標系を参照しているコーシー応力テンソル $\boldsymbol{\sigma}$ の対角成分 σ_{ii} $(i = 1, 2)$ にはそれぞれの面に作用する表面力ベクトルの面に垂直な成分（垂直応力成分），非対角成分 σ_{ij} $(i \neq j)$ には表面力ベクトルの面に沿う成分（せん断応力成分）が格納されていることがわかる．

一方，(c) では，(a)，(b) と異なり，座標軸に一致しない外向き単位法線ベクトル

を設定している．このとき，コーシーの式から得られる表面力ベクトルは xy 座標系を参照する力のベクトルである．(1) で得た表面力ベクトルの各成分は x, y 方向成分であり，断面の垂直成分および接線成分ではない．2.3 節で説明する座標変換の学習の準備として，線形変換に基づく力のベクトルの算出と力の分解との演算の違いをしっかりと理解しておこう．

2.2.3 初等材料力学や構造力学における応力とコーシー応力テンソル

連続体力学で学ぶコーシー応力テンソルは，初等材料力学や構造力学における応力と異なるように見える．図 2.10 のように，棒のような物体が軸方向への軸力を受けて，つり合い状態にあることを考える．このとき，棒に垂直な任意の仮想断面にはたらく部材力（内力）P を考えれば，内力 P は外力 F がつり合って $P = F$ となる．初等材料力学や構造力学では，この内力 P を断面積で割った単位面積あたりの力が，応力であると教えられる．一方，連続体力学での応力は 2 階テンソルであり，この差異が初学者をしばしば困惑させる．

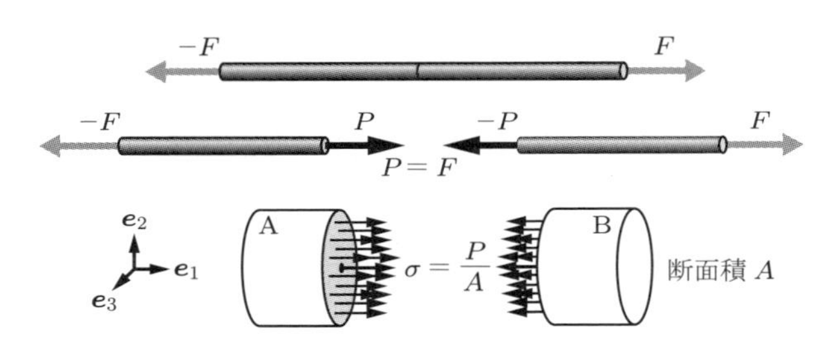

図 2.10 初等材料力学や構造力学における垂直応力の定義

コーシーの式に基づいて表面力ベクトルを介すれば，こうした戸惑いを解消できる．棒の軸方向を基底ベクトル $\boldsymbol{e}_1$ とし，それ以外の基底ベクトルを $\boldsymbol{e}_2, \boldsymbol{e}_3$ とする 3 次元デカルト座標系を導入する．このとき，各基底を外向き単位法線ベクトルとする直交三面には，式 (2.9) より，表面力ベクトル

$$\{t^{(\boldsymbol{e}_1)}\} = \begin{Bmatrix} \sigma_{11} \\ \sigma_{21} \\ \sigma_{31} \end{Bmatrix}, \quad \{t^{(\boldsymbol{e}_2)}\} = \begin{Bmatrix} \sigma_{12} \\ \sigma_{22} \\ \sigma_{32} \end{Bmatrix}, \quad \{t^{(\boldsymbol{e}_3)}\} = \begin{Bmatrix} \sigma_{13} \\ \sigma_{23} \\ \sigma_{33} \end{Bmatrix} \tag{2.15}$$

がそれぞれ現れる．ここで，図 2.10 において，部材力 $\{P \quad 0 \quad 0\}^T$ が軸方向に生じ，軸に直交する方向へ部材力は生じないことから，コーシー応力テンソル $\boldsymbol{\sigma}$ の表現行列において σ_{11} 以外の成分は明らかにすべて 0 である．

$$[\sigma]=\begin{bmatrix}\sigma_{11} & 0 & 0\\ 0 & 0 & 0\\ 0 & 0 & 0\end{bmatrix} \tag{2.16}$$

一方，初等材料力学や構造力学では部材力を断面積 A で割って応力を定義する．したがって，$\{P/A \quad 0 \quad 0\}^T$ という単位面積あたりの力のベクトルが得られる．最終的に，表面力ベクトルを介して次のような関係式が成立して，初等材料力学や構造力学で学んだ応力の定義式が現れる．

$$\{t^{(\boldsymbol{e}_1)}\}=\begin{bmatrix}\sigma_{11} & 0 & 0\\ 0 & 0 & 0\\ 0 & 0 & 0\end{bmatrix}\begin{Bmatrix}1\\0\\0\end{Bmatrix}=\begin{Bmatrix}\sigma_{11}\\0\\0\end{Bmatrix}=\begin{Bmatrix}P/A\\0\\0\end{Bmatrix}\Longrightarrow\sigma_{11}\begin{Bmatrix}1\\0\\0\end{Bmatrix}=\frac{P}{A}\begin{Bmatrix}1\\0\\0\end{Bmatrix}$$

$$\therefore\ \sigma_{11}=\frac{P}{A} \tag{2.17}$$

また，コーシーの式を1次元空間に適用することもできる．1次元空間では，テンソルの表現行列は 1×1 の行列 $[\sigma]=[P/A]$ であり，外向き単位法線ベクトルは $\{1\}$ または $\{-1\}$ のいずれかになる（ただし，実質的にはスカラーである）．図2.10において右向きを正とすると，部分A側の断面では外向き単位法線ベクトル $\{n^{(1)}\}=\{1\}$ であり，部分B側では $\{n^{(-1)}\}=\{-1\}$ である．したがって，部分A，B側の断面に作用する表面力ベクトル $\boldsymbol{t}^{(1)}$，$\boldsymbol{t}^{(-1)}$ は，それぞれ

$$\text{部分A側：}\ \{t^{(1)}\}=[\sigma]\{n^{(1)}\}=[\sigma]\{1\}=\{\sigma\}=\left\{\frac{P}{A}\right\} \tag{2.18}$$

$$\text{部分B側：}\ \{t^{(-1)}\}=[\sigma]\{n^{(-1)}\}=[\sigma]\{-1\}=\{-\sigma\}=\left\{-\frac{P}{A}\right\} \tag{2.19}$$

となり，図2.10と整合する．

以上より，初等材料力学や構造力学では，棒のような構造を前提とした問題を扱っているために，自明な情報が省略されていることがわかる．省略した情報を補ってコーシーの式を介することで，初等材料力学や構造力学における応力は，連続体力学のコーシー応力テンソルときちんと整合する．

2.3 コーシー応力テンソルの座標変換

ベクトルやテンソルを，どのような方向へのどのような大きさの量であるかを定量的に扱うためには，座標系を導入して具体的な数値として成分表示する必要がある．

しかし，導入する座標系の選択には絶対的な基準がなく，異なる座標系から同じテンソルを見たとき，その成分は基底との幾何学的な関係に基づいて数値が変化する．たとえば，あるコーシー応力テンソル $\boldsymbol{\sigma}$ に対して，二つの正規直交基底 $\boldsymbol{e}_i$ と $\boldsymbol{e}'_i$ を導入しても $\boldsymbol{\sigma}$ という量は座標系によらず不変であるので，

$$\boldsymbol{\sigma} = \sigma_{ij}(\boldsymbol{e}_i \otimes \boldsymbol{e}_j) = \sigma'_{ij}(\boldsymbol{e}'_i \otimes \boldsymbol{e}'_j) \tag{2.20}$$

となるが，参照する座標系ごとに定まる表現行列の成分 σ_{ij} と σ'_{ij} は異なる値をとる．このときに，物理量としての応力テンソル $\boldsymbol{\sigma}$ が座標系によらず不変であるために，各座標系を参照する成分の間で**座標変換則**が成立する必要がある[†]．

2階テンソルであるコーシー応力テンソル $\boldsymbol{\sigma}$ において，正規直交基底 $\boldsymbol{e}'_i$ を参照する成分を導くように式 (2.20) に $\boldsymbol{e}'_i$ を作用させると，

$$\boldsymbol{e}'_i \cdot \boldsymbol{\sigma}\boldsymbol{e}'_j = \boldsymbol{e}'_i \cdot \{\sigma_{kl}(\boldsymbol{e}_k \otimes \boldsymbol{e}_l)\}\,\boldsymbol{e}'_j = (\boldsymbol{e}'_i \cdot \boldsymbol{e}_k)\,\sigma_{kl}\,(\boldsymbol{e}_l \cdot \boldsymbol{e}'_j) = \sigma'_{ij} \tag{2.21}$$

となる．ここで，

$$T_{ij} = \boldsymbol{e}'_i \cdot \boldsymbol{e}_j, \quad [T] = \begin{bmatrix} \boldsymbol{e}'_1 \cdot \boldsymbol{e}_1 & \boldsymbol{e}'_1 \cdot \boldsymbol{e}_2 & \boldsymbol{e}'_1 \cdot \boldsymbol{e}_3 \\ \boldsymbol{e}'_2 \cdot \boldsymbol{e}_1 & \boldsymbol{e}'_2 \cdot \boldsymbol{e}_2 & \boldsymbol{e}'_2 \cdot \boldsymbol{e}_3 \\ \boldsymbol{e}'_3 \cdot \boldsymbol{e}_1 & \boldsymbol{e}'_3 \cdot \boldsymbol{e}_2 & \boldsymbol{e}'_3 \cdot \boldsymbol{e}_3 \end{bmatrix} \tag{2.22}$$

とすると，

$$\sigma'_{ij} = T_{ik}\sigma_{kl}T_{jl}, \quad [\sigma'] = [T][\sigma][T]^T \tag{2.23}$$

という成分の間で成立するコーシー応力テンソル（2階テンソル）の座標変換則が得られる．ここで，行列 $[T]$ を**座標変換行列**という．

コーシー応力テンソルに限らず，2階テンソルを正規直交系から別の正規直交系へ変換する座標変換行列 $[T]$ には，次の関係式が成立する．

$$[T][T]^T = [T]^T[T] = [I] \tag{2.24}$$

すなわち，

$$[T]^T = [T]^{-1} \tag{2.25}$$

のように転置行列が逆行列となり，座標変換行列 $[T]$ は直交行列である．

† ある量に座標変換則が成立することは，その量がテンソルであることの必要十分条件である．スカラー（0階テンソル）やベクトル（1階テンソル）についても一連の操作を考えてみるとよい．

例題 2.5　コーシー応力テンソルの座標変換（2 次元問題）

2 次元空間において，コーシー応力テンソル $\boldsymbol{\sigma}$ が直交座標系（基底 $\boldsymbol{e}_i$）を参照して，

(1) $[\sigma] = \begin{bmatrix} \sigma & 0 \\ 0 & 0 \end{bmatrix}$　　(2) $[\sigma] = \begin{bmatrix} \sigma & 0 \\ 0 & \sigma \end{bmatrix}$

(3) $[\sigma] = \begin{bmatrix} 0 & \tau \\ \tau & 0 \end{bmatrix}$

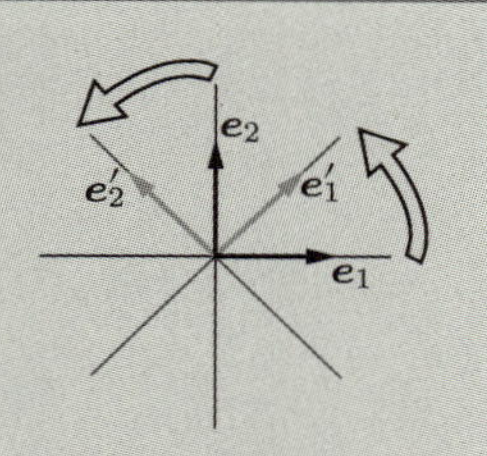

図 2.11　座標系の回転

と表されている．図 2.11 のように，もとの座標系に対して反時計回りに 45° 回転した座標系（基底 $\boldsymbol{e}'_i$）を参照するとき，それぞれのコーシー応力テンソルの表現行列はどのように表されるかを求めよ．

解　反時計回りに 45° 回転させるので，新しい基底ベクトル $\boldsymbol{e}'_1, \boldsymbol{e}'_2$ はそれぞれ

$$\boldsymbol{e}'_1 = \begin{Bmatrix} \cos 45^\circ \\ \sin 45^\circ \end{Bmatrix}, \quad \boldsymbol{e}'_2 = \begin{Bmatrix} -\sin 45^\circ \\ \cos 45^\circ \end{Bmatrix}$$

となり，座標変換行列 $[T]$ は

$$[T] = \begin{bmatrix} \boldsymbol{e}'_1 \cdot \boldsymbol{e}_1 & \boldsymbol{e}'_1 \cdot \boldsymbol{e}_2 \\ \boldsymbol{e}'_2 \cdot \boldsymbol{e}_1 & \boldsymbol{e}'_2 \cdot \boldsymbol{e}_2 \end{bmatrix} = \begin{bmatrix} \cos 45^\circ & \sin 45^\circ \\ -\sin 45^\circ & \cos 45^\circ \end{bmatrix}$$

と求められる．

(1) このコーシー応力テンソルは**単軸引張**を表す．座標変換則 $[T][\sigma][T]^T$ より，

$$[\sigma'] = \begin{bmatrix} \cos 45^\circ & \sin 45^\circ \\ -\sin 45^\circ & \cos 45^\circ \end{bmatrix} \begin{bmatrix} \sigma & 0 \\ 0 & 0 \end{bmatrix} \begin{bmatrix} \cos 45^\circ & -\sin 45^\circ \\ \sin 45^\circ & \cos 45^\circ \end{bmatrix}$$
$$= \frac{1}{2} \begin{bmatrix} \sigma & -\sigma \\ -\sigma & \sigma \end{bmatrix}$$

と変換される．単軸引張状態であっても，参照する座標系に依存してコーシー応力テンソルの表現行列にはせん断成分が現れることがわかる．

(2) このコーシー応力テンソルに対する座標変換は，

$$[\sigma'] = \begin{bmatrix} \cos 45^\circ & \sin 45^\circ \\ -\sin 45^\circ & \cos 45^\circ \end{bmatrix} \begin{bmatrix} \sigma & 0 \\ 0 & \sigma \end{bmatrix} \begin{bmatrix} \cos 45^\circ & -\sin 45^\circ \\ \sin 45^\circ & \cos 45^\circ \end{bmatrix} = \begin{bmatrix} \sigma & 0 \\ 0 & \sigma \end{bmatrix}$$

となり，座標変換によって成分は変わらないことがわかる．すなわち，この場合の表現行列で表されるコーシー応力テンソルは座標系によらず不変であり，あらゆる方向から等しく圧力が作用する**静水圧**を表す．

(3) このコーシー応力テンソルは**単純せん断**を表す．この座標変換は，

$$[\sigma'] = \begin{bmatrix} \cos 45^\circ & \sin 45^\circ \\ -\sin 45^\circ & \cos 45^\circ \end{bmatrix} \begin{bmatrix} 0 & \tau \\ \tau & 0 \end{bmatrix} \begin{bmatrix} \cos 45^\circ & -\sin 45^\circ \\ \sin 45^\circ & \cos 45^\circ \end{bmatrix} = \begin{bmatrix} \tau & 0 \\ 0 & -\tau \end{bmatrix}$$

となり，新たな座標系を参照するとコーシー応力テンソルの対角成分のみに値が入る．この結果から，軸方向応力のみの制御で単純せん断に対応する試験を実施できることがわかる．

例題 2.6 コーシー応力テンソルの座標変換（3次元問題）

コーシー応力テンソル $\boldsymbol{\sigma}$ がある3次元直交座標系 $[x_1, x_2, x_3]$ を参照して，

(1) $[\sigma] = \begin{bmatrix} 0 & 0 & 0 \\ 0 & 0 & 0 \\ 0 & 0 & \sigma \end{bmatrix}$　　(2) $[\sigma] = \begin{bmatrix} \sigma & 0 & 0 \\ 0 & \sigma & 0 \\ 0 & 0 & \sigma \end{bmatrix}$

と表されている．もとの座標系に対して，反時計回りを正として x_3 軸まわりに 45° 回転した座標系 $[x'_1, x'_2, x'_3]$ を参照した場合と，x_1 軸まわりに 45° 回転させた座標系 $[x''_1, x''_2, x''_3]$ を参照した場合では，それぞれのコーシー応力テンソルがどのように表されるかを求めよ．

解 まず，【例題 2.5】と同様にして，それぞれの座標変換行列を求める．x_3 軸まわりに 45° 回転した座標系 $[x'_1, x'_2, x'_3]$ への座標変換行列 $[T_1]$ は

$$[T_1] = \begin{bmatrix} \boldsymbol{e}'_1 \cdot \boldsymbol{e}_1 & \boldsymbol{e}'_1 \cdot \boldsymbol{e}_2 & \boldsymbol{e}'_1 \cdot \boldsymbol{e}_3 \\ \boldsymbol{e}'_2 \cdot \boldsymbol{e}_1 & \boldsymbol{e}'_2 \cdot \boldsymbol{e}_2 & \boldsymbol{e}'_2 \cdot \boldsymbol{e}_3 \\ \boldsymbol{e}'_3 \cdot \boldsymbol{e}_1 & \boldsymbol{e}'_3 \cdot \boldsymbol{e}_2 & \boldsymbol{e}'_3 \cdot \boldsymbol{e}_3 \end{bmatrix} = \begin{bmatrix} \cos 45^\circ & \sin 45^\circ & 0 \\ -\sin 45^\circ & \cos 45^\circ & 0 \\ 0 & 0 & 1 \end{bmatrix}$$

となり，x_1 軸まわりに 45° 回転させた座標系 $[x''_1, x''_2, x''_3]$ への座標変換行列 $[T_2]$ は

$$[T_2] = \begin{bmatrix} \boldsymbol{e}''_1 \cdot \boldsymbol{e}_1 & \boldsymbol{e}''_1 \cdot \boldsymbol{e}_2 & \boldsymbol{e}''_1 \cdot \boldsymbol{e}_3 \\ \boldsymbol{e}''_2 \cdot \boldsymbol{e}_1 & \boldsymbol{e}''_2 \cdot \boldsymbol{e}_2 & \boldsymbol{e}''_2 \cdot \boldsymbol{e}_3 \\ \boldsymbol{e}''_3 \cdot \boldsymbol{e}_1 & \boldsymbol{e}''_3 \cdot \boldsymbol{e}_2 & \boldsymbol{e}''_3 \cdot \boldsymbol{e}_3 \end{bmatrix} = \begin{bmatrix} 1 & 0 & 0 \\ 0 & \cos 45^\circ & \sin 45^\circ \\ 0 & -\sin 45^\circ & \cos 45^\circ \end{bmatrix}$$

と求められる．

(1) このコーシー応力テンソルは x_3 軸方向への**単軸引張**を表しており，$[T_1]$ による座標変換は，

$$[\sigma'] = \begin{bmatrix} \cos 45^\circ & \sin 45^\circ & 0 \\ -\sin 45^\circ & \cos 45^\circ & 0 \\ 0 & 0 & 1 \end{bmatrix} \begin{bmatrix} 0 & 0 & 0 \\ 0 & 0 & 0 \\ 0 & 0 & \sigma \end{bmatrix} \begin{bmatrix} \cos 45^\circ & -\sin 45^\circ & 0 \\ \sin 45^\circ & \cos 45^\circ & 0 \\ 0 & 0 & 1 \end{bmatrix}$$

$$
= \begin{bmatrix} 0 & 0 & 0 \\ 0 & 0 & 0 \\ 0 & 0 & \sigma \end{bmatrix}
$$

となる．単軸引張の負荷方向が x_3 軸であるため，x_3 軸まわりに座標を変換してもコーシー応力テンソルの成分は変化しない．一方，$[T_2]$ による座標変換は，

$$
[\sigma''] = \begin{bmatrix} 1 & 0 & 0 \\ 0 & \cos 45^\circ & \sin 45^\circ \\ 0 & -\sin 45^\circ & \cos 45^\circ \end{bmatrix} \begin{bmatrix} 0 & 0 & 0 \\ 0 & 0 & 0 \\ 0 & 0 & \sigma \end{bmatrix} \begin{bmatrix} 1 & 0 & 0 \\ 0 & \cos 45^\circ & -\sin 45^\circ \\ 0 & \sin 45^\circ & \cos 45^\circ \end{bmatrix}
$$

$$
= \begin{bmatrix} 0 & 0 & 0 \\ 0 & \sigma/2 & \sigma/2 \\ 0 & \sigma/2 & \sigma/2 \end{bmatrix}
$$

と変換される．座標変換の結果については，図 2.12 のような図を描くなどして確かめてほしい．

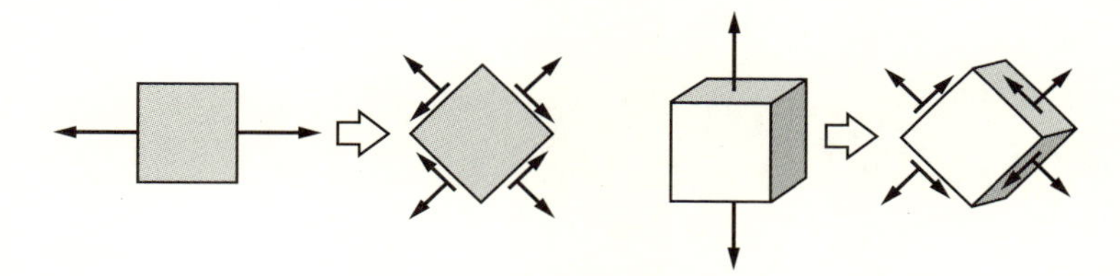

図 2.12 単軸引張状態と座標変換

(2) このコーシー応力テンソルの $[T_1]$ による座標変換は，

$$
[\sigma'] = \begin{bmatrix} \cos 45^\circ & \sin 45^\circ & 0 \\ -\sin 45^\circ & \cos 45^\circ & 0 \\ 0 & 0 & 1 \end{bmatrix} \begin{bmatrix} \sigma & 0 & 0 \\ 0 & \sigma & 0 \\ 0 & 0 & \sigma \end{bmatrix} \begin{bmatrix} \cos 45^\circ & -\sin 45^\circ & 0 \\ \sin 45^\circ & \cos 45^\circ & 0 \\ 0 & 0 & 1 \end{bmatrix}
$$

$$
= \begin{bmatrix} \sigma & 0 & 0 \\ 0 & \sigma & 0 \\ 0 & 0 & \sigma \end{bmatrix}
$$

となる．また，$[T_2]$ による座標変換は，

$$
[\sigma''] = \begin{bmatrix} 1 & 0 & 0 \\ 0 & \cos 45^\circ & \sin 45^\circ \\ 0 & -\sin 45^\circ & \cos 45^\circ \end{bmatrix} \begin{bmatrix} \sigma & 0 & 0 \\ 0 & \sigma & 0 \\ 0 & 0 & \sigma \end{bmatrix} \begin{bmatrix} 1 & 0 & 0 \\ 0 & \cos 45^\circ & -\sin 45^\circ \\ 0 & \sin 45^\circ & \cos 45^\circ \end{bmatrix}
$$

$$
= \begin{bmatrix} \sigma & 0 & 0 \\ 0 & \sigma & 0 \\ 0 & 0 & \sigma \end{bmatrix}
$$

となり，座標変換によって成分は変わらないことがわかる．すなわち，このコーシー応力テンソルは，あらゆる方向から等しい力が作用する3次元空間における静水圧状態を表す．

例題 2.7 座標変換にともなう応力テンソルの成分の変化

平面応力状態にある物体において，コーシー応力テンソルがある2次元直交座標系を参照して

$$
\begin{bmatrix} \sigma_{11} & \sigma_{12} \\ \sigma_{12} & \sigma_{22} \end{bmatrix}
$$

という表現行列で与えられている．この座標系から反時計回りに θ だけ回転した座標系を参照するときのコーシー応力テンソルの表現行列

$$
\begin{bmatrix} \sigma'_{11} & \sigma'_{12} \\ \sigma'_{12} & \sigma'_{22} \end{bmatrix}
$$

を求めよ．

解 もとの基底ベクトルをそれぞれ

$$
\boldsymbol{e}_1 = \begin{Bmatrix} 1 \\ 0 \end{Bmatrix}, \quad \boldsymbol{e}_2 = \begin{Bmatrix} 0 \\ 1 \end{Bmatrix}
$$

として，座標軸を面内で回転させれば，回転後の基底ベクトルは

$$
\boldsymbol{e}'_1 = \begin{Bmatrix} \cos\theta \\ \sin\theta \end{Bmatrix}, \quad \boldsymbol{e}'_2 = \begin{Bmatrix} -\sin\theta \\ \cos\theta \end{Bmatrix}
$$

となる．したがって，座標変換行列 $[T]$ は

$$
[T] = \begin{bmatrix} \boldsymbol{e}'_1 \cdot \boldsymbol{e}_1 & \boldsymbol{e}'_1 \cdot \boldsymbol{e}_2 \\ \boldsymbol{e}'_2 \cdot \boldsymbol{e}_1 & \boldsymbol{e}'_2 \cdot \boldsymbol{e}_2 \end{bmatrix} = \begin{bmatrix} \cos\theta & \sin\theta \\ -\sin\theta & \cos\theta \end{bmatrix}
$$

と求められる．この座標変換行列を用いて参照する座標系を変換すれば，

$$
\begin{bmatrix} \sigma'_{11} & \sigma'_{12} \\ \sigma'_{12} & \sigma'_{22} \end{bmatrix} = \begin{bmatrix} \cos\theta & \sin\theta \\ -\sin\theta & \cos\theta \end{bmatrix} \begin{bmatrix} \sigma_{11} & \sigma_{12} \\ \sigma_{12} & \sigma_{22} \end{bmatrix} \begin{bmatrix} \cos\theta & -\sin\theta \\ \sin\theta & \cos\theta \end{bmatrix}
$$

となり，各成分を具体的に計算すれば

$$\sigma'_{11} = \sigma_{11}\cos^2\theta + \sigma_{22}\sin^2\theta + 2\sigma_{12}\cos\theta\sin\theta$$
$$\sigma'_{22} = \sigma_{11}\sin^2\theta + \sigma_{22}\cos^2\theta - 2\sigma_{12}\cos\theta\sin\theta$$
$$\sigma'_{12} = (\sigma_{22} - \sigma_{11})\cos\theta\sin\theta + \sigma_{12}(\cos^2\theta - \sin^2\theta)$$

を得る．各応力成分は，図 2.13 に示すように，座標変換の回転量 θ に対して周期的に変化していることが確認できる．

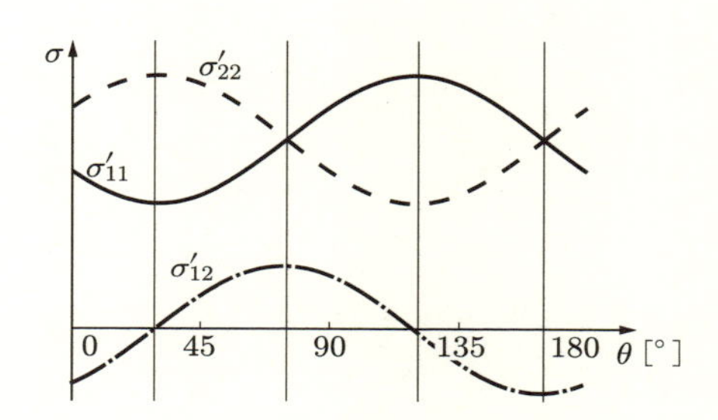

図 2.13 平面応力問題における応力の座標変換

図 2.13 のイメージをさらに明確にするために，三角関数の倍角公式

$$\sin^2\theta = \frac{1-\cos 2\theta}{2}, \quad \cos^2\theta = \frac{1+\cos 2\theta}{2}, \quad \sin\theta\cos\theta = \frac{\sin 2\theta}{2}$$

を用いると，各成分は次のように整理できる．

$$(\sigma'_{11} - \bar{\sigma}) = (\sigma_{11} - \bar{\sigma})\cos 2\theta + \sigma_{12}\cos\sin 2\theta$$
$$\sigma'_{12} = -(\sigma_{11} - \bar{\sigma})\sin 2\theta + \sigma_{12}\cos 2\theta$$

ここで，

$$\bar{\sigma} = \frac{\sigma_{11} + \sigma_{22}}{2}$$

である．最終的に，θ を消去するために，両式を 2 乗して足し合わせると，

$$(\sigma'_{11} - \bar{\sigma})^2 + (\sigma'_{12})^2 = (\sigma_{11} - \bar{\sigma})^2 + (\sigma_{12})^2$$

という関係式が得られる．右辺は，もとの座標系を参照するコーシー応力テンソルの成分であり，三平方の定理より定まる既知の定数になる†．

$$\tau_{\max} = \sqrt{(\sigma_{11} - \bar{\sigma})^2 + (\sigma_{12})^2}$$

したがって，座標軸を回転させる座標変換によって，σ'_{11}, σ'_{12} は次式の円を描く．

† 最大せん断応力である．

$$(\sigma'_{11}-\bar{\sigma})^2+(\sigma'_{12})^2={\tau_{\max}}^2$$

この円は，**モールの応力円**[†1] として知られている．

2.4 表面力ベクトルから見るコーシー応力テンソルのイメージ

コーシー応力テンソルは，参照する座標系によって見かけの成分の値が変化する．そのため，ある点の力の状態を適切にとらえるためには，見かけの成分に惑わされることなく，その本質を見抜く必要がある．そこで，表面力という力のベクトルから，コーシー応力テンソルの幾何学的イメージを具体的に考えてみよう．

式 (2.12) のコーシーの式では，コーシー応力テンソル $\boldsymbol{\sigma}$ はある点における任意断面の外向き単位法線ベクトル $\boldsymbol{n}$ から，その面にはたらく表面力ベクトル $\boldsymbol{t}$ を作り出す線形変換作用素であると解釈できる．物質点を座標系の原点とすると，断面を自由に回転させたとき，外向き単位法線ベクトル $\boldsymbol{n}$ の終点の軌跡は原点を中心とする単位球（円）となる．コーシー応力テンソルに逆テンソルが存在すると仮定すれば，コーシーの式より $\boldsymbol{\sigma}^{-1}\boldsymbol{t}=\boldsymbol{n}$ が成り立つ．このとき，$\boldsymbol{n}$ どうしの内積は

$$\boldsymbol{n}\cdot\boldsymbol{n}=1=(\boldsymbol{\sigma}^{-1}\boldsymbol{t})\cdot(\boldsymbol{\sigma}^{-1}\boldsymbol{t})=\boldsymbol{t}\cdot\boldsymbol{\sigma}^{-T}\boldsymbol{\sigma}^{-1}\boldsymbol{t} \quad\Longrightarrow\quad \boldsymbol{t}\cdot\boldsymbol{A}\boldsymbol{t}=1 \tag{2.26}$$

である．ここで，$\boldsymbol{\sigma}$ は対称テンソルであるため，対称テンソルどうしの積である $\boldsymbol{A}=\boldsymbol{\sigma}^{-T}\boldsymbol{\sigma}^{-1}$ も2階対称テンソルである．

問題を簡単にするために平面応力状態を考えて，式 (2.26) を成分で表せば，

$$\{t_x \quad t_y\}\begin{bmatrix}\alpha & \beta \\ \beta & \gamma\end{bmatrix}\begin{Bmatrix}t_x \\ t_y\end{Bmatrix}=\alpha {t_x}^2+2\beta\, t_x t_y+\gamma {t_y}^2=1 \tag{2.27}$$

という楕円を表す式が導かれる[†2]．平面応力問題において，コーシーの式によって得られる表面力ベクトル $\boldsymbol{t}$ の終点の軌跡は原点を中心とする楕円となる．すなわち，コーシー応力テンソルは，外向き単位法線ベクトルが描く単位円（球）を楕円（体）に変えるような力の状態を表していることがわかる．また，座標変換は，図2.14に示すように，応力テンソルの見かけの成分を変化させるが，楕円を描く座標系が回転するだけで楕円の形自体は変わらない．座標系によらず，コーシー応力テンソル $\boldsymbol{\sigma}$ と楕円が一対一で対応する．

---

†1 一般に，モールの応力円はもう少し簡便な方法で誘導される．

†2 この楕円の式は，表面力ベクトル $\boldsymbol{t}$ に対する2次形式である．一般的な数学の話として，2次元実数行列による線形変換は単位円を楕円に変換する．

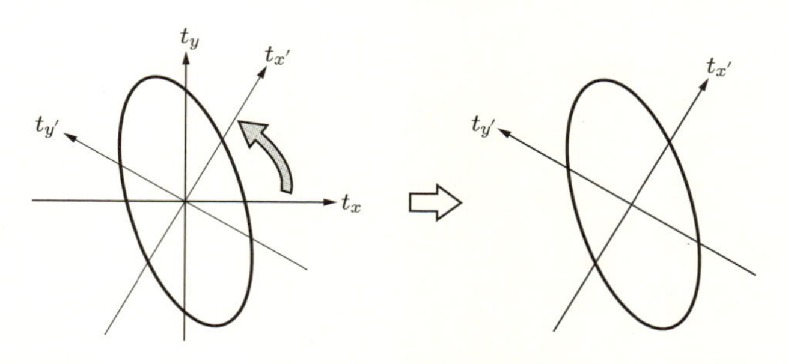

図 2.14 コーシー応力テンソルの線形変換が表す楕円と座標変換

このように，線形変換であるコーシーの式から考えることで，力のベクトルを介して，コーシー応力テンソルを具体的なイメージをもってとらえることが可能となる†．このイメージは，2.5 節で説明する主応力や不変量を理解する際にも助けになるはずである．

例題 2.8 表面力ベクトルで見たコーシー応力テンソル

平面応力状態におけるある点のコーシー応力テンソル $\boldsymbol{\sigma}$ が，xy 座標系を参照して，

$$[\sigma] = \begin{bmatrix} 4 & -3 \\ -3 & 5 \end{bmatrix}$$

で与えられている．外向き単位法線ベクトル $\boldsymbol{n}$ が

$$\{n\} = \begin{Bmatrix} \cos\theta \\ \sin\theta \end{Bmatrix}$$

である面に作用する表面力ベクトル $\boldsymbol{t}$ を求めよ．また，θ が任意であるとき，$\boldsymbol{t}$ の終点の軌跡を描け．応力は無次元化しており，単位は考えないものとする．

解 コーシーの式より，任意の断面に対する表面力ベクトルが次のように計算できる．

$$\begin{Bmatrix} t_x \\ t_y \end{Bmatrix} = \begin{bmatrix} 4 & -3 \\ -3 & 5 \end{bmatrix} \begin{Bmatrix} \cos\theta \\ \sin\theta \end{Bmatrix} = \begin{Bmatrix} 4\cos\theta - 3\sin\theta \\ -3\cos\theta + 5\sin\theta \end{Bmatrix}$$

この表面力ベクトルを $0° \leq \theta < 360°$ の範囲で作図すれば，図 2.15 に示す楕円の軌跡を得る．

† 実際には，圧縮や引張の違いによって楕円が反転したり，逆テンソルが存在せず線分（面）に変換されることもある．それらについては楕円のイメージを拡張するだけで理解可能である．

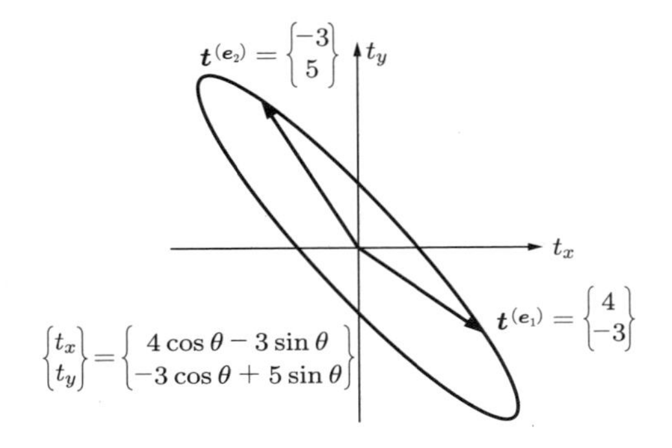

図 2.15 コーシー応力テンソルが表す表面力ベクトルの軌跡

2.5 主応力と不変量

2.5.1 主応力と主軸

2.3 節において，コーシー応力テンソルは，座標系が変われば各成分の値は見かけの数字が変化してしまうことを学んだ．一方で，ある点における力の状態は，参照する座標系が変わっても，変化しないはずである．そのため，コーシー応力テンソルの本質を把握するためには，座標系の取り方とは無関係に定量的かつ客観的に評価できる量が重要になる．

コーシー応力テンソル $\boldsymbol{\sigma}$ は対称テンソルであるので，固有値と固有方向に関する数学的事実[†]を利用すれば，力の状態の本質が明らかになる．すなわち，3×3 対称行列で表現される $\boldsymbol{\sigma}$ による線形変換において，

$$\boldsymbol{\sigma}\boldsymbol{n} = \lambda\boldsymbol{n} \tag{2.28}$$

を満足する実数の固有値 λ が三つ存在し，それぞれの固有方向は互いに直交する．この応力テンソルの固有値を**主応力**，対応する固有方向を**主軸**という．

式 (2.28) を満足する $\boldsymbol{n}$ を外向き単位法線ベクトルにもつ面において，コーシーの式から得られる表面力ベクトルは $\boldsymbol{t} = \lambda\boldsymbol{n}$ である．したがって，表面力ベクトル $\boldsymbol{t}$ の成分は，垂直成分が λ であり，面に平行な二つのせん断成分は 0 となる．これは，固有方向に垂直な断面にはせん断応力が生じず垂直応力のみが生じていることを意味している．

そこで，コーシー応力テンソル $\boldsymbol{\sigma}$ の主軸を座標軸にもつデカルト座標系を参照する

† 1.2.14 項，7.1 節を参照．

と，コーシー応力テンソル $\boldsymbol{\sigma}$ の表現行列は，主応力を $\sigma_1, \sigma_2, \sigma_3$ として

$$[\sigma] = \begin{bmatrix} \sigma_1 & 0 & 0 \\ 0 & \sigma_2 & 0 \\ 0 & 0 & \sigma_3 \end{bmatrix} \tag{2.29}$$

という対角行列になる．すなわち，連続体内部の点における力の状態は，固有方向について見れば，図 2.16 のように，互いに直交する 3 方向から押されたり引っ張られたりしている状態にほかならない．一般的な座標系を参照すると応力テンソルの成分は独立 6 成分で表現されるのに対して，主応力では独立 3 成分のみで力の状態を知ることができる．そのため，主応力による表現は多用されるので，しっかりと習得してほしい．

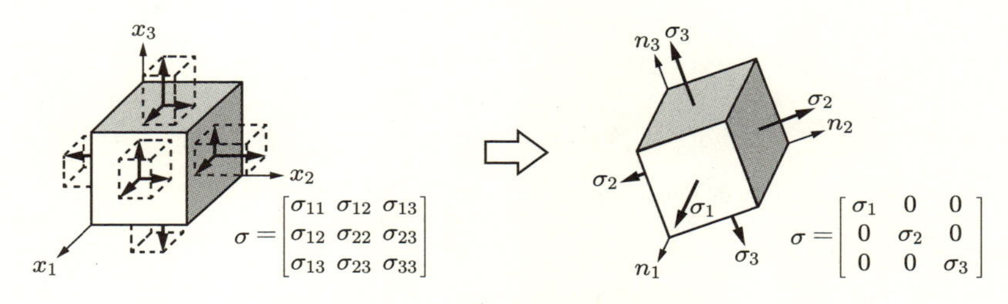

図 2.16 コーシー応力テンソルの対角化

主応力や主軸は，**固有方程式（特性方程式）**により固有値問題を解くことで得られる．式 (2.28) は次のように書き換えられる．

$$(\boldsymbol{\sigma} - \lambda \boldsymbol{I})\boldsymbol{n} = \boldsymbol{0} \tag{2.30}$$

ここで，固有ベクトル $\boldsymbol{n}$ は，断面の外向き単位法線ベクトルであるから，非零ベクトルである必要がある．そのうえで，式 (2.30) を満たすためには，$(\boldsymbol{\sigma} - \lambda \boldsymbol{I})$ の逆行列が存在しないことが必要十分条件となる．このことから，

$$\det(\boldsymbol{\sigma} - \lambda \boldsymbol{I}) = 0 \iff \begin{vmatrix} \sigma_{11} - \lambda & \sigma_{12} & \sigma_{31} \\ \sigma_{12} & \sigma_{22} - \lambda & \sigma_{23} \\ \sigma_{31} & \sigma_{23} & \sigma_{33} - \lambda \end{vmatrix} = 0 \tag{2.31}$$

が満たされる必要がある．これを λ について整理すると，一般に λ に関する 3 次方程式（固有方程式）が得られる．この固有方程式の解として固有値（主応力）λ が求められる．さらに，求めた固有値（主応力）を式 (2.28) に代入すれば，その固有値（主応力）に対応する固有ベクトル（主軸）$\boldsymbol{n}$ が計算できる．

例題 2.9 主応力と主軸

物体内部のある点において，コーシー応力テンソル $\boldsymbol{\sigma}$ が，xy 座標系を参照して，

$$[\sigma] = \begin{bmatrix} 6 & -2 \\ -2 & 6 \end{bmatrix}$$

と表されている．以下の問いに答えよ．

(1) 主応力 σ_1, σ_2 およびその主軸の固有ベクトル $\boldsymbol{n}_1$, $\boldsymbol{n}_2$ を求めよ．

(2) コーシーの式より，主軸方向の表面力ベクトル $\boldsymbol{t}^{(\boldsymbol{n}_i)}$ を求め，単位法線ベクトル $\boldsymbol{n}_i$ との関連性を確かめよ．

(3) 座標軸を時計回りに 45° 回転した $x'y'$ 座標系を参照したときの応力テンソルを求め，その主応力を計算せよ．

解 (1) 固有方程式を実際に計算すると，

$$\begin{vmatrix} 6-\lambda & -2 \\ -2 & 6-\lambda \end{vmatrix} = (6-\lambda)^2 - (-2)^2 = (\lambda-4)(\lambda-8) = 0$$

の解として，$\lambda = 8,\ 4$ を得る．固有値の大きい順に整理して，主応力は $\sigma_1 = 8$, $\sigma_2 = 4$ と求められる．

次に，$\sigma_1 = 8$ を式 (2.28) に代入して整理すると，

$$\begin{bmatrix} 6-8 & -2 \\ -2 & 6-8 \end{bmatrix} \begin{Bmatrix} n_x \\ n_y \end{Bmatrix} = \begin{bmatrix} -2 & -2 \\ -2 & -2 \end{bmatrix} \begin{Bmatrix} n_x \\ n_y \end{Bmatrix} = \begin{Bmatrix} 0 \\ 0 \end{Bmatrix}$$

から，$n_x = -n_y$ という法線ベクトルの成分に関する関係式が得られる．このままでは値が不定となるので，ベクトルの大きさが1になるようにすれば，固有ベクトル $\boldsymbol{n}_1$ を得る．

$$\begin{Bmatrix} n_x \\ n_y \end{Bmatrix} = \begin{Bmatrix} -\sqrt{2}/2 \\ \sqrt{2}/2 \end{Bmatrix}, \quad \text{または} \quad \begin{Bmatrix} n_x \\ n_y \end{Bmatrix} = \begin{Bmatrix} \sqrt{2}/2 \\ -\sqrt{2}/2 \end{Bmatrix}$$

したがって，σ_1 の主軸は，x 軸に対して時計回りに 45° 傾いた軸となる．

同様にして，$\sigma_2 = 4$ を式 (2.28) に代入して整理すると，

$$\begin{bmatrix} 6-4 & -2 \\ -2 & 6-4 \end{bmatrix} \begin{Bmatrix} n_x \\ n_y \end{Bmatrix} = \begin{bmatrix} 2 & -2 \\ -2 & 2 \end{bmatrix} \begin{Bmatrix} n_x \\ n_y \end{Bmatrix} = \begin{Bmatrix} 0 \\ 0 \end{Bmatrix}$$

から，$n_x = n_y$ という関係式が得られる．したがって，固有ベクトル $\boldsymbol{n}_2$ は

$$\begin{Bmatrix} n_x \\ n_y \end{Bmatrix} = \begin{Bmatrix} \sqrt{2}/2 \\ \sqrt{2}/2 \end{Bmatrix}, \quad \text{または} \quad \begin{Bmatrix} n_x \\ n_y \end{Bmatrix} = \begin{Bmatrix} -\sqrt{2}/2 \\ -\sqrt{2}/2 \end{Bmatrix}$$

と求められ，σ_2 の主軸は，x 軸に対して反時計回りに 45° 傾いた軸となる．ま

た，$\boldsymbol{n}_1 \cdot \boldsymbol{n}_2 = 0$となることからも，主軸が互いに直交することが確かめられる．

(2) コーシーの式に$\boldsymbol{n}_1$を代入して，成分表示により具体的に計算すると，

$$\begin{Bmatrix} t_x^{(\boldsymbol{n}_1)} \\ t_y^{(\boldsymbol{n}_1)} \end{Bmatrix} = \begin{bmatrix} 6 & -2 \\ -2 & 6 \end{bmatrix} \begin{Bmatrix} -\sqrt{2}/2 \\ \sqrt{2}/2 \end{Bmatrix} = \begin{Bmatrix} -(6+2)\sqrt{2}/2 \\ (2+6)\sqrt{2}/2 \end{Bmatrix} = 8 \begin{Bmatrix} -\sqrt{2}/2 \\ \sqrt{2}/2 \end{Bmatrix}$$

となる．したがって，$\boldsymbol{t}^{(\boldsymbol{n}_1)} = \sigma_1 \boldsymbol{n}_1$であり，表面力ベクトル$\boldsymbol{t}^{(\boldsymbol{n}_1)}$は$\boldsymbol{n}_1$を$\sigma_1$倍したベクトルとなる．$\sigma_2$についても同様に，

$$\begin{Bmatrix} t_x^{(\boldsymbol{n}_2)} \\ t_y^{(\boldsymbol{n}_2)} \end{Bmatrix} = \begin{bmatrix} 6 & -2 \\ -2 & 6 \end{bmatrix} \begin{Bmatrix} \sqrt{2}/2 \\ \sqrt{2}/2 \end{Bmatrix} = \begin{Bmatrix} (6-2)\sqrt{2}/2 \\ (-2+6)\sqrt{2}/2 \end{Bmatrix} = 4 \begin{Bmatrix} \sqrt{2}/2 \\ \sqrt{2}/2 \end{Bmatrix}$$

となり，$\boldsymbol{t}^{(\boldsymbol{n}_2)} = \sigma_2 \boldsymbol{n}_2$が成り立つ．

(3) 座標変換行列Tは

$$[T] = \frac{\sqrt{2}}{2} \begin{bmatrix} 1 & -1 \\ 1 & 1 \end{bmatrix}$$

であるから，座標変換後の応力テンソルの表現行列は次のように求められる[†]．

$$[\sigma'] = [T][\sigma][T]^T = \begin{bmatrix} 8 & 0 \\ 0 & 4 \end{bmatrix}$$

したがって，固有方程式は

$$\begin{vmatrix} 8-\lambda & 0 \\ 0 & 4-\lambda \end{vmatrix} = (8-\lambda)(4-\lambda) = 0$$

で与えられ，この固有方程式の解である主応力は，大きい順に整理して，$\sigma_1 = 8$, $\sigma_2 = 4$と求められる．

ここで，図2.13のようにして，座標軸をθ回転したときのコーシー応力テンソルの各成分と主応力の関係を図2.17に示す．図では，$\theta = -45°$のとき，せん断応力成分が0となる主軸が現れ，垂直応力成分は最大値と最小値をとる．この垂直応力成分の最大値，最小値が主応力である．

以上より，コーシー応力テンソルは参照する座標系によって異なる成分（表現行列）で表されるが，垂直応力成分の最大値，最小値である主応力は座標系に依存しないことがわかる．

---

† 新しい座標軸は固有方向と一致しており，せん断成分（非対角成分）は0となる対角行列が得られる．したがって，対角行列の対角成分が主応力である．この操作は対称行列の対角化と呼ばれる．

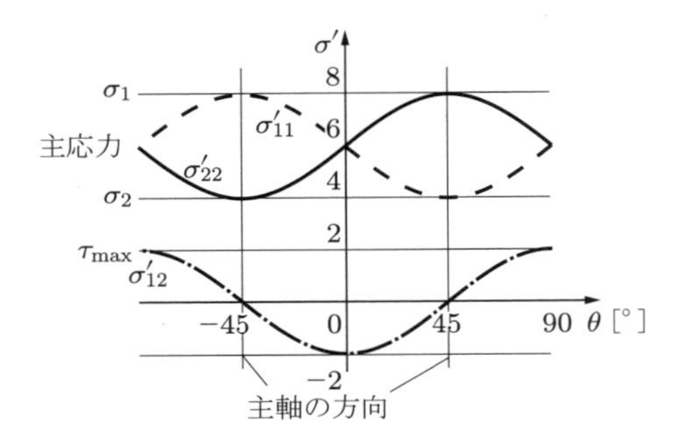

図 2.17　座標変換にともなう応力成分の変化と主応力の関係

例題 2.10　主応力と主軸の幾何学的イメージ

【例題 2.9】と同じ応力状態を考えたとき，外向き単位法線ベクトル $\boldsymbol{n}$ が

$$\{n\} = \begin{Bmatrix} \cos\theta \\ \sin\theta \end{Bmatrix}$$

である断面に作用する表面力 $\boldsymbol{t}$ の軌跡を描き，主応力や主軸との関係を確かめよ．

解　外向き単位法線ベクトル $\boldsymbol{n}$ をもつ断面に作用する表面力ベクトル $\boldsymbol{t}$ は，

$$\begin{Bmatrix} t_x^{(\boldsymbol{n})} \\ t_y^{(\boldsymbol{n})} \end{Bmatrix} = \begin{bmatrix} 6 & -2 \\ -2 & 6 \end{bmatrix} \begin{Bmatrix} \cos\theta \\ \sin\theta \end{Bmatrix} = \begin{Bmatrix} 6\cos\theta - 2\sin\theta \\ -2\cos\theta + 6\sin\theta \end{Bmatrix}$$

で与えられる．この表面力ベクトルの軌跡は，図 2.18 に示すような楕円を描く．

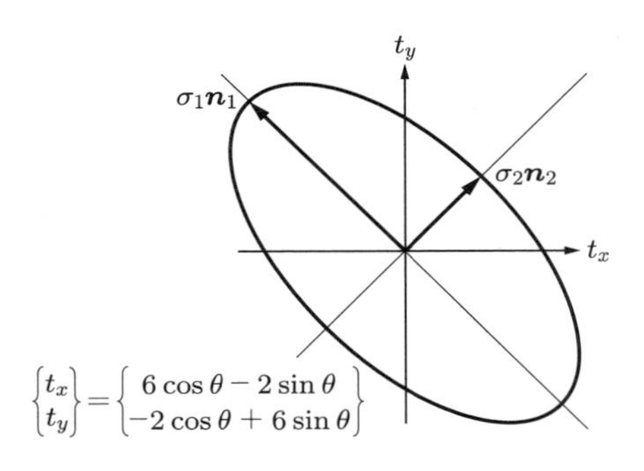

図 2.18　表面力ベクトルが描く楕円と主応力および主軸の幾何学的イメージ

主軸に垂直な面に作用する表面力ベクトルは $\sigma_1\boldsymbol{n}_1$，$\sigma_2\boldsymbol{n}_2$ であり，【例題 2.9】より主軸は x 軸から $\pm 45^\circ$ 傾くことがわかっている．図より，任意の断面に作用する表面力ベクトルの軌跡において，主軸は楕円の長軸，短軸方向と一致し，主応力は楕

円の短径および長径であることがわかる．

コーシー応力テンソルは参照する座標系によって異なる成分で表されるが，コーシー応力テンソルが変換する表面力ベクトルが描く楕円の形や大きさは座標系によらず不変である．そして，コーシー応力テンソルの主応力は楕円の長径と短径に対応することから，これらは座標系に依存しない量であることがわかる．このように，主応力や主軸は，座標軸に依存しない応力テンソルの特性値として極めて重要な量である．

図 2.19 に，一般的な対称行列による線形変換をさまざまな位置ベクトルに対して行った結果を示す．図中の矢印は，変換前後の差，つまり平面内の各点の移動を表している．対称行列による変換にともなって，平面内に分布する点は $\boldsymbol{n}_1$, $\boldsymbol{n}_2$ の方向からそれぞれ引張と圧縮を受けて伸び縮みするような移動をすることがわかる．この $\boldsymbol{n}_1$, $\boldsymbol{n}_2$ が固有方向（主軸）である．また，この移動によって単位円は楕円に変化している．すなわち，コーシーの式により，線形変換のイメージをそのまま応力テンソル（力の状態）に反映すればよいのである．

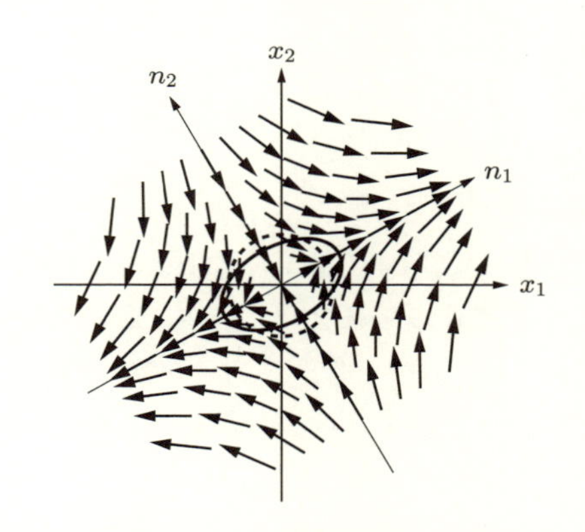

図 2.19 対称行列による線形変換と平面上の点の移動

2.5.2 コーシー応力テンソルの不変量 □□

主応力のように，あるテンソルに対して座標系によらず値が不変であるとき，この量を**テンソルの不変量**という．ここでは，コーシー応力テンソル $\boldsymbol{\sigma}$ に関する不変量とその意味を考えてみよう．

2 階テンソルのトレースやデターミナントは，座標変換によって常にその値が変わらない不変量であることが知られている†．コーシー応力テンソルのトレースやデターミナントに基づく次の 3 種類の演算結果は不変量になる．

† 証明は省くので，必要ならば線形代数などの書籍を参照してほしい．

$$I_\sigma = \mathrm{tr}[\sigma] = \sigma_{kk} = \sigma_1 + \sigma_2 + \sigma_3 \tag{2.32}$$

$$I\!I_\sigma = \mathrm{tr}\left([\sigma]^T[\sigma]\right) = \mathrm{tr}\left([\sigma]^2\right) = \sigma_{ij}\sigma_{ij} = {\sigma_1}^2 + {\sigma_2}^2 + {\sigma_3}^2 \tag{2.33}$$

$$I\!I\!I_\sigma = \det[\sigma] = \epsilon_{ijk}\sigma_{1i}\sigma_{2j}\sigma_{3k} = \sigma_1\sigma_2\sigma_3 \tag{2.34}$$

これらはコーシー応力テンソルの**基本不変量**と呼ばれ，それぞれの基本不変量は応力成分の1次式，2次式，3次式で書かれる．基本不変量 $I\!I_\sigma$ は，式(1.60)で表すテンソルの大きさに対応する不変量である．なお，不変量はいかなる座標系で計算しても不変であるので，最右辺のように，主軸を座標軸とした対角行列から主応力を用いて表すこともできる．

コーシー応力テンソルの固有方程式は，主応力（コーシー応力テンソルの固有値）λ に対する3次方程式で次のように与えられる．

$$-\lambda^3 + I_1\lambda^2 - I_2\lambda + I_3 = 0 \tag{2.35}$$

この3次方程式の各項の係数は，基本不変量によって，

$$I_1 = \mathrm{tr}[\sigma] = I_\sigma = \sigma_1 + \sigma_2 + \sigma_3 \tag{2.36}$$

$$I_2 = \frac{1}{2}\left\{(\mathrm{tr}[\sigma])^2 - \mathrm{tr}\left([\sigma]^2\right)\right\} = \frac{1}{2}({I_\sigma}^2 - I\!I_\sigma) = \sigma_1\sigma_2 + \sigma_2\sigma_3 + \sigma_3\sigma_1 \tag{2.37}$$

$$I_3 = \det[\sigma] = I\!I\!I_\sigma = \sigma_1\sigma_2\sigma_3 \tag{2.38}$$

のように表される．したがって，固有方程式は任意の座標系で常に同じ式となる．そうでなければ固有値が一意に求められない．当然，各項の係数 I_1, I_2, I_3 も不変量である．この三つの係数をそれぞれコーシー応力テンソルの第1，第2，第3不変量と呼び，まとめて**主不変量**という．第1，第3不変量は，基本不変量のうち，二つと同じ演算である．

例題 2.11 コーシー応力テンソルの不変量

物体内部のある点におけるコーシー応力テンソル $\boldsymbol{\sigma}$ が，直交座標系 x_1, x_2, x_3 を参照して，

$$[\sigma] = \begin{bmatrix} \sigma_{11} & \sigma_{12} & \sigma_{13} \\ \sigma_{21} & \sigma_{22} & \sigma_{23} \\ \sigma_{31} & \sigma_{32} & \sigma_{33} \end{bmatrix} = \begin{bmatrix} 6 & -2 & 0 \\ -2 & 6 & 0 \\ 0 & 0 & 1 \end{bmatrix}$$

と表されている．以下の問いに答えよ．

(1) 基本不変量 I_σ, $I\!I_\sigma$, $I\!I\!I_\sigma$ の値を求めよ．

(2) 固有方程式を導け．

(3) 主応力を求めよ．
(4) 主応力を用いて基本不変量 I_σ, $I\!I_\sigma$, $I\!I\!I_\sigma$ の値を求めよ．

次に，反時計回りを正として，x_3 軸まわりに 30° 回転し，x_1 軸まわりに 60° 回転した座標系 x'_1, x'_2, x'_3 を参照する．

(5) 座標系 x'_1, x'_2, x'_3 を参照する $\boldsymbol{\sigma}$ の表現行列 $[\sigma]$ を求めよ．
(6) 基本不変量 I_σ, $I\!I_\sigma$, $I\!I\!I_\sigma$ の値を求めよ．
(7) 固有方程式を導け．

解　(1) 基本不変量を定義に従って計算すれば，次のように求められる．

$$I_\sigma = \mathrm{tr}[\sigma] = \sigma_{kk} = \sigma_{11} + \sigma_{22} + \sigma_{33} = 13$$
$$I\!I_\sigma = \mathrm{tr}[\sigma]^T[\sigma] = \sigma_{ij}\sigma_{ij} = 81$$
$$I\!I\!I_\sigma = \det[\sigma] = 6\cdot(-2)\cdot 1 - (-2)\cdot(-2)\cdot 1 = 32$$

(2) 与えられた応力に対する固有方程式は

$$\begin{vmatrix} 6-\lambda & -2 & 0 \\ -2 & 6-\lambda & 0 \\ 0 & 0 & 1-\lambda \end{vmatrix} = 0$$

で与えられ，展開すれば次のように整理できる．

$$-\lambda^3 + 13\lambda^2 - 44\lambda + 32 = 0$$

これより，主不変量はそれぞれ $I_1 = 13$, $I_2 = 44$, $I_3 = 32$ であり，(1) で求めた基本不変量を用いて，$I_1 = I_\sigma$, $I_2 = ({I_\sigma}^2 - I\!I_\sigma)/2$, $I_3 = I\!I\!I_\sigma$ のように計算した結果と一致する．

(3) 固有方程式は，次のように因数分解できる．

$$-\lambda^3 + 13\lambda^2 - 44\lambda + 32 = -(\lambda-1)(\lambda-4)(\lambda-8) = 0$$

したがって，大きい順に並べると，主応力は $\sigma_1 = 8$, $\sigma_2 = 4$, $\sigma_3 = 1$ と求められる．

(4) 基本不変量を主応力を用いて計算すれば，次のように求められる．

$$I_\sigma = \mathrm{tr}[\sigma] = \sigma_1 + \sigma_2 + \sigma_3 = 13$$
$$I\!I_\sigma = \mathrm{tr}[\sigma]^T[\sigma] = {\sigma_1}^2 + {\sigma_2}^2 + {\sigma_3}^2 = 81$$
$$I\!I\!I_\sigma = \det[\sigma] = \sigma_1\sigma_2\sigma_3 = 32$$

これらは不変量であるので，当然，(1) の結果と一致する．

(5) 座標系を x_3 軸まわりに θ_1 回転する変換行列を $[T_1]$，x_1 軸まわりに θ_2 回転する変換行列を $[T_2]$ とすると，次のようになる.

$$[T_1] = \begin{bmatrix} \cos\theta_1 & \sin\theta_1 & 0 \\ -\sin\theta_1 & \cos\theta_1 & 0 \\ 0 & 0 & 1 \end{bmatrix}, \quad [T_2] = \begin{bmatrix} 1 & 0 & 0 \\ 0 & \cos\theta_2 & \sin\theta_2 \\ 0 & -\sin\theta_2 & \cos\theta_2 \end{bmatrix}$$

これらを用いて，座標変換後の応力成分 $[\sigma']$ は

$$[\sigma'] = ([T_2][T_1])\,[\sigma]\,([T_2][T_1])^T = [T_2]\left([T_1][\sigma][T_1]^T\right)[T_2]^T$$

$$[T_2][T_1] = \begin{bmatrix} \cos\theta_1 & \sin\theta_1 & 0 \\ -\sin\theta_1\cos\theta_2 & \cos\theta_1\cos\theta_2 & \sin\theta_2 \\ \sin\theta_1\sin\theta_2 & -\cos\theta_1\sin\theta_2 & \cos\theta_2 \end{bmatrix}$$

で与えられる．これに $\theta_1 = 30°$, $\theta_2 = 60°$ を代入して実際に計算すれば

$$[T_2][T_1] = \begin{bmatrix} \cos 30° & \sin 30° & 0 \\ -\sin 30°\cos 60° & \cos 30°\cos 60° & \sin 60° \\ \sin 30°\sin 60° & -\cos 30°\sin 60° & \cos 60° \end{bmatrix}$$
$$= \frac{1}{4}\begin{bmatrix} 2\sqrt{3} & 2 & 0 \\ -1 & \sqrt{3} & 2\sqrt{3} \\ \sqrt{3} & -3 & 2 \end{bmatrix}$$

$$[\sigma'] = ([T_2][T_1])\,[\sigma]\,([T_2][T_1])^T$$
$$= \frac{1}{16}\begin{bmatrix} 2\sqrt{3} & 2 & 0 \\ -1 & \sqrt{3} & 2\sqrt{3} \\ \sqrt{3} & -3 & 2 \end{bmatrix}\begin{bmatrix} 6 & -2 & 0 \\ -2 & 6 & 0 \\ 0 & 0 & 1 \end{bmatrix}\begin{bmatrix} 2\sqrt{3} & -1 & \sqrt{3} \\ 2 & \sqrt{3} & -3 \\ 0 & 2\sqrt{3} & 2 \end{bmatrix}$$
$$= \frac{1}{4}\begin{bmatrix} 24-4\sqrt{3} & -2 & 2\sqrt{3} \\ -2 & 9+\sqrt{3} & -3-5\sqrt{3} \\ 2\sqrt{3} & -3-5\sqrt{3} & 19+3\sqrt{3} \end{bmatrix}$$

と求められる.

(6) 計算自体は少々複雑であるが，基本不変量を定義に従って計算すれば，次のように求められる.

$$I_\sigma = \mathrm{tr}[\sigma] = \sigma_{kk} = \sigma_{11} + \sigma_{22} + \sigma_{33} = 13$$
$$II_\sigma = \mathrm{tr}[\sigma]^T[\sigma] = \sigma_{ij}\sigma_{ij} = 81$$

$$\mathit{III}_\sigma = \det[\sigma] = 6 \cdot (-2) \cdot 1 - (-2) \cdot (-2) \cdot 1 = 32$$

参照する座標系が変化してもこれらの演算が示す値が変化しないことから，参照する座標系に依存しない不変量を表していることが確かめられる．

(7) 座標変換後の応力テンソルに関する固有方程式は，

$$\det\left(\frac{1}{4}\begin{bmatrix} 24-4\sqrt{3}-\lambda & -2 & 2\sqrt{3} \\ -2 & 9+\sqrt{3}-\lambda & -3-5\sqrt{3} \\ 2\sqrt{3} & -3-5\sqrt{3} & 19+3\sqrt{3}-\lambda \end{bmatrix}\right) = 0$$

で与えられる．これを展開すれば，次のように固有方程式が整理できる．

$$-\lambda^3 + 13\lambda^2 - 44\lambda + 32 = 0$$

以上のように，各種不変量や固有方程式，さらにその解である主応力は参照する座標系に依存しない応力テンソル固有の特性値であることがわかる．

2.5.3 応力テンソルの主不変量の幾何学的イメージ □□

主応力が表面力ベクトルの軌跡が表す楕円の短径や長径などの径であったことを踏まえて，図 2.20 に示すように，応力の主不変量の幾何学的イメージ†について考えてみよう．

第 1 不変量 $I_1 = \sigma_1 + \sigma_2 + \sigma_3$ は，三つの主応力の和（1 次式）で表され，応力と同

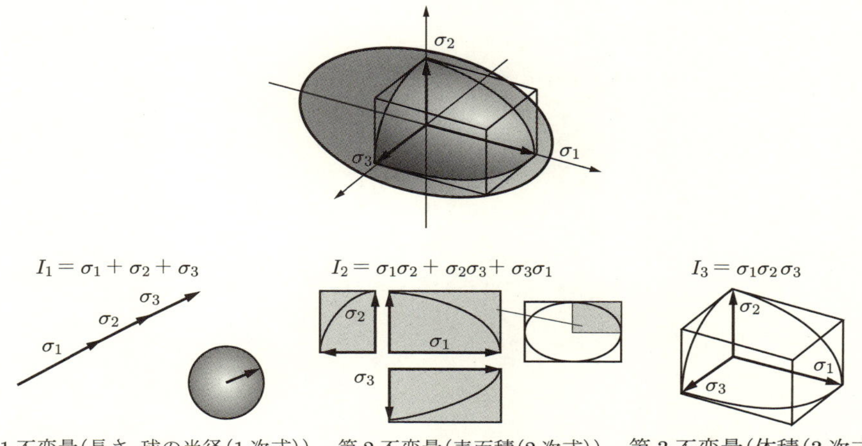

図 2.20 コーシー応力テンソルの主不変量の幾何学的イメージ

† あくまでも 2.4 節に示した楕円イメージに基づくものであり，2.5.5 項で説明する主応力空間ではないことに注意してほしい．主応力空間では，一つのコーシー応力テンソルは一つの矢印ベクトル（またはその終点）で表現される．

じ単位をもつ．これは楕円体の径の和であり，応力テンソルに対して一つの楕円体の形が決定してしまえば楕円体の径は座標系によらず不変である．また，3 次元空間において，点から等しい距離にある点の集合は球であることから，球の半径と解釈することもできる．このような考え方は，2.5.4 項で説明する平均応力テンソル（静水圧）の概念を理解する際にも助けになる†1.

次に，第 2 不変量 $I_2 = \sigma_1\sigma_2 + \sigma_2\sigma_3 + \sigma_3\sigma_1$ は，二つの主応力について積をとったものの和となる．これは，$\sigma_1, \sigma_2, \sigma_3$ を辺にもつ直方体の表面積（2 次式）である．平面応力状態であれば $I_2 = \sigma_1\sigma_2$ となり，楕円の長径と短径の積，すなわち楕円に外接する長方形の面積の 1/4 である．第 1 不変量と同様に，座標変換によって外接する長方形の形および面積は変わらない．

第 3 不変量 $I_3 = \sigma_1\sigma_2\sigma_3$ は三つの主応力の積であり，$\sigma_1, \sigma_2, \sigma_3$ を辺にもつ直方体の符号付きの体積（3 次式）が対応する．したがって，平面応力状態などのように一つ以上の主応力が 0 となる場合は $I_3 = 0$ となる．

以上より，主不変量 I_1, I_2, I_3 は，コーシー応力テンソルを表す楕円体に関する特徴的な長さ，面積，体積などを表しており，参照する座標系によってその値が変化しない不変量であることが理解できる．また，多くの材料モデルでは，これらの不変量を組み合わせた形で構築されている．その場合も，こうした幾何学的イメージを用いれば，どのようなモデルであるかを理解する助けになるはずである．

2.5.4 平均応力，偏差応力 □□

コーシー応力テンソルの第 1 不変量の 1/3 の量†2，すなわち，主応力の平均的な量

$$\sigma_\mathrm{m} = \frac{1}{3}I_1 = \frac{1}{3}\mathrm{tr}[\sigma] = \frac{1}{3}(\sigma_{11} + \sigma_{22} + \sigma_{33}) = \frac{1}{3}(\sigma_1 + \sigma_2 + \sigma_3) \tag{2.39}$$

を**平均応力**という．σ_m は定義式から明らかに不変量である．平均応力は，主応力による引張や圧縮を平均した体積変化に関連する量である．

平均応力 σ_m が対角成分に並んだ対角行列で表現される次のテンソル $\boldsymbol{\sigma}_\mathrm{m} = \sigma_\mathrm{m}\boldsymbol{I}$ を平均応力テンソルという．

$$[\sigma_\mathrm{m}] = \sigma_\mathrm{m}[I] = \begin{bmatrix} \sigma_\mathrm{m} & 0 & 0 \\ 0 & \sigma_\mathrm{m} & 0 \\ 0 & 0 & \sigma_\mathrm{m} \end{bmatrix} \tag{2.40}$$

†1 【例題 2.6】の座標変換において，静水圧を表すコーシー応力テンソルの表現行列は座標変換によって変化しなかったことを思い出してほしい．

†2 平面応力問題（$\sigma_3 = 0$）であっても 1/3 を用いることに注意が必要である．

平均応力テンソルを座標変換すると，座標変換行列 $[T]$ は直交行列 $[T][T]^T = [I]$ より，

$$[T][\sigma_\mathrm{m}][T]^T = \sigma_\mathrm{m}[T][I][T]^T = \sigma_\mathrm{m}[I] = [\sigma_\mathrm{m}] \tag{2.41}$$

となる．平均応力テンソルは，どのような座標系を用いてもその成分が変わらない．また，平均応力テンソルに対する固有方程式は 3 重根 $\lambda = \sigma_\mathrm{m}$ を解にもつ．このとき，固有ベクトルは一意に定まらず特定の主軸をもたない．したがって，平均応力テンソルは，すべての径が σ_m となる球状の応力テンソルであり，全方位から等しい力が作用する水中における静水圧のような状態を表している．

コーシー応力テンソル $\boldsymbol{\sigma}$ から平均応力テンソル $\boldsymbol{\sigma}_\mathrm{m}$ を引いた残りの量 $\boldsymbol{s}$ を**偏差応力テンソル**という．

$$\boldsymbol{s} = \boldsymbol{\sigma} - \sigma_\mathrm{m}\boldsymbol{I} \quad \Longrightarrow \quad [s] = \begin{bmatrix} \sigma_{11} - \sigma_\mathrm{m} & \sigma_{12} & \sigma_{13} \\ \sigma_{12} & \sigma_{22} - \sigma_\mathrm{m} & \sigma_{23} \\ \sigma_{31} & \sigma_{23} & \sigma_{33} - \sigma_\mathrm{m} \end{bmatrix} \tag{2.42}$$

幾何学的イメージでは，一般的なコーシー応力テンソルが表す楕円体が平均応力テンソルが表す球からどの程度の差（偏差）があるかを表すテンソルである．

偏差応力テンソル $\boldsymbol{s}$ の固有方程式は，もとの $\boldsymbol{\sigma}$ の固有方程式と次のような関係にある．

$$\det(\boldsymbol{\sigma} - \lambda\boldsymbol{I}) = \det\{(\boldsymbol{s} + \sigma_\mathrm{m}\boldsymbol{I}) - \lambda\boldsymbol{I}\} = \det\{\boldsymbol{s} - (\lambda - \sigma_\mathrm{m})\boldsymbol{I}\} \tag{2.43}$$

式 (2.43) から，偏差応力テンソル $\boldsymbol{s}$ の主応力 s_1, s_2, s_3 は，$\boldsymbol{\sigma}$ の主応力 $\sigma_1, \sigma_2, \sigma_3$ よりも平均応力 σ_m だけ小さいことがわかる．

$$s_1 = \sigma_1 - \sigma_\mathrm{m}, \quad s_2 = \sigma_2 - \sigma_\mathrm{m}, \quad s_3 = \sigma_3 - \sigma_\mathrm{m} \tag{2.44}$$

また，$\boldsymbol{\sigma}$ の一つの主応力を λ，その主軸を $\boldsymbol{n}$ とすれば，

$$\lambda\boldsymbol{n} = (\boldsymbol{s} + \sigma_\mathrm{m}\boldsymbol{I})\boldsymbol{n} = \boldsymbol{s}\boldsymbol{n} + \sigma_\mathrm{m}\boldsymbol{n}$$

$$\therefore (\lambda - \sigma_\mathrm{m})\boldsymbol{n} = \boldsymbol{s}\boldsymbol{n} \tag{2.45}$$

となる．すなわち，偏差応力テンソル $\boldsymbol{s}$ の主軸（固有ベクトル）はもとの $\boldsymbol{\sigma}$ の主軸 $\boldsymbol{n}$ に一致する．

偏差応力テンソル $\boldsymbol{s}$ の主不変量 J_1, J_2, J_3 は，次式で与えられる．

$$\begin{aligned} J_1 &= \mathrm{tr}[s] = s_{11} + s_{22} + s_{23} = (\sigma_{11} - \sigma_\mathrm{m}) + (\sigma_{22} - \sigma_\mathrm{m}) + (\sigma_{33} - \sigma_\mathrm{m}) \\ &= \sigma_{11} + \sigma_{22} + \sigma_{33} - 3\sigma_\mathrm{m} = 0 \end{aligned} \tag{2.46}$$

$$J_2 = -\frac{1}{2}\left\{(\mathrm{tr}[s])^2 - \mathrm{tr}\left([s]^2\right)\right\} = \frac{1}{2}\mathrm{tr}\left([s]^2\right) = \frac{1}{2}({s_1}^2 + {s_2}^2 + {s_3}^2)$$
$$= \frac{1}{6}\left\{(\sigma_1 - \sigma_2)^2 + (\sigma_2 - \sigma_3)^2 + (\sigma_3 - \sigma_1)^2\right\} \tag{2.47}$$
$$J_3 = \det[s] = s_1 s_2 s_3 = (\sigma_1 - \sigma_\mathrm{m})(\sigma_2 - \sigma_\mathrm{m})(\sigma_3 - \sigma_\mathrm{m}) \tag{2.48}$$

ここで，第1不変量 J_1 と第3不変量 J_3 は応力テンソルの第1不変量，第3不変量と同じ定義であるが，第2不変量 J_2 は応力テンソルの第2不変量に負号を付けた形となっている．これは，値が正になるようにするための便宜的なつじつま合わせである．

偏差応力テンソルは応力テンソルから平均応力を除いたテンソルであるため，その第1不変量は常に $J_1 = 0$ である．そのため，第2不変量 J_2 は2次の基本不変量 $\mathrm{tr}([s]^2)$ の半分になる．その幾何学的イメージは，図2.21のように，コーシー応力テンソル $\boldsymbol{\sigma}$ が表す楕円体と平均応力テンソル $\boldsymbol{\sigma}_\mathrm{m}$ が表す球の差を定量的に表す量となっている．そのため，式(2.42)で定義される偏差応力テンソル $\boldsymbol{s}$ の性質を明らかにする不変量として，第2不変量 J_2 はさまざまな場面で用いられる．

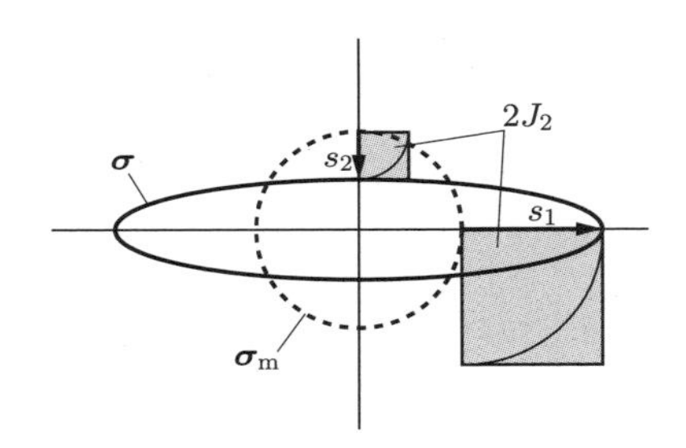

図2.21 偏差応力テンソルの第2不変量 J_2 の幾何学的イメージ

例題2.12 平均応力テンソルと偏差応力テンソルの内積

平均応力テンソル $\boldsymbol{\sigma}_\mathrm{m}$ と偏差応力テンソル $\boldsymbol{s}$ の内積を計算せよ．

解 平均応力テンソル $\boldsymbol{\sigma}_\mathrm{m}$ と偏差応力テンソル $\boldsymbol{s}$ を成分表示して，内積を計算すると

$$\boldsymbol{\sigma}_\mathrm{m} : \boldsymbol{s} = \mathrm{tr}\left([\sigma_\mathrm{m}]^T[s]\right) = \mathrm{tr}\begin{bmatrix}\sigma_\mathrm{m} & 0 & 0\\ 0 & \sigma_\mathrm{m} & 0\\ 0 & 0 & \sigma_\mathrm{m}\end{bmatrix}\begin{bmatrix}\sigma_{11}-\sigma_\mathrm{m} & \sigma_{12} & \sigma_{13}\\ \sigma_{12} & \sigma_{22}-\sigma_\mathrm{m} & \sigma_{23}\\ \sigma_{13} & \sigma_{23} & \sigma_{33}-\sigma_\mathrm{m}\end{bmatrix}$$
$$= \sigma_\mathrm{m}(\sigma_{11}-\sigma_\mathrm{m}) + \sigma_\mathrm{m}(\sigma_{22}-\sigma_\mathrm{m}) + \sigma_\mathrm{m}(\sigma_{33}-\sigma_\mathrm{m})$$
$$= \sigma_\mathrm{m}(\sigma_{11}+\sigma_{22}+\sigma_{33}-3\sigma_\mathrm{m}) = \sigma_\mathrm{m}(3\sigma_\mathrm{m}-3\sigma_\mathrm{m}) = 0$$

となる．

【例題 2.12】より，平均応力テンソル $\boldsymbol{\sigma}_{\mathrm{m}}$ と偏差応力テンソル $\boldsymbol{s}$ は互いに直交し，独立した関係にあることがわかる．平均応力テンソル $\boldsymbol{\sigma}_{\mathrm{m}}$ は，静水圧のような等方的な力の作用であり，せん断応力成分は存在しない．$\boldsymbol{\sigma}_{\mathrm{m}}$ と直交する偏差応力テンソル $\boldsymbol{s}$ は，$\boldsymbol{\sigma}_{\mathrm{m}}$ の等方的な力の作用とは無関係な**せん断作用**を表している．

以上より，一般的な力の状態を表すコーシー応力テンソル $\boldsymbol{\sigma}$ は，

$$\boldsymbol{\sigma} = \boldsymbol{\sigma}_{\mathrm{m}} + \boldsymbol{s}$$

のように，等方的な作用を表す静水圧成分とせん断作用を表す偏差成分に分解できる．一般的な構成則の多くは，体積変化を引き起こす静水圧成分とそれと無関係なせん断成分に分解して構築されている．

例題 2.13 偏差応力テンソルの第 2 不変量

式 (1.60) を用いて偏差応力テンソル $\boldsymbol{s}$ の大きさ $\|\boldsymbol{s}\|$ を求め，第 2 不変量 J_2 との関係を確かめよ．

解 式 (1.60) より，偏差応力テンソル $\boldsymbol{s}$ の大きさは，内積によって次のように計算される．

$$\|\boldsymbol{s}\| = \sqrt{\boldsymbol{s} : \boldsymbol{s}} = \sqrt{{s_1}^2 + {s_2}^2 + {s_3}^2} = \sqrt{2J_2}$$

$\|\boldsymbol{s}\|$ は第 2 不変量 J_2 の平方根の $\sqrt{2}$ 倍である．偏差応力テンソル $\boldsymbol{s}$ はせん断作用を表すので，その第 2 不変量 J_2 を調べれば，コーシー応力テンソル $\boldsymbol{\sigma}$ で表される力の状態のせん断作用の大小がわかる．

偏差応力テンソル $\boldsymbol{s}$ の第 2 不変量 J_2 は，$\boldsymbol{\sigma}$ の主応力を用いて変形すると，

$$J_2 = \frac{1}{6}\left\{(\sigma_1 - \sigma_2)^2 + (\sigma_2 - \sigma_3)^2 + (\sigma_3 - \sigma_1)^2\right\}$$

で与えられる．したがって，主応力の差 $\sigma_1 - \sigma_2, \sigma_2 - \sigma_3, \sigma_3 - \sigma_1$ がせん断作用に関連することがわかる．これは，モールの応力円におけるイメージとも一致する．コーシー応力テンソル $\boldsymbol{\sigma}$ がせん断応力成分 $= 0$ となる対角行列で表されている場合であっても，本質的な力の状態にはせん断作用が生じることに注意が必要である．

ちなみに，延性金属材料を対象とした古典塑性理論では，金属の塑性変形はせん断作用によって発生するため，J_2 は塑性変形の発生を判断する重要な力の指標として用いられる．

2.5.5 主応力空間における応力テンソルの矢印ベクトル表現 □□　コーシー応力テンソル $\boldsymbol{\sigma}$ が与えられたとき，その主軸を座標軸に設定すると，$\boldsymbol{\sigma}$ や $\boldsymbol{s}$ も対角行列

で表現できる．また，$\boldsymbol{\sigma}_{\mathrm{m}}$ は座標系によらず対角行列で表されるので，三つのテンソル $\boldsymbol{\sigma}, \boldsymbol{s}, \boldsymbol{\sigma}_{\mathrm{m}}$ は，内積演算も含めて，それぞれ数ベクトルのように置き換えて扱うことができる．

$$[\sigma] \Longrightarrow \begin{Bmatrix} \sigma_1 \\ \sigma_2 \\ \sigma_3 \end{Bmatrix}, \quad [s] \Longrightarrow \begin{Bmatrix} s_1 \\ s_2 \\ s_3 \end{Bmatrix}, \quad [\sigma_{\mathrm{m}}] \Longrightarrow \begin{Bmatrix} \sigma_{\mathrm{m}} \\ \sigma_{\mathrm{m}} \\ \sigma_{\mathrm{m}} \end{Bmatrix} \tag{2.49}$$

したがって，図 2.22 のように，主応力 $\sigma_1, \sigma_2, \sigma_3$ を座標軸に設定†すれば，それぞれの応力テンソルを 3 次元空間内に描画することができる．このような座標系で張られる 3 次元空間を**主応力空間**と呼ぶ．

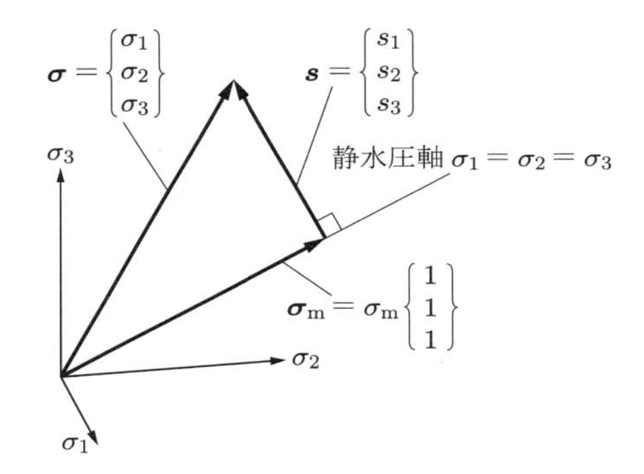

図 2.22 主応力空間における応力テンソルのベクトル表現

主応力空間において，$\sigma_1 = \sigma_2 = \sigma_3$ となる直線を**静水圧軸**という．平均応力テンソル $\boldsymbol{\sigma}_{\mathrm{m}}$ は静水圧軸方向の矢印ベクトルで表され，その長さが平均応力 σ_{m} となる．また，偏差応力テンソル $\boldsymbol{s}$ は，平均応力テンソル $\boldsymbol{\sigma}_{\mathrm{m}}$ と直交するので，静水圧軸に直交する矢印ベクトルで表現される．そして，コーシー応力テンソル $\boldsymbol{\sigma}$ は，それぞれベクトルに直交分解されるベクトルで表される．

$$\boldsymbol{\sigma} = \boldsymbol{\sigma}_{\mathrm{m}} + \boldsymbol{s} \tag{2.50}$$

すなわち，それぞれの応力テンソルの関連性を損なうことなく，各応力テンソルを主応力空間内のベクトルとして表すことが可能である．

この主応力空間による表現は，塑性変形に関与する降伏基準の表現の一つとしてしばしば利用される．たとえば，ミーゼスの降伏基準（フォン・ミーゼスの降伏基準）では，材料に作用するせん断作用 $\sqrt{J_2}$ がある限界値 K に達すると塑性降伏するとして，

† 実際の 3 次元空間とは無関係で，主応力成分を目盛りとする三つの軸を設定する空間である．

$$\sqrt{J_2} - K = 0 \tag{2.51}$$

のように表される．ここで，第 2 不変量 J_2 は偏差応力テンソル $\boldsymbol{s}$ の大きさ $\|\boldsymbol{s}\|$ と

$$\|\boldsymbol{s}\| = \sqrt{2J_2} \tag{2.52}$$

という関係があるので，式 (2.51) は静水圧軸からの距離が一定であるような応力点の集合を表す．それは主応力空間において，図 2.23 のように静水圧軸を中心軸とする半径が $\sqrt{2}K$ の円筒で表される．図から，ミーゼスの降伏基準は，平均応力（静水圧）をどれだけ加えても，それだけでは塑性変形しないモデルであることがわかる．

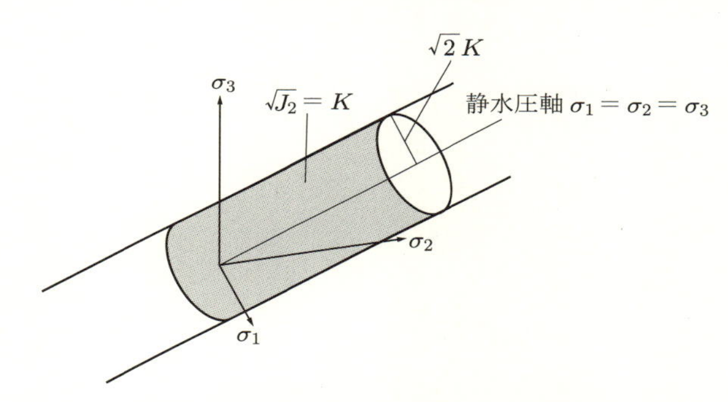

図 2.23 主応力空間におけるミーゼスの降伏基準

例題 2.14 ミーゼスの相当応力

ある材料が，コーシー応力テンソル $\boldsymbol{\sigma}$

$$[\sigma] = \begin{bmatrix} \sigma & 0 & 0 \\ 0 & 0 & 0 \\ 0 & 0 & 0 \end{bmatrix}$$

で表される一軸引張状態にある．以下の問いに答えよ．

(1) 平均応力 σ_{m} と偏差応力テンソル $\boldsymbol{s}$ を求めよ．

(2) 偏差応力テンソル $\boldsymbol{s}$ の第 2 不変量 J_2 を求めよ．

(3) 材料がミーゼスの降伏基準 $\sqrt{J_2} - K = 0$ で塑性降伏が生じると仮定する．塑性降伏が生じるときの一軸引張の作用応力 σ の値を求めよ．

解 (1) 平均応力 σ_{m} は，応力テンソルの第 1 不変量の 1/3 の値として，

$$\sigma_{\mathrm{m}} = \frac{1}{3}(\sigma_{11} + \sigma_{22} + \sigma_{33}) = \frac{1}{3}\sigma$$

となる．したがって，平均応力テンソル $\boldsymbol{\sigma}_{\mathrm{m}}$ は次のようになる．

$$[\sigma_{\mathrm{m}}] = \begin{bmatrix} \sigma_{\mathrm{m}} & 0 & 0 \\ 0 & \sigma_{\mathrm{m}} & 0 \\ 0 & 0 & \sigma_{\mathrm{m}} \end{bmatrix} = \frac{1}{3}\begin{bmatrix} \sigma & 0 & 0 \\ 0 & \sigma & 0 \\ 0 & 0 & \sigma \end{bmatrix}$$

また，偏差応力テンソル $\boldsymbol{s} = \boldsymbol{\sigma} - \boldsymbol{\sigma}_{\mathrm{m}}$ は以下で示される．

$$[s] = [\sigma] - [\sigma_{\mathrm{m}}] = \frac{1}{3}\begin{bmatrix} 2\sigma & 0 & 0 \\ 0 & -\sigma & 0 \\ 0 & 0 & -\sigma \end{bmatrix}$$

(2) 偏差応力テンソル $\boldsymbol{s}$ から J_2 を計算すると，

$$J_2 = \frac{1}{2}\left({s_1}^2 + {s_2}^2 + {s_3}^2\right) = \frac{1}{2}\left\{\left(\frac{2\sigma}{3}\right)^2 + \left(-\frac{\sigma}{3}\right)^2 + \left(-\frac{\sigma}{3}\right)^2\right\} = \frac{1}{3}\sigma^2$$

となる．

(3) この材料が塑性降伏するとき，

$$\sqrt{J_2} - K = \frac{1}{\sqrt{3}}\sigma - K = 0$$

であるから，これを σ について整理すると，

$$\sigma = \sqrt{3}K$$

となる．したがって，一軸引張の作用応力 σ が $\sqrt{3}K$ となったときに塑性降伏がはじまる．

一般に，延性金属材料の一軸引張試験では，作用応力 σ が降伏強さ σ_{y} に達したときに塑性降伏すると考える．この金属材料がミーゼスの降伏基準を満たす材料であると仮定すると，$\sigma_{\mathrm{y}} = \sqrt{3}K$ が対応する．したがって，

$$\overline{\sigma} = \sqrt{3J_2}$$

という力の指標 $\overline{\sigma}$ を定義すると，ミーゼスの降伏基準が一軸引張試験の降伏強さ σ_{y} に相当する次の形で再定義できる．

$$\overline{\sigma} = \sigma_{\mathrm{y}}$$

この指標 $\overline{\sigma}$ を**ミーゼスの相当応力**（ミーゼス応力）という．すなわち，相当応力 $\overline{\sigma}$ を用いれば，材料の一軸引張試験を行った際に，作用応力 $\sigma = \sigma_{\mathrm{y}}$ の読みをそのまま材料のせん断強さに読み替えることができる．

2.6　力のつり合い式と荷重境界条件式

これまでに連続体内部の力の状態を表すコーシー応力テンソルの性質について説明してきた．しかし，このままでは物理法則について何ら記述していないため，力学問題を解くことができない．ここではじめて，コーシー応力テンソルを物理法則に取り込み，コーシー応力テンソルが満たすべき条件式を明らかにする．

図 2.24 のように，力を受けて静止している連続体において，位置 $\boldsymbol{x}$ にある点のコーシー応力テンソルを $\boldsymbol{\sigma}(\boldsymbol{x})$ と表せば，$\boldsymbol{\sigma}(\boldsymbol{x})$ は連続体 V を定義域とするテンソル場になる．つまり，連続体内部のすべての点ごとに $\boldsymbol{\sigma}(\boldsymbol{x})$ が隙間なく分布していると考えればよい．

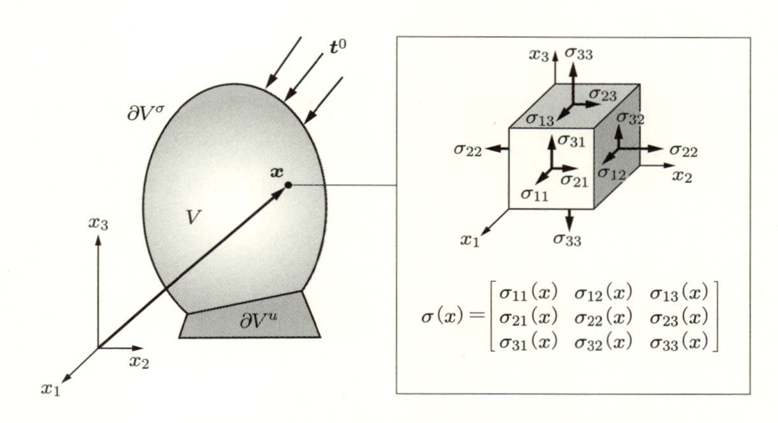

図 2.24　連続体内部のコーシー応力テンソル場

運動の法則によれば，つり合っている物体内ではその任意の部分もつり合っているはずである．誘導は後回しにして結論を先にいえば，連続体内部において，コーシー応力テンソル $\boldsymbol{\sigma}(\boldsymbol{x})$ は，以下に示す**力のつり合い式**（平衡方程式）と**荷重境界条件式**を満たすように分布する．

2.6.1　力のつり合い式

単位体積あたりの体積力を $\boldsymbol{f}(\boldsymbol{x})$ とすれば，連続体 V のすべての点において，以下の力のつり合い式が成立する．

$$\begin{cases} \dfrac{\partial\sigma_{11}(\boldsymbol{x})}{\partial x_1} + \dfrac{\partial\sigma_{12}(\boldsymbol{x})}{\partial x_2} + \dfrac{\partial\sigma_{13}(\boldsymbol{x})}{\partial x_3} + f_1(\boldsymbol{x}) = 0 \\ \dfrac{\partial\sigma_{21}(\boldsymbol{x})}{\partial x_1} + \dfrac{\partial\sigma_{22}(\boldsymbol{x})}{\partial x_2} + \dfrac{\partial\sigma_{23}(\boldsymbol{x})}{\partial x_3} + f_2(\boldsymbol{x}) = 0 \\ \dfrac{\partial\sigma_{31}(\boldsymbol{x})}{\partial x_1} + \dfrac{\partial\sigma_{32}(\boldsymbol{x})}{\partial x_2} + \dfrac{\partial\sigma_{33}(\boldsymbol{x})}{\partial x_3} + f_3(\boldsymbol{x}) = 0 \end{cases} \tag{2.53}$$

$$\sigma_{12}(\boldsymbol{x}) = \sigma_{21}(\boldsymbol{x}), \quad \sigma_{23}(\boldsymbol{x}) = \sigma_{32}(\boldsymbol{x}), \quad \sigma_{31}(\boldsymbol{x}) = \sigma_{13}(\boldsymbol{x}) \tag{2.54}$$

連立偏微分方程式が力のベクトルのつり合い，応力テンソルの対称条件が力のモーメントのつり合いを表す．この指標表記は

$$\frac{\partial \sigma_{ij}(\boldsymbol{x})}{\partial x_j} + f_i(\boldsymbol{x}) = 0 \tag{2.55}$$

$$\sigma_{ij}(\boldsymbol{x}) = \sigma_{ji}(\boldsymbol{x}) \tag{2.56}$$

であり，ボールド表記では次のように表される．

$$\operatorname{div} \boldsymbol{\sigma}(\boldsymbol{x}) + \boldsymbol{f}(\boldsymbol{x}) = \boldsymbol{0} \tag{2.57}$$

$$\boldsymbol{\sigma}(\boldsymbol{x}) = \boldsymbol{\sigma}^T(\boldsymbol{x}) \tag{2.58}$$

2.6.2 荷重境界条件式

物体が外部から受ける力は，物体の境界に作用する．荷重に関する境界条件が与えられている境界 ∂V^σ においては，表面荷重ベクトル $\boldsymbol{t}^0$ がコーシーの式を満たす必要がある†．荷重境界の外向き単位法線ベクトルを $\boldsymbol{n}$ とすれば，次のコーシーの式が成立する必要がある．

$$\begin{bmatrix} \sigma_{11} & \sigma_{12} & \sigma_{13} \\ \sigma_{12} & \sigma_{22} & \sigma_{23} \\ \sigma_{13} & \sigma_{23} & \sigma_{33} \end{bmatrix} \begin{Bmatrix} n_1 \\ n_2 \\ n_3 \end{Bmatrix} = \begin{Bmatrix} t_1^0 \\ t_2^0 \\ t_3^0 \end{Bmatrix} \tag{2.59}$$

この指標表記やボールド表記は，

$$\sigma_{ij} n_j = t_i^0, \quad \boldsymbol{\sigma n} = \boldsymbol{t}^0 \tag{2.60}$$

である．

例題 2.15 力のつり合い式の誘導

物体内部の任意点 A 近傍に，図 2.25 のような微小長方形を考える．2 次元空間で位置は $\boldsymbol{x} = (x_1, x_2)$ で与えられ，コーシー応力テンソル $\boldsymbol{\sigma}$ は

$$[\sigma(\boldsymbol{x})] = \begin{bmatrix} \sigma_{11}(\boldsymbol{x}) & \sigma_{12}(\boldsymbol{x}) \\ \sigma_{21}(\boldsymbol{x}) & \sigma_{22}(\boldsymbol{x}) \end{bmatrix}$$

のような 2 次正方行列で表される．また，$\boldsymbol{F} = \boldsymbol{f}\Delta_1\Delta_2$ は微小長方形の重心に作用

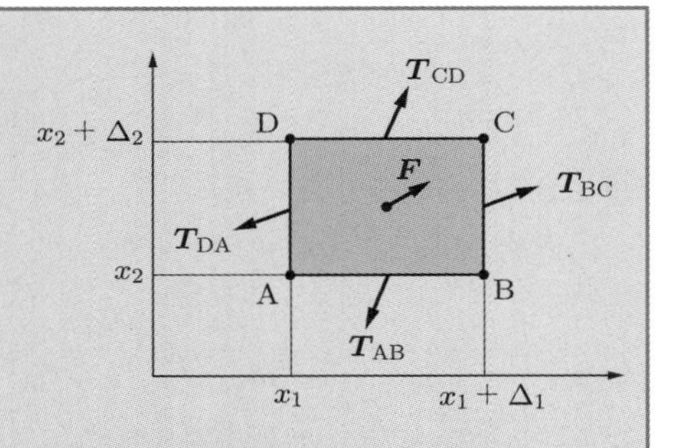

図 2.25 物体内部の微小長方形

† 表面荷重がない部分は，$\boldsymbol{t}^0 = \boldsymbol{0}$ が与えられていると考える．

する体積力の合力ベクトルとし，微小長方形では応力テンソルは線形的に変化するものとする．以下の問いに答えよ．

(1) 各辺 DA～CD に作用する合力ベクトル $\boldsymbol{T}_{\mathrm{DA}} \sim \boldsymbol{T}_{\mathrm{CD}}$ を求めよ．

(2) 力のつり合い式を求めよ．

(3) 点 A まわりの力のモーメントのつり合い式を求めよ．

(4) 微小長方形の面積を 0 に近付けたとき，力のつり合い式を求めよ．

(5) 微小長方形の面積を 0 に近付けたとき，点 A まわりの力のモーメントのつり合い式を求めよ．

解 問題文中に「点 A 近傍」という記載がある．これまでは，物質点の力の情報を与えるコーシー応力テンソル（コーシーの式）を取り扱ってきたが，この例題では空間の広がりを意識しつつ微小領域を考えることになる．この違いに注意してほしい．点 A での応力テンソルとほかの点での応力テンソルは異なることに気をつけよう．

(1) 各辺上の任意の点 $\boldsymbol{x} = (x_1, x_2)$ に作用する表面力ベクトル $\boldsymbol{t}(\boldsymbol{x})$ は，コーシーの式により次のように求められる．

辺 DA の外向き単位法線ベクトル $\boldsymbol{n}_{\mathrm{DA}}$ は，

$$\begin{Bmatrix} n_{\mathrm{DA1}} \\ n_{\mathrm{DA2}} \end{Bmatrix} = \begin{Bmatrix} -1 \\ 0 \end{Bmatrix}$$

であり，位置 $\boldsymbol{x} = (x_1, x_2)$ での表面力ベクトル $\boldsymbol{t}_{\mathrm{DA}}(\boldsymbol{x})$ は，

$$\begin{Bmatrix} t_{\mathrm{DA1}}(\boldsymbol{x}) \\ t_{\mathrm{DA2}}(\boldsymbol{x}) \end{Bmatrix} = \begin{bmatrix} \sigma_{11}(\boldsymbol{x}) & \sigma_{12}(\boldsymbol{x}) \\ \sigma_{21}(\boldsymbol{x}) & \sigma_{22}(\boldsymbol{x}) \end{bmatrix} \begin{Bmatrix} -1 \\ 0 \end{Bmatrix} = \begin{Bmatrix} -\sigma_{11}(\boldsymbol{x}) \\ -\sigma_{21}(\boldsymbol{x}) \end{Bmatrix}$$

となる．そのほかの辺でも同様にして，外向き単位法線ベクトル $\boldsymbol{n}_{\mathrm{AB}}, \boldsymbol{n}_{\mathrm{BC}}, \boldsymbol{n}_{\mathrm{CD}}$ は，

$$\begin{Bmatrix} n_{\mathrm{AB1}} \\ n_{\mathrm{AB2}} \end{Bmatrix} = \begin{Bmatrix} 0 \\ -1 \end{Bmatrix}, \quad \begin{Bmatrix} n_{\mathrm{BC1}} \\ n_{\mathrm{BC2}} \end{Bmatrix} = \begin{Bmatrix} 1 \\ 0 \end{Bmatrix}, \quad \begin{Bmatrix} n_{\mathrm{BC1}} \\ n_{\mathrm{BC2}} \end{Bmatrix} = \begin{Bmatrix} 1 \\ 0 \end{Bmatrix}$$

となり，位置 $\boldsymbol{x} = (x_1, x_2)$ での表面力ベクトル $\boldsymbol{t}_{\mathrm{AB}}(\boldsymbol{x}), \boldsymbol{t}_{\mathrm{BC}}(\boldsymbol{x}), \boldsymbol{t}_{\mathrm{CD}}(\boldsymbol{x})$ は，それぞれ

$$\begin{Bmatrix} t_{\mathrm{AB1}}(\boldsymbol{x}) \\ t_{\mathrm{AB2}}(\boldsymbol{x}) \end{Bmatrix} = \begin{bmatrix} \sigma_{11}(\boldsymbol{x}) & \sigma_{12}(\boldsymbol{x}) \\ \sigma_{21}(\boldsymbol{x}) & \sigma_{22}(\boldsymbol{x}) \end{bmatrix} \begin{Bmatrix} 0 \\ -1 \end{Bmatrix} = \begin{Bmatrix} -\sigma_{12}(\boldsymbol{x}) \\ -\sigma_{22}(\boldsymbol{x}) \end{Bmatrix}$$

$$\begin{Bmatrix} t_{\mathrm{BC1}}(\boldsymbol{x}) \\ t_{\mathrm{BC2}}(\boldsymbol{x}) \end{Bmatrix} = \begin{bmatrix} \sigma_{11}(\boldsymbol{x}) & \sigma_{12}(\boldsymbol{x}) \\ \sigma_{21}(\boldsymbol{x}) & \sigma_{22}(\boldsymbol{x}) \end{bmatrix} \begin{Bmatrix} 1 \\ 0 \end{Bmatrix} = \begin{Bmatrix} \sigma_{11}(\boldsymbol{x}) \\ \sigma_{21}(\boldsymbol{x}) \end{Bmatrix}$$

$$\begin{Bmatrix} t_{\mathrm{CD}1}(\boldsymbol{x}) \\ t_{\mathrm{CD}2}(\boldsymbol{x}) \end{Bmatrix} = \begin{bmatrix} \sigma_{11}(\boldsymbol{x}) & \sigma_{12}(\boldsymbol{x}) \\ \sigma_{21}(\boldsymbol{x}) & \sigma_{22}(\boldsymbol{x}) \end{bmatrix} \begin{Bmatrix} 0 \\ 1 \end{Bmatrix} = \begin{Bmatrix} \sigma_{12}(\boldsymbol{x}) \\ \sigma_{22}(\boldsymbol{x}) \end{Bmatrix}$$

と求められる．

次に，合力ベクトルを求めるために各辺上で表面力ベクトルを積分する．このとき，微小長方形であるため，テイラー展開の1次項までを考慮して，点A近傍でコーシー応力テンソル $\boldsymbol{\sigma}(\boldsymbol{x})$ は直線的に変化すると考える．

辺DA上では，x_1 は一定で x_2 が $x_2 = x_2 + \Delta_2$ まで変化するので，表面力ベクトル $\boldsymbol{t}_{\mathrm{DA}}(\boldsymbol{x})$ の合力 $\boldsymbol{T}_{\mathrm{DA}}$ は，

$$\{T_{\mathrm{DA}}\} = \int_{x_2}^{x_2+\Delta_2} \{t_{\mathrm{DA}}(\boldsymbol{x})\}\,\mathrm{d}x_2 = \begin{Bmatrix} \int_{x_2}^{x_2+\Delta_2} \{-\sigma_{11}(\boldsymbol{x})\}\,\mathrm{d}x_2 \\ \int_{x_2}^{x_2+\Delta_2} \{-\sigma_{21}(\boldsymbol{x})\}\,\mathrm{d}x_2 \end{Bmatrix}$$

より求められる．コーシー応力テンソル $\boldsymbol{\sigma}(\boldsymbol{x})$ は直線的に変化すると考えると，図2.26のように，積分は台形の面積を求めるだけであり，簡単に，

$$\begin{Bmatrix} \int_{x_2}^{x_2+\Delta_2} \{-\sigma_{11}(\boldsymbol{x})\}\,\mathrm{d}x_2 \\ \int_{x_2}^{x_2+\Delta_2} \{-\sigma_{21}(\boldsymbol{x})\}\,\mathrm{d}x_2 \end{Bmatrix} = \begin{Bmatrix} -(\Delta_2/2)\,\{\sigma_{11}(x_1,x_2)+\sigma_{11}(x_1,x_2+\Delta_2)\} \\ -(\Delta_2/2)\,\{\sigma_{21}(x_1,x_2)+\sigma_{21}(x_1,x_2+\Delta_2)\} \end{Bmatrix}$$

と求められる．また，次の近似が成り立つ．

$$\sigma_{12}(x_1, x_2+\Delta_2) \fallingdotseq \sigma_{12}(x_1,x_2) + \frac{\partial \sigma_{12}(x_1,x_2)}{\partial x_2}\Delta_2$$

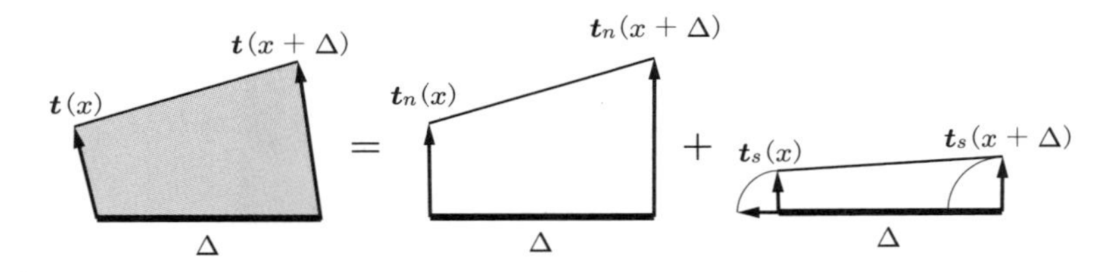

図2.26 微小長方形の各辺に作用する表面力ベクトルの積分

以上をまとめると，辺DAに作用する合力ベクトル $\boldsymbol{T}_{\mathrm{DA}}$ は，

$$\begin{Bmatrix} T_{\mathrm{DA}1} \\ T_{\mathrm{DA}2} \end{Bmatrix} = \begin{Bmatrix} -\sigma_{11}\Delta_2 - \dfrac{\partial \sigma_{11}}{\partial x_2}\dfrac{{\Delta_2}^2}{2} \\ -\sigma_{21}\Delta_2 - \dfrac{\partial \sigma_{21}}{\partial x_2}\dfrac{{\Delta_2}^2}{2} \end{Bmatrix}$$

と求められる．ここで，上式では各成分 $\sigma_{ij}(x_1, x_2)$ を σ_{ij} のように略記した．これ以降も同様とする．

ほかの辺に作用する合力ベクトル $\boldsymbol{T}_{\mathrm{AB}}, \boldsymbol{T}_{\mathrm{BC}}, \boldsymbol{T}_{\mathrm{CD}}$ についても，同様の手順により，次のように求めることができる．

$$\{T_{\mathrm{AB}}\} = \begin{Bmatrix} T_{\mathrm{AB1}} \\ T_{\mathrm{AB2}} \end{Bmatrix} = \begin{Bmatrix} -\sigma_{12}\Delta_1 - \dfrac{\partial \sigma_{12}}{\partial x_1}\dfrac{{\Delta_1}^2}{2} \\ -\sigma_{22}\Delta_1 - \dfrac{\partial \sigma_{22}}{\partial x_1}\dfrac{{\Delta_1}^2}{2} \end{Bmatrix}$$

$$\{T_{\mathrm{BC}}\} = \begin{Bmatrix} T_{\mathrm{BC1}} \\ T_{\mathrm{BC2}} \end{Bmatrix} = \begin{Bmatrix} \sigma_{11}\Delta_2 + \dfrac{\partial \sigma_{11}}{\partial x_1}\Delta_1\Delta_2 + \dfrac{\partial \sigma_{11}}{\partial x_2}\dfrac{{\Delta_2}^2}{2} \\ \sigma_{21}\Delta_2 + \dfrac{\partial \sigma_{21}}{\partial x_1}\Delta_1\Delta_2 + \dfrac{\partial \sigma_{21}}{\partial x_2}\dfrac{{\Delta_2}^2}{2} \end{Bmatrix}$$

$$\{T_{\mathrm{CD}}\} = \begin{Bmatrix} T_{\mathrm{CD1}} \\ T_{\mathrm{CD2}} \end{Bmatrix} = \begin{Bmatrix} \sigma_{12}\Delta_1 + \dfrac{\partial \sigma_{12}}{\partial x_2}\Delta_1\Delta_2 + \dfrac{\partial \sigma_{12}}{\partial x_1}\dfrac{{\Delta_1}^2}{2} \\ \sigma_{22}\Delta_1 + \dfrac{\partial \sigma_{22}}{\partial x_2}\Delta_1\Delta_2 + \dfrac{\partial \sigma_{22}}{\partial x_1}\dfrac{{\Delta_1}^2}{2} \end{Bmatrix}$$

(2) 微小長方形には，(1) で求めた各辺に作用する合力（表面力）と体積力の合力ベクトル $\boldsymbol{F}$ が作用している．力のつり合い状態では，すべての作用力を足し合わせた合力が $\mathbf{0}$ になるので，つり合い式は

$$\boldsymbol{T}_{\mathrm{DA}} + \boldsymbol{T}_{\mathrm{AB}} + \boldsymbol{T}_{\mathrm{BC}} + \boldsymbol{T}_{\mathrm{CD}} + \boldsymbol{F} = \mathbf{0}$$

となる．

$\boldsymbol{f} = \{f_1 \quad f_2\}^T$ を用いて成分表示すれば，力のつり合い式として次式を得る．

$$\begin{Bmatrix} \dfrac{\partial \sigma_{11}}{\partial x_1}\Delta_1\Delta_2 + \dfrac{\partial \sigma_{12}}{\partial x_2}\Delta_1\Delta_2 + f_1\Delta_1\Delta_2 \\ \dfrac{\partial \sigma_{21}}{\partial x_1}\Delta_1\Delta_2 + \dfrac{\partial \sigma_{22}}{\partial x_2}\Delta_1\Delta_2 + f_2\Delta_1\Delta_2 \end{Bmatrix} = \begin{Bmatrix} 0 \\ 0 \end{Bmatrix}$$

(3) 力のモーメントのつり合い式を考えるためには，各辺にはたらく表面力の合力の作用位置を求める必要がある．ここで，微小長方形であるため，作用位置は辺の中央であると近似する†．

この条件のもとで，反時計回りを正とすると，点 A まわりの力のモーメントのつり合い式は，

$$\frac{\Delta_1}{2}(T_{\mathrm{AB2}}+T_{\mathrm{CD2}}+F_2) - \frac{\Delta_2}{2}(T_{\mathrm{DA1}}+T_{\mathrm{BC1}}+F_1) + \Delta_1 T_{\mathrm{BC2}} - \Delta_2 T_{\mathrm{CD1}} = 0$$

で与えられる．図では，便宜上，外向きに合力ベクトルを描いているが，惑わ

† 作用位置を厳密に計算することも可能であるが，その場合も微小な 2 次項以上は無視できて，最終的に同じ結果が導かれる．

されないように注意してほしい．さらに，$\boldsymbol{F} = \boldsymbol{f}\Delta_1\Delta_2$ として，合力ベクトルの各成分を代入して整理すれば，

$$\frac{(\Delta_1)^2\Delta_2}{2}\left(\frac{\partial\sigma_{22}}{\partial x_2} + 2\frac{\partial\sigma_{21}}{\partial x_1} - \frac{\partial\sigma_{12}}{\partial x_1} + f_2\right) - \frac{\Delta_1(\Delta_2)^2}{2}\left(\frac{\partial\sigma_{11}}{\partial x_1} + 2\frac{\partial\sigma_{12}}{\partial x_2} - \frac{\partial\sigma_{21}}{\partial x_2} + f_1\right) + \Delta_1\Delta_2(\sigma_{21} - \sigma_{12}) = 0$$

という力のモーメントのつり合い式が得られる†.

(4) (2) で得られた力のつり合い式において，各項を面積 $\Delta_1\Delta_2$ で割ったあとに $\Delta_1, \Delta_2 \to 0$ の極限操作を行う．これより，

$$\begin{Bmatrix} \partial\sigma_{11}/\partial x_1 + \partial\sigma_{12}/\partial x_2 + f_1 \\ \partial\sigma_{21}/\partial x_1 + \partial\sigma_{22}/\partial x_2 + f_2 \end{Bmatrix} = \begin{Bmatrix} 0 \\ 0 \end{Bmatrix}$$

という，連続体内部の任意の点においてコーシー応力テンソルが満足すべき力のつり合い式が得られる．3 次元空間の微小な直方体について同様の手順で考えれば，力のつり合い式 (2.55), (2.57) が誘導できる．

(5) (3) で得られた力のモーメントのつり合い式についても，(4) と同様に，面積 $\Delta_1\Delta_2$ で割ったあとに極限操作を行う．面積 $\Delta_1\Delta_2$ で割ると，

$$\frac{\Delta_1}{2}\left(\frac{\partial\sigma_{22}}{\partial x_2} + 2\frac{\partial\sigma_{21}}{\partial x_1} - \frac{\partial\sigma_{12}}{\partial x_1} + f_2\right) - \frac{\Delta_2}{2}\left(\frac{\partial\sigma_{11}}{\partial x_1} + 2\frac{\partial\sigma_{12}}{\partial x_2} - \frac{\partial\sigma_{21}}{\partial x_2} + f_1\right) + (\sigma_{21} - \sigma_{12}) = 0$$

となり．さらに，$\Delta_1, \Delta_2 \to 0$ の極限操作を行うと

$$\sigma_{12} = \sigma_{21}$$

というコーシー応力テンソルが満足すべき力のモーメントのつり合い式を得る．これは，コーシー応力テンソルの対称条件 $\sigma_{12} = \sigma_{21}$ にほかならない．

【例題 2.15】と同様に，3 次元空間においても，微小直方体での力のモーメントのつり合い式を考えることで，コーシー応力テンソルの対称性が導かれる．すなわち，力のモーメントのつり合いの結果として，コーシー応力テンソルは対称でなければならない．

† (2)，(3) で求めた式は近似式が正しいが，誘導の途中過程にすぎないことから，ここでは等号を用いて記載した．(4)，(5) において極限をとることで近似式から等式になる．

第3章 変形の記述

連続体力学では，物体は，ある性質を備えた物質点が切れ目なく並んだ連続体に置き換えて扱われる．第2章で学んだように，物質点における力の情報はコーシー応力テンソルによって表される．そして，物質点は点でありながら変形までする．そこで，この章では，連続体における運動と変形の記述について学ぶ．

連続体の運動・変形は，連続体内部に分布する物質点が連続性を保ちながら，それぞれの点が少しずつ異なる動き方をする結果として記述される．各点の動き方は，1.1.2 項で説明したように，物体の運動前後の位置関係を比較してはじめて定量的に表すことができる．連続体力学では，運動前後の物体を表す配置という概念に加えて，注目する点の目印である物質座標と絶対的なものさしとしての空間座標という二つの座標系を導入して，変位やひずみを定義している．さらに，時間の概念を導入すると，時間変化率として速度などの物理量が定義できる．このとき，速度などが注目する物質点に付随する物理量であることを常に意識して，物質点を固定しつつ時間微分する物質時間微分という操作を行う必要がある．

3.1 物体内部の点の運動

3.1.1 運動前後の物体の状態を表す配置 連続体の運動や変形は，運動前後の状態の相対量によって表される．たとえば，ある物質点の変位は，その物質点の運動前後の位置座標の相対量を求めることにほかならない．したがって，相対量を求めるために，図 3.1 のように，運動の過程にある二つの状態を考える．連続体力学では，それぞれの状態を**配置**と呼び，以下のように定義している．

- **基準配置** B_0：時刻 $t=0$ における連続体の初期状態を示す†.
- **現在配置** B_t：時刻 $t=t$ における連続体の変形状態を示す．力学問題において関心のある状態は，常に，**変形している**この現在配置である．

相対量を記述する場合，二つの状態のどちらかを基準として他方の配置と比較する．このとき，基準とする配置を**参照配置**と呼び，基準配置あるいは現在配置のいずれも参照配置とすることが可能である．本書では，理解しやすさから基準配置を参照配置

† 書籍によっては，初期配置や単に**変形前の配置**とも呼ばれる．

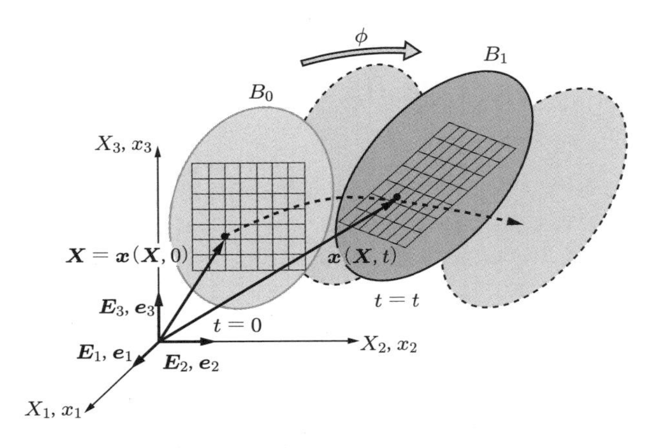

図 3.1 基準配置と現在配置

とし，参照配置という表現はとくに必要がないかぎり用いていない[†1]．しかし，力学問題を解く実際の場面では，参照配置は問題の特徴を踏まえて選択すればよく，とくに初期状態 $t = 0$ でなくてもよい．たとえば，非線形問題では，段階的に変形状態を追跡して，解であるつり合い状態を逐次的に求めるが，この場合，一つ前のつり合い状態を参照配置とすることがある[†2]．

3.1.2 物質座標と空間座標

連続体力学では，運動を記述するために以下に示す二つの座標系を導入する．

まず，$t = 0$ の基準配置 B_0 において，連続体の各点にあらかじめ目盛りをつけておく．目盛りはどのようにつけてもよいが，ここでは直交座標系 $\boldsymbol{X}$ としておく．この座標系 $\boldsymbol{X}$ を**物質座標**または**ラグランジュ座標**と呼び，その基底を $\boldsymbol{E}_I\ (I = 1, 2, 3)$ と表す[†3]．物質座標の基底 $[\boldsymbol{E}_1, \boldsymbol{E}_2, \boldsymbol{E}_3]$ を参照する位置座標 $\boldsymbol{X}$ は，連続体内における位置関係を表している．図 3.1 に示すように，連続体に貼り付けられた物質座標の基底 $\boldsymbol{E}_I$ は，連続体の運動や変形にともなってゆがんでいる．その結果として，物体内の位置関係を表す $\boldsymbol{X} = (X_1, X_2, X_3)$ は，変形した物体においても同じ物質点 $\boldsymbol{X} = (X_1, X_2, X_3)$ として表される．

また，空間内の絶対的な位置を測るものさしとして，連続体が存在する外部の3次元空間に直交座標系 $\boldsymbol{x}$ を導入する．この直交座標系 $\boldsymbol{x}$ を**空間座標**または**オイラー座標**

---

†1 定義は書籍によって異なる可能性があるので，確認が必要である．

†2 update Lagrange 法と呼ばれる手法である．

†3 物質座標 $\boldsymbol{X}$ や空間座標 $\boldsymbol{x}$ はそれぞれの基底を参照した位置の表現であり，物質位置座標や空間位置座標という語句でとらえるとよいかもしれない．座標系としての意味は基底が有する．

といい，その基底を $\boldsymbol{e}_i\ (i=1,2,3)$ と表す．空間座標の基底 $[\boldsymbol{e}_1,\boldsymbol{e}_2,\boldsymbol{e}_3]$ を参照する位置座標 $\boldsymbol{x}$ は，連続体の運動や変形とは無関係に 3 次元空間の絶対的な位置を示すことができる．

さらなる工夫として，$t=0$ のとき，物質座標の基底 $[\boldsymbol{E}_1,\boldsymbol{E}_2,\boldsymbol{E}_3]$ と空間座標の基底 $[\boldsymbol{e}_1,\boldsymbol{e}_2,\boldsymbol{e}_3]$ を一致させておく．そうすると，基底間の変換を考える必要がなくなり，何かと都合がよい．たとえば，$t=t$ の現在配置 B_t だけに注目しているとしても，物質座標を参照する位置座標 $\boldsymbol{X}$ の値を読み取れば，初期状態においてどの位置にあった点であるかを常に知ることができる．

3.1.3 連続体内部の物質点の運動

連続体内部の物質点 $\boldsymbol{X}$ が，時刻 $t=t$ の現在配置 B_t において，位置 $\boldsymbol{x}$ に移動する様子は，次のような関数によって表す．

$$\boldsymbol{x}=\phi(\boldsymbol{X},t) \qquad (\boldsymbol{X}\in B_0,\ 0\le t<\infty) \tag{3.1}$$

ここで，物質点は周囲の点と連続性を保ちながら運動することとし，物質点がほかの点と重なったり，周囲の点をすり抜けたり，あるいはいくつかの点に分かれたりしないとすれば，任意の時刻 t において，常に物質点 $\boldsymbol{X}$ とその位置 $\boldsymbol{x}$ は一対一に対応し，式 (3.1) には逆関係が存在する．

$$\boldsymbol{X}=\phi^{-1}(\boldsymbol{x},t) \qquad (\boldsymbol{x}\in B_t,\ 0\le t<\infty) \tag{3.2}$$

関数 $\phi(\boldsymbol{X},t)$ は，すべての物質点の運動，すなわち連続体の運動を完全に記述する．その意味で，関数 $\phi(\boldsymbol{X},t)$ は運動 (motion) と呼ばれる．

例題 3.1 物質座標・空間座標と連続体の運動

2 次元空間において，図 3.2 のように時刻 $t=0$ で正方形 ABCD として存在していた物体が，時刻 $t=t$ では変化した．以下の問いに答えよ．

(1) $t=0$ での点 A〜D の位置 $\boldsymbol{X}=(X_1,X_2)$ を物質座標を用いて表せ．

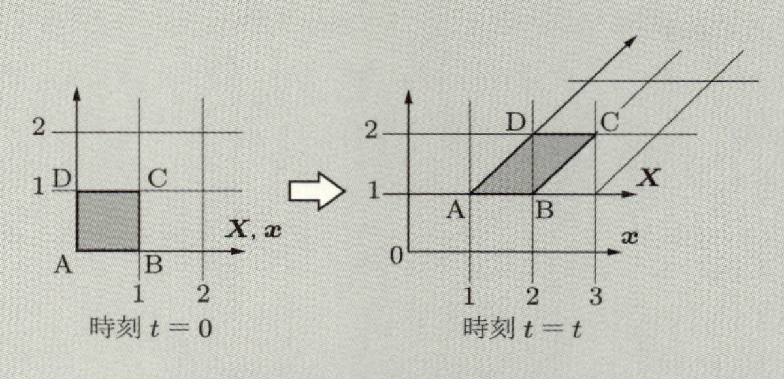

図 3.2 運動する正方形物体

(2) $t=t$ での点 A〜D の位置を物質座標 $\boldsymbol{X}$，空間座標 $\boldsymbol{x}$ で表せ．
(3) $t=t$ での物体内の点の位置 $\boldsymbol{x}$ を $\{x\}=[\alpha]\{X\}+\{\beta\}$ の形で表せ．
(4) 運動の逆関係を $\{X\}=[\alpha']\{x\}+\{\beta'\}$ の形で表せ．

解

(1) 時刻 $t=0$ での点 A〜D の位置 $\boldsymbol{X}=(X_1,X_2)$ を物質座標で表すと表 3.1 となる．

表 3.1 時刻 $t=0$ での点の位置

点	A	B	C	D
物質座標 $\boldsymbol{X}$	$(0,0)$	$(1,0)$	$(1,1)$	$(0,1)$

(2) 時刻 $t=t$ での点 A〜D の位置を物質座標 $\boldsymbol{X}$ および空間座標 $\boldsymbol{x}$ で表すと表 3.2 となる．

表 3.2 時刻 $t=t$ での点の位置

点	A	B	C	D
物質座標 $\boldsymbol{X}$	$(0,0)$	$(1,0)$	$(1,1)$	$(0,1)$
空間座標 $\boldsymbol{x}$	$(1,1)$	$(2,1)$	$(3,2)$	$(2,2)$

物体が変形した時刻 $t=t$ であっても，物質座標を用いれば常に $t=0$ での位置座標を表し，各点の座標 $\boldsymbol{X}$ は同じ値をとる．そのため，$\boldsymbol{X}$ は位置座標でありつつも，物質点を示す**目盛り**，あるいは点 A などの**ラベル**と同様の役割を果すことができる．一般的な固体の有限要素解析での初期の節点座標を節点番号として利用していると考えるとよい．一方，空間内の絶対的な位置座標は，空間座標 $\boldsymbol{x}$ によって測られる．

(3) 点 A〜D の変換を

$$[\alpha]=\begin{bmatrix} a & b \\ c & d \end{bmatrix},\quad \{\beta\}=\begin{Bmatrix} e \\ f \end{Bmatrix}$$

を用いて表現する．ここでは，六つの未知数 a〜f があり，任意の 3 点について計算すれば未知数を決定することができる．以下では，点 A〜C の位置に着目して未知数を決定する．

$$\text{点 A}:\begin{Bmatrix} 1 \\ 1 \end{Bmatrix}=\begin{bmatrix} a & b \\ c & d \end{bmatrix}\begin{Bmatrix} 0 \\ 0 \end{Bmatrix}+\begin{Bmatrix} e \\ f \end{Bmatrix}=\begin{Bmatrix} e \\ f \end{Bmatrix} \quad\Longrightarrow\quad e=1,\ f=1$$

$$\text{点 B}:\begin{Bmatrix} 2 \\ 1 \end{Bmatrix}=\begin{bmatrix} a & b \\ c & d \end{bmatrix}\begin{Bmatrix} 1 \\ 0 \end{Bmatrix}+\begin{Bmatrix} 1 \\ 1 \end{Bmatrix}=\begin{Bmatrix} a+1 \\ c+1 \end{Bmatrix} \quad\Longrightarrow\quad a=1,\ c=0$$

$$\text{点 C}:\begin{Bmatrix} 3 \\ 2 \end{Bmatrix}=\begin{bmatrix} 1 & b \\ 0 & d \end{bmatrix}\begin{Bmatrix} 1 \\ 1 \end{Bmatrix}+\begin{Bmatrix} 1 \\ 1 \end{Bmatrix}=\begin{Bmatrix} 1+b+1 \\ d+1 \end{Bmatrix} \quad\Longrightarrow\quad b=1,\ d=1$$

以上より，求める運動の関係 ϕ は次で得られる．

$$\begin{Bmatrix} x_1 \\ x_2 \end{Bmatrix} = \begin{bmatrix} 1 & 1 \\ 0 & 1 \end{bmatrix} \begin{Bmatrix} X_1 \\ X_2 \end{Bmatrix} + \begin{Bmatrix} 1 \\ 1 \end{Bmatrix}$$

一様に変形しているこの例題において，この式はあらゆる点で成立し，当然ながら点 D についても成立する．

(4) (3) より，運動の逆関係 ϕ^{-1} を求めると，

$$[\alpha]^{-1} = \begin{bmatrix} 1 & -1 \\ 0 & 1 \end{bmatrix}$$

であるから，次のようになる．

$$\begin{Bmatrix} X_1 \\ X_2 \end{Bmatrix} = \begin{bmatrix} 1 & -1 \\ 0 & 1 \end{bmatrix} \begin{Bmatrix} x_1 - 1 \\ x_2 - 1 \end{Bmatrix} = \begin{bmatrix} 1 & -1 \\ 0 & 1 \end{bmatrix} \begin{Bmatrix} x_1 \\ x_2 \end{Bmatrix} + \begin{Bmatrix} 0 \\ -1 \end{Bmatrix}$$

これらは，点 A～D について成り立つことが容易に確認でき，確かに運動の関係は一対一で対応することがわかる．

3.1.4 物理量を表す関数の表示 □□

連続体力学で扱うさまざまな物理量は，3 次元空間における空間領域と時間領域を定義域とする関数として表される．ある物理量を Ψ とする[†1]．物理量 Ψ は連続体内部の物質点 $\boldsymbol{X}$ に付随する．この場合，物理量 Ψ が時刻 t とともに変化する様子を記述するには，空間変数に $\boldsymbol{X}$ を用い，Ψ を $\boldsymbol{X}$ と t の関数として，

$$\Psi = \Psi(\boldsymbol{X}, t) \tag{3.3}$$

と表せばよい．このように，$\boldsymbol{X}$ を用いて物理量を表すことを**物質表示**（**ラグランジュ表示**）という．

一方，空間変数には，3 次元空間における位置変数 $\boldsymbol{x}$ を用いることもできる．このとき，物理量の関数は物質表示の場合と異なる式の形で与えられる関数になるので，関数 Ψ に対して $\hat{\Psi}$ という関数で次のように表す[†2]．

$$\Psi = \hat{\Psi}(\boldsymbol{x}, t) \tag{3.4}$$

---

†1 Ψ は，スカラー，ベクトル，テンソルのいずれかである．

†2 書籍によっては，同じ物理量を表すという意味を強く意識して，両者とも Ψ として表すこともある．本書でも，場面に応じてそうした表記を採用することがあるが，その場合も関数の形は変わっていることに注意してほしい．

このように，$\boldsymbol{x}$ を用いて物理量を表すことを**空間表示（オイラー表示）**という．この場合，時刻 t において3次元空間内の位置 $\boldsymbol{x}$ に物理量 $\hat{\Psi}(\boldsymbol{x},t)$ があることを示している．

ここで，連続体の運動を考慮すると，時刻 t において3次元空間内の位置 $\boldsymbol{x}$ には物質点 $\boldsymbol{X}$ があるので，式 (3.2) の運動の逆関係を用いて，

$$\hat{\Psi}(\boldsymbol{x},t) = \Psi(\phi^{-1}(\boldsymbol{x},t),t) = \Psi(\boldsymbol{X},t) \tag{3.5}$$

という関係が成り立つ．運動の関係を用いることで，物理量の表示を適宜入れ替えることが可能である．

物質表示では常に物質点 $\boldsymbol{X}$ に着目して物理量を観察するので，物理的な意味はとらえやすい．その場合，関数の空間変数の定義域は常に基準配置であり，$\boldsymbol{X} \in B_0$ である．一方で，時刻 t において変形した物体に分布する物理量として考える場合，関数の空間変数は $\boldsymbol{x} \in B_t$ として現在配置を定義域とする空間表示のほうが扱いやすいことがある．運動の関係により，物理量の関数は物質表示と空間表示のいずれでも表示が可能であるが，その物理量からどのような情報を取り出すかによって，適宜，表示方法を選択することが重要である．

3.1.5 物理量の基底表示による区別 □□

3.1.4項で説明した，関数の物質表示および空間表示の区別は，運動 $\boldsymbol{x} = \phi(\boldsymbol{X},t)$ の関係によって自由に関数の形を入れ替えられることを意味する．しかし，物理量を表すベクトルやテンソルが，物質座標の基底あるいは空間座標の基底のいずれを参照して定義される量であるかは，表示の区別とは性質が異なる．

ある物理量を本来の定義に従って記述したとき，空間座標の基底 $[\boldsymbol{e}_1, \boldsymbol{e}_2, \boldsymbol{e}_3]$ を用いて，$\boldsymbol{p} = p_i\boldsymbol{e}_i$ や $\boldsymbol{w} = w_{ij}(\boldsymbol{e}_i \otimes \boldsymbol{e}_j)$ のように表されるならば，その量は現在配置 B_t を参照する物理量である．現在配置 B_t を参照する2階テンソル $\boldsymbol{w}$ は，B_t を参照するベクトル $\boldsymbol{p}$ を B_t を参照する別のベクトルに変換する．

$$\{w_{ij}(\boldsymbol{e}_i \otimes \boldsymbol{e}_j)\}(p_k\boldsymbol{e}_k) = w_{ij}p_k(\boldsymbol{e}_j \cdot \boldsymbol{e}_k)\boldsymbol{e}_i = w_{ij}p_k\delta_{jk}\boldsymbol{e}_i = w_{ij}p_j\boldsymbol{e}_i \tag{3.6}$$

一方，物質座標の基底 $[\boldsymbol{E}_1, \boldsymbol{E}_2, \boldsymbol{E}_3]$ を用いて，$\boldsymbol{P} = P_I\boldsymbol{E}_I$ や $\boldsymbol{W} = W_{IJ}(\boldsymbol{E}_I \otimes \boldsymbol{E}_J)$ のように表されるならば，物体の変形とは無関係に，$t=0$ での物体に貼り付いた直交座標系を参照するという意味で，その量は基準配置 B_0 を参照する物理量である．基準配置 B_0 を参照する2階テンソル $\boldsymbol{W}$ は，B_0 を参照するベクトル $\boldsymbol{P}$ を B_0 を参照する別のベクトルに変換する．

$$\{W_{IJ}(\boldsymbol{E}_I \otimes \boldsymbol{E}_J)\}(P_K\boldsymbol{E}_K) = W_{IJ}P_K(\boldsymbol{E}_J \cdot \boldsymbol{E}_K)\boldsymbol{E}_I = W_{IJ}P_J\boldsymbol{E}_I \tag{3.7}$$

以上のように，参照する配置の違いによって，物理量の属性（役割）が明確になる．

また，ある 2 階テンソルが 2 種類の基底を用いて，$\boldsymbol{Y} = Y_{iJ}(\boldsymbol{e}_i \otimes \boldsymbol{E}_J)$，あるいは $\boldsymbol{Z} = Z_{Ij}(\boldsymbol{E}_I \otimes \boldsymbol{e}_j)$ のように表される場合，$\boldsymbol{Y}$ や $\boldsymbol{Z}$ のようなテンソルを**ツーポイントテンソル**と呼ぶ．ツーポイントテンソル $\boldsymbol{Y}$，$\boldsymbol{Z}$ は，それぞれ次のようにベクトルを変換する．

$$\{Y_{iJ}(\boldsymbol{e}_i \otimes \boldsymbol{E}_J)\}(P_K\boldsymbol{E}_K) = Y_{iJ}P_K(\boldsymbol{E}_J \cdot \boldsymbol{E}_K)\boldsymbol{e}_i = Y_{iJ}P_K\delta_{JK}\boldsymbol{e}_i = Y_{iJ}P_J\boldsymbol{e}_i \tag{3.8}$$

$$\{Z_{Ij}(\boldsymbol{E}_I \otimes \boldsymbol{e}_j)\}(p_k\boldsymbol{e}_k) = Z_{Ij}p_k(\boldsymbol{e}_j \cdot \boldsymbol{e}_k)\boldsymbol{E}_I = Z_{Ij}p_k\delta_{jk}\boldsymbol{E}_I = Z_{Ij}p_j\boldsymbol{E}_I \tag{3.9}$$

ツーポイントテンソルを作用させるベクトルの基底と，線形変換によって得られるベクトルの基底が異なることに注意してほしい．

例題 3.2 関数の物質表示・空間表示，物理量が参照する配置の区別

現在配置 B_t を参照して，あるベクトル $\boldsymbol{p}$ が，$\boldsymbol{p}(\boldsymbol{x},t) = p_i(\boldsymbol{x},t)\boldsymbol{e}_i$ と空間表示の関数として与えられている．運動 $\boldsymbol{x} = \phi(\boldsymbol{X},t)$ の関係を用いて物質表示に変数を変換したうえで，このベクトルが参照する配置を答えよ．

解 運動 $\boldsymbol{x} = \phi(\boldsymbol{X},t)$ の関係を用いれば，自動的に物質表示に変換が可能である．

$$\boldsymbol{p}(\boldsymbol{x},t) = p_i(\boldsymbol{x},t)\boldsymbol{e}_i = p_i(\phi(\boldsymbol{X},t),t)\boldsymbol{e}_i = \tilde{p}_i(\boldsymbol{X},t)\boldsymbol{e}_i = \tilde{\boldsymbol{p}}(\boldsymbol{X},t)$$

このとき，成分が物質表示に変わることでベクトルが物質表示に変換されて式の形は変わっているが，ベクトル $\boldsymbol{p}(\boldsymbol{x},t) = \tilde{\boldsymbol{p}}(\boldsymbol{X},t)$ の基底は $[\boldsymbol{e}_1, \boldsymbol{e}_2, \boldsymbol{e}_3]$ のままであり，ベクトル $\boldsymbol{p}$ は，関数の表示によらず，現在配置 B_t を参照するベクトルであることに変わりはない．

例題 3.3 現在配置を参照する量，基準配置を参照する量の区別

コーシー応力テンソル $\boldsymbol{\sigma}$ は，本来の定義に従って記述すると，現在配置 B_t を参照する量か，または基準配置 B_0 を参照する量であるかを判断せよ．

解 コーシー応力テンソル $\boldsymbol{\sigma}$ の物理的な意味を考えれば，変形物体（現在配置 B_t）内部の力の状態を表すので，$\boldsymbol{\sigma}$ は B_t を参照する量であることは自明であるが，ここでは本来の定義に従ってそれを確認する．

$\boldsymbol{\sigma}$ は，コーシーの式と呼ばれる線形変換 $\boldsymbol{t} = \boldsymbol{\sigma}\boldsymbol{n}$ を与える 2 階対称テンソルである．$\boldsymbol{t}$ と $\boldsymbol{n}$ は現在配置 B_t における表面力ベクトルと外向き単位法線ベクトルであ

るから,

$$\boldsymbol{t} = t_i \boldsymbol{e}_i, \quad \boldsymbol{n} = n_j \boldsymbol{e}_j$$

と表される．そして，$t_i = \boldsymbol{e}_i \cdot \boldsymbol{t}$ を用いると，

$$t_i = \boldsymbol{e}_i \cdot \boldsymbol{t} = \boldsymbol{e}_i \cdot \boldsymbol{\sigma}\boldsymbol{n} = (\boldsymbol{e}_i \cdot \boldsymbol{\sigma}\boldsymbol{e}_j)n_j = \sigma_{ij}n_j$$

のように，空間座標の基底 $[\boldsymbol{e}_1, \boldsymbol{e}_2, \boldsymbol{e}_3]$ を参照した成分の式を得る．これは，コーシーの式が次のような線形変換であることを意味する．

$$\boldsymbol{t} = t_i \boldsymbol{e}_i = \sigma_{ij} n_j \boldsymbol{e}_i = \sigma_{ij}\delta_{jk} n_k \boldsymbol{e}_i = \{\sigma_{ij}(\boldsymbol{e}_i \otimes \boldsymbol{e}_j)\}(n_k \boldsymbol{e}_k)$$

すなわち，本来の定義に従って記述すると，コーシー応力テンソル $\boldsymbol{\sigma}$ が基底 $(\boldsymbol{e}_i \otimes \boldsymbol{e}_j)$ をもつ現在配置 B_t を参照する物理量 $\boldsymbol{\sigma} = \sigma_{ij}(\boldsymbol{e}_i \otimes \boldsymbol{e}_j)$ であることが確認できる．

実際の力学問題を解くうえで，有限要素法などの計算結果をコンター図などで表示することがある．このとき，コーシー応力テンソル $\boldsymbol{\sigma}$ は現在配置 B_t を参照する量であるので，$\boldsymbol{\sigma}$ に関する量は変形図に重ねて表示すべきである．そうしないと，大変形問題などでは主軸方向が正しくないなどの不具合を引き起こし，計算結果を誤解するおそれがあるので，注意が必要である．

3.1.6 変位，速度，加速度 □□

運動 $\phi(\boldsymbol{X}, t)$ が定まれば，各物質点の移動量より，変位，速度，加速度を知ることができる．物質点 $\boldsymbol{X}$ の**変位ベクトル**は，次式のように現在の位置ベクトル $\boldsymbol{x}$ から初期状態での位置ベクトル $\boldsymbol{X}$ を引けばよい．

$$\tilde{\boldsymbol{u}}(\boldsymbol{X}, t) = \boldsymbol{x}(\boldsymbol{X}, t) - \boldsymbol{x}(\boldsymbol{X}, 0) = \phi(\boldsymbol{X}, t) - \boldsymbol{X} \tag{3.10}$$

時刻 t での物質点 $\boldsymbol{X}$ の**速度ベクトル**は，次式のように運動 $\phi(\boldsymbol{X}, t)$ の時間変化率として定義できる．

$$\tilde{\boldsymbol{v}}(\boldsymbol{X}, t) = \frac{\partial \phi(\boldsymbol{X}, t)}{\partial t} = \frac{\partial \tilde{\boldsymbol{u}}(\boldsymbol{X}, t)}{\partial t} \tag{3.11}$$

さらに，物質点 $\boldsymbol{X}$ の**加速度ベクトル**は，次式のように $\tilde{\boldsymbol{v}}(\boldsymbol{X}, t)$ の時間変化率として得られる．

$$\tilde{\boldsymbol{a}}(\boldsymbol{X}, t) = \frac{\partial \tilde{\boldsymbol{v}}(\boldsymbol{X}, t)}{\partial t} = \frac{\partial^2 \phi(\boldsymbol{X}, t)}{\partial t^2} \tag{3.12}$$

これらは物質点 $\boldsymbol{X}$ に着目した物質表示の物理量であり，質点の力学と同様で物理的な意味はとらえやすい．しかし，物質表示における関数の定義域は B_0 であり，常に変

形前の物体に分布する関数として表される．

一方で，時刻 t の変形した物体に分布する関数として物理量を扱う場合には，空間表示を用いる．空間表示では現在配置 B_t が定義域であるので，変形後の物体中の点 $\boldsymbol{x}$ に矢印ベクトルを直接描くような普通の表示方法に相当する．変位ベクトル，速度ベクトル，加速度ベクトルの空間表示は，運動の逆関係 $\phi^{-1}(\boldsymbol{x},t)$ より，

$$\boldsymbol{u}(\boldsymbol{x},t)=\boldsymbol{x}-\phi^{-1}(\boldsymbol{x},t) \tag{3.13}$$

$$\frac{\partial\phi(\boldsymbol{X},t)}{\partial t}=\tilde{\boldsymbol{v}}(\boldsymbol{X},t)=\tilde{\boldsymbol{v}}(\phi^{-1}(\boldsymbol{x},t),t)=\boldsymbol{v}(\boldsymbol{x},t) \tag{3.14}$$

$$\frac{\partial^2\phi(\boldsymbol{X},t)}{\partial t^2}=\tilde{\boldsymbol{a}}(\boldsymbol{X},t)=\tilde{\boldsymbol{a}}(\phi^{-1}(\boldsymbol{x},t),t)=\boldsymbol{a}(\boldsymbol{x},t) \tag{3.15}$$

で与えられる．これらのベクトルは空間変数の定義域の違いによって関数の形が異なる†だけで，同じ物理量 $\tilde{\boldsymbol{u}}(\boldsymbol{X},t)=\boldsymbol{u}(\boldsymbol{x},t)$, $\tilde{\boldsymbol{v}}(\boldsymbol{X},t)=\boldsymbol{v}(\boldsymbol{x},t)$, $\tilde{\boldsymbol{a}}(\boldsymbol{X},t)=\boldsymbol{a}(\boldsymbol{x},t)$ である．

例題 3.4 変位ベクトル，速度ベクトルとその表示

1 次元空間において，点 P の運動 $x=\phi(X,t)$ が次式で表される．

$$x=\phi(X,t)=X+\frac{1}{2}Xt^2+(1-X)t$$

以下の問いに答えよ．

(1) 時刻 $t=0$ から $t=t$ までの，点 P の変位ベクトル $\tilde{u}(X,t)$ を求めよ．

(2) 物質表示の速度ベクトル $\tilde{v}(X,t)$ を求めよ．

(3) 運動の逆関係 $X=\phi^{-1}(x,t)$ を用いて，空間表示の速度ベクトル $v(x,t)$ を求めよ．

(4) 時刻 $t=2$ における物質点 $X=1$ の速度ベクトルを，物質表示 $\tilde{v}(X,t)$ および空間表示 $v(x,t)$ の式からそれぞれ求めよ．

解 (1) $t=0$ を与式に代入すると，

$$x=\phi(X,0)=X+\frac{1}{2}X\cdot 0^2+(1-X)\cdot 0=X$$

となるので，時刻 $t=t$ の変位ベクトル $\tilde{u}(X,t)$ は次のように求められる．

$$\tilde{u}(X,t)=\phi(X,t)-\phi(X,0)=\frac{1}{2}Xt^2+(1-X)t$$

† 式の形が違うことを明示するために $(\tilde{*})$ をつけて表示している．以降では簡単のため，とくに重要でない場合は $(\tilde{*})$ を省略することがあるが本来は関数の形が異なることに注意してほしい．

(2) 速度ベクトル $\tilde{v}(X,t)$ は，運動 $\phi(X,t)$ の時間変化率として

$$\tilde{v}(X,t) = \frac{\partial \phi(X,t)}{\partial t} = \frac{\partial}{\partial t}\left\{X + \frac{1}{2}Xt^2 + (1-X)t\right\} = 1 + X(t-1)$$

で得られる．また，この式は (1) で得た $\tilde{u}(X,t)$ を時間微分しても求めることができる．

$$\tilde{v}(X,t) = \frac{\partial \tilde{u}(X,t)}{\partial t} = Xt + (1-X) = 1 + X(t-1)$$

これは X が時刻 t に依存しないことによる．

$$\tilde{v}(X,t) = \frac{\partial \tilde{u}}{\partial t} = \frac{\partial\{\phi(X,t) - X\}}{\partial t} = \frac{\partial \phi(X,t)}{\partial t} - \frac{\partial X}{\partial t} = \frac{\partial \phi(X,t)}{\partial t}$$

(3) 運動 $x = \phi(X,t)$ の逆関係を求めると，

$$X = \phi^{-1}(x,t) = \frac{x-t}{t^2/2 - t + 1}$$

となる．これを (2) で得た式に代入すれば，空間表示の速度ベクトル $v(x,t)$ が得られる．

$$v(x,t) = \frac{1 - x + xt - t^2/2}{t^2/2 - t + 1}$$

(4) 物質表示の場合，$\tilde{v}(X,t)$ に $X=1$, $t=2$ をそのまま代入すればよい．

$$\tilde{v}(X=1, t=2) = 1 + 1\cdot(2-1) = 2$$

空間表示の場合，対応する位置 $x = \phi(X=1, t=2) = 3$ と $t=2$ を $v(x,t)$ に代入する．

$$v(x=3, t=2) = \frac{1 - 3 + 3\cdot 2 - 2^2/2}{2^2/2 - 2 + 1} = 2$$

物質表示および空間表示の速度ベクトルでは，独立変数が異なり，それぞれの関数が異なる．しかし，結果として得られた物理量（速度）は同じ値になることがわかる．

3.2 連続体の変形

3.2.1 連続体力学における変形の考え方 □□

一つの物質点に着目して，その移動の様子を観察したとしても，連続体の変形の様子はよくわからない．変形につい

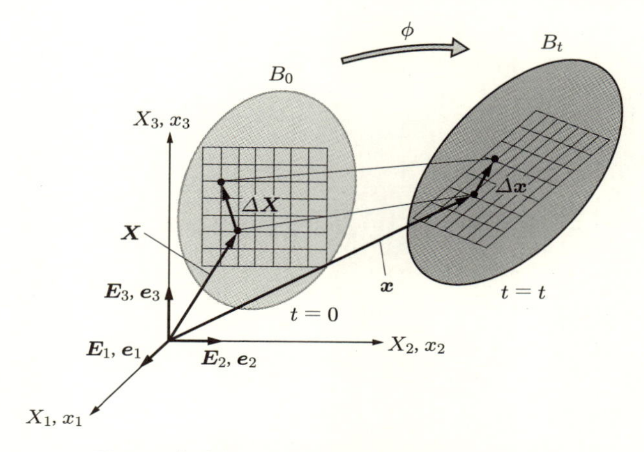

図 3.3 物質点 $\boldsymbol{X}$ 近傍の微小ベクトル $\Delta\boldsymbol{X}, \Delta\boldsymbol{x}$

ては，ある 2 点の運動を取り出して相対的な位置関係の変化を考える必要がある．そこで，図 3.3 のように，物質点 $\boldsymbol{X}$ とその近傍の物質点 $\boldsymbol{X}+\Delta\boldsymbol{X}$ の移動について考える．

時刻 0 から t までの間に，二つの物質点 $\boldsymbol{X}$, $\boldsymbol{X}+\Delta\boldsymbol{X}$ は，運動によって現在配置 B_t の $\boldsymbol{x}=\phi(\boldsymbol{X},t)$, $\boldsymbol{x}+\Delta\boldsymbol{x}=\phi(\boldsymbol{X}+\Delta\boldsymbol{X},t)$ の位置に移動する．このとき，2 点間の位置の差 $\Delta\boldsymbol{X}$ と $\Delta\boldsymbol{x}$ を比べれば，連続体が変形したかどうかを調べることができるはずである．このような考え方は初等材料力学や構造力学と同じであり，式の煩雑さに惑わされないでほしい．

現在配置 B_t における位置の差 $\Delta\boldsymbol{x}$ は，$\phi(\boldsymbol{X}+\Delta\boldsymbol{X},t)$ のテイラー展開によって，

$$\Delta\boldsymbol{x}=\phi(\boldsymbol{X}+\Delta\boldsymbol{X},t)-\phi(\boldsymbol{X},t)=\frac{\partial\phi(\boldsymbol{X},t)}{\partial\boldsymbol{X}}\Delta\boldsymbol{X}+O(\|\Delta\boldsymbol{X}\|^2) \qquad (3.16)$$

と与えられる．そして，$\|\Delta\boldsymbol{X}\|\to 0$ となるように考えると，微小量の 2 次項以上が無視できて次式を得る．

$$\mathrm{d}\boldsymbol{x}=\frac{\partial\phi(\boldsymbol{X},t)}{\partial\boldsymbol{X}}\mathrm{d}\boldsymbol{X} \qquad (3.17)$$

式 (3.17) は，物質点 $\boldsymbol{X}$ 近傍の微分ベクトル† $\mathrm{d}\boldsymbol{X}$ が，連続体の運動にともなって微分ベクトル $\mathrm{d}\boldsymbol{x}$ に変換されることを表している．すなわち，その変換作用素が $\boldsymbol{X}$ 近傍の変形を直接反映している．連続体力学では，この変換作用素を物質点 $\boldsymbol{X}$ 近傍の変形

† 数学では微分形式と呼ばれる．ここでは，物質点 $\boldsymbol{X}$ や位置 $\boldsymbol{x}$ 近傍の位置の差をベクトル $\Delta\boldsymbol{X}, \Delta\boldsymbol{x}$ で表している．$\mathrm{d}\boldsymbol{X}, \mathrm{d}\boldsymbol{x}$ は，2 点の位置の差 $\Delta\boldsymbol{X}, \Delta\boldsymbol{x}$ が十分に微小な場合の表現である．本書では，微小量を表すベクトルであることを理解しやすいように微分ベクトルと記している．1.3.2 項を参照.

を表す指標として採用している.

3.2.2 変形勾配テンソル

式 (3.17) の基底を表示すると, $\phi(\boldsymbol{X},t) = \boldsymbol{x}(\boldsymbol{X},t)$ であることから,

$$\mathrm{d}x_i\boldsymbol{e}_i = \left(\frac{\partial x_i}{\partial X_J}\mathrm{d}X_J\right)\boldsymbol{e}_i = \left(\frac{\partial x_i}{\partial X_J}\mathrm{d}X_K\delta_{KJ}\right)\boldsymbol{e}_i = \frac{\partial x_i}{\partial X_J}\mathrm{d}X_K(\boldsymbol{E}_J\cdot\boldsymbol{E}_K)\boldsymbol{e}_i$$
$$= \frac{\partial x_i}{\partial X_J}(\boldsymbol{e}_i\otimes\boldsymbol{E}_J)(\mathrm{d}X_K\boldsymbol{E}_K) \tag{3.18}$$

となる. したがって, 式 (3.18) の変換作用素は, 運動 $\boldsymbol{x} = \phi(\boldsymbol{X},t)$ の物質座標 $\boldsymbol{X}$ による偏導関数として,

$$\boldsymbol{F}(\boldsymbol{X},t) = \frac{\partial\phi(\boldsymbol{X},t)}{\partial\boldsymbol{X}} = \frac{\partial\boldsymbol{x}(\boldsymbol{X},t)}{\partial\boldsymbol{X}} \tag{3.19}$$

という2階テンソル $\boldsymbol{F}$ になることがわかる. この $\boldsymbol{F}$ を**変形勾配テンソル**と呼ぶ. 変形勾配テンソル $\boldsymbol{F}$ は, 基底を表示すると,

$$\boldsymbol{F} = F_{iJ}(\boldsymbol{e}_i\otimes\boldsymbol{E}_J) = \frac{\partial x_i}{\partial X_J}(\boldsymbol{e}_i\otimes\boldsymbol{E}_J) \tag{3.20}$$

というツーポイントテンソルであり, 基準配置 B_0 を参照するベクトル $\mathrm{d}\boldsymbol{X}$ を現在配置 B_t を参照するベクトル $\mathrm{d}\boldsymbol{x}$ に線形変換する.

$$\mathrm{d}\boldsymbol{x} = \boldsymbol{F}\mathrm{d}\boldsymbol{X} \tag{3.21}$$

$\boldsymbol{F}$ の表現行列は

$$[F] = \begin{bmatrix} \partial x_1/\partial X_1 & \partial x_1/\partial X_2 & \partial x_1/\partial X_3 \\ \partial x_2/\partial X_1 & \partial x_2/\partial X_2 & \partial x_2/\partial X_3 \\ \partial x_3/\partial X_1 & \partial x_3/\partial X_2 & \partial x_3/\partial X_3 \end{bmatrix} \tag{3.22}$$

である.

例題 3.5 運動と変形勾配テンソル

2次元空間において, 連続体中の微小領域が, 図 3.4 のように変形した. 以下の問いに答えよ.

(1) 運動 $\boldsymbol{x} = \phi(\boldsymbol{X},t)$ を求めよ.

(2) 変形勾配テンソル $\boldsymbol{F}$ を求めよ.

(3) ベクトル $\mathrm{d}\boldsymbol{X}_1$, $\mathrm{d}\boldsymbol{X}_2$ が, 変形勾配テンソル $\boldsymbol{F}$ によって, それぞれ $\mathrm{d}\boldsymbol{x}_1$, $\mathrm{d}\boldsymbol{x}_2$ に変換されることを確かめよ.

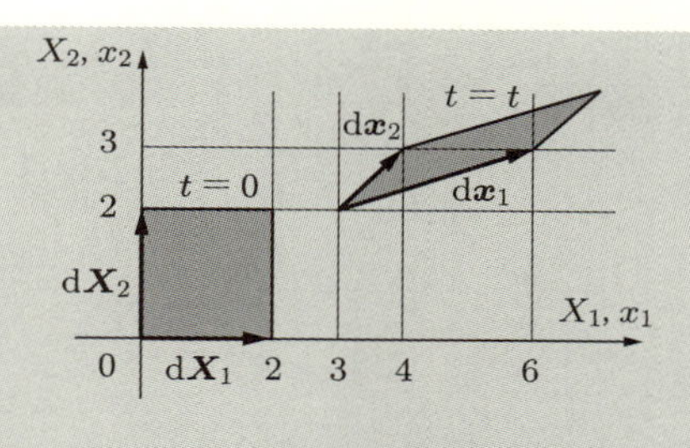

図 3.4 微小領域の運動

解 (1) 図 3.4 より，時刻 $t=t$ におけるベクトル $\mathrm{d}\boldsymbol{X}_1$, $\mathrm{d}\boldsymbol{X}_2$ の始点および終点を読み取ると，その物質座標 $\boldsymbol{X}$ および空間座標 $\boldsymbol{x}$ はそれぞれ次のとおりである．

$$\boldsymbol{X}=(0,0) \Rightarrow \boldsymbol{x}=(3,2), \quad \boldsymbol{X}=(2,0) \Rightarrow \boldsymbol{x}=(6,3), \quad \boldsymbol{X}=(0,2) \Rightarrow \boldsymbol{x}=(4,3)$$

この運動を

$$\begin{Bmatrix} x_1 \\ x_2 \end{Bmatrix} = \begin{bmatrix} a & b \\ c & d \end{bmatrix} \begin{Bmatrix} X_1 \\ X_2 \end{Bmatrix} + \begin{Bmatrix} e \\ f \end{Bmatrix}$$

と表すこととして，各点の位置座標を代入すると，

$$\begin{Bmatrix} 3 \\ 2 \end{Bmatrix} = \begin{bmatrix} a & b \\ c & d \end{bmatrix} \begin{Bmatrix} 0 \\ 0 \end{Bmatrix} + \begin{Bmatrix} e \\ f \end{Bmatrix} = \begin{Bmatrix} e \\ f \end{Bmatrix} \implies e=3,\ f=2$$

$$\begin{Bmatrix} 6 \\ 3 \end{Bmatrix} = \begin{bmatrix} a & b \\ c & d \end{bmatrix} \begin{Bmatrix} 2 \\ 0 \end{Bmatrix} + \begin{Bmatrix} 3 \\ 2 \end{Bmatrix} = \begin{Bmatrix} 2a+3 \\ 2c+2 \end{Bmatrix} \implies a=\frac{3}{2},\ c=\frac{1}{2}$$

$$\begin{Bmatrix} 4 \\ 3 \end{Bmatrix} = \begin{bmatrix} 3/2 & b \\ 1/2 & d \end{bmatrix} \begin{Bmatrix} 0 \\ 2 \end{Bmatrix} + \begin{Bmatrix} 3 \\ 2 \end{Bmatrix} = \begin{Bmatrix} 2b+3 \\ 2d+2 \end{Bmatrix} \implies b=\frac{1}{2},\ d=\frac{1}{2}$$

のように $a \sim f$ が決定する．以上より，運動 $\boldsymbol{x}=\phi(\boldsymbol{X},t)$ は次のように求められる．

$$\begin{Bmatrix} x_1 \\ x_2 \end{Bmatrix} = \frac{1}{2} \begin{bmatrix} 3 & 1 \\ 1 & 1 \end{bmatrix} \begin{Bmatrix} X_1 \\ X_2 \end{Bmatrix} + \begin{Bmatrix} 3 \\ 2 \end{Bmatrix}$$

(2) 変形勾配テンソル $\boldsymbol{F}$ は，運動 $\boldsymbol{x}=\phi(\boldsymbol{X},t)$ の物質座標 $\boldsymbol{X}$ による偏導関数として，次のように求められる．

$$\boldsymbol{F} = \frac{\partial \boldsymbol{x}(\boldsymbol{X},t)}{\partial \boldsymbol{X}} = \begin{bmatrix} \partial x_1/\partial X_1 & \partial x_1/\partial X_2 \\ \partial x_2/\partial X_1 & \partial x_2/\partial X_2 \end{bmatrix} = \frac{1}{2} \begin{bmatrix} 3 & 1 \\ 1 & 1 \end{bmatrix}$$

(3) ベクトル $\mathrm{d}\boldsymbol{X}_1, \mathrm{d}\boldsymbol{X}_2$ に変形勾配テンソル $\boldsymbol{F}$ を作用させると,

$$[F]\{\mathrm{d}X_1\} = \frac{1}{2}\begin{bmatrix} 3 & 1 \\ 1 & 1 \end{bmatrix}\begin{Bmatrix} 2 \\ 0 \end{Bmatrix} = \begin{Bmatrix} 3 \\ 1 \end{Bmatrix} = \{\mathrm{d}x_1\}$$

$$[F]\{\mathrm{d}X_2\} = \frac{1}{2}\begin{bmatrix} 3 & 1 \\ 1 & 1 \end{bmatrix}\begin{Bmatrix} 0 \\ 2 \end{Bmatrix} = \begin{Bmatrix} 1 \\ 1 \end{Bmatrix} = \{\mathrm{d}x_2\}$$

となる．変形勾配テンソル $\boldsymbol{F}$ によって，確かに微分ベクトル $\mathrm{d}\boldsymbol{X}_1, \mathrm{d}\boldsymbol{X}_2$ が微分ベクトル $\mathrm{d}\boldsymbol{x}_1, \mathrm{d}\boldsymbol{x}_2$ に変換されることがわかる．このことより，変形勾配テンソル $\boldsymbol{F}$ が変形を直接反映した指標であることがわかる．

3.2.3 変形にともなう局所的な体積と面積の変化 □□

図 3.5 に示すように，物質点 $\boldsymbol{X}$ 近傍において，三つの微分ベクトル $\mathrm{d}\boldsymbol{X}_1, \mathrm{d}\boldsymbol{X}_2, \mathrm{d}\boldsymbol{X}_3$ が作る平行六面体を考える．この平行六面体は，運動によって現在配置 B_t の点 $\boldsymbol{x}$ 近傍の平行六面体に移る．このとき，物質点 $\boldsymbol{X}$ における変形勾配テンソルを $\boldsymbol{F}$ とする．

B_0 における平行六面体の体積を $\mathrm{d}V$，B_t におけるその変形後の体積を $\mathrm{d}v$ とすれば，それらの体積はベクトルのスカラー 3 重積†によって，それぞれ

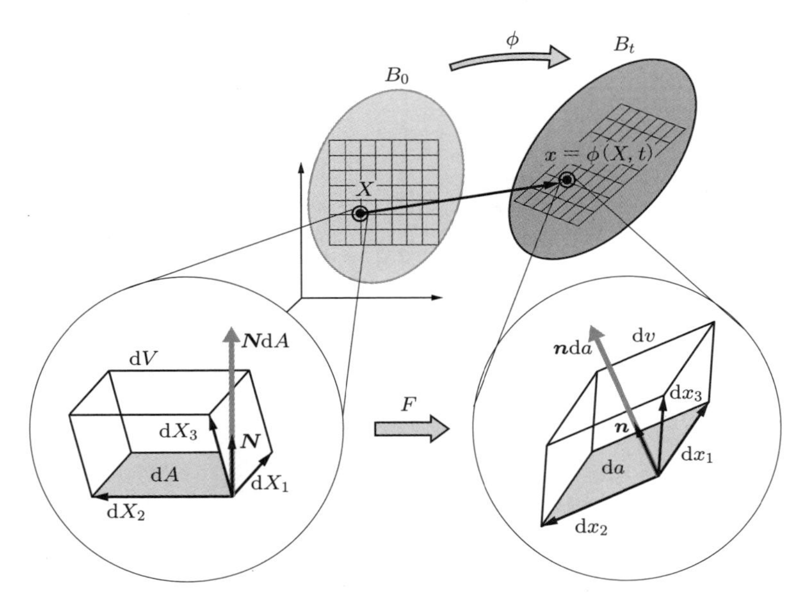

図 3.5　物質点 $\boldsymbol{X}$ 近傍における微小な平行六面体の変化

† 【例題 1.13】を参照.

$$\mathrm{d}V = |\mathrm{d}\boldsymbol{X}_1, \mathrm{d}\boldsymbol{X}_2, \mathrm{d}\boldsymbol{X}_3| = (\mathrm{d}\boldsymbol{X}_1 \times \mathrm{d}\boldsymbol{X}_2) \cdot \mathrm{d}\boldsymbol{X}_3 \tag{3.23}$$

$$\mathrm{d}v = |\mathrm{d}\boldsymbol{x}_1, \mathrm{d}\boldsymbol{x}_2, \mathrm{d}\boldsymbol{x}_3| = (\mathrm{d}\boldsymbol{x}_1 \times \mathrm{d}\boldsymbol{x}_2) \cdot \mathrm{d}\boldsymbol{x}_3 \tag{3.24}$$

と与えられる．さらに，三つの微分ベクトルは式 (3.21) に従って変形勾配テンソル $\boldsymbol{F}$ により変換されるので，変形後の体積 $\mathrm{d}v$ は，スカラー 3 重積の公式を用いて，

$$\begin{aligned}\mathrm{d}v &= |\mathrm{d}\boldsymbol{x}_1, \mathrm{d}\boldsymbol{x}_2, \mathrm{d}\boldsymbol{x}_3| = |\boldsymbol{F}\mathrm{d}\boldsymbol{X}_1, \boldsymbol{F}\mathrm{d}\boldsymbol{X}_2, \boldsymbol{F}\mathrm{d}\boldsymbol{X}_3| = \det\boldsymbol{F}\,|\mathrm{d}\boldsymbol{X}_1, \mathrm{d}\boldsymbol{X}_2, \mathrm{d}\boldsymbol{X}_3| \\ &= \det\boldsymbol{F}\,\mathrm{d}V\end{aligned} \tag{3.25}$$

と表される．ここで，$J = \det\boldsymbol{F}$ とすれば，平行六面体の体積には

$$\mathrm{d}v = J\mathrm{d}V\ , \quad \frac{\mathrm{d}v}{\mathrm{d}V} = J \tag{3.26}$$

という関係があり，$J = \det\boldsymbol{F}$ は体積変化の比率を表している．この比率 J を**ヤコビアン**という．変形によって連続体中の一部の体積が消えてなくなることはないので，常に $J > 0$ であり，$[F]$ は正則である．すなわち，変形勾配テンソル $\boldsymbol{F}$ には常に逆テンソル $\boldsymbol{F}^{-1}$ が存在し，微分ベクトルの変換が一対一に対応する．

次に，図 3.5 において，微分ベクトル $\mathrm{d}\boldsymbol{X}_1$, $\mathrm{d}\boldsymbol{X}_2$ が作る平行四辺形に着目して面の変化を考える．ここで，ベクトルの外積を用いれば，平行四辺形の面積と方向を同時に表現することができる†．B_0 および B_t における平行四辺形の面積をそれぞれ $\mathrm{d}A$, $\mathrm{d}a$, その単位法線ベクトルを $\boldsymbol{N}$, $\boldsymbol{n}$ とすると，B_0, B_t における微分ベクトルの外積は，

$$\mathrm{d}\boldsymbol{X}_1 \times \mathrm{d}\boldsymbol{X}_2 = \boldsymbol{N}\mathrm{d}A = \mathrm{d}\boldsymbol{A}\ , \quad \mathrm{d}\boldsymbol{x}_1 \times \mathrm{d}\boldsymbol{x}_2 = \boldsymbol{n}\mathrm{d}a = \mathrm{d}\boldsymbol{a} \tag{3.27}$$

で与えられる．ベクトル $\mathrm{d}\boldsymbol{A}$, $\mathrm{d}\boldsymbol{a}$ を**面積ベクトル**と呼ぶ．

式 (3.27) の面積ベクトルを用いて，式 (3.23)，(3.24) の平行六面体の体積は

$$\mathrm{d}V = (\mathrm{d}\boldsymbol{X}_1 \times \mathrm{d}\boldsymbol{X}_2) \cdot \mathrm{d}\boldsymbol{X}_3 = (\boldsymbol{N}\mathrm{d}A) \cdot \mathrm{d}\boldsymbol{X}_3 \tag{3.28}$$

$$\mathrm{d}v = (\mathrm{d}\boldsymbol{x}_1 \times \mathrm{d}\boldsymbol{x}_2) \cdot \mathrm{d}\boldsymbol{x}_3 = (\boldsymbol{n}\mathrm{d}a) \cdot \mathrm{d}\boldsymbol{x}_3 \tag{3.29}$$

と書き換えられる．ここで，$\mathrm{d}\boldsymbol{x}_3 = \boldsymbol{F}\mathrm{d}\boldsymbol{X}_3$ より，式 (3.29) は，

$$\mathrm{d}v = (\boldsymbol{n}\mathrm{d}a) \cdot \mathrm{d}\boldsymbol{x}_3 = (\boldsymbol{n}\mathrm{d}a) \cdot (\boldsymbol{F}\mathrm{d}\boldsymbol{X}_3) = \boldsymbol{F}^T(\boldsymbol{n}\mathrm{d}a) \cdot \mathrm{d}\boldsymbol{X}_3 \tag{3.30}$$

となる．ヤコビアン J を用いてさらに整理すると，

$$\mathrm{d}v = J\mathrm{d}V = J(\boldsymbol{N}\mathrm{d}A) \cdot \mathrm{d}\boldsymbol{X}_3 = \boldsymbol{F}^T(\boldsymbol{n}\mathrm{d}a) \cdot \mathrm{d}\boldsymbol{X}_3 \tag{3.31}$$

† 1.2.5 項を参照.

となるので，式 (3.31) の恒等関係から，面積ベクトル $\mathrm{d}\boldsymbol{A}$, $\mathrm{d}\boldsymbol{a}$ の変換則

$$\boldsymbol{n}\mathrm{d}a = J\boldsymbol{F}^{-T}\boldsymbol{N}\mathrm{d}A \tag{3.32}$$

を得る．式 (3.32) は，両辺に $\boldsymbol{F}^T$ を掛けた次式で表すこともできる．

$$\boldsymbol{F}^T\boldsymbol{n}\mathrm{d}a = J\boldsymbol{N}\mathrm{d}A \tag{3.33}$$

最終的に，微小面積 $\mathrm{d}A$ と $\mathrm{d}a$ の関係は，式 (3.32)，(3.33) の両辺において自身との内積をとれば求められる．式 (3.32) を用いると，

$$(\boldsymbol{n}\mathrm{d}a)\cdot(\boldsymbol{n}\mathrm{d}a) = \left(J\boldsymbol{F}^{-T}\boldsymbol{N}\mathrm{d}A\right)\cdot\left(J\boldsymbol{F}^{-T}\boldsymbol{N}\mathrm{d}A\right)$$

$$\therefore\ (\mathrm{d}a)^2 = \boldsymbol{N}\cdot\left(\boldsymbol{F}^T\boldsymbol{F}\right)^{-1}\boldsymbol{N}(J\mathrm{d}A)^2 \tag{3.34}$$

より，面積 $\mathrm{d}A$，$\mathrm{d}a$ の関係として次式を得る．

$$\mathrm{d}a = J\sqrt{\boldsymbol{N}\cdot\left(\boldsymbol{F}^T\boldsymbol{F}\right)^{-1}\boldsymbol{N}}\,\mathrm{d}A\,, \quad \frac{\mathrm{d}a}{\mathrm{d}A} = J\sqrt{\boldsymbol{N}\cdot\left(\boldsymbol{F}^T\boldsymbol{F}\right)^{-1}\boldsymbol{N}} \tag{3.35}$$

また，式 (3.33) を用いれば，面積 $\mathrm{d}A$，$\mathrm{d}a$ のもう一つの関係式が得られる．

$$\mathrm{d}a = \frac{J}{\sqrt{\boldsymbol{n}\cdot\boldsymbol{F}\boldsymbol{F}^T\boldsymbol{n}}}\mathrm{d}A\,, \quad \frac{\mathrm{d}a}{\mathrm{d}A} = \frac{J}{\sqrt{\boldsymbol{n}\cdot\boldsymbol{F}\boldsymbol{F}^T\boldsymbol{n}}} \tag{3.36}$$

例題 3.6 変形勾配テンソルの転置テンソル，逆テンソル

変形勾配テンソル $\boldsymbol{F} = F_{iJ}(\boldsymbol{e}_i \otimes \boldsymbol{E}_J)$ の転置テンソル $\boldsymbol{F}^T$ および逆テンソル $\boldsymbol{F}^{-1}$ をそれぞれ基底を表示した指標表記で表せ．

解 変形勾配テンソルの転置テンソル $\boldsymbol{F}^T$ は，転置テンソルの定義から

$$\boldsymbol{F}^T = F^T_{Ji}(\boldsymbol{E}_J \otimes \boldsymbol{e}_i) = F_{iJ}(\boldsymbol{E}_J \otimes \boldsymbol{e}_i)$$

である．したがって，転置テンソル $\boldsymbol{F}^T$ は，現在配置 B_t を参照するベクトルを基準配置 B_0 を参照するベクトルに変換する作用素としてはたらく．

また，逆テンソル $\boldsymbol{F}^{-1}$ は，

$$\boldsymbol{F}^{-1} = F^{-1}_{Ij}(\boldsymbol{E}_I \otimes \boldsymbol{e}_j) = \frac{\partial X_I}{\partial x_j}(\boldsymbol{E}_I \otimes \boldsymbol{e}_j)$$

である．なお，次のようにして逆テンソルの条件を満足する．

$$\boldsymbol{F}\boldsymbol{F}^{-1} = \delta_{ij}(\boldsymbol{e}_i \otimes \boldsymbol{e}_j) = \boldsymbol{I}_e$$

$$\boldsymbol{F}^{-1}\boldsymbol{F} = \delta_{IJ}(\boldsymbol{E}_I \otimes \boldsymbol{E}_J) = \boldsymbol{I}_E$$

とくに，変形勾配テンソル $\boldsymbol{F}$ のようなツーポイントテンソルにおいては，基底を意

識しつつ，テンソルが有する線形変換作用素としての機能を理解する必要がある．

例題 3.7 変形勾配テンソル，体積変化

時刻 $t=0$ のとき，3 次元空間内に図 3.6 のような体積 $=1$ の立方体が存在している．立方体内部の点 P の運動 $\boldsymbol{x}=\phi(\boldsymbol{X},t)$ が次式のように表されている．

$$\begin{Bmatrix} x_1 \\ x_2 \\ x_3 \end{Bmatrix} = \begin{Bmatrix} \{(4-t)t+1\}X_1 + tX_2 \\ (2t+1)X_2 \\ X_3 \end{Bmatrix}$$

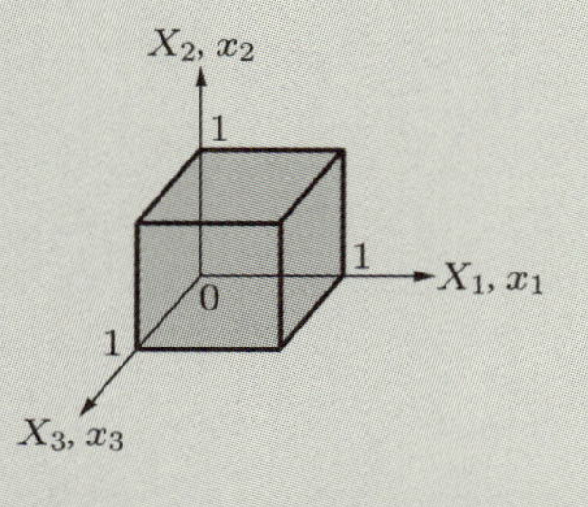

図 3.6 3 次元空間内の立方体

以下の問いに答えよ．

(1) 時刻 $t=1$ のときの変形図を示せ．

(2) 時刻 $t=1$ のとき，変形勾配テンソル $\boldsymbol{F}$，ヤコビアン J を求めよ．

(3) 時刻 t における変形勾配テンソル $\boldsymbol{F}$，ヤコビアン J を求めよ．

(4) 物体の運動として与式が妥当である時刻 t の範囲を求めよ．

解

(1) 時刻 $t=1$ とすると，与式は次のようになる．

$$\begin{Bmatrix} x_1 \\ x_2 \\ x_3 \end{Bmatrix} = \begin{Bmatrix} 4X_1 + X_2 \\ 3X_2 \\ X_3 \end{Bmatrix} = \begin{bmatrix} 4 & 1 & 0 \\ 0 & 3 & 0 \\ 0 & 0 & 1 \end{bmatrix} \begin{Bmatrix} X_1 \\ X_2 \\ X_3 \end{Bmatrix}$$

この式は，時刻 $t=1$ における任意の点 P の位置座標を表している．各頂点の座標を代入すれば，図 3.7 のような変形図が得られる．具体的には，上式の x_1, x_2 は X_3 に依存せず，また $x_3 = X_3$ であることから，x_1-x_2 面内の変形を調べるだけでよい．

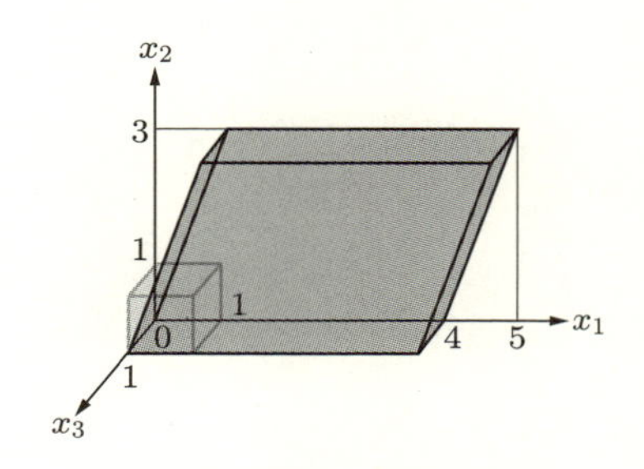

図 3.7 変形の様子

(2) 変形勾配テンソル $\boldsymbol{F}$ を求めるために，与式の物質座標 $\boldsymbol{X}$ による偏導関数を求めて $t=1$ を代入すると，

$$[F] = \begin{bmatrix} (4-1)+1 & 1 & 0 \\ 0 & 2+1 & 0 \\ 0 & 0 & 1 \end{bmatrix} = \begin{bmatrix} 4 & 1 & 0 \\ 0 & 3 & 0 \\ 0 & 0 & 1 \end{bmatrix}$$

となる．これは (1) で得た $t=1$ の運動の物質座標 $\boldsymbol{X}$ による偏導関数と一致する．

また，ヤコビアン J は定義に従って次のように計算できる．

$$J = \det \boldsymbol{F} = \begin{vmatrix} 4 & 1 & 0 \\ 0 & 3 & 0 \\ 0 & 0 & 1 \end{vmatrix} = 12$$

このとき，図 3.7 から平行六面体の体積を計算すると，$\mathrm{d}v = 4 \times 3 \times 1 = 12$ となり，$\mathrm{d}v = J\mathrm{d}V$ という関係を満足することが確認できる．

(3) (2) と同様にして，時刻 t における変形勾配テンソル $\boldsymbol{F}$ およびヤコビアン J は，

$$\boldsymbol{F} = \begin{bmatrix} (4-t)t+1 & t & 0 \\ 0 & 2t+1 & 0 \\ 0 & 0 & 1 \end{bmatrix}$$

$$J = \det \boldsymbol{F} = \begin{vmatrix} (4-t)t+1 & t & 0 \\ 0 & 2t+1 & 0 \\ 0 & 0 & 1 \end{vmatrix} = \{(4-t)t+1\}(2t+1)$$
$$= (1+4t-t^2)(2t+1)$$

と求められる．

(4) 物体は変形にともなって消えてなくなることはないので，体積変化率を表すヤコビアンは常に $J>0$ である必要がある．時刻 $t \geq 0$ では常に $2t+1>0$ であるので，$J>0$ となるためには $1+4t-t^2>0$ が条件となる．したがって，与式が運動を表すのに妥当である時刻 t の範囲は，$0 \leq t < 2+\sqrt{5}$ となることがわかる．

実際の場面においても，物理現象に鑑みて，得られた挙動の妥当性を判断することは非常に重要である．

3.2.4 変形をともなわない剛体の運動

これまでに変形する連続体を前提として，変形勾配テンソル $\boldsymbol{F}$ について述べてきた．変形勾配テンソル $\boldsymbol{F}$ の理解を深めるために，変形をともなわない剛体の運動を考える．物体の剛体運動は，図 3.8 に示すように，剛体回転 $\boldsymbol{R}(t)$ と並進運動 $\boldsymbol{x}_{\mathrm{T}}(t)$ からなる次式で表すことができる．

$$\boldsymbol{x}\,(\boldsymbol{X},t) = \boldsymbol{R}(t)\,\boldsymbol{X} + \boldsymbol{x}_{\mathrm{T}}(t) \tag{3.37}$$

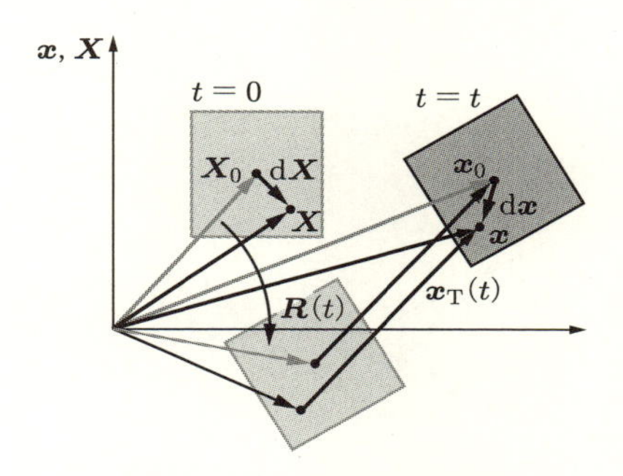

図 3.8 剛体回転と並進運動

図から，物体の重心 $\boldsymbol{X}_0$ と任意の物質点 $\boldsymbol{X}$ は同一の式 (3.37) で表されることがわかる．したがって，微分ベクトル $\mathrm{d}\boldsymbol{X} = \boldsymbol{X} - \boldsymbol{X}_0$ と $\mathrm{d}\boldsymbol{x} = \boldsymbol{x} - \boldsymbol{x}_0$ の間には，

$$\mathrm{d}\boldsymbol{x} = \boldsymbol{R}(t)\,\mathrm{d}\boldsymbol{X} \tag{3.38}$$

という関係が成り立つ．剛体は変形せず，微分ベクトルの長さは変化しないので，

$$\mathrm{d}\boldsymbol{x}\cdot\mathrm{d}\boldsymbol{x} = \mathrm{d}\boldsymbol{X}\cdot\left(\boldsymbol{R}^T\boldsymbol{R}\right)\mathrm{d}\boldsymbol{X} = \mathrm{d}\boldsymbol{X}\cdot\mathrm{d}\boldsymbol{X} \tag{3.39}$$

であり，テンソル $\boldsymbol{R}$ は $\boldsymbol{R}^T\boldsymbol{R} = \boldsymbol{I}$ ($\boldsymbol{I}$ は 2 階の恒等テンソル) を満足する．すなわち，回転テンソル $\boldsymbol{R}$ は直交テンソルである．回転テンソル $\boldsymbol{R}$ は，明らかに，B_0 を参照する微分ベクトル $\mathrm{d}\boldsymbol{X}$ を B_t を参照する微分ベクトル $\mathrm{d}\boldsymbol{x}$ に変換するツーポイントテンソルである†．

ここで，式 (3.38) は式 (3.21) と等価であり，変形をともなわない剛体運動においては変形勾配テンソル $\boldsymbol{F} = \boldsymbol{R}$ である．

† 本書では，このような回転を表すツーポイントテンソルを $\boldsymbol{R}$ で表し，単純な回転テンソルを $\boldsymbol{Q}$ で表す．これらは同じ回転という機能を有するが，用途が異なるため明確に区別することとした．回転テンソル $\boldsymbol{Q}$ においても，式 (3.37) と同様の次式が成り立つ．

$$\boldsymbol{x}'\,(\boldsymbol{x},t) = \boldsymbol{Q}(t)\,\boldsymbol{x} + \boldsymbol{x}'_{\mathrm{T}}(t)$$

また，座標を回転させるような座標変換は座標系の導入に基づく表現行列での標記が前提であり，その場合は座標変換行列 $[T]$ を用いる．

3.2.5 変形勾配テンソルの極分解

連続体の変形は，回転テンソル $\boldsymbol{R}$ に加えて，物体を引き延ばすような作用を加えればよい．引き延ばすタイミングには，図3.9に示すように，基準配置 B_0 における微分ベクトル $\mathrm{d}\boldsymbol{X}$ を引き延ばしてから回転する方法と，微分ベクトル $\mathrm{d}\boldsymbol{X}$ を回転させたあとに現在配置 B_t において引き延ばす方法の2通りがある．このような変換作用は，次のように表される．

$$\mathrm{d}\boldsymbol{x} = \boldsymbol{F}\mathrm{d}\boldsymbol{X} = \boldsymbol{R}\boldsymbol{U}\mathrm{d}\boldsymbol{X} = \boldsymbol{V}\boldsymbol{R}\mathrm{d}\boldsymbol{X} \tag{3.40}$$

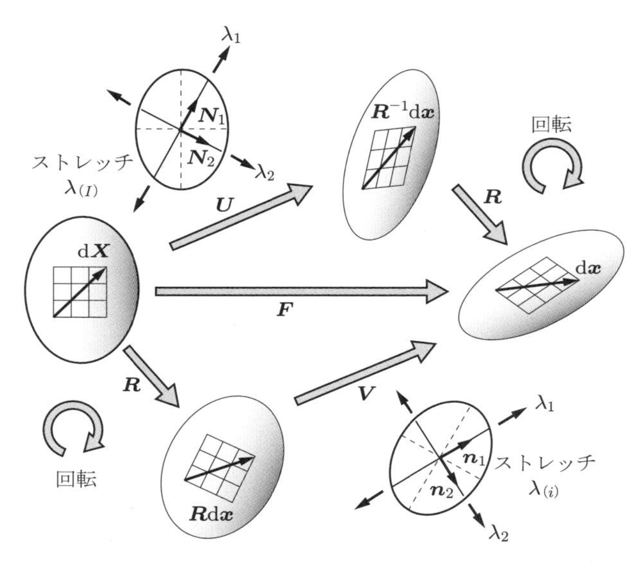

図 3.9 変形勾配テンソルの左右極分解

したがって，変形勾配テンソル $\boldsymbol{F}$ は，次のように2通りの積の形に分解できる．

$$\boldsymbol{F} = \boldsymbol{R}\boldsymbol{U} = \boldsymbol{V}\boldsymbol{R} \tag{3.41}$$

これを**極分解**といい，$\boldsymbol{F} = \boldsymbol{R}\boldsymbol{U}$ を右極分解，$\boldsymbol{F} = \boldsymbol{V}\boldsymbol{R}$ を左極分解という．引き延ばしの作用（ストレッチ）を表す2階テンソル $\boldsymbol{U}, \boldsymbol{V}$ は**ストレッチテンソル**と呼ばれ，$\boldsymbol{R}$ は剛体回転を表す直交テンソル（ツーポイントテンソル）である．連続体力学では，変形量としてひずみテンソルのほかに，ストレッチテンソルを利用することも多い．

変形勾配テンソル $\boldsymbol{F}$ は常に正則 $(\det \boldsymbol{F} = J > 0)$ であり，任意の正則な2階テンソルに対して，正定値対称テンソル $\boldsymbol{U}, \boldsymbol{V}$ と直交テンソル $\boldsymbol{R}$ は一意に定まる．

$$\boldsymbol{U}^2 = \boldsymbol{F}^T\boldsymbol{F}, \quad \boldsymbol{V}^2 = \boldsymbol{F}\boldsymbol{F}^T, \quad \boldsymbol{R} = \boldsymbol{F}\boldsymbol{U}^{-1} = \boldsymbol{V}^{-1}\boldsymbol{F} \tag{3.42}$$

その結果，テンソルの基底は異なり，$\boldsymbol{U}$ は基準配置 B_0 を参照する物質ストレッチテンソル（右ストレッチテンソル），$\boldsymbol{V}$ は現在配置 B_t を参照する空間ストレッチテンソル（左ストレッチテンソル）と呼ばれ，その引き伸ばしの機能は，それぞれ次のように表される．

$$\boldsymbol{R}^{-1}\mathrm{d}\boldsymbol{x} = \boldsymbol{U}\mathrm{d}\boldsymbol{X}, \quad \mathrm{d}\boldsymbol{x} = \boldsymbol{V}(\boldsymbol{R}\mathrm{d}\boldsymbol{X}) \tag{3.43}$$

しかし，両者が表す変形は同じはずであるから，それぞれの固有値（引き延ばしの倍率）は等しく，$\lambda_{(I)} = \lambda_{(i)}$ となる．これは $\boldsymbol{RU} = \boldsymbol{VR}$ より，次のように，2 階テンソルの剛体回転の変換則が成り立つことからも確かめられる．

$$\boldsymbol{U} = \boldsymbol{R}^T\boldsymbol{V}\boldsymbol{R}, \quad \boldsymbol{V} = \boldsymbol{R}\boldsymbol{U}\boldsymbol{R}^T \tag{3.44}$$

例題 3.8 変形勾配テンソルの極分解

時刻 $t = t$ のとき，物質点 $\boldsymbol{X}$ は次式に従って位置 $\boldsymbol{x}$ にある．

$$\boldsymbol{x} = \phi(\boldsymbol{X}, t) = X_1\boldsymbol{e}_1 + (-\alpha X_2 - X_3)\,\boldsymbol{e}_2 + (X_2 + \alpha X_3)\,\boldsymbol{e}_3$$

ただし，$|\alpha| < 1$ とする．次の問いに答えよ．

(1) 物質点 $\boldsymbol{X}$ 近傍の変形勾配テンソル $\boldsymbol{F}$ を求めよ．
(2) 変形勾配テンソル $\boldsymbol{F}$ の右極分解を行い，物質ストレッチテンソル $\boldsymbol{U}$ を求めよ．
(3) 直交テンソル $\boldsymbol{R}$ を求めよ．
(4) $\boldsymbol{V} = \boldsymbol{R}\boldsymbol{U}\boldsymbol{R}^T$ より，空間ストレッチテンソル $\boldsymbol{V}$ を求めよ．

解 (1) 変形勾配テンソル $\boldsymbol{F}$ は，次のように計算される．

$$[F] = \begin{bmatrix} \partial x_1/\partial X_1 & \partial x_1/\partial X_2 & \partial x_1/\partial X_3 \\ \partial x_2/\partial X_1 & \partial x_2/\partial X_2 & \partial x_2/\partial X_3 \\ \partial x_3/\partial X_1 & \partial x_3/\partial X_2 & \partial x_3/\partial X_3 \end{bmatrix} = \begin{bmatrix} 1 & 0 & 0 \\ 0 & -\alpha & -1 \\ 0 & 1 & \alpha \end{bmatrix}$$

(2) 物質ストレッチテンソル $\boldsymbol{U}$ を求めるために，$\boldsymbol{F}^T\boldsymbol{F} = \boldsymbol{U}^2$ を利用すると次のようになる．

$$[F]^T[F] = \begin{bmatrix} 1 & 0 & 0 \\ 0 & 1+\alpha^2 & 2\alpha \\ 0 & 2\alpha & 1+\alpha^2 \end{bmatrix}$$

また，$\boldsymbol{F}^T\boldsymbol{F} = \boldsymbol{U}^2$ の固有方程式は，

$$\begin{vmatrix} 1-\lambda & 0 & 0 \\ 0 & 1+\alpha^2-\lambda & 2\alpha \\ 0 & 2\alpha & 1+\alpha^2-\lambda \end{vmatrix} = 0$$

$$\Longrightarrow \quad -\lambda^3 + (3+2\alpha^2)\lambda^2 - (3+\alpha^4)\lambda + (1-\alpha^2)^2 = 0$$

となる．これを解くと $\boldsymbol{U}^2$ の固有値は，次のように求められる．

$$\lambda_1 = 1, \quad \lambda_2 = (1+\alpha)^2, \quad \lambda_3 = (1-\alpha)^2$$

したがって，これらの固有値 λ_I に対応する固有ベクトルを $\boldsymbol{N}_I\,(I = 1,2,3)$ として，固有ベクトルを基底とする座標系を参照するスペクトル分解によって，$\boldsymbol{U}^2$ は次のように表される．

$$\boldsymbol{U}^2 = \sum_{I=1}^{3} \lambda_{(I)} \left(\boldsymbol{N}_{(I)} \otimes \boldsymbol{N}_{(I)}\right)$$

$$\Longrightarrow \begin{bmatrix} \lambda_1 & 0 & 0 \\ 0 & \lambda_2 & 0 \\ 0 & 0 & \lambda_3 \end{bmatrix} = \begin{bmatrix} 1 & 0 & 0 \\ 0 & (1+\alpha)^2 & 0 \\ 0 & 0 & (1-\alpha)^2 \end{bmatrix}$$

ここで，(I) のような括弧内の指標は固有値の番号を表すだけの指標であり，総和規約には従わない．

以上より，2階テンソルによる変換は固有ベクトル方向には λ_I 倍するだけであるので，物質ストレッチテンソル $\boldsymbol{U}$ のスペクトル分解（標準形式）は，次のように表される．

$$\boldsymbol{U} = \sum_{I=1}^{3} \sqrt{\lambda_{(I)}} \left(\boldsymbol{N}_{(I)} \otimes \boldsymbol{N}_{(I)}\right)$$

$$\Longrightarrow [U] = \begin{bmatrix} \sqrt{\lambda_1} & 0 & 0 \\ 0 & \sqrt{\lambda_2} & 0 \\ 0 & 0 & \sqrt{\lambda_3} \end{bmatrix} = \begin{bmatrix} 1 & 0 & 0 \\ 0 & 1+\alpha & 0 \\ 0 & 0 & 1-\alpha \end{bmatrix}$$

さらに，$\boldsymbol{U}^2\boldsymbol{N}_{(I)} = \lambda_{(I)}\boldsymbol{N}_{(I)}$ より，固有ベクトル $\boldsymbol{N}_I$ はそれぞれ

$$\boldsymbol{N}_1 = \begin{Bmatrix} 1 \\ 0 \\ 0 \end{Bmatrix}, \quad \boldsymbol{N}_2 = \frac{1}{\sqrt{2}} \begin{Bmatrix} 0 \\ 1 \\ 1 \end{Bmatrix}, \quad \boldsymbol{N}_3 = \frac{1}{\sqrt{2}} \begin{Bmatrix} 0 \\ -1 \\ 1 \end{Bmatrix}$$

と設定できる．したがって，基準配置において，物質座標 $\boldsymbol{X}$ の基底 $\boldsymbol{E}_I$ から標準形式の基底である固有ベクトル $\boldsymbol{N}_I$ への座標変換行列は，

$$[T]=\begin{bmatrix}1&0&0\\0&1/\sqrt{2}&1/\sqrt{2}\\0&-1/\sqrt{2}&1/\sqrt{2}\end{bmatrix}$$

となるので，$\boldsymbol{U}$ を物質座標 $\boldsymbol{X}$ の基底 $\boldsymbol{E}_I$ を参照して表すと，

$$[T]^T[U][T]=\begin{bmatrix}1&0&0\\0&1/\sqrt{2}&-1/\sqrt{2}\\0&1/\sqrt{2}&1/\sqrt{2}\end{bmatrix}\begin{bmatrix}1&0&0\\0&1+\alpha&0\\0&0&1-\alpha\end{bmatrix}\begin{bmatrix}1&0&0\\0&1/\sqrt{2}&1/\sqrt{2}\\0&-1/\sqrt{2}&1/\sqrt{2}\end{bmatrix}$$
$$=\begin{bmatrix}1&0&0\\0&1&\alpha\\0&\alpha&1\end{bmatrix}$$

となる．

(3) 座標変換前の対角化された表現行列と区別するために，(2) で求めた物質ストレッチテンソルを便宜上 $\bar{\boldsymbol{U}}$ とすると，$\bar{\boldsymbol{U}}$ の逆テンソル $\bar{\boldsymbol{U}}^{-1}$ は，

$$[\bar{U}]^{-1}=\frac{1}{1-\alpha^2}\begin{bmatrix}1-\alpha^2&0&0\\0&1&-\alpha\\0&-\alpha&1\end{bmatrix}$$

となるので，直交テンソル $\boldsymbol{R}=\boldsymbol{F}\bar{\boldsymbol{U}}^{-1}$ は，

$$[R]=\frac{1}{1-\alpha^2}\begin{bmatrix}1&0&0\\0&-\alpha&-1\\0&1&\alpha\end{bmatrix}\begin{bmatrix}1-\alpha^2&0&0\\0&1&-\alpha\\0&-\alpha&1\end{bmatrix}=\begin{bmatrix}1&0&0\\0&0&-1\\0&1&0\end{bmatrix}$$

となる．ただし，$\boldsymbol{R}$ はツーポイントテンソル $\boldsymbol{R}=R_{iJ}(\boldsymbol{e}_i\otimes\boldsymbol{E}_J)$ である．

(4) $\boldsymbol{V}=\boldsymbol{R}\bar{\boldsymbol{U}}\boldsymbol{R}^T$ より，

$$[V]=\begin{bmatrix}1&0&0\\0&0&-1\\0&1&0\end{bmatrix}\begin{bmatrix}1&0&0\\0&1&\alpha\\0&\alpha&1\end{bmatrix}\begin{bmatrix}1&0&0\\0&0&1\\0&-1&0\end{bmatrix}=\begin{bmatrix}1&0&0\\0&1&-\alpha\\0&-\alpha&1\end{bmatrix}$$

と求められる．ここで，$\boldsymbol{V}$ は現在配置 B_t を参照するテンソル $\boldsymbol{V}=V_{ij}(\boldsymbol{e}_i\otimes\boldsymbol{e}_j)$ である．$\boldsymbol{V}$ の固有値 λ_i を求めると，

$$\lambda_1=1,\quad \lambda_2=1+\alpha,\quad \lambda_3=1-\alpha$$

となり，$\boldsymbol{U},\boldsymbol{V}$ の固有値が同じ値をとることが確認できる．

3.2.6 変形勾配テンソルの合成

ある物質点に対して連続的に生じる変形を段階的に見ると，一連の変形全体に関する変形勾配テンソルは，それぞれ変形段階の変形勾配テンソルを合成して表すことができる．たとえば，全体で n 回の変形が順に生じたとすると，最終的な変形勾配テンソル $\boldsymbol{F}$ は，次式のように表される．

$$\boldsymbol{F} = \boldsymbol{F}_n \boldsymbol{F}_{n-1} \cdots \boldsymbol{F}_2 \boldsymbol{F}_1 \tag{3.45}$$

新たに変形が生じるごとに，左側からその段階の変形勾配テンソルを作用させればよい．ただし，変形勾配テンソルは，合成する順番に依存することに注意する必要がある．式 (3.45) は，連鎖則†を用いて，次式のように書き直すことができる．

$$\boldsymbol{F} = \frac{\partial \boldsymbol{x}_n}{\partial \boldsymbol{x}_{n-1}} \frac{\partial \boldsymbol{x}_{n-1}}{\partial \boldsymbol{x}_{n-2}} \cdots \frac{\partial \boldsymbol{x}_j}{\partial \boldsymbol{x}_{j-1}} \cdots \frac{\partial \boldsymbol{x}_2}{\partial \boldsymbol{x}_1} \frac{\partial \boldsymbol{x}_1}{\partial \boldsymbol{X}} = \frac{\partial \boldsymbol{x}_n}{\partial \boldsymbol{X}} \tag{3.46}$$

これまで本書では，基本的な考え方を説明するために，基準配置 B_0 の $\mathrm{d}\boldsymbol{X}$ を現在配置 B_t の $\mathrm{d}\boldsymbol{x}$ へ変換する線形作用素として，変形勾配テンソル $\boldsymbol{F}$ を説明してきた．しかし，j 番目 $(2 \leq j \leq n)$ の変形を表す変形勾配テンソル $\boldsymbol{F}_j = \partial \boldsymbol{x}_j / \partial \boldsymbol{x}_{j-1}$ について考えると，$\boldsymbol{F}_j$ が作用する微分ベクトルは基準配置 B_0 を参照するベクトルではない．これには，3.1.1 項で紹介した参照配置という概念を補って理解してほしい．そうすると，3.2.2 項で定義した変形勾配テンソル $\boldsymbol{F}$ は，あくまで基準配置を参照配置として，基準配置から現在配置へ一度きりの変換に限って考えている．それに対して，式 (3.46) は，連続的に生じる変形を段階的に見た場合，個々の変形勾配テンソル $\boldsymbol{F}_j$ では基準配置を参照配置とする必要はなく，問題に応じて選択すればよいことを示している．

例題 3.9 段階的な変形に対する変形勾配テンソル

図 3.10 のように，時刻 $t = 0$ で 2 次元空間内に正方形 ABCD として存在していた物体が，時刻 $t = t_1, t_2$ で変化した．以下の問いに答えよ．

(1) 時刻 $t = 0$ における物体の配置を参照配置としたとき，時刻 t_1 の状態に変換する変形勾配テンソル $\boldsymbol{F}_1$ を求めよ．

(2) 時刻 t_1 における物体の配置を参照配置としたとき，時刻 t_2 の状態に変換する変形勾配テンソル $\boldsymbol{F}_2$ を求めよ．

(3) 時刻 $t = 0$ における物体の配置を参照配置としたとき，時刻 t_2 の状態に変換する変形勾配テンソル $\boldsymbol{F}$ を求めよ．

(4) $\boldsymbol{F}_2 \boldsymbol{F}_1$ を計算せよ．

† 連鎖則については，7.5 節を参照．

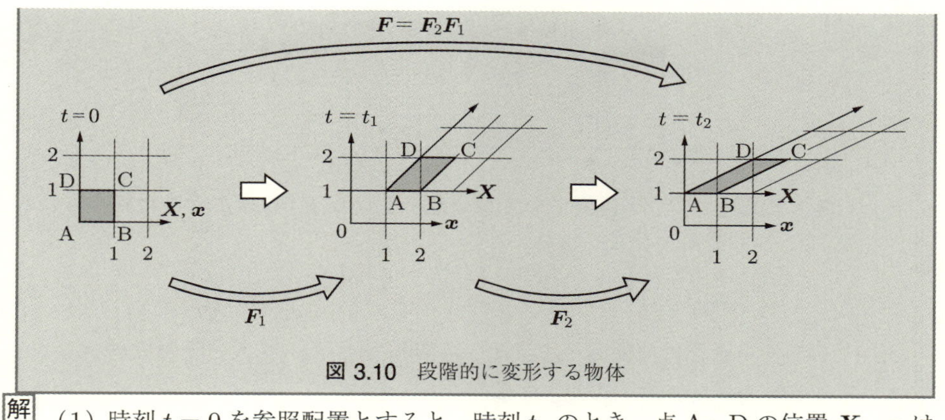

図 3.10 段階的に変形する物体

解 (1) 時刻 $t=0$ を参照配置とすると，時刻 t_1 のとき，点 A～D の位置 $\boldsymbol{X}$，$\boldsymbol{x}$ はそれぞれ表 3.3 のように表される．

表 3.3 $t=t_1$ における点の位置

点	A	B	C	D
$\boldsymbol{X}$ 座標系による表示	$(0,0)$	$(1,0)$	$(1,1)$	$(0,1)$
$\boldsymbol{x}$ 座標系による表示	$(1,1)$	$(2,1)$	$(3,2)$	$(2,2)$

ここで，位置 $\boldsymbol{x}$ を

$$\begin{Bmatrix} x_1(t_1) \\ x_2(t_1) \end{Bmatrix} = \begin{bmatrix} a & b \\ c & d \end{bmatrix} \begin{Bmatrix} X_1 \\ X_2 \end{Bmatrix} + \begin{Bmatrix} e \\ f \end{Bmatrix}$$

のように表す．この式に，各点の座標値を代入して a～f について連立方程式を解けば，位置 $\boldsymbol{x}(t_1)$ は次式で与えられる．

$$\begin{Bmatrix} x_1 \\ x_2 \end{Bmatrix} = \begin{bmatrix} 1 & 1 \\ 0 & 1 \end{bmatrix} \begin{Bmatrix} X_1 \\ X_2 \end{Bmatrix} + \begin{Bmatrix} 1 \\ 1 \end{Bmatrix}$$

したがって，変形勾配テンソル $\boldsymbol{F}_1$ は次のように求められる．

$$[F_1] = \begin{bmatrix} 1 & 1 \\ 0 & 1 \end{bmatrix}$$

(2) 時刻 t_1 を参照配置とすると，時刻 t_1 での位置を物質座標 $\boldsymbol{X} = \boldsymbol{x}(t_1)$ とするので，点 A～D の位置 $\boldsymbol{X}$，$\boldsymbol{x}$ はそれぞれ表 3.4 のように表される．

位置 $\boldsymbol{x}(t_2)$ は，(1) と同様にして，

$$\begin{Bmatrix} x_1(t_2) \\ x_2(t_2) \end{Bmatrix} = \begin{bmatrix} 1 & 1 \\ 0 & 1 \end{bmatrix} \begin{Bmatrix} x_1(t_1) \\ x_2(t_1) \end{Bmatrix} + \begin{Bmatrix} -2 \\ 0 \end{Bmatrix}$$

表 3.4 $t = t_2$ における点の位置

点	A	B	C	D
$\boldsymbol{X}$ 座標系による表示	$(1,1)$	$(2,1)$	$(3,2)$	$(2,2)$
$\boldsymbol{x}$ 座標系による表示	$(0,1)$	$(1,1)$	$(3,2)$	$(2,2)$

で表されるので，この段階での変形勾配テンソル $\boldsymbol{F}_2$ は次のように求められる．

$$[F_2] = \begin{bmatrix} 1 & 1 \\ 0 & 1 \end{bmatrix}$$

(3) 時刻 $t = 0$ を参照配置とすると，時刻 t_2 のとき，点 A〜D の位置 $\boldsymbol{X}$，$\boldsymbol{x}$ はそれぞれ表 3.5 のように表される．

表 3.5 $t = 0$ を参照配置とした $t = t_2$ における点の位置

点	A	B	C	D
$\boldsymbol{X}$ 座標系による表示	$(0,0)$	$(1,0)$	$(1,1)$	$(0,1)$
$\boldsymbol{x}$ 座標系による表示	$(0,1)$	$(1,1)$	$(3,2)$	$(2,2)$

したがって，位置 $\boldsymbol{x}(t_2)$ は，

$$\begin{Bmatrix} x_1(t_2) \\ x_2(t_2) \end{Bmatrix} = \begin{bmatrix} 1 & 2 \\ 0 & 1 \end{bmatrix} \begin{Bmatrix} X_1 \\ X_2 \end{Bmatrix} + \begin{Bmatrix} 0 \\ 1 \end{Bmatrix}$$

となる．これより，変形勾配テンソル $\boldsymbol{F}$ は次のように求められる．

$$[F] = \begin{bmatrix} 1 & 2 \\ 0 & 1 \end{bmatrix}$$

(4) (1)，(2) の結果を用いて，$\boldsymbol{F}_2\boldsymbol{F}_1$ を計算すると，

$$[F_2][F_1] = \begin{bmatrix} 1 & 1 \\ 0 & 1 \end{bmatrix} \begin{bmatrix} 1 & 1 \\ 0 & 1 \end{bmatrix} = \begin{bmatrix} 1 & 2 \\ 0 & 1 \end{bmatrix} = [F]$$

となる．これは (3) で求めた変形全体を表す変形勾配テンソル $\boldsymbol{F}$ に一致する．この変形勾配テンソル $\boldsymbol{F}$ は，基準配置 B_0 と現在配置 B_{t_2} のツーポイントテンソルである．

連続体力学を理解するうえでは，変形勾配テンソルはツーポイントテンソルであり，配置に関して適切に把握することが重要である．一方で，【例題 3.9】のように，連続体力学の概念を適切に反映している演算（この場合は，変形勾配テンソルの合成）を行う場合には，とくに基底を意識することなく具体的な表現行列の計算を実施すれば

よい．ただし，その結果がどのような物理量であるかは，もう一度，連続体力学の概念に則って理解する必要がある．

例題 3.10　変形勾配テンソルの幾何学的意味と変形勾配の合成

平面ひずみ条件下の 2 次元空間において，以下の変形勾配テンソル $\boldsymbol{F}_1$, $\boldsymbol{F}_2$, $\boldsymbol{F}_3$ で表される変形を考える．

$$[F_1] = \begin{bmatrix} \alpha_1 & 0 \\ 0 & \alpha_2 \end{bmatrix}, \quad [F_2] = \begin{bmatrix} 1 & \beta \\ 0 & 1 \end{bmatrix}, \quad [F_3] = \begin{bmatrix} \cos\theta & -\sin\theta \\ \sin\theta & \cos\theta \end{bmatrix}$$

ただし，$\alpha_1 > 1, 0 < \alpha_2 < 1, \beta \neq 0$ とする．以下の問いに答えよ．

(1) 変形勾配テンソル $\boldsymbol{F}_1, \boldsymbol{F}_2, \boldsymbol{F}_3$ が表す変形をそれぞれ図示せよ．

(2) 変形勾配テンソル $\boldsymbol{F}_1$, $\boldsymbol{F}_2$, $\boldsymbol{F}_3$ によるヤコビアン $J = \det \boldsymbol{F}$ をそれぞれ求めよ．

(3) 変形勾配テンソル $\boldsymbol{F}_{12} = \boldsymbol{F}_2\boldsymbol{F}_1$ を求めよ．

(4) 変形勾配テンソル $\boldsymbol{F}_{21} = \boldsymbol{F}_1\boldsymbol{F}_2$ を求めよ．

(5) 変形勾配テンソル $\boldsymbol{F}_{12}, \boldsymbol{F}_{21}$ で与えられるヤコビアン $J = \det \boldsymbol{F}$ をそれぞれ求めよ．

解

(1) たとえば，原点を一つの頂点とする 1 辺の長さが 1 である正方形を考え，原点以外の頂点の位置ベクトルに対して $\boldsymbol{F}_1, \boldsymbol{F}_2, \boldsymbol{F}_3$ を作用させると，それぞれの変形勾配テンソルによって各点は表 3.6 のような位置に移る．

これを図示すれば，図 3.11 のようになる．$\boldsymbol{F}_1$ は x_1 方向に α_1 倍，x_2 方向に

表 3.6　各点の位置

変形前	$\boldsymbol{F}_1$ による変形後	$\boldsymbol{F}_2$ による変形後	$\boldsymbol{F}_3$ による変形後
$(1, 0)$	$(\alpha_1, 0)$	$(1, 0)$	$(\cos\theta, \sin\theta)$
$(1, 1)$	(α_1, α_2)	$(1+\beta, 1)$	$(\cos\theta - \sin\theta, \sin\theta + \cos\theta)$
$(0, 1)$	$(0, \alpha_2)$	$(\beta, 1)$	$(-\sin\theta, \cos\theta)$

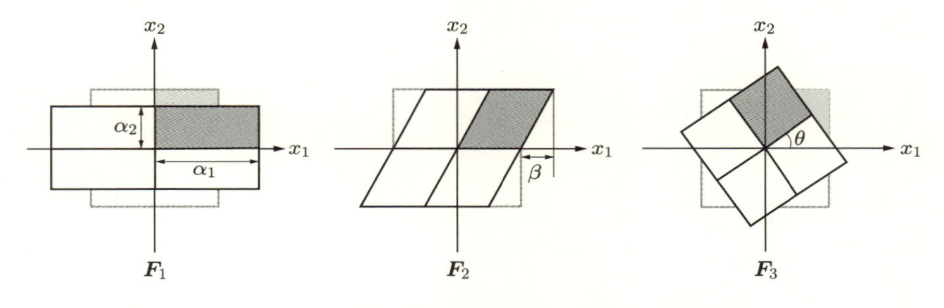

図 3.11　それぞれの変形勾配テンソルが表す変形

α_2 倍される変形（伸び変形）を表している．$\boldsymbol{F}_2$ は x_2 方向の高さを変えることなく x_1 方向にせん断させる変形であり，単純せん断（等体積せん断変形）を表す．$\boldsymbol{F}_3$ は原点まわりに角度 θ の剛体回転を表す変形勾配である．

(2) 平面ひずみ条件であるので面外方向の変形は考える必要はなく，与式のまま，$\boldsymbol{F}_1, \boldsymbol{F}_2, \boldsymbol{F}_3$ についてそれぞれデターミナントを求めると，それぞれ

$$\det \boldsymbol{F}_1 = \det \begin{bmatrix} \alpha_1 & 0 \\ 0 & \alpha_2 \end{bmatrix} = \alpha_1 \alpha_2$$

$$\det \boldsymbol{F}_2 = \det \begin{bmatrix} 1 & \beta \\ 0 & 1 \end{bmatrix} = 1$$

$$\det \boldsymbol{F}_3 = \det \begin{bmatrix} \cos\theta & -\sin\theta \\ \sin\theta & \cos\theta \end{bmatrix} = \cos^2\theta + \sin^2\theta = 1$$

となる．これらの結果は，図 3.11 とも確かに整合している．

(3) $\boldsymbol{F}_{12} = \boldsymbol{F}_2 \boldsymbol{F}_1$ は

$$[F_{12}] = [F_2][F_1] = \begin{bmatrix} 1 & \beta \\ 0 & 1 \end{bmatrix} \begin{bmatrix} \alpha_1 & 0 \\ 0 & \alpha_2 \end{bmatrix} = \begin{bmatrix} \alpha_1 & \alpha_2\beta \\ 0 & \alpha_2 \end{bmatrix}$$

となる．これは $\boldsymbol{F}_1, \boldsymbol{F}_2$ の順に作用する変換であり，具体的な変形は図 3.12 のようになる．

(4) $\boldsymbol{F}_{21} = \boldsymbol{F}_1 \boldsymbol{F}_2$ は，(3) と同様にして次のように計算される．

$$[F_{21}] = [F_1][F_2] = \begin{bmatrix} \alpha_1 & 0 \\ 0 & \alpha_2 \end{bmatrix} \begin{bmatrix} 1 & \beta \\ 0 & 1 \end{bmatrix} = \begin{bmatrix} \alpha_1 & \alpha_1\beta \\ 0 & \alpha_2 \end{bmatrix}$$

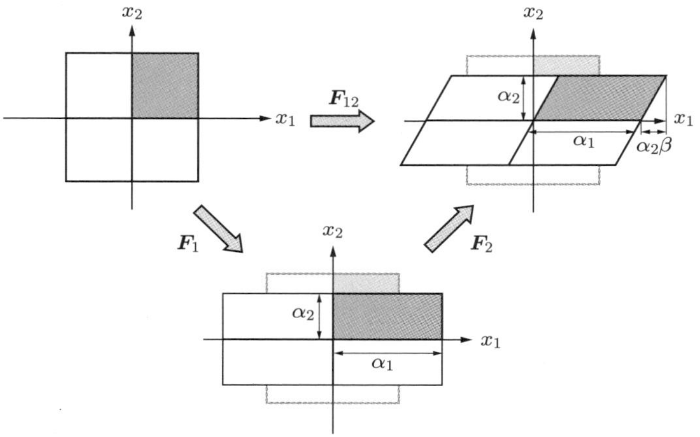

図 3.12 変形勾配テンソル $\boldsymbol{F}_{12}$ が表す変形

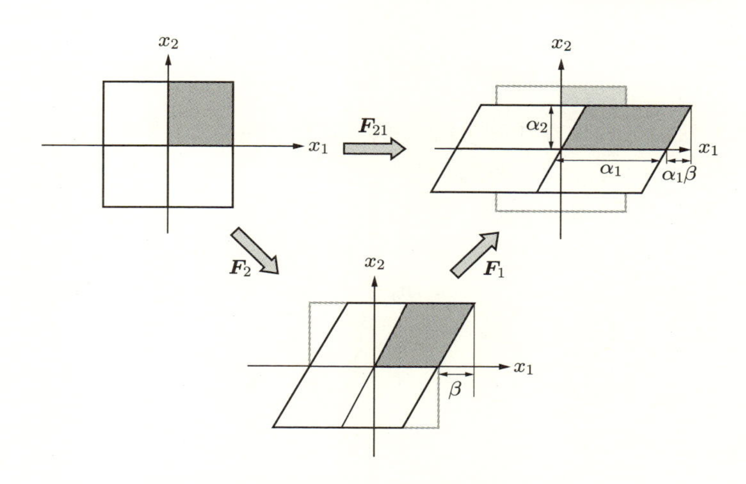

図 3.13 変形勾配テンソル $\boldsymbol{F}_{21}$ が表す変形

これは $\boldsymbol{F}_2$, $\boldsymbol{F}_1$ の順に作用する変換であり，具体的な変形図は図 3.13 のようになる．

したがって，$\boldsymbol{F}_{12}$ と $\boldsymbol{F}_{21}$ は異なる成分を有するテンソル $\boldsymbol{F}_{12} \neq \boldsymbol{F}_{21}$ であり，作用の順序によって最終的な変形挙動が異なることが式や変形図からも確かめられる．

(5) $\boldsymbol{F}_{12}$，$\boldsymbol{F}_{21}$ のデターミナントは，それぞれ

$$\det \boldsymbol{F}_{12} = \det \begin{bmatrix} \alpha_1 & \alpha_2\beta \\ 0 & \alpha_2 \end{bmatrix} = \alpha_1\alpha_2, \quad \det \boldsymbol{F}_{21} = \det \begin{bmatrix} \alpha_1 & \alpha_1\beta \\ 0 & \alpha_2 \end{bmatrix} = \alpha_1\alpha_2$$

であり，$\det \boldsymbol{F}_1$, $\det \boldsymbol{F}_2$ と比較すると，

$$\det\boldsymbol{F}_{12} = \det\boldsymbol{F}_{21} = \det\boldsymbol{F}_1\det\boldsymbol{F}_2 = \alpha_1\alpha_2$$

となることが確認できる．

一般に，最終的なヤコビアン J は，変形を作用させる順序によらず同じとなる．これは，合成線形変換に対するデターミナントの性質

$$\det(\boldsymbol{AB}) = \det(\boldsymbol{BA}) = \det\boldsymbol{A}\det\boldsymbol{B}$$

という数学的事実に基づいている．

3.3 ひずみテンソル

3.3.1 コーシー‐グリーンテンソル

連続体力学の変形に関する情報は，変形勾配テンソル $\boldsymbol{F}$ によって直接反映されている．$\boldsymbol{F}$ のなかから剛体回転を取り除いて変形の情報だけを取り出せば，変形の程度を定量的に評価できる．その情報は，ストレッチテンソルを利用して，いくつかの**ひずみテンソル**として取り出される．

改めて，変形勾配テンソル $\boldsymbol{F}$ を左右に極分解する際に現れる正定値対称テンソル $\boldsymbol{F}^T\boldsymbol{F}\left(=\boldsymbol{U}^2\right)$ および $\boldsymbol{F}\boldsymbol{F}^T\left(=\boldsymbol{V}^2\right)$ を，

$$\boldsymbol{C}=\boldsymbol{F}^T\boldsymbol{F}=\boldsymbol{U}^2 \tag{3.47}$$

$$\boldsymbol{b}=\boldsymbol{F}\boldsymbol{F}^T=\boldsymbol{V}^2 \tag{3.48}$$

とおく．$\boldsymbol{C}$ を**右コーシー‐グリーンテンソル**，$\boldsymbol{b}$ を**左コーシー‐グリーンテンソル**という．式 (3.20) を用いると，$\boldsymbol{C}$ と $\boldsymbol{b}$ の基底を用いた表現は以下のようになる．

$$\begin{aligned}\boldsymbol{C}&=\boldsymbol{F}^T\boldsymbol{F}=\{F_{kI}(\boldsymbol{E}_I\otimes\boldsymbol{e}_k)\}\{F_{mJ}(\boldsymbol{e}_m\otimes\boldsymbol{E}_J)\}=F_{kI}F_{mJ}\delta_{km}(\boldsymbol{E}_I\otimes\boldsymbol{E}_J)\\&=F_{kI}F_{kJ}(\boldsymbol{E}_I\otimes\boldsymbol{E}_J)\end{aligned} \tag{3.49}$$

$$\begin{aligned}\boldsymbol{b}&=\boldsymbol{F}\boldsymbol{F}^T=\{F_{iK}(\boldsymbol{e}_i\otimes\boldsymbol{E}_K)\}\{F_{jM}(\boldsymbol{E}_M\otimes\boldsymbol{e}_j)\}=F_{iK}F_{jM}\delta_{KM}(\boldsymbol{e}_i\otimes\boldsymbol{e}_j)\\&=F_{iK}F_{jK}(\boldsymbol{e}_i\otimes\boldsymbol{e}_j)\end{aligned} \tag{3.50}$$

すなわち，$\boldsymbol{C}$ は $\boldsymbol{E}_I$ を基底とする基準配置 B_0 を参照する 2 階テンソルであり，$\boldsymbol{b}$ は $\boldsymbol{e}_i$ を基底とする現在配置 B_t を参照する 2 階テンソルである．

ここで，微分ベクトル $\mathrm{d}\boldsymbol{X}$, $\mathrm{d}\boldsymbol{x}$ の長さをそれぞれ $\mathrm{d}S$, $\mathrm{d}s$ とおくと，

$$(\mathrm{d}s)^2=\mathrm{d}\boldsymbol{x}\cdot\mathrm{d}\boldsymbol{x}=(\boldsymbol{F}\mathrm{d}\boldsymbol{X})\cdot(\boldsymbol{F}\mathrm{d}\boldsymbol{X})=\mathrm{d}\boldsymbol{X}\cdot\left(\boldsymbol{F}^T\boldsymbol{F}\right)\mathrm{d}\boldsymbol{X}=\mathrm{d}\boldsymbol{X}\cdot\boldsymbol{C}\mathrm{d}\boldsymbol{X} \tag{3.51}$$

となる．したがって，右コーシー‐グリーンテンソル $\boldsymbol{C}$ は，1.2.6 項で説明した 2 階テンソルの機能によって，$\mathrm{d}\boldsymbol{X}$ から変形後の微分ベクトルの長さ $(\mathrm{d}s)^2$ というスカラーを算出する 2 階テンソルである†．同様に，左コーシー‐グリーンテンソル $\boldsymbol{b}$ は，

$$\begin{aligned}(\mathrm{d}S)^2&=\mathrm{d}\boldsymbol{X}\cdot\mathrm{d}\boldsymbol{X}=\left(\boldsymbol{F}^{-1}\mathrm{d}\boldsymbol{x}\right)\cdot\left(\boldsymbol{F}^{-1}\mathrm{d}\boldsymbol{x}\right)=\mathrm{d}\boldsymbol{x}\cdot\left(\boldsymbol{F}\boldsymbol{F}^T\right)^{-1}\mathrm{d}\boldsymbol{x}\\&=\mathrm{d}\boldsymbol{x}\cdot\boldsymbol{b}^{-1}\mathrm{d}\boldsymbol{x}\end{aligned} \tag{3.52}$$

† 2 次形式が与えるスカラーが変形後の長さの 2 乗となる．

の関係式によって，$\mathrm{d}\boldsymbol{x}$ から変形前の微分ベクトルの長さ $(\mathrm{d}S)^2$ を算出する 2 階テンソルである．

3.3.2 有限ひずみテンソル □□

初等材料力学や構造力学のひずみ ε は，$\Delta l = \varepsilon l$ のように基準の長さ l から変化量 Δl を与える量であった．連続体力学でも，同様に，微分ベクトル $\mathrm{d}\boldsymbol{X}$ から $\mathrm{d}\boldsymbol{x}$ に変換されるときの長さの変化量（ただし，長さの 2 乗）に着目する．

$$(\mathrm{d}s)^2 - (\mathrm{d}S)^2 = \mathrm{d}\boldsymbol{x}\cdot\mathrm{d}\boldsymbol{x} - \mathrm{d}\boldsymbol{X}\cdot\mathrm{d}\boldsymbol{X} = (\boldsymbol{F}\mathrm{d}\boldsymbol{X})\cdot(\boldsymbol{F}\mathrm{d}\boldsymbol{X}) - \mathrm{d}\boldsymbol{X}\cdot\mathrm{d}\boldsymbol{X}$$

$$= \mathrm{d}\boldsymbol{X}\cdot\left(\boldsymbol{F}^T\boldsymbol{F} - \boldsymbol{I}\right)\mathrm{d}\boldsymbol{X} = \mathrm{d}\boldsymbol{X}\cdot(\boldsymbol{C} - \boldsymbol{I})\mathrm{d}\boldsymbol{X} \tag{3.53}$$

$$(\mathrm{d}s)^2 - (\mathrm{d}S)^2 = \mathrm{d}\boldsymbol{x}\cdot\mathrm{d}\boldsymbol{x} - \mathrm{d}\boldsymbol{X}\cdot\mathrm{d}\boldsymbol{X} = \mathrm{d}\boldsymbol{x}\cdot\mathrm{d}\boldsymbol{x} - \left(\boldsymbol{F}^{-1}\mathrm{d}\boldsymbol{x}\right)\cdot\left(\boldsymbol{F}^{-1}\mathrm{d}\boldsymbol{x}\right)$$

$$= \mathrm{d}\boldsymbol{x}\cdot\left\{\boldsymbol{I} - \left(\boldsymbol{F}\boldsymbol{F}^T\right)^{-1}\right\}\mathrm{d}\boldsymbol{x} = \mathrm{d}\boldsymbol{x}\cdot\left(\boldsymbol{I} - \boldsymbol{b}^{-1}\right)\mathrm{d}\boldsymbol{x} \tag{3.54}$$

式 (3.53)，(3.54) より，長さの変化量 $(\mathrm{d}s)^2 - (\mathrm{d}S)^2$ はテンソルの 2 次形式で表されることがわかる．そこで，2 次形式を特徴付けている二つの 2 階テンソルを，変形に関係する定量的な指標として次式によって定義する[†]．

$$\boldsymbol{E} = \frac{1}{2}\left(\boldsymbol{F}^T\boldsymbol{F} - \boldsymbol{I}\right) = \frac{1}{2}(\boldsymbol{C} - \boldsymbol{I}) = \frac{1}{2}\left(\boldsymbol{U}^2 - \boldsymbol{I}\right) \tag{3.55}$$

$$\boldsymbol{e} = \frac{1}{2}\left\{\boldsymbol{I} - \left(\boldsymbol{F}\boldsymbol{F}^T\right)^{-1}\right\} = \frac{1}{2}\left(\boldsymbol{I} - \boldsymbol{b}^{-1}\right) = \frac{1}{2}\left(\boldsymbol{I} - \boldsymbol{V}^{-2}\right) \tag{3.56}$$

$\boldsymbol{E}$ を**ラグランジュ - グリーンひずみテンソル**，$\boldsymbol{e}$ を**オイラー - アルマンジひずみテンソル**と呼ぶ．これらのひずみテンソルは，3.3.3 で説明する微小ひずみと区別する際には**有限ひずみ**とも呼ばれる．

有限ひずみテンソル $\boldsymbol{E}$ と $\boldsymbol{e}$ を用いて，式 (3.53)，(3.54) を書き直すと，

$$\frac{1}{2}\left\{(\mathrm{d}s)^2 - (\mathrm{d}S)^2\right\} = \mathrm{d}\boldsymbol{X}\cdot\boldsymbol{E}\mathrm{d}\boldsymbol{X} = \mathrm{d}\boldsymbol{x}\cdot\boldsymbol{e}\mathrm{d}\boldsymbol{x} \tag{3.57}$$

となる．式 (3.57) では，ラグランジュ - グリーンひずみテンソル $\boldsymbol{E}$ は基準の長さを微分ベクトル $\mathrm{d}\boldsymbol{X}$ として，オイラー - アルマンジひずみテンソル $\boldsymbol{e}$ は基準の長さを微分ベクトル $\mathrm{d}\boldsymbol{x}$ として，その長さの変化量 $\left\{(\mathrm{d}s)^2 - (\mathrm{d}S)^2\right\}/2$ というスカラーを算出する 2 階テンソルとなっている．連続体力学においても，ひずみの定義は初等材料力学や構造力学のものと大きくは変わらないことを理解してほしい．

また，ラグランジュ - グリーンひずみテンソル $\boldsymbol{E}$ とオイラー - アルマンジひずみテ

---

† 2 次形式は 2 次式であるので係数 1/2 を付けて定義すると，その勾配（微分）を計算するときに簡単になる．

ンソル $\boldsymbol{e}$ には，次のような関係が成り立つ．

$$\boldsymbol{e} = \boldsymbol{F}^{-T}\boldsymbol{E}\boldsymbol{F}^{-1}, \quad \boldsymbol{E} = \boldsymbol{F}^{T}\boldsymbol{e}\boldsymbol{F} \tag{3.58}$$

式 (3.58) は，$\boldsymbol{F}^{-T}(*)\boldsymbol{F}^{-1}$ や $\boldsymbol{F}^{T}(*)\boldsymbol{F}$ という変換則†によって，基準配置 B_0 を参照するひずみテンソル $\boldsymbol{E}$ が現在配置 B_t を参照するひずみテンソル $\boldsymbol{e}$ へ，あるいはその逆へと変換可能であることを表している．

式 (3.55) より，$\boldsymbol{E}$ の固有ベクトルは右コーシー - グリーンテンソル $\boldsymbol{C}$，すなわち $\boldsymbol{U}$ の固有ベクトルと一致する．また，式 (3.56) より，$\boldsymbol{e}$ の固有ベクトルは左コーシー - グリーンテンソル $\boldsymbol{b}$，すなわち $\boldsymbol{V}$ の固有ベクトルと一致する．これは $\boldsymbol{C}, \boldsymbol{b}$ が正定値対称テンソルであることから，2.5.4 項のコーシー応力テンソルや偏差応力テンソルの固有ベクトルと同様に考えればよい．

例題 3.11 有限ひずみテンソル

2 次元空間において，基準配置 B_0 でのベクトル $\mathrm{d}\boldsymbol{X}_1$, $\mathrm{d}\boldsymbol{X}_2$

$$\{\mathrm{d}X_1\} = \begin{Bmatrix} 1 \\ 0 \end{Bmatrix}, \quad \{\mathrm{d}X_2\} = \begin{Bmatrix} 0 \\ 1 \end{Bmatrix}$$

が，以下の変形勾配テンソル $\boldsymbol{F}_1, \boldsymbol{F}_2, \boldsymbol{F}_3, \boldsymbol{F}_4$ で変形される．

$$[F_1] = \begin{bmatrix} 1.5 & 0 \\ 0 & 0.5 \end{bmatrix}, \quad [F_2] = \begin{bmatrix} \cos 60^\circ & -\sin 60^\circ \\ \sin 60^\circ & \cos 60^\circ \end{bmatrix}$$

$$[F_3] = \begin{bmatrix} 1 & -1 \\ 0 & 1 \end{bmatrix}, \quad [F_4] = \begin{bmatrix} 1 & -\sin 45^\circ \\ 0 & \cos 45^\circ \end{bmatrix}$$

以下の問いに答えよ．

(1) $\mathrm{d}\boldsymbol{X}_1, \mathrm{d}\boldsymbol{X}_2$ を 2 辺にもつ正方形領域を考えて，それぞれの変形勾配テンソル $\boldsymbol{F}_1, \boldsymbol{F}_2, \boldsymbol{F}_3, \boldsymbol{F}_4$ が表す変形図を描け．

(2) それぞれの変形勾配テンソルに対するラグランジュ - グリーンひずみテンソル $\boldsymbol{E}$ を求めよ．

(3) それぞれの変形勾配テンソルに対するオイラー - アルマンジひずみテンソル $\boldsymbol{e}$ を求めよ．

(4) それぞれのラグランジュ - グリーンひずみテンソル $\boldsymbol{E}$ について，$\boldsymbol{F}^{-T}\boldsymbol{E}\boldsymbol{F}^{-1}$ を計算し，その結果をオイラー - アルマンジひずみテンソル $\boldsymbol{e}$ と比較せよ．

(5) それぞれのオイラー - アルマンジひずみテンソル $\boldsymbol{e}$ について，$\boldsymbol{F}^{T}\boldsymbol{e}\boldsymbol{F}$ を計算し，その結果をラグランジュ - グリーンひずみテンソル $\boldsymbol{E}$ と比較せよ．

---

† このような変換はプッシュフォワード，プルバックと呼ばれる．詳細は 7.4.1 項を参照．

解 (1) それぞれの変形勾配テンソルによって，$\mathrm{d}\boldsymbol{X}_1, \mathrm{d}\boldsymbol{X}_2$ は次のように変換される．

$$\boldsymbol{F}_1\mathrm{d}\boldsymbol{X}_1 \Longrightarrow \begin{Bmatrix} 1.5 \\ 0 \end{Bmatrix}, \quad \boldsymbol{F}_1\mathrm{d}\boldsymbol{X}_2 \Longrightarrow \begin{Bmatrix} 0 \\ 0.5 \end{Bmatrix}$$

$$\boldsymbol{F}_2\mathrm{d}\boldsymbol{X}_1 \Longrightarrow \begin{Bmatrix} \cos 60^\circ \\ \sin 60^\circ \end{Bmatrix}, \quad \boldsymbol{F}_2\mathrm{d}\boldsymbol{X}_2 \Longrightarrow \begin{Bmatrix} -\sin 60^\circ \\ \cos 60^\circ \end{Bmatrix}$$

$$\boldsymbol{F}_3\mathrm{d}\boldsymbol{X}_1 \Longrightarrow \begin{Bmatrix} 1 \\ 0 \end{Bmatrix}, \quad \boldsymbol{F}_3\mathrm{d}\boldsymbol{X}_2 \Longrightarrow \begin{Bmatrix} -1 \\ 1 \end{Bmatrix}$$

$$\boldsymbol{F}_4\mathrm{d}\boldsymbol{X}_1 \Longrightarrow \begin{Bmatrix} 1 \\ 0 \end{Bmatrix}, \quad \boldsymbol{F}_4\mathrm{d}\boldsymbol{X}_2 \Longrightarrow \begin{Bmatrix} -\sin 45^\circ \\ \cos 45^\circ \end{Bmatrix}$$

これらを図示すれば，図 3.14 のようになり，それぞれの変形勾配テンソルは，伸び変形，剛体回転，等体積せん断変形，等長せん断変形を表していることがわかる．

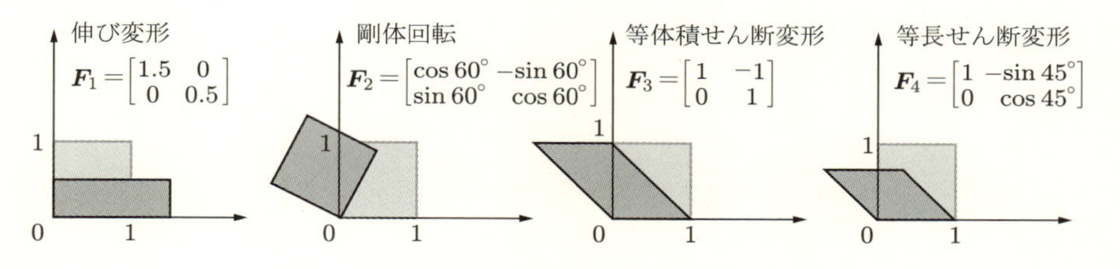

図 3.14 変形勾配テンソルと変形の関係

(2) $\boldsymbol{F}_1$ に対するラグランジュ‐グリーンひずみテンソル $\boldsymbol{E}_1$ は，次のように計算できる．

$$\boldsymbol{E}_1 = \frac{1}{2}\left(\boldsymbol{F}_1^T\boldsymbol{F}_1 - \boldsymbol{I}\right)$$

$$\Longrightarrow \quad [E_1] = \frac{1}{2}\left(\begin{bmatrix} 1.5 & 0 \\ 0 & 0.5 \end{bmatrix}\begin{bmatrix} 1.5 & 0 \\ 0 & 0.5 \end{bmatrix} - \begin{bmatrix} 1 & 0 \\ 0 & 1 \end{bmatrix}\right) = \frac{1}{8}\begin{bmatrix} 5 & 0 \\ 0 & -3 \end{bmatrix}$$

同様にして，それぞれのラグランジュ‐グリーンひずみテンソルは次のようになる．

$$\boldsymbol{E}_2 = \frac{1}{2}\left(\boldsymbol{F}_2^T\boldsymbol{F}_2 - \boldsymbol{I}\right) \quad \Longrightarrow \quad [E_2] = \begin{bmatrix} 0 & 0 \\ 0 & 0 \end{bmatrix}$$

$$\boldsymbol{E}_3 = \frac{1}{2}\left(\boldsymbol{F}_3^T\boldsymbol{F}_3 - \boldsymbol{I}\right) \quad \Longrightarrow \quad [E_3] = \begin{bmatrix} 0 & -0.5 \\ -0.5 & 0.5 \end{bmatrix}$$

$$\boldsymbol{E}_4 = \frac{1}{2}\left(\boldsymbol{F}_4^T \boldsymbol{F}_4 - \boldsymbol{I}\right) \implies [E_4] = \begin{bmatrix} 0 & -\sqrt{2}/4 \\ -\sqrt{2}/4 & 0 \end{bmatrix}$$

$\boldsymbol{E}_1$ は x_1 方向に引張なので正，x_2 方向に圧縮なので負の垂直ひずみ成分が入り，せん断ひずみ成分は 0 である．また，剛体回転に対応するラグランジュ - グリーンひずみテンソル $\boldsymbol{E}_2$ の成分はすべて 0 なので，変形が生じない．さらに，$\boldsymbol{E}_3, \boldsymbol{E}_4$ はどちらもせん断変形であるが，ベクトル $\mathrm{d}\boldsymbol{X}_1, \mathrm{d}\boldsymbol{X}_2$ の引き延ばしの有無によって，垂直ひずみ成分に違いが現れている．

(3) $\boldsymbol{F}_1$ に対するオイラー - アルマンジひずみテンソル $\boldsymbol{e}_1$ は，途中で逆テンソルを求めて 2 次正方行列の逆行列を求めれば，次にように計算できる．

$$\boldsymbol{e}_1 = \frac{1}{2}\left\{\boldsymbol{I} - \left(\boldsymbol{F}_1 \boldsymbol{F}_1^T\right)^{-1}\right\}$$

$$\implies [e_1] = \frac{1}{2}\left\{\begin{bmatrix} 1 & 0 \\ 0 & 1 \end{bmatrix} - \left(\begin{bmatrix} 1.5 & 0 \\ 0 & 0.5 \end{bmatrix}\begin{bmatrix} 1.5 & 0 \\ 0 & 0.5 \end{bmatrix}\right)^{-1}\right\}$$

$$= \begin{bmatrix} 5/18 & 0 \\ 0 & -3/2 \end{bmatrix}$$

同様にして，それぞれのオイラー - アルマンジひずみテンソルが計算できる．

$$\boldsymbol{e}_2 = \frac{1}{2}\left\{\boldsymbol{I} - \left(\boldsymbol{F}_2 \boldsymbol{F}_2^T\right)^{-1}\right\} \implies [e_2] = \begin{bmatrix} 0 & 0 \\ 0 & 0 \end{bmatrix}$$

$$\boldsymbol{e}_3 = \frac{1}{2}\left\{\boldsymbol{I} - \left(\boldsymbol{F}_3 \boldsymbol{F}_3^T\right)^{-1}\right\} \implies [e_3] = \begin{bmatrix} 0 & -0.5 \\ -0.5 & -0.5 \end{bmatrix}$$

$$\boldsymbol{e}_4 = \frac{1}{2}\left\{\boldsymbol{I} - \left(\boldsymbol{F}_4 \boldsymbol{F}_4^T\right)^{-1}\right\} \implies [e_4] = \begin{bmatrix} 0 & -0.5 \\ -0.5 & -1 \end{bmatrix}$$

$\boldsymbol{e}_1$ は $\boldsymbol{E}_1$ と同様に，x_1 方向に引張なので正，x_2 方向に圧縮なので負の垂直ひずみ成分が得られる．ただし，成分の具体的な値は異なっていることに注意する．これは式 (3.57) に起因する．せん断変形は含まないため，オイラー - アルマンジひずみテンソルでもせん断ひずみ成分は 0 である．剛体回転に対応するオイラー - アルマンジひずみテンソル $\boldsymbol{e}_2$ の成分は，ラグランジュ - グリーンひずみテンソル $\boldsymbol{E}$ と同様に，すべて 0 となる．

変形図を踏まえながら式 (3.57) に基づいて，基準配置 B_0 を参照するラグランジュ - グリーンひずみテンソル $\boldsymbol{E}$ や現在配置 B_t を参照するオイラー - アルマンジひずみテンソル $\boldsymbol{e}$ の特徴を理解してほしい．

(4) ラグランジュ - グリーンひずみテンソル $\boldsymbol{E}$ に対して，$\boldsymbol{F}^{-T}\boldsymbol{E}\boldsymbol{F}^{-1}$ という変換は**プッシュフォワード**と呼ばれる．まず，変形勾配テンソルの逆テンソル $\boldsymbol{F}^{-1}$ は，それぞれ，

$$\boldsymbol{F}_1^{-1} = \begin{bmatrix} 2/3 & 0 \\ 0 & 2 \end{bmatrix}, \quad \boldsymbol{F}_3^{-1} = \begin{bmatrix} 1 & 1 \\ 0 & 1 \end{bmatrix}, \quad \boldsymbol{F}_4^{-1} = \begin{bmatrix} 1 & 1 \\ 0 & \sqrt{2} \end{bmatrix}$$

となる（$\boldsymbol{F}_2^{-1}$ は省略）．これより，プッシュフォワードの計算は次のようになる．

$$\boldsymbol{F}_1^{-T}\boldsymbol{E}_1\boldsymbol{F}_1^{-1} \Longrightarrow \begin{bmatrix} 2/3 & 0 \\ 0 & 2 \end{bmatrix} \begin{bmatrix} 5/8 & 0 \\ 0 & -3/8 \end{bmatrix} \begin{bmatrix} 2/3 & 0 \\ 0 & 2 \end{bmatrix} = \begin{bmatrix} 5/18 & 0 \\ 0 & -3/2 \end{bmatrix} = [e_1]$$

$$\boldsymbol{F}_2^{-T}\boldsymbol{E}_2\boldsymbol{F}_2^{-1} \Longrightarrow \begin{bmatrix} 0 & 0 \\ 0 & 0 \end{bmatrix} = [e_2]$$

$$\boldsymbol{F}_3^{-T}\boldsymbol{E}_3\boldsymbol{F}_3^{-1} \Longrightarrow \begin{bmatrix} 1 & 0 \\ 1 & 1 \end{bmatrix} \begin{bmatrix} 0 & -0.5 \\ -0.5 & 0.5 \end{bmatrix} \begin{bmatrix} 1 & 1 \\ 0 & 1 \end{bmatrix} = \begin{bmatrix} 0 & -0.5 \\ -0.5 & -0.5 \end{bmatrix} = [e_3]$$

$$\boldsymbol{F}_4^{-T}\boldsymbol{E}_4\boldsymbol{F}_4^{-1} \Longrightarrow \begin{bmatrix} 1 & 0 \\ 1 & \sqrt{2} \end{bmatrix} \begin{bmatrix} 0 & -\sqrt{2}/4 \\ -\sqrt{2}/4 & 0 \end{bmatrix} \begin{bmatrix} 1 & 1 \\ 0 & \sqrt{2} \end{bmatrix} = \begin{bmatrix} 0 & -0.5 \\ -0.5 & -1 \end{bmatrix} = [e_4]$$

ラグランジュ - グリーンひずみテンソル $\boldsymbol{E}$ は，プッシュフォワードの計算を経て，オイラー - アルマンジひずみテンソル $\boldsymbol{e}$ と関連付けられる．

(5) オイラー - アルマンジひずみテンソル $\boldsymbol{e}$ に対して，$\boldsymbol{F}^{T}\boldsymbol{e}\boldsymbol{F}$ という変換を行うと，ラグランジュ - グリーンひずみテンソル $\boldsymbol{E}$ を得る．この変換を**プルバック**という．プルバックの計算は次のようになる．

$$\boldsymbol{F}_1^{T}\boldsymbol{e}_1\boldsymbol{F}_1 \Longrightarrow \begin{bmatrix} 1.5 & 0 \\ 0 & 0.5 \end{bmatrix} \begin{bmatrix} 5/18 & 0 \\ 0 & -3/2 \end{bmatrix} \begin{bmatrix} 1.5 & 0 \\ 0 & 0.5 \end{bmatrix} = \begin{bmatrix} 5/8 & 0 \\ 0 & -3/8 \end{bmatrix} = [E_1]$$

$$\boldsymbol{F}_2^{T}\boldsymbol{e}_2\boldsymbol{F}_2 \Longrightarrow \begin{bmatrix} 0 & 0 \\ 0 & 0 \end{bmatrix} = [E_2]$$

$$\boldsymbol{F}_3^{T}\boldsymbol{e}_3\boldsymbol{F}_3 \Longrightarrow \begin{bmatrix} 1 & 0 \\ -1 & 1 \end{bmatrix} \begin{bmatrix} 0 & -0.5 \\ -0.5 & -0.5 \end{bmatrix} \begin{bmatrix} 1 & -1 \\ 0 & 1 \end{bmatrix} = \begin{bmatrix} 0 & -0.5 \\ -0.5 & 0.5 \end{bmatrix}$$

$$= [E_3]$$

$$\boldsymbol{F}_4^T \boldsymbol{e}_4 \boldsymbol{F}_4 \Longrightarrow \begin{bmatrix} 1 & 0 \\ -\sqrt{2}/2 & \sqrt{2}/2 \end{bmatrix} \begin{bmatrix} 0 & -0.5 \\ -0.5 & -1 \end{bmatrix} \begin{bmatrix} 1 & -\sqrt{2}/2 \\ 0 & \sqrt{2}/2 \end{bmatrix}$$

$$= \begin{bmatrix} 0 & -\sqrt{2}/4 \\ -\sqrt{2}/4 & 0 \end{bmatrix} = [E_4]$$

例題 3.12 変形勾配テンソルの合成と有限ひずみテンソル

2次元空間において，次の変形勾配テンソル $\boldsymbol{F}_1$, $\boldsymbol{F}_2$ の合成で表される変形を考える．

$$[F_1] = \begin{bmatrix} 1.5 & 0 \\ 0 & 0.5 \end{bmatrix}, \quad [F_2] = \begin{bmatrix} \cos 60^\circ & -\sin 60^\circ \\ \sin 60^\circ & \cos 60^\circ \end{bmatrix}$$

以下の問いに答えよ．

(1) ある点が $\boldsymbol{F}_1$, $\boldsymbol{F}_2$ の順に変形を受けるとき，変形前と最終的な変形後の関係を表す変形勾配テンソル $\boldsymbol{F}_{12}$ を求めよ．

(2) ある点が $\boldsymbol{F}_2$, $\boldsymbol{F}_1$ の順に変形を受けるとき，変形前と最終的な変形後の関係を表す変形勾配テンソル $\boldsymbol{F}_{21}$ を求めよ．

(3) 変形勾配テンソル $\boldsymbol{F}_{12}$, $\boldsymbol{F}_{21}$ に対応するラグランジュ‐グリーンひずみテンソル $\boldsymbol{E}_{12}$，$\boldsymbol{E}_{21}$ を求めよ．

(4) 変形勾配テンソル $\boldsymbol{F}_{12}$, $\boldsymbol{F}_{21}$ に対応するオイラー‐アルマンジひずみテンソル $\boldsymbol{e}_{12}$，$\boldsymbol{e}_{21}$ を求めよ．

解 変形勾配テンソル $\boldsymbol{F}_1$, $\boldsymbol{F}_2$ は，それぞれ【例題 3.11】と同じである．$\boldsymbol{F}_2$ は剛体回転であるので省略して，$\boldsymbol{F}_1$ に関するラグランジュ‐グリーンひずみテンソル $\boldsymbol{E}_1$ とオイラー‐アルマンジひずみテンソル $\boldsymbol{e}_1$ は，それぞれ次のとおりである．

$$[E_1] = \begin{bmatrix} 5/8 & 0 \\ 0 & -3/8 \end{bmatrix}, \quad [e_1] = \begin{bmatrix} 5/18 & 0 \\ 0 & -3/2 \end{bmatrix}$$

(1) ある点が $\boldsymbol{F}_1$, $\boldsymbol{F}_2$ の順に変形を受けるとき，変形勾配テンソル $\boldsymbol{F}_{12}$ は次のようになる．

$$[F_{12}] = [F_2][F_1] = \begin{bmatrix} \cos 60^\circ & -\sin 60^\circ \\ \sin 60^\circ & \cos 60^\circ \end{bmatrix} \begin{bmatrix} 1.5 & 0 \\ 0 & 0.5 \end{bmatrix} = \frac{1}{4} \begin{bmatrix} 3 & -\sqrt{3} \\ 3\sqrt{3} & 1 \end{bmatrix}$$

(2) (1) と同様に，ある点が $\boldsymbol{F}_2$，$\boldsymbol{F}_1$ の順に変形を受けるとき，変形勾配テンソ

ル $\boldsymbol{F}_{21}$ は次のようになる．

$$[F_{21}] = [F_1][F_2] = \begin{bmatrix} 1.5 & 0 \\ 0 & 0.5 \end{bmatrix} \begin{bmatrix} \cos 60^\circ & -\sin 60^\circ \\ \sin 60^\circ & \cos 60^\circ \end{bmatrix} = \frac{1}{4}\begin{bmatrix} 3 & -3\sqrt{3} \\ \sqrt{3} & 1 \end{bmatrix}$$

(1)，(2) で得た変形勾配テンソルに対する変形を図示すれば，図 3.15 のような合成による変形になる．

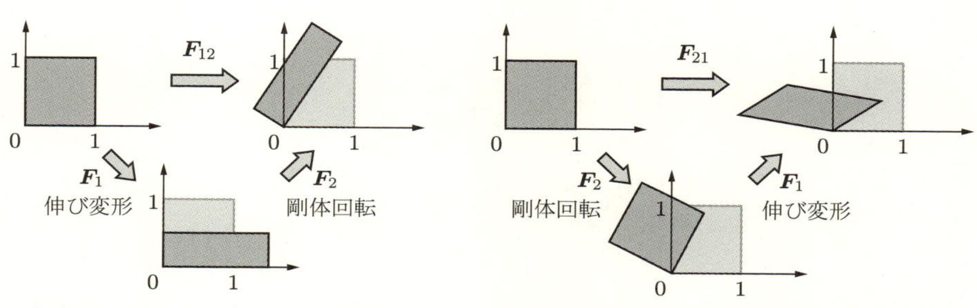

（a） $\boldsymbol{F}_2, \boldsymbol{F}_1$ の順に変形を受ける場合　　（b） $\boldsymbol{F}_1, \boldsymbol{F}_2$ の順に変形を受ける場合

図 3.15　変形勾配テンソルの合成順序と変形の関係

(3) 変形勾配テンソル $\boldsymbol{F}_{12}$, $\boldsymbol{F}_{21}$ に対するラグランジュ - グリーンひずみテンソル $\boldsymbol{E}_{12}$, $\boldsymbol{E}_{21}$ は，それぞれ次のように計算される．

$$\boldsymbol{E}_{12} = \frac{1}{2}(\boldsymbol{F}_{12}^T \boldsymbol{F}_{12} - \boldsymbol{I})$$

$$\Longrightarrow \quad [E_{12}] = \frac{1}{2}\left(\begin{bmatrix} 3/4 & 3\sqrt{3}/4 \\ -\sqrt{3}/4 & 1/4 \end{bmatrix} \begin{bmatrix} 3/4 & -\sqrt{3}/4 \\ 3\sqrt{3}/4 & 1/4 \end{bmatrix} - \begin{bmatrix} 1 & 0 \\ 0 & 1 \end{bmatrix} \right)$$

$$= \begin{bmatrix} 5/8 & 0 \\ 0 & -3/8 \end{bmatrix}$$

$$\boldsymbol{E}_{21} = \frac{1}{2}(\boldsymbol{F}_{21}^T \boldsymbol{F}_{21} - \boldsymbol{I})$$

$$\Longrightarrow \quad [E_{21}] = \frac{1}{2}\left(\begin{bmatrix} 3/4 & \sqrt{3}/4 \\ -3\sqrt{3}/4 & 1/4 \end{bmatrix} \begin{bmatrix} 3/4 & -3\sqrt{3}/4 \\ \sqrt{3}/4 & 1/4 \end{bmatrix} - \begin{bmatrix} 1 & 0 \\ 0 & 1 \end{bmatrix} \right)$$

$$= \begin{bmatrix} -1/8 & -\sqrt{3}/4 \\ -\sqrt{3}/4 & 3/8 \end{bmatrix}$$

(4) 変形勾配テンソル $\boldsymbol{F}_{12}$, $\boldsymbol{F}_{21}$ に対するオイラー - アルマンジひずみテンソル $\boldsymbol{e}_{12}$, $\boldsymbol{e}_{21}$ は，それぞれ次のように計算される．

$$\boldsymbol{e}_{12} = \frac{1}{2}\{\boldsymbol{I} - (\boldsymbol{F}_{12}\boldsymbol{F}_{12}^T)^{-1}\}$$

$$\Longrightarrow \quad [e_{12}] = \frac{1}{2}\left\{\begin{bmatrix}1 & 0\\0 & 1\end{bmatrix} - \left(\begin{bmatrix}3/4 & -\sqrt{3}/4\\3\sqrt{3}/4 & 1/4\end{bmatrix}\begin{bmatrix}3/4 & 3\sqrt{3}/4\\-\sqrt{3}/4 & 1/4\end{bmatrix}\right)^{-1}\right\}$$

$$= \begin{bmatrix}-19/18 & 4\sqrt{3}/9\\4\sqrt{3}/9 & -1/6\end{bmatrix}$$

$$\boldsymbol{e}_{21} = \frac{1}{2}\{\boldsymbol{I} - (\boldsymbol{F}_{21}\boldsymbol{F}_{21}^T)^{-1}\}$$

$$\Longrightarrow \quad [e_{21}] = \frac{1}{2}\left\{\begin{bmatrix}1 & 0\\0 & 1\end{bmatrix} - \left(\begin{bmatrix}3/4 & -3\sqrt{3}/4\\\sqrt{3}/4 & 1/4\end{bmatrix}\begin{bmatrix}3/4 & \sqrt{3}/4\\-3\sqrt{3}/4 & 1/4\end{bmatrix}\right)^{-1}\right\}$$

$$= \begin{bmatrix}5/18 & 0\\0 & -3/2\end{bmatrix}$$

【例題 3.12】で，$\boldsymbol{E}_{12} = \boldsymbol{E}_1$ となる．これは，ラグランジュ - グリーンひずみテンソルは常に基準配置を参照するため，伸縮後に剛体回転だけを受けてもひずみは変わらないことを意味している．一方，$\boldsymbol{E}_{21}$ は剛体回転を受けたあとに伸縮をしているため，$\boldsymbol{E}_1$ とは異なるひずみテンソルとなり，せん断ひずみ成分も生じている．

オイラー - アルマンジひずみテンソル $\boldsymbol{e}$ は現在配置を参照するため，伸縮後に剛体回転したひずみ $\boldsymbol{e}_{12}$ は $\boldsymbol{e}_1$ と異なり，せん断ひずみ成分が生じている．一方で，剛体回転を受けたあとに伸縮する場合，$\boldsymbol{e}_{21} = \boldsymbol{e}_1$ となる．以上より，ラグランジュ - グリーンひずみテンソルとは逆の結果が得られている．

3.3.3 微小変形理論と微小ひずみテンソル，微小回転テンソル □□

物質点 $\boldsymbol{X}$ とその現在位置 $\boldsymbol{x}$ の関係は，変位ベクトル $\boldsymbol{u}$ を用いて，

$$\boldsymbol{x} = \boldsymbol{X} + \boldsymbol{u}, \quad \boldsymbol{X} = \boldsymbol{x} - \boldsymbol{u} \tag{3.59}$$

と表される．ここで，変位 $\boldsymbol{u} \neq \boldsymbol{0}$ が生じた結果，連続体の変形が十分に微小であるような場合を考える．このとき，物質表示と空間表示を区別をする必要がなく，変位 $\boldsymbol{u}$ について

$$\boldsymbol{u}(\boldsymbol{X}, t) = \boldsymbol{u}(\boldsymbol{x}, t)\,, \quad \frac{\partial \boldsymbol{u}}{\partial \boldsymbol{X}} \fallingdotseq \frac{\partial \boldsymbol{u}}{\partial \boldsymbol{x}} \tag{3.60}$$

が成り立ち[†1]，変位 $\boldsymbol{u}$ の勾配 $\partial \boldsymbol{u}/\partial \boldsymbol{X}$, $\partial \boldsymbol{u}/\partial \boldsymbol{x}$ は，それぞれ

$$\left\| \frac{\partial \boldsymbol{u}}{\partial \boldsymbol{X}} \right\| \gg \left\| \left(\frac{\partial \boldsymbol{u}}{\partial \boldsymbol{X}} \right)^T \left(\frac{\partial \boldsymbol{u}}{\partial \boldsymbol{X}} \right) \right\|, \quad \left\| \frac{\partial \boldsymbol{u}}{\partial \boldsymbol{x}} \right\| \gg \left\| \left(\frac{\partial \boldsymbol{u}}{\partial \boldsymbol{x}} \right)^T \left(\frac{\partial \boldsymbol{u}}{\partial \boldsymbol{x}} \right) \right\| \tag{3.61}$$

のように 2 次項は 1 次項に対して無視できる程度に十分に小さいと仮定する．このような仮定のもとでの議論を微小変形理論という．

変形勾配テンソルとその逆テンソルを変位 $\boldsymbol{u}$ を用いて書き直すと，それぞれ

$$\boldsymbol{F} = \frac{\partial \boldsymbol{x}}{\partial \boldsymbol{X}} = \frac{\partial (\boldsymbol{X} + \boldsymbol{u})}{\partial \boldsymbol{X}} = \boldsymbol{I} + \frac{\partial \boldsymbol{u}}{\partial \boldsymbol{X}} \tag{3.62}$$

$$\boldsymbol{F}^{-1} = \frac{\partial \boldsymbol{X}}{\partial \boldsymbol{x}} = \frac{\partial (\boldsymbol{x} - \boldsymbol{u})}{\partial \boldsymbol{x}} = \boldsymbol{I} - \frac{\partial \boldsymbol{u}}{\partial \boldsymbol{x}} \tag{3.63}$$

となる．これより，ラグランジュ - グリーンひずみテンソル $\boldsymbol{E}$ およびオイラー - アルマンジひずみテンソル $\boldsymbol{e}$ は，それぞれ変位 $\boldsymbol{u}$ を用いて次式のように表される．

$$\begin{aligned}
\boldsymbol{E} &= \frac{1}{2}(\boldsymbol{F}^T \boldsymbol{F} - \boldsymbol{I}) = \frac{1}{2}\left\{ \left(\boldsymbol{I} + \frac{\partial \boldsymbol{u}}{\partial \boldsymbol{X}} \right)^T \left(\boldsymbol{I} + \frac{\partial \boldsymbol{u}}{\partial \boldsymbol{X}} \right) - \boldsymbol{I} \right\} \\
&= \frac{1}{2}\left\{ \left(\frac{\partial \boldsymbol{u}}{\partial \boldsymbol{X}} \right) + \left(\frac{\partial \boldsymbol{u}}{\partial \boldsymbol{X}} \right)^T + \left(\frac{\partial \boldsymbol{u}}{\partial \boldsymbol{X}} \right)^T \left(\frac{\partial \boldsymbol{u}}{\partial \boldsymbol{X}} \right) \right\}
\end{aligned} \tag{3.64}$$

$$\begin{aligned}
\boldsymbol{e} &= \frac{1}{2}(\boldsymbol{I} - \boldsymbol{F}^{-T} \boldsymbol{F}^{-1}) = \frac{1}{2}\left\{ \boldsymbol{I} - \left(\boldsymbol{I} - \frac{\partial \boldsymbol{u}}{\partial \boldsymbol{x}} \right)^T \left(\boldsymbol{I} - \frac{\partial \boldsymbol{u}}{\partial \boldsymbol{x}} \right) \right\} \\
&= \frac{1}{2}\left\{ \left(\frac{\partial \boldsymbol{u}}{\partial \boldsymbol{x}} \right) + \left(\frac{\partial \boldsymbol{u}}{\partial \boldsymbol{x}} \right)^T - \left(\frac{\partial \boldsymbol{u}}{\partial \boldsymbol{x}} \right)^T \left(\frac{\partial \boldsymbol{u}}{\partial \boldsymbol{x}} \right) \right\}
\end{aligned} \tag{3.65}$$

微小変形理論では 2 次項が無視できる[†2]ので，変位勾配に関して線形な対称部分だけが残り，次のように $\boldsymbol{E}$ と $\boldsymbol{e}$ は区別がなくなる．

$$\boldsymbol{E} \fallingdotseq \boldsymbol{e} \fallingdotseq \frac{1}{2}\left\{ \left(\frac{\partial \boldsymbol{u}}{\partial \boldsymbol{x}} \right) + \left(\frac{\partial \boldsymbol{u}}{\partial \boldsymbol{x}} \right)^T \right\} \tag{3.66}$$

この変位勾配 $\partial \boldsymbol{u}/\partial \boldsymbol{x}$ の対称部分を**微小ひずみテンソル**と定義する．微小変形理論では B_0 と B_t を区別しないので，空間座標の正規直交基底 $[\boldsymbol{e}_1, \boldsymbol{e}_2, \boldsymbol{e}_3]$ を用いると，次のようになる．

---

†1 $\boldsymbol{u} = \boldsymbol{x} - \boldsymbol{X} \fallingdotseq \boldsymbol{0}$ ではなく，変位 $\boldsymbol{u}$ という物理量の関数を扱うとき，$\boldsymbol{X} \fallingdotseq \boldsymbol{x}$ と見なせるということである．

†2 変位 $\boldsymbol{u}$ の勾配が微小であれば，変位 $\boldsymbol{u}$ が微小である必要はない．たとえば，変位ベクトルの平均を $\overline{\boldsymbol{u}}$ として周囲の各点の変位ベクトルが $\boldsymbol{u} = \overline{\boldsymbol{u}} + \boldsymbol{u}'$ であるとき，平均からのずれ $\boldsymbol{u}'$ が十分に小さければ変位 $\boldsymbol{u}$ の勾配は微小である．

$$\boldsymbol{\varepsilon} = \frac{1}{2}\left\{\left(\frac{\partial \boldsymbol{u}}{\partial \boldsymbol{x}}\right) + \left(\frac{\partial \boldsymbol{u}}{\partial \boldsymbol{x}}\right)^T\right\} = \frac{1}{2}\left(\frac{\partial u_i}{\partial x_j} + \frac{\partial u_j}{\partial x_i}\right)(\boldsymbol{e}_i \otimes \boldsymbol{e}_j) \tag{3.67}$$

ここで，任意の2階テンソルは，1.2.12項で説明したように，対称テンソルと反対称テンソルに直交分解できる．微小ひずみテンソル $\boldsymbol{\varepsilon}$ に対して，次式で表される変位の空間微分 $\partial \boldsymbol{u}/\partial \boldsymbol{x}$ の反対称部分 $\boldsymbol{\xi}$ を**微小回転テンソル**という．

$$\boldsymbol{\xi} = \frac{1}{2}\left\{\left(\frac{\partial \boldsymbol{u}}{\partial \boldsymbol{x}}\right) - \left(\frac{\partial \boldsymbol{u}}{\partial \boldsymbol{x}}\right)^T\right\} = \frac{1}{2}\left(\frac{\partial u_i}{\partial x_j} - \frac{\partial u_j}{\partial x_i}\right)(\boldsymbol{e}_i \otimes \boldsymbol{e}_j) \tag{3.68}$$

3.3.4 変位勾配テンソル □□

微小変形理論では，微小ひずみテンソル $\boldsymbol{\varepsilon}$ の成分は変位 $\boldsymbol{u}$ の空間微分 $\partial \boldsymbol{u}/\partial \boldsymbol{x}$ で表される．このとき，変位 $\boldsymbol{u}$ の空間微分 $\partial \boldsymbol{u}/\partial \boldsymbol{x}$ を**変位勾配テンソル**†という．変位勾配テンソルは，点 $\boldsymbol{x}$ の変位ベクトルが $\boldsymbol{u}$ であるとき，$\boldsymbol{x}$ から $\mathrm{d}\boldsymbol{x}$ だけ離れた点における変位の変化量 $\mathrm{d}\boldsymbol{u}$ を次式の全微分で与える．

$$\mathrm{d}\boldsymbol{u} = \boldsymbol{u}(\boldsymbol{x} + \mathrm{d}\boldsymbol{x}) - \boldsymbol{u}(\boldsymbol{x}) = \frac{\partial \boldsymbol{u}}{\partial \boldsymbol{x}}\mathrm{d}\boldsymbol{x} \tag{3.69}$$

したがって，微小ひずみテンソル $\boldsymbol{\varepsilon}$ は，$\mathrm{d}\boldsymbol{u} = \boldsymbol{u}(\boldsymbol{x} + \mathrm{d}\boldsymbol{x}) - \boldsymbol{u}(\boldsymbol{x})$ を用いて，点 $\boldsymbol{x}$ の変形量を評価することになる．

なお，変位勾配テンソル $\partial \boldsymbol{u}/\partial \boldsymbol{x}$ は，直交分解により，微小ひずみテンソル $\boldsymbol{\varepsilon}$ と微小回転テンソル $\boldsymbol{\xi}$ の和として，

$$\frac{\partial \boldsymbol{u}}{\partial \boldsymbol{x}} = \boldsymbol{\varepsilon} + \boldsymbol{\xi} \tag{3.70}$$

で表される．したがって，コーシー応力テンソル $\boldsymbol{\sigma}$ と変位勾配テンソル $\partial \boldsymbol{u}/\partial \boldsymbol{x}$ の内積は，

$$\boldsymbol{\sigma} : \left(\frac{\partial \boldsymbol{u}}{\partial \boldsymbol{x}}\right) = \boldsymbol{\sigma} : (\boldsymbol{\varepsilon} + \boldsymbol{\xi}) = \boldsymbol{\sigma} : \boldsymbol{\varepsilon} \qquad (\because\ \boldsymbol{\sigma} : \boldsymbol{\xi} = 0) \tag{3.71}$$

のように，コーシー応力テンソルと微小ひずみテンソルの内積に等しくなる．

例題 3.13 有限ひずみと微小ひずみ

2次元空間において，図3.16のように片持梁が大きくたわんでいる．ただし，梁先端の微小領域に含まれる点は，$\boldsymbol{x} = \boldsymbol{R}(\theta)\boldsymbol{X} + \boldsymbol{x}_{\mathrm{T}}$ に従う剛体運動をするものとし，ひずみが生じていないとする．θ は梁先端の微小領域の回転角を表し，$R(\theta)$ はその回転テンソルである．以下の問いに答えよ．

† 一般に，式(3.62)の $\partial \boldsymbol{u}/\partial \boldsymbol{X}$ を変位勾配テンソルと呼ぶが，微小変形理論では，式(3.60)により，基準配置 B_0 と現在配置 B_t の区別がなくなるので，$\partial \boldsymbol{u}/\partial \boldsymbol{x}$ もまた変位勾配テンソルと呼ばれる．

(1) 梁先端の領域における変形勾配テンソル $\boldsymbol{F}$ を求めよ．
(2) 梁先端でのラグランジュ - グリーンひずみテンソル $\boldsymbol{E}$ を求めよ．
(3) 梁先端でのオイラー - アルマンジひずみテンソル $\boldsymbol{e}$ を求めよ．
(4) 梁先端での微小ひずみテンソル $\boldsymbol{\varepsilon}$ を求めよ．

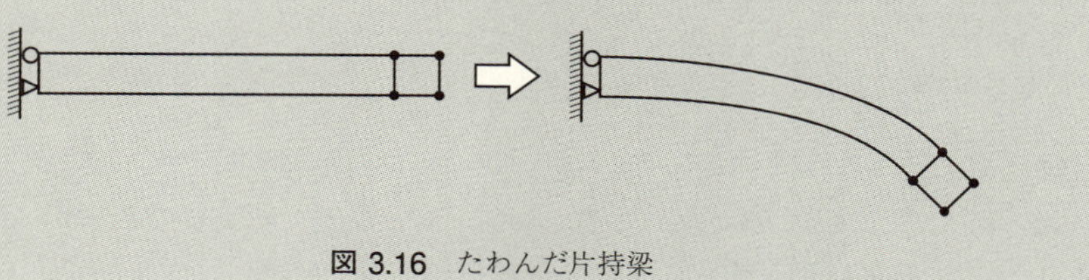

図 3.16 たわんだ片持梁

解

(1) 変形前後の座標 $\boldsymbol{X}, \boldsymbol{x}$，回転テンソル $\boldsymbol{R}(\theta)$ と並進運動を表す変位ベクトル $\boldsymbol{x}_{\mathrm{T}}$ を具体的に成分で表示すると，梁先端の微小領域の運動は次のように書き直すことができる．

$$\begin{Bmatrix} x_1 \\ x_2 \end{Bmatrix} = \begin{bmatrix} \cos\theta & -\sin\theta \\ \sin\theta & \cos\theta \end{bmatrix} \begin{Bmatrix} X_1 \\ X_2 \end{Bmatrix} + \begin{Bmatrix} \alpha_1 \\ \alpha_2 \end{Bmatrix}$$

これより，変形勾配テンソル $\boldsymbol{F}$ は以下のように計算できる．

$$\boldsymbol{F} = \frac{\mathrm{d}\boldsymbol{x}}{\mathrm{d}\boldsymbol{X}} = \begin{bmatrix} \cos\theta & -\sin\theta \\ \sin\theta & \cos\theta \end{bmatrix} = \boldsymbol{R}(\theta)$$

上式より，梁先端には引き延ばしが生じないことがわかる．

(2) ラグランジュ - グリーンひずみテンソル $\boldsymbol{E}$ は次のように求められる．

$$\boldsymbol{E} = \frac{1}{2}\left(\boldsymbol{F}^T\boldsymbol{F} - \boldsymbol{I}\right) = \frac{1}{2}\left(\boldsymbol{R}^T\boldsymbol{R} - \boldsymbol{I}\right) = \boldsymbol{0}$$

(3) オイラー - アルマンジひずみテンソル $\boldsymbol{e}$ は次のように求められる．

$$\boldsymbol{e} = \frac{1}{2}\left(\boldsymbol{I} - \boldsymbol{F}^{-T}\boldsymbol{F}^{-1}\right) = \frac{1}{2}\left(\boldsymbol{I} - \boldsymbol{R}^{-T}\boldsymbol{R}^{-1}\right) = \boldsymbol{0}$$

(2)，(3) の結果から，有限ひずみテンソルはそれぞれすべての成分が 0 となる零テンソルとなっており，梁先端での変形を正しく評価できることがわかる．

(4) 微小変形の仮定が成り立つとして，微小ひずみテンソル $\boldsymbol{\varepsilon}$ を計算する．まず，点 $\boldsymbol{x}$ における，変位ベクトル $\boldsymbol{u} = \boldsymbol{x} - \boldsymbol{X}$ は以下のようになる．

$$\begin{Bmatrix} u_1 \\ u_2 \end{Bmatrix} = \begin{bmatrix} \cos\theta - 1 & -\sin\theta \\ \sin\theta & \cos\theta - 1 \end{bmatrix} \begin{Bmatrix} X_1 \\ X_2 \end{Bmatrix} + \begin{Bmatrix} \alpha_1 \\ \alpha_2 \end{Bmatrix}$$

微小変形理論では，物質表示と空間表示を区別せず，変位勾配テンソルは

$$\frac{\partial \boldsymbol{u}}{\partial \boldsymbol{X}} \fallingdotseq \frac{\partial \boldsymbol{u}}{\partial \boldsymbol{x}}$$

となるので，微小ひずみテンソル $\boldsymbol{\varepsilon}$ は，

$$[\varepsilon] = \begin{bmatrix} \cos\theta - 1 & 0 \\ 0 & \cos\theta - 1 \end{bmatrix}$$

と求められる．

【例題 3.13】のように，微小ひずみテンソルには，圧縮変形が生じているかのような成分が現れる．回転角 $\theta \ll 1$ のとき $\cos\theta \fallingdotseq 1$ となり，$\boldsymbol{\varepsilon} \fallingdotseq \boldsymbol{0}$ であるが，θ が大きくなるにつれて誤差は増大する．また，並進運動を表す変位ベクトル $\boldsymbol{x}_{\mathrm{T}} = \{\alpha_1 \quad \alpha_2\}^T$ が式のなかに含まれないことから，変位ベクトルの平均 $\overline{\boldsymbol{u}}$ が大きくなる剛体並進運動では誤差を生じないことが確認できる．このような性質は，式 (3.69) のように，微小ひずみテンソルが $\mathrm{d}\boldsymbol{u}$ を用いて変形を定量評価していることに起因している．

力学問題において，利用するひずみの選択は非常に重要である．【例題 3.13】のように，微小ひずみテンソルは微小変形理論で利用できるひずみであり，利用に際してはその適用性を検討する必要がある．大きな変位と変形が生じる大変位 - 大変形問題であれば有限ひずみを適用すべきである．薄肉構造やスレンダーな梁構造の問題のように，変形は微小でありながら大きな変位が生じる大変位 - 微小変形問題も存在する．このような場合も，有限ひずみを用いる必要がある．

3.4　物理量の時間変化率と物質時間微分

物理現象を取り扱ううえでは，時刻 t の概念を導入して，物理量の時間変化率に着目することがある．これまでに述べたように，連続体力学では物理現象を追随するために，物質点において物理量を定義してきた．すなわち，物理量の時間変化率を調べる際には，必然的に物質点 $\boldsymbol{X}$ を固定して時刻 t で微分することになる．このような演算操作を**物質時間微分（ラグランジュ微分）**といい，通常 $\mathrm{D}/\mathrm{D}t$ またはドット $(\dot{*})$ で表現する．物質時間微分は，物理量の物質表示や空間表示によらず，等価な時間変化率を得るための演算操作である．

まず，ある物理量が物質表示の関数 $\Theta(\boldsymbol{X}, t)$ で表されるとする．時刻 t から時刻 $t + \Delta t$ の間に，物質表示の物理量は $\Theta(\boldsymbol{X}, t)$ から $\Theta(\boldsymbol{X}, t + \Delta t)$ に変化する．このとき，着目する点は常に $\boldsymbol{X}$ であるので，その物質時間微分は $\Delta t \to 0$ として，単純に次の微分の関係式（全微分）で与えられる．

$$\dot{\Theta}(\boldsymbol{X},t)=\frac{\mathrm{D}\Theta(\boldsymbol{X},t)}{\mathrm{D}t}=\frac{\partial\Theta(\boldsymbol{X},t)}{\partial t} \tag{3.72}$$

一方，空間表示の関数 $\theta(\boldsymbol{x},t)$ について考えると，時刻 t から時刻 $t+\Delta t$ の間に，物質点 $\boldsymbol{X}$ は運動の結果として，位置 $\boldsymbol{x}$ から $\boldsymbol{x}+\Delta\boldsymbol{x}$ に移動する．そのため，物質点 $\boldsymbol{X}$ が有する物理量の時間変化率を考えるためには，$\theta(\boldsymbol{x},t)$ と $\theta(\boldsymbol{x}+\Delta\boldsymbol{x},t+\Delta t)$ の変化を調べる必要がある．したがって，空間表示の物理量 $\theta(\boldsymbol{x},t)$ の物質時間微分は，$\Delta\boldsymbol{x}$ が時刻 t の従属量であるので，

$$\dot{\theta}(\boldsymbol{x},t)=\frac{\mathrm{D}\theta(\boldsymbol{x},t)}{\mathrm{D}t}=\frac{\partial\theta}{\partial t}+\frac{\partial\theta}{\partial\boldsymbol{x}}\cdot\frac{\partial\boldsymbol{x}}{\partial t}=\frac{\partial\theta}{\partial t}+\frac{\partial\theta}{\partial\boldsymbol{x}}\cdot\boldsymbol{v} \tag{3.73}$$

で与えられる．ここで，最右辺は $\partial\boldsymbol{x}/\partial t$ は速度ベクトル $\boldsymbol{v}$ であることを用いた．空間表示の物理量に関する物質時間微分は，時間に関する偏微分を先に書くことが慣習となっている．このように書いたときの第 2 項は**移流項**と呼ばれる．第 1 項は空間の固定点 $\boldsymbol{x}$ における関数 $\theta(\boldsymbol{x},t)$ の時間変化率を表す．

以上のように，連続体力学では物理量の時間変化率を扱う際に，関数表示の違いによって演算操作が異なる．そのため，対象とする力学問題がいずれの表示で記述されているのかを把握しておくことが重要である．そして，いずれの場合であっても，一つの物質点の運動に着目していることを意識すれば，その意味は理解しやすいはずである．

例題 3.14 物質時間微分

1 次元空間において，次式のスカラー場で表される物理量 θ が存在する．

$$\theta(X,t)=X+\frac{1}{2}Xt^2+t$$

また，物質点 X は次式のように運動をする．

$$x=\phi(X,t)=X+t$$

以下の問いに答えよ．

(1) 物理量 $\theta(X,t)$ の物質時間微分を求めよ．

(2) 物理量 θ を空間表示に書き直せ．

(3) (2) で得た空間表示の関数 $\theta(x,t)$ について物質時間微分を求めよ．

(4) 物質点 X における物理量 θ の時間変化率は，物質表示と空間表示で等価であることを確かめよ．

解 この例題では，常にある物質点に着目していることに注意して，物理量の表示方法に 2 種類の位置座標を用いる必要がある．

(1) 物質表示の関数 $\theta(X,t)$ の物質時間微分は，X を固定して時間微分して次のようになる．

$$\frac{\mathrm{D}\theta(X,t)}{\mathrm{D}t} = \frac{\partial\theta(X,t)}{\partial t} = \frac{\partial}{\partial t}\left(X + \frac{1}{2}Xt^2 + t\right) = Xt + 1$$

(2) 運動より $X = \phi^{-1}(x,t) = x - t$ であるので，空間表示の関数は次のように求められる．

$$\theta(x,t) = \theta(\phi^{-1}(x,t),t) = (x-t) + \frac{1}{2}(x-t)t^2 + t = \frac{1}{2}xt^2 + x - \frac{1}{2}t^3$$

(3) (2) で得た空間表示の物理量の物質時間微分は，$v = \partial x/\partial t = 1$ より，

$$\begin{aligned}\frac{\mathrm{D}\theta(x,t)}{\mathrm{D}t} &= \frac{\partial\theta(x,t)}{\partial t} + \frac{\partial\theta(x,t)}{\partial x}\cdot v = xt - \frac{3}{2}t^2 + \left(\frac{1}{2}t^2 + 1\right)\cdot 1 \\ &= xt - t^2 + 1\end{aligned}$$

と求められる．

(4) (3) で得た物質時間微分の式に，運動 $x = X + t$ を代入すると，

$$\frac{\mathrm{D}\theta(x,t)}{\mathrm{D}t} = xt - t^2 + 1 = (X+t)t - t^2 + 1 = Xt + 1 = \frac{\mathrm{D}\theta(X,t)}{\mathrm{D}t}$$

となる．これは (1) で得た物質表示の物質時間微分の結果と完全に一致する．したがって，物質時間微分で得た物理量の時間変化率は，物質表示や空間表示の表示によらず等価な量を表していることがわかる．これは，具体的な数値（たとえば，$X = 1, t = 2 \to x = 3$ など）を代入しても同じ値を示すことからも確認できる．

3.5 物質時間微分に基づく変形の速さを表す変数

3.5.1 運動の物質時間微分と物質点の速度ベクトル □□

変形の速さを記述するために，まず基本である運動 $\boldsymbol{x} = \phi(\boldsymbol{X},t)$ の物質時間微分を考えると，次式のように与えられる．

$$\dot{\boldsymbol{x}} = \frac{\mathrm{D}\boldsymbol{x}}{\mathrm{D}t} = \frac{\mathrm{D}\phi(\boldsymbol{X},t)}{\mathrm{D}t} = \frac{\partial\phi(\boldsymbol{X},t)}{\partial t} = \tilde{\boldsymbol{v}}(\boldsymbol{X},t) \tag{3.74}$$

これは物資点 $\boldsymbol{X}$ の速度ベクトルにほかならない†．

† 加速度ベクトルも同様に物質時間微分により定義できる．

式 (3.74) は，物質点 $\boldsymbol{X}$ の速度ベクトルとして物理的な意味は理解しやすいが，時々刻々と変形する物体に分布する速度ベクトル場を考える場合[†]には扱いにくい．その場合，空間表示に変換して，$\boldsymbol{x} \in B_t$ を定義域とする次の関数に書き換えればよい．

$$\boldsymbol{v}(\boldsymbol{x}, t) = \tilde{\boldsymbol{v}}(\phi^{-1}(\boldsymbol{x}, t), t) \tag{3.75}$$

3.5.2　変形勾配テンソルの物質時間微分 □□

式 (3.19) で示される変形勾配テンソル $\boldsymbol{F}$ の物質時間微分は，次のように記述できる．

$$\dot{\boldsymbol{F}} = \frac{\mathrm{D}}{\mathrm{D}t}\left\{\frac{\partial\phi(\boldsymbol{X}, t)}{\partial\boldsymbol{X}}\right\} = \frac{\partial}{\partial t}\left\{\frac{\partial\phi(\boldsymbol{X}, t)}{\partial\boldsymbol{X}}\right\} = \frac{\partial}{\partial\boldsymbol{X}}\left\{\frac{\partial\phi(\boldsymbol{X}, t)}{\partial t}\right\} \tag{3.76}$$

ここで，式 (3.74) を考慮すれば，式 (3.76) は次のように書くことができる．

$$\dot{\boldsymbol{F}} = \frac{\partial}{\partial\boldsymbol{X}}\left\{\frac{\partial\phi(\boldsymbol{X}, t)}{\partial t}\right\} = \frac{\partial\tilde{\boldsymbol{v}}(\boldsymbol{X}, t)}{\partial\boldsymbol{X}} = \frac{\partial\tilde{v}_i(\boldsymbol{X}, t)}{\partial X_J}(\boldsymbol{e}_i \otimes \boldsymbol{E}_J) \tag{3.77}$$

速度ベクトル場を $\boldsymbol{v}(\boldsymbol{x}, t) = \tilde{\boldsymbol{v}}(\phi^{-1}(\boldsymbol{x}, t), t)$ のように空間表示すれば，

$$\dot{\boldsymbol{F}} = \frac{\partial\tilde{\boldsymbol{v}}(\boldsymbol{X}, t)}{\partial\boldsymbol{X}} = \frac{\partial\boldsymbol{v}(\boldsymbol{x}, t)}{\partial\boldsymbol{X}} = \frac{\partial v_i(\boldsymbol{x}, t)}{\partial X_J}(\boldsymbol{e}_i \otimes \boldsymbol{E}_J) \tag{3.78}$$

を得る．したがって，変形勾配テンソルの物質時間微分 $\dot{\boldsymbol{F}}$ は速度ベクトル場の物質座標 $\boldsymbol{X}$ における勾配であり，物質点 $\boldsymbol{X}$ 近傍の微分ベクトル $\mathrm{d}\boldsymbol{X}$ に作用して速度の微分ベクトル $\mathrm{d}\boldsymbol{v}$ に変換する 2 階テンソルである．

$$\mathrm{d}\boldsymbol{v} = \dot{\boldsymbol{F}}\mathrm{d}\boldsymbol{X} \tag{3.79}$$

次に，変形勾配テンソルの逆テンソル $\boldsymbol{F}^{-1}$ の物質時間微分について考える．まず，恒等式 $\boldsymbol{F}\boldsymbol{F}^{-1} = \boldsymbol{I}$ の物質時間微分が

$$\frac{\mathrm{D}}{\mathrm{D}t}\left(\boldsymbol{F}\boldsymbol{F}^{-1}\right) = \dot{\boldsymbol{F}}\boldsymbol{F}^{-1} + \boldsymbol{F}(\dot{\overline{\boldsymbol{F}^{-1}}}) = \boldsymbol{0} \tag{3.80}$$

であるから，$\boldsymbol{F}^{-1}$ の物質時間微分 $(\dot{\overline{\boldsymbol{F}^{-1}}})$ は次式のようになる．

$$(\dot{\overline{\boldsymbol{F}^{-1}}}) = -\boldsymbol{F}^{-1}\dot{\boldsymbol{F}}\boldsymbol{F}^{-1} = -\frac{\partial\boldsymbol{X}}{\partial\boldsymbol{x}}\frac{\partial\boldsymbol{v}}{\partial\boldsymbol{X}}\frac{\partial\boldsymbol{X}}{\partial\boldsymbol{x}} = -\frac{\partial\boldsymbol{X}}{\partial\boldsymbol{x}}\frac{\partial\boldsymbol{v}}{\partial\boldsymbol{x}} = -\frac{\partial X_I}{\partial x_k}\frac{\partial v_k}{\partial x_j}(\boldsymbol{E}_I \otimes \boldsymbol{e}_j) \tag{3.81}$$

ちなみに，$(\dot{\overline{\boldsymbol{F}^{-1}}})$ は，次のとおり，$\dot{\boldsymbol{F}}$ の逆テンソル $(\dot{\boldsymbol{F}})^{-1}$ ではない．

---

† 私たちは，普通，変形した物体中の点 $\boldsymbol{x}$ に速度ベクトルを描くような表示をすることが多い．

$$(\dot{\boldsymbol{F}^{-1}}) = -\frac{\partial X_I}{\partial x_k}\frac{\partial v_k}{\partial x_j}(\boldsymbol{E}_I \otimes \boldsymbol{e}_j) \neq (\dot{\boldsymbol{F}})^{-1} = \frac{\partial X_I}{\partial v_j}(\boldsymbol{E}_I \otimes \boldsymbol{e}_j) \tag{3.82}$$

また，$\boldsymbol{F}^T$ の物質時間微分 $(\dot{\boldsymbol{F}^T})$ は，次のように $\dot{\boldsymbol{F}}$ の転置 $(\dot{\boldsymbol{F}})^T$ に一致する．

$$\begin{aligned}(\dot{\boldsymbol{F}^T}) &= \frac{\mathrm{D}\boldsymbol{F}^T}{\mathrm{D}t} = \frac{\mathrm{D}}{\mathrm{D}t}\left[\left\{\frac{\partial \phi(\boldsymbol{X},t)}{\partial \boldsymbol{X}}\right\}^T\right] = \frac{\partial}{\partial t}\left\{\frac{\partial x_i}{\partial X_J}(\boldsymbol{E}_J \otimes \boldsymbol{e}_i)\right\} \\ &= \frac{\partial^2 x_i}{\partial t \partial X_J}(\boldsymbol{E}_J \otimes \boldsymbol{e}_i) = \frac{\partial v_i}{\partial X_J}(\boldsymbol{E}_J \otimes \boldsymbol{e}_i) = \left\{\frac{\partial v_i}{\partial X_J}(\boldsymbol{e}_i \otimes \boldsymbol{E}_J)\right\}^T = (\dot{\boldsymbol{F}})^T\end{aligned} \tag{3.83}$$

3.5.3 速度勾配テンソル，変形速度テンソル，スピンテンソル □□

$\dot{\boldsymbol{F}}$ が現在配置 B_t における速度ベクトル場 $\boldsymbol{v}(\boldsymbol{x},t)$ の物質座標 $\boldsymbol{X}$ に関する勾配を表すのに対して，現在配置 B_t における速度ベクトル場 $\boldsymbol{v}(\boldsymbol{x},t)$ の空間座標 $\boldsymbol{x}$ に関する勾配を**速度勾配テンソル** $\boldsymbol{l}$ といい，次式で定義する．

$$\boldsymbol{l} = \frac{\partial \boldsymbol{v}}{\partial \boldsymbol{x}} = \frac{\partial v_i}{\partial x_j}(\boldsymbol{e}_i \otimes \boldsymbol{e}_j) \tag{3.84}$$

ある時刻 t の現在配置 B_t における瞬間の速度ベクトル場 $\boldsymbol{v}(\boldsymbol{x},t)$ の全微分は，

$$\mathrm{d}\boldsymbol{v} = \nabla_x \boldsymbol{v}\,\mathrm{d}\boldsymbol{x} = \frac{\partial \boldsymbol{v}}{\partial \boldsymbol{x}}\mathrm{d}\boldsymbol{x} = \boldsymbol{l}\,\mathrm{d}\boldsymbol{x} \tag{3.85}$$

であるから，速度勾配テンソル $\boldsymbol{l}$ は，B_t 内の位置 $\boldsymbol{x}$ 近傍において微分ベクトル $\mathrm{d}\boldsymbol{x}$ を速度の微分ベクトル $\mathrm{d}\boldsymbol{v}$ に変換する 2 階テンソルである[†1]．

速度勾配テンソル $\boldsymbol{l}$ は，変形勾配の物質時間微分 $\dot{\boldsymbol{F}}$ との間に次の関係式が成り立つ．

$$\dot{\boldsymbol{F}} = \frac{\partial \boldsymbol{v}}{\partial \boldsymbol{X}} = \frac{\partial \boldsymbol{v}}{\partial \boldsymbol{x}}\frac{\partial \boldsymbol{x}}{\partial \boldsymbol{X}} = \boldsymbol{l}\boldsymbol{F} \tag{3.86}$$

また，変形勾配テンソル $\boldsymbol{F}$ の物質時間微分 $\dot{\boldsymbol{F}}$ と逆テンソル $\boldsymbol{F}^{-1}$ を用いれば，多くの書籍で用いられる次の関係式が導かれる．

$$\boldsymbol{l} = \dot{\boldsymbol{F}}\boldsymbol{F}^{-1} \tag{3.87}$$

次に，速度勾配テンソル $\boldsymbol{l}$ を直交分解すると，次式となる[†2]．

---

†1 3.3.4 項で説明した変位勾配テンソルと同様にして，速度勾配テンソル $\boldsymbol{l}$ の機能を理解してほしい．
†2 微小ひずみテンソルなどの導出と同様である．

$$\boldsymbol{l} = \boldsymbol{d} + \boldsymbol{w}, \quad \boldsymbol{d} = \frac{1}{2}(\boldsymbol{l} + \boldsymbol{l}^T), \quad \boldsymbol{w} = \frac{1}{2}(\boldsymbol{l} - \boldsymbol{l}^T) \tag{3.88}$$

$\boldsymbol{l}$ の対称部分 $\boldsymbol{d}$ を**変形速度テンソル**，反対称部分 $\boldsymbol{w}$ を**スピンテンソル**という．$\boldsymbol{d}$ および $\boldsymbol{w}$ の指標表記は，それぞれ次式で表される．

$$d_{ij} = \frac{1}{2}\left(\frac{\partial v_i}{\partial x_j} + \frac{\partial v_j}{\partial x_i}\right), \quad w_{ij} = \frac{1}{2}\left(\frac{\partial v_i}{\partial x_j} - \frac{\partial v_j}{\partial x_i}\right) \tag{3.89}$$

変形速度テンソル $\boldsymbol{d}$ の性質を理解するために，任意の微分ベクトル $\mathrm{d}\boldsymbol{x}$ の長さの 2 乗を物質時間微分すると，

$$\frac{\mathrm{D}}{\mathrm{D}t}(\mathrm{d}\boldsymbol{x} \cdot \mathrm{d}\boldsymbol{x}) = 2\,\mathrm{d}\boldsymbol{x} \cdot \mathrm{d}\boldsymbol{v} = 2\,\mathrm{d}\boldsymbol{x} \cdot \boldsymbol{l}\mathrm{d}\boldsymbol{x} = 2\,\mathrm{d}\boldsymbol{x} \cdot (\boldsymbol{d} + \boldsymbol{w})\mathrm{d}\boldsymbol{x} = 2\,\mathrm{d}\boldsymbol{x} \cdot \boldsymbol{d}\mathrm{d}\boldsymbol{x} \tag{3.90}$$

となる．最右辺は，反対称テンソルの 2 次形式 $\mathrm{d}\boldsymbol{x} \cdot \boldsymbol{w}\mathrm{d}\boldsymbol{x} = 0$ となることを利用している．これより，変形速度テンソル $\boldsymbol{d}$ は，その 2 次形式が点 $\boldsymbol{x}$ 近傍における長さの 2 乗の時間変化率を表す 2 階対称テンソルであることがわかる．

一方，スピンテンソル $\boldsymbol{w}$ は，微小回転テンソルと同様に，回転に関連するテンソルである．そこで，図 3.17 に示すように，点 $\boldsymbol{x}$ を通る単位ベクトル $\boldsymbol{n}$ 方向を軸として，右ねじ回転に角速度 $\dot{\theta}$ で回転する運動を考える．このとき，回転軸と角速度を同時に表すベクトルを角速度ベクトルといい，次式で表す．

$$\boldsymbol{\omega} = \dot{\theta}\boldsymbol{n} \tag{3.91}$$

点 $\boldsymbol{x}$ から見て位置 $\boldsymbol{r}$ にある点の速度ベクトル $\boldsymbol{v}$ は，$\boldsymbol{\omega}$ と $\boldsymbol{r}$ の外積によって与えられ，次のようになる．

$$\boldsymbol{v} = \boldsymbol{\omega} \times \boldsymbol{r} \tag{3.92}$$

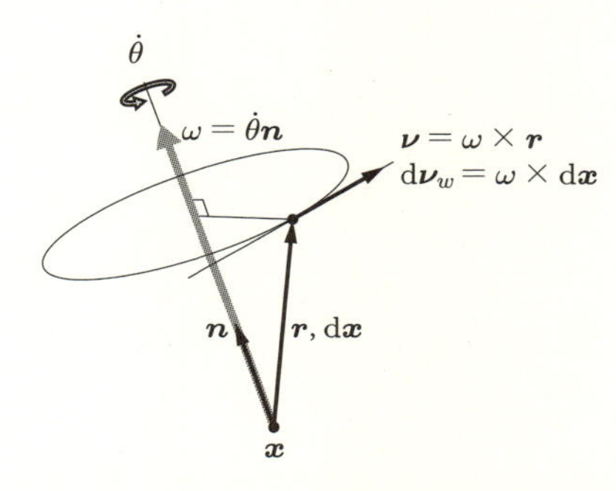

図 3.17　角速度ベクトルと任意点の速度ベクトルの関係

これを踏まえつつ，式 (3.89) に示したスピンテンソルの成分を眺めると，速度増分 $\mathrm{d}\boldsymbol{v}$ に含まれるスピンテンソルによる回転の速度増分 $\mathrm{d}\boldsymbol{v}_w$ は，

$$\mathrm{d}\boldsymbol{v}_w = \boldsymbol{w}\mathrm{d}\boldsymbol{x} = \boldsymbol{\omega} \times \mathrm{d}\boldsymbol{x} \tag{3.93}$$

という外積に等しくなることがわかる．また，先に述べたスピンテンソルの 2 次形式 $\mathrm{d}\boldsymbol{x} \cdot \boldsymbol{w}\mathrm{d}\boldsymbol{x}$ については，外積の性質により $\mathrm{d}\boldsymbol{x} \cdot \mathrm{d}\boldsymbol{v}_w = 0$ となることから確かめられる．

例題 3.15 変形速度テンソル，スピンテンソル

以下の問いに答えよ．

(1) $\boldsymbol{l} = \dot{\boldsymbol{F}}\boldsymbol{F}^{-1} = \boldsymbol{d} + \boldsymbol{w}$ から，右ストレッチテンソル $\boldsymbol{U}$ と回転テンソル $\boldsymbol{R}$ を用いて，変形速度テンソル $\boldsymbol{d}$ およびスピンテンソル $\boldsymbol{w}$ を表せ．

(2) $\boldsymbol{x} = \boldsymbol{X}$ となるように現在配置 B_t を参照配置としたとき，変形速度テンソル $\boldsymbol{d}$ およびスピンテンソル $\boldsymbol{w}$ を表せ．

解 (1) $\boldsymbol{l} = \dot{\boldsymbol{F}}\boldsymbol{F}^{-1}$ を右極分解すると，

$$\begin{aligned}\boldsymbol{l} = \dot{\boldsymbol{F}}\boldsymbol{F}^{-1} &= \left(\dot{\boldsymbol{R}}\boldsymbol{U} + \boldsymbol{R}\dot{\boldsymbol{U}}\right)(\boldsymbol{R}\boldsymbol{U})^{-1} = \dot{\boldsymbol{R}}\boldsymbol{U}\boldsymbol{U}^{-1}\boldsymbol{R}^{-1} + \boldsymbol{R}\dot{\boldsymbol{U}}\boldsymbol{U}^{-1}\boldsymbol{R}^{-1} \\ &= \dot{\boldsymbol{R}}\boldsymbol{R}^T + \boldsymbol{R}\dot{\boldsymbol{U}}\boldsymbol{U}^{-1}\boldsymbol{R}^T\end{aligned}$$

であり，その転置は次のようになる．

$$(\dot{\boldsymbol{F}}\boldsymbol{F}^{-1})^T = \boldsymbol{R}\dot{\boldsymbol{R}}^T + \boldsymbol{R}\boldsymbol{U}^{-T}\dot{\boldsymbol{U}}^T\boldsymbol{R}^T = \boldsymbol{R}\dot{\boldsymbol{R}}^T + \boldsymbol{R}\boldsymbol{U}^{-1}\dot{\boldsymbol{U}}\boldsymbol{R}^T$$

ここで，$\boldsymbol{R}\boldsymbol{R}^T = \boldsymbol{R}^T\boldsymbol{R} = \boldsymbol{I}$ より，$\dot{\boldsymbol{R}}\boldsymbol{R}^T + \boldsymbol{R}\dot{\boldsymbol{R}}^T = \boldsymbol{0}$ であることを利用すると，変形速度テンソル $\boldsymbol{d}$ は次式で表される．

$$\boldsymbol{d} = \frac{1}{2}(\boldsymbol{l} + \boldsymbol{l}^T) = \frac{1}{2}\left\{\dot{\boldsymbol{F}}\boldsymbol{F}^{-1} + (\dot{\boldsymbol{F}}\boldsymbol{F}^{-1})^T\right\} = \frac{1}{2}\boldsymbol{R}\left(\dot{\boldsymbol{U}}\boldsymbol{U}^{-1} + \boldsymbol{U}^{-1}\dot{\boldsymbol{U}}\right)\boldsymbol{R}^T$$

スピンテンソル $\boldsymbol{w}$ は，$\dot{\boldsymbol{R}}\boldsymbol{R}^T = -\boldsymbol{R}\dot{\boldsymbol{R}}^T$ であるから，

$$\boldsymbol{w} = \frac{1}{2}\left\{\dot{\boldsymbol{F}}\boldsymbol{F}^{-1} - (\dot{\boldsymbol{F}}\boldsymbol{F}^{-1})^T\right\} = \dot{\boldsymbol{R}}\boldsymbol{R}^T + \frac{1}{2}\boldsymbol{R}\left(\dot{\boldsymbol{U}}\boldsymbol{U}^{-1} - \boldsymbol{U}^{-1}\dot{\boldsymbol{U}}\right)\boldsymbol{R}^T$$

となる．また，左極分解によれば，同様にして，左ストレッチテンソル $\boldsymbol{V}$ を用いて記述することができる．

(2) $\boldsymbol{x} = \boldsymbol{X}$ となるように現在配置 B_t を参照配置とすると，$\boldsymbol{F} = \boldsymbol{R}\boldsymbol{U} = \boldsymbol{I}$ かつ $\boldsymbol{R} \neq \boldsymbol{U}^{-1}$ であるので，$\boldsymbol{F} = \boldsymbol{R} = \boldsymbol{U} = \boldsymbol{I}$ となって現在配置 B_t を基準とした相対的な運動・変形の情報のみを考えることができる．そうすると，(1) の結果より，

$$\boldsymbol{d} = \dot{\boldsymbol{U}}, \quad \boldsymbol{w} = \dot{\boldsymbol{R}}$$

が得られる．これより，変形速度テンソル $\boldsymbol{d}$ は引き延ばし（ストレッチ）の速度，スピンテンソル $\boldsymbol{w}$ は剛体回転の速度に関連する物理量であることが確認できる．

3.5.4 剛体運動における物質時間微分 □□ 剛体運動を示す式 (3.37) の物質時間微分より，物質表示で記述された剛体運動の速度ベクトルを次式のように書き表す．

$$\dot{\boldsymbol{x}}\,(\boldsymbol{X},t) = \dot{\boldsymbol{R}}(t)\,\boldsymbol{X} + \dot{\boldsymbol{x}}_{\mathrm{T}}(t) \tag{3.94}$$

これを空間表示に変換すると，運動の関係は剛体運動 $\boldsymbol{x} = \boldsymbol{R}\boldsymbol{X} + \boldsymbol{x}_{\mathrm{T}}$ で表されるので，

$$\boldsymbol{v}(\boldsymbol{x},t) = \dot{\boldsymbol{x}} = \dot{\boldsymbol{R}}\big\{\boldsymbol{R}^T\,(\boldsymbol{x} - \boldsymbol{x}_{\mathrm{T}})\big\} + \dot{\boldsymbol{x}}_{\mathrm{T}} = \boldsymbol{\Omega}\,(\boldsymbol{x} - \boldsymbol{x}_{\mathrm{T}}) + \dot{\boldsymbol{x}}_{\mathrm{T}} \tag{3.95}$$

となる．ここで，$\boldsymbol{\Omega} = \dot{\boldsymbol{R}}\boldsymbol{R}^T$ は角速度テンソルと呼ばれる．

$\boldsymbol{\Omega}$ は，次のような関係により，2 階の反対称テンソルであることがわかる．

$$\frac{\mathrm{D}\boldsymbol{I}}{\mathrm{D}t} = \frac{\mathrm{D}}{\mathrm{D}t}\big(\boldsymbol{R}\boldsymbol{R}^T\big) = \dot{\boldsymbol{R}}\boldsymbol{R}^T + \boldsymbol{R}\dot{\boldsymbol{R}}^T = \dot{\boldsymbol{R}}\boldsymbol{R}^T + \big(\dot{\boldsymbol{R}}\boldsymbol{R}^T\big)^T = \boldsymbol{\Omega} + \boldsymbol{\Omega}^T = \boldsymbol{0} \tag{3.96}$$

物体が変形せずに剛体運動のみが生じているとき，$\boldsymbol{F} = \boldsymbol{R}$ であり，$\boldsymbol{d} = \boldsymbol{0}$ であるから $\boldsymbol{l} = \boldsymbol{w}$ となる．したがって，

$$\boldsymbol{w} = \boldsymbol{l} = \dot{\boldsymbol{F}}\boldsymbol{F}^{-1} = \dot{\boldsymbol{R}}\boldsymbol{R}^{-1} = \dot{\boldsymbol{R}}\boldsymbol{R}^T = \boldsymbol{\Omega} \tag{3.97}$$

となる．このように，剛体運動の場合に限り，角速度テンソル $\boldsymbol{\Omega}$ とスピンテンソル $\boldsymbol{w}$ は等しくなる．

3.5.5 ひずみテンソルの物質時間微分 □□ ラグランジュ - グリーンひずみテンソル $\boldsymbol{E}$ およびオイラー - アルマンジひずみテンソル $\boldsymbol{e}$ の物質時間微分は，式 (3.87) および式 (3.81) に示される $\dot{\boldsymbol{F}} = \boldsymbol{l}\boldsymbol{F}$ および $(\dot{\overline{\boldsymbol{F}^{-1}}}) = -\boldsymbol{F}^{-1}\boldsymbol{l}$ という関係を用いて，それぞれ以下のように得られる．

$$\begin{aligned}\dot{\boldsymbol{E}} &= \frac{1}{2}\frac{\mathrm{D}}{\mathrm{D}t}\big(\boldsymbol{F}^T\boldsymbol{F} - \boldsymbol{I}\big) = \frac{1}{2}\big(\dot{\boldsymbol{F}}^T\boldsymbol{F} + \boldsymbol{F}^T\dot{\boldsymbol{F}}\big) = \frac{1}{2}\big\{(\boldsymbol{l}\boldsymbol{F})^T\boldsymbol{F} + \boldsymbol{F}^T(\boldsymbol{l}\boldsymbol{F})\big\}\\ &= \boldsymbol{F}^T\left\{\frac{1}{2}(\boldsymbol{l}^T + \boldsymbol{l})\right\}\boldsymbol{F} = \boldsymbol{F}^T\boldsymbol{d}\boldsymbol{F}\end{aligned} \tag{3.98}$$

$$\dot{\boldsymbol{e}} = \frac{1}{2}\frac{\mathrm{D}}{\mathrm{D}t}\big\{\boldsymbol{I} - (\boldsymbol{F}\boldsymbol{F}^T)^{-1}\big\} = -\frac{1}{2}\big\{(\dot{\overline{\boldsymbol{F}^{-T}}})\boldsymbol{F}^{-1} + \boldsymbol{F}^{-T}(\dot{\overline{\boldsymbol{F}^{-1}}})\big\}$$

$$
= \frac{1}{2}\left\{(\boldsymbol{F}^{-1}\boldsymbol{l})^T\boldsymbol{F}^{-1} + \boldsymbol{F}^{-T}\boldsymbol{F}^{-1}\boldsymbol{l}\right\} = \frac{1}{2}\left\{(\boldsymbol{F}\boldsymbol{F}^T)^{-1}\boldsymbol{l} + \boldsymbol{l}^T(\boldsymbol{F}\boldsymbol{F}^T)^{-1}\right\}
$$

$$
= \frac{1}{2}\left(\boldsymbol{b}^{-1}\boldsymbol{l} + \boldsymbol{l}^T\boldsymbol{b}^{-1}\right) \tag{3.99}
$$

ここで，$\boldsymbol{e}$ は現在配置 B_t を参照するひずみテンソルであるので，その物質時間微分 $\dot{\boldsymbol{e}}$ は現在配置 B_t における変形速度テンソル $\boldsymbol{d}$ に一致するように思えるが，式 (3.99) に見るとおり，$\dot{\boldsymbol{e}}$ と $\boldsymbol{d}$ は直接には結びつかないことに注意する．

一方，$\boldsymbol{E}$ と $\boldsymbol{e}$ の関係は，式 (3.58)，(3.98) より次式のようになる．

$$
\boldsymbol{d} = \boldsymbol{F}^{-T}\dot{\boldsymbol{E}}\boldsymbol{F}^{-1} = \boldsymbol{F}^{-T}\left\{\frac{\mathrm{D}}{\mathrm{D}t}\left(\boldsymbol{F}^T\boldsymbol{e}\boldsymbol{F}\right)\right\}\boldsymbol{F}^{-1} \tag{3.100}
$$

式 (3.100) の最右辺は，いったん $\boldsymbol{e}$ を基準配置 B_0 を参照する $\boldsymbol{E}$ に変換し，B_0 において物質時間微分をとってから，再び現在配置 B_t へと逆変換すれば $\boldsymbol{d}$ になることを示している．このような操作を**リー時間微分**†という．

例題 3.16 変形の速度を記述するための変数

2 次元空間において，次の変形勾配テンソル $\boldsymbol{F}_1$, $\boldsymbol{F}_2$ で表される変形を考える．

$$
\boldsymbol{F}_1 = \begin{bmatrix} 1+\alpha t & 0 \\ 0 & 1-\alpha t \end{bmatrix}, \quad \boldsymbol{F}_2 = \begin{bmatrix} \cos\omega t & -\sin\omega t \\ \sin\omega t & \cos\omega t \end{bmatrix}
$$

ただし，$\alpha > 0$，$\omega > 0$ とし，時刻 t は $0 \leq \alpha t < 1$ の範囲とする．以下の問いに答えよ．

(1) 変形勾配テンソル $\boldsymbol{F}_1$, $\boldsymbol{F}_2$ の物質時間微分 $\dot{\boldsymbol{F}}_1$，$\dot{\boldsymbol{F}}_2$ を求めよ．

(2) $\boldsymbol{F}_1$, $\boldsymbol{F}_2$ に対する速度勾配テンソル $\boldsymbol{l}_1$，$\boldsymbol{l}_2$ を求めよ．

(3) 微分ベクトル $\mathrm{d}\boldsymbol{x}$ を $\{1 \quad 0\}^T$, $\{1 \quad 1\}^T$, $\{0 \quad 1\}^T$ とする．時刻 $t=0$ において，点 $\boldsymbol{x}$ での速度ベクトルに対する位置 $\boldsymbol{x}+\mathrm{d}\boldsymbol{x}$ での速度ベクトルの変化量 $\mathrm{d}\boldsymbol{v}$ を，速度勾配テンソル $\boldsymbol{l}_1$，$\boldsymbol{l}_2$ から求めよ．

(4) 速度勾配テンソル $\boldsymbol{l}_1$，$\boldsymbol{l}_2$ から，変形速度テンソル $\boldsymbol{d}_1$，$\boldsymbol{d}_2$ とスピンテンソル $\boldsymbol{w}_1$，$\boldsymbol{w}_2$ をそれぞれ求めよ．

(5) ある瞬間における体積の時間変化率は $\dot{J} = J\mathrm{tr}\boldsymbol{l}$ で与えられる．$\boldsymbol{F}_1$, $\boldsymbol{F}_2$ に対する体積の時間変化率を求めよ．

解 $\boldsymbol{F}_1$, $\boldsymbol{F}_2$ は，時刻 t に関して伸び変形，剛体回転をそれぞれ記述する変形勾配テンソルである．図 3.18 では点 $\boldsymbol{x}$ 近傍の運動を，便宜的に点 $\boldsymbol{x}$ を原点とする一辺の長さが 1 の正方形に代表させて示している．具体的な運動をイメージしながら，例

† 7.4.3 項にも記載するので参照してほしい．

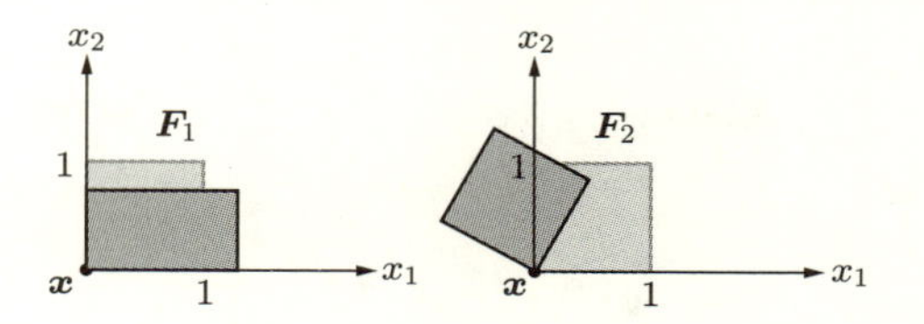

図 3.18　変形勾配テンソルが表す変形の様子

題を解き進めてほしい．

(1) 変形勾配テンソル $\boldsymbol{F}_1$, $\boldsymbol{F}_2$ の物質時間微分は，それぞれ次のように求められる．

$$\dot{\boldsymbol{F}}_1 = \frac{\mathrm{D}\boldsymbol{F}_1(\boldsymbol{X},t)}{\mathrm{D}t} = \frac{\partial \boldsymbol{F}_1(\boldsymbol{X},t)}{\partial t} \qquad \therefore\ [\dot{F}_1] = \begin{bmatrix} \alpha & 0 \\ 0 & -\alpha \end{bmatrix}$$

$$\dot{\boldsymbol{F}}_2 = \frac{\mathrm{D}\boldsymbol{F}_2(\boldsymbol{X},t)}{\mathrm{D}t} = \frac{\partial \boldsymbol{F}_2(\boldsymbol{X},t)}{\partial t} \qquad \therefore\ [\dot{F}_2] = \begin{bmatrix} -\omega\sin\omega t & -\omega\cos\omega t \\ \omega\cos\omega t & -\omega\sin\omega t \end{bmatrix}$$

テンソルの成分を変形応答と見比べてほしい．ここで，変形勾配テンソルの物質時間微分 $\dot{\boldsymbol{F}}$ は，次式のように点 $\boldsymbol{X}$ 近傍で微分ベクトル $\mathrm{d}\boldsymbol{X}$ を速度の微分ベクトル $\mathrm{d}\boldsymbol{v}(\boldsymbol{x},t)$ に変換する 2 階テンソルである．

$$\mathrm{d}\boldsymbol{v} = \dot{\boldsymbol{F}}\mathrm{d}\boldsymbol{X}$$

(2) 速度勾配テンソル $\boldsymbol{l}_1$, $\boldsymbol{l}_2$ は，空間座標 $\boldsymbol{x}$ に関する偏微分であり，

$$\boldsymbol{l} = \frac{\partial \boldsymbol{v}}{\partial \boldsymbol{x}} = \dot{\boldsymbol{F}}\boldsymbol{F}^{-1}$$

より，次のように求められる．

$$[l_1] = [\dot{F}_1][F_1^{-1}]$$
$$= \begin{bmatrix} \alpha & 0 \\ 0 & -\alpha \end{bmatrix} \begin{bmatrix} 1/(1+\alpha t) & 0 \\ 0 & 1/(1-\alpha t) \end{bmatrix} = \begin{bmatrix} \alpha/(1+\alpha t) & 0 \\ 0 & -\alpha/(1-\alpha t) \end{bmatrix}$$

$$[l_2] = [\dot{F}_2][F_2^{-1}]$$
$$= \begin{bmatrix} -\omega\sin\omega t & -\omega\cos\omega t \\ \omega\cos\omega t & -\omega\sin\omega t \end{bmatrix} \begin{bmatrix} \cos\omega t & \sin\omega t \\ -\sin\omega t & \cos\omega t \end{bmatrix} = \begin{bmatrix} 0 & -\omega \\ \omega & 0 \end{bmatrix}$$

$\dot{\boldsymbol{F}}$ が $\mathrm{d}\boldsymbol{X}$ を $\mathrm{d}\boldsymbol{v}(\boldsymbol{x},t)$ に変換するのに対して，速度勾配テンソル $\boldsymbol{l}$ は，次式のように $\mathrm{d}\boldsymbol{x}$ を $\mathrm{d}\boldsymbol{v}(\boldsymbol{x},t)$ に変換する 2 階テンソルである．

$$\mathrm{d}\boldsymbol{v} = \boldsymbol{l}\mathrm{d}\boldsymbol{x}$$

$\mathrm{d}\boldsymbol{v}$ は，位置 $\boldsymbol{x}$ での速度ベクトル $\boldsymbol{v}(\boldsymbol{x}, t)$ と位置 $\boldsymbol{x} + \mathrm{d}\boldsymbol{x}$ での速度ベクトル $\boldsymbol{v}(\boldsymbol{x} + \mathrm{d}\boldsymbol{x}, t)$ の差異（相対的な速度ベクトル）を与える．$\mathrm{d}\boldsymbol{v}$ については，$\mathrm{d}\boldsymbol{X}$ を基準にすると $\boldsymbol{F}$ によって $\mathrm{d}\boldsymbol{x}$ が時々刻々変化しているため，イメージしにくい．速度ベクトル場の勾配は，$\mathrm{d}\boldsymbol{x}$ を固定して空間座標 $\boldsymbol{x}$ でとらえるほうが扱いやすいはずである．

(3) 具体的な微分ベクトル $\mathrm{d}\boldsymbol{x}$ を指定して，$t = 0$ とした速度勾配テンソルを作用させると，点 $\boldsymbol{x}$ から $\mathrm{d}\boldsymbol{x}$ だけ離れた位置 $\boldsymbol{x} + \mathrm{d}\boldsymbol{x}$ での速度の変化量 $\mathrm{d}\boldsymbol{v}$ は表3.7のように求められる．

表 3.7 速度勾配テンソルによる速度の変化量

$\mathrm{d}\boldsymbol{x}$	$\boldsymbol{l}_1$ による速度ベクトルの変化量	$\boldsymbol{l}_2$ による速度ベクトルの変化量
$(1, 0)$	$(\alpha, 0)$	$(0, \omega)$
$(1, 1)$	$(\alpha, -\alpha)$	$(-\omega, \omega)$
$(0, 1)$	$(0, -\alpha)$	$(-\omega, 0)$

これを図示すると，図3.19のようになり，$t = 0$ での点 $\boldsymbol{x}$ に対する相対的な速度は，$\boldsymbol{l}_1$ は x_1 方向に引き伸ばすと同時に，x_2 方向に収縮するような挙動を表し，その相対的な速度の大きさは α に比例することがわかる．また，$\boldsymbol{l}_2$ は点 $\boldsymbol{x}$ を中心に反時計回りに回転させる運動であり，その相対的な速度の大きさは角速度 ω に比例する．

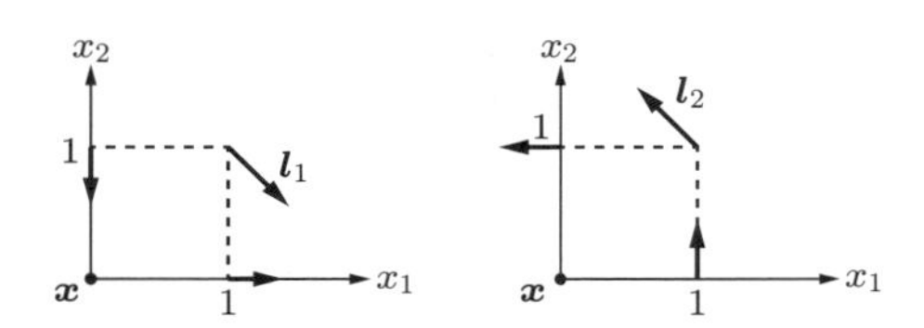

図 3.19 速度勾配テンソルが表す速度増分ベクトル（時刻 $t = 0$）

(4) 変形速度テンソル $\boldsymbol{d}$ およびスピンテンソル $\boldsymbol{w}$ は，それぞれ速度勾配テンソル $\boldsymbol{l}$ の対称成分および反対称成分で，次のようになる．

$$\boldsymbol{d} = \frac{1}{2}(\boldsymbol{l} + \boldsymbol{l}^T), \quad \boldsymbol{w} = \frac{1}{2}(\boldsymbol{l} - \boldsymbol{l}^T)$$

したがって，(2) で得た速度勾配テンソル $\boldsymbol{l}_1$，$\boldsymbol{l}_2$ を代入すると，

$$[d_1] = \begin{bmatrix} \alpha/(1+\alpha t) & 0 \\ 0 & -\alpha/(1-\alpha t) \end{bmatrix}, \quad [w_1] = \begin{bmatrix} 0 & 0 \\ 0 & 0 \end{bmatrix}$$

$$[d_2] = \begin{bmatrix} 0 & 0 \\ 0 & 0 \end{bmatrix}, \quad [w_2] = \begin{bmatrix} 0 & -\omega \\ \omega & 0 \end{bmatrix}$$

と求められる．$\boldsymbol{l}_1$ は対称テンソル，$\boldsymbol{l}_2$ は反対称テンソルであり，$\boldsymbol{w}_1 = \boldsymbol{0}$，$\boldsymbol{d}_2 = \boldsymbol{0}$ となる．

(5) それぞれの変形に対応するヤコビアン $J = \det \boldsymbol{F}$ は，

$$J_1 = \det \boldsymbol{F}_1 = (1 + \alpha t)(1 - \alpha t) = 1 - \alpha^2 t^2$$
$$J_2 = \det \boldsymbol{F}_2 = \cos^2 \omega t + \sin^2 \omega t = 1$$

であり，$\mathrm{tr}\,\boldsymbol{l}$ はそれぞれ

$$\mathrm{tr}\ \boldsymbol{l}_1 = \frac{\alpha}{1 + \alpha t} - \frac{\alpha}{1 - \alpha t} = -\frac{2\alpha^2 t}{1 - \alpha^2 t^2}, \quad \mathrm{tr}\ \boldsymbol{l}_2 = 0$$

となる．これより，体積の時間変化率 $\dot{J} = J \mathrm{tr}\,\boldsymbol{l}$ が以下のように求められる．

$$\dot{J}_1 = J_1\ \mathrm{tr}\ \boldsymbol{l}_1 = -2\alpha^2 t, \quad \dot{J}_2 = J_2\ \mathrm{tr}\ \boldsymbol{l}_2 = 0$$

$\boldsymbol{F}_2$ は t によらず常に $\dot{J}_2 = 0$ であることから，体積は時刻 t によらず一定である．これは，$\boldsymbol{F}_2$ が剛体回転を表すことからも明らかである．また，$t = 0$ のとき $\dot{J}_1 = 0$ である．これは，$t = 0$ のとき，変形勾配テンソル $\boldsymbol{F}_1 = \boldsymbol{I}$ であることに起因している．

3.6 力学問題と運動・変形を表す物理量

この章で説明した運動や変形を表す物理量は，固体や流体などの対象によらず成り立つ．連続体力学を学ぶうえでは，この章のようにさまざまな物理量を結び付けて，その物理的な意味や数式の演算操作を理解することが重要である．しかし，具体的な問題に取り組む場合，これらすべての物理量を利用するわけではない．実際，読者の興味に応じて，それぞれの量や考え方に関する理解度は異なるはずである．

たとえば，一般的な固体問題を扱う場合，対象とする材料（固体）は変形にともなって徐々にその性質を変化させる．したがって，変形を表す変形勾配テンソルやひずみテンソルなどの理解が重要となる．また，過去に生じた変形の履歴なども重要となるので，常に同じ物質点に着目して履歴情報を保持しておくほうが容易になる．つまり，質点の力学を拡張した物質表示による記述のほうが固体問題を扱う読者にはイメージしやすいはずである．

一方，流体問題を扱う場合，流体は周囲の速度ベクトルなどの状況によってその性質が決まり，時々刻々と変化する速度ベクトルの分布などが興味の対象となる．したがって，時間の概念は必須であり，ひずみなどの変形よりも速度勾配テンソルやスピンテンソルで表現される渦などの理解が重要となる．つまり，物質点の運動に着目するよりも，場の理論として空間表示による記述が理解の助けになるだろう．

これらは，有限要素法などによる具体的な解析事例を考えても明らかである．一般的な有限要素法による固体解析では，図3.20に示すように，節点や要素は物体の変形とともに移動し，構造境界も要素の境界と常に一致させる**ラグランジュメッシュ**を用いるのが一般的である．そうすることで，物質点を見失うことなく，変形履歴やひずみを容易に得られる．

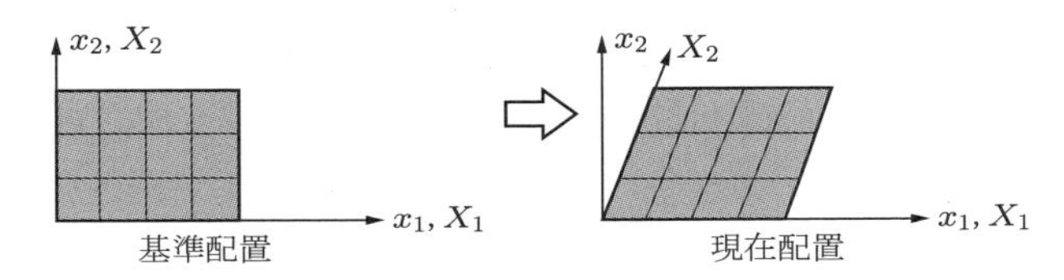

図 3.20　単純せん断変形を受ける物体のラグランジュメッシュ

また，流体解析では，図3.21に示すように，解析領域を空間に固定した座標系（空間座標）で要素分割した**オイラーメッシュ**が広く用いられる．オイラーメッシュでは，常に同じ解析領域内に分布する関数場を直接扱うことができる．このとき，固定された要素内に存在する物質点 $\boldsymbol{X}$ は時刻 t ごとに異なる．

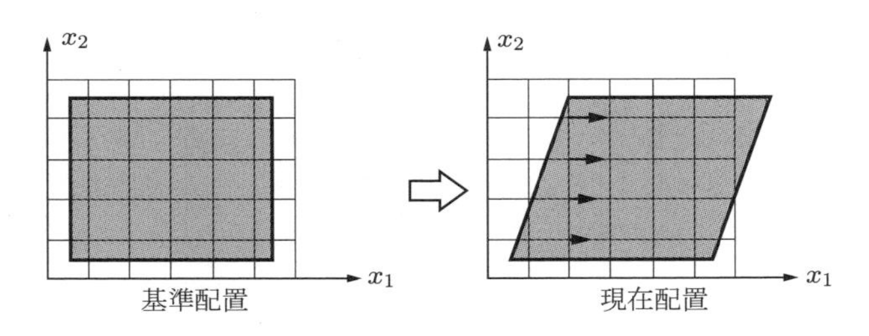

図 3.21　単純せん断変形を受ける物体のオイラーメッシュ

力学問題の性質上，固体解析のように物質座標 X を独立変数として記述したほうが有利な場合にはラグランジュメッシュが用いられ，流体解析のように空間座標 x で構築したほうが有利な場合にはオイラーメッシュが用いられることが多い．一般の読者はそれぞれに興味関心に違いがあるため，固体・流体を問わない連続体の運動を記述する連続体力学は難解に感じるところもあるかもしれない．そのような場合は，興味の対象とは異なる材料や問題をイメージしてみると，理解が容易になることも多い．

第4章　力のつり合い式と仮想仕事式

連続体力学における基本の物理法則は，質点の力学として高校物理でもお馴染みのニュートンの運動法則である．ニュートンの運動法則は，オイラーにより，一般的な物体の運動法則として解析的に扱うことができるように拡張された[†1]．さらに，ラグランジュによって，座標系の取り方によらない統一的な記述方法[†2]（オイラー - ラグランジュの運動方程式）が見いだされ，**仮想仕事の原理**はその発展である．

私たちは，力学問題の初期値・境界値問題を定義する際に，基礎となる物理法則として仮想仕事の原理（仮想仕事式）を用いている．仮想仕事の原理では，**系に付随した関数**を用いて運動法則を記述していて，最初から物体（系）全体を考えている．この章では，物体の力学運動のみに着目して，ニュートンの運動法則から物質点ごとの運動方程式（力のつり合い式）を導いたあとに，それを用いて物体全体で成立する大域的な運動方程式である仮想仕事式を導く．

4.1　連続体力学における物理法則

4.1.1　質量保存則　運動する物体について，現在配置 B_t における密度 ρ の分布は，B_t を定義域とするスカラー値関数 $\rho(\boldsymbol{x},t)$ で表され，物体の全質量は

$$\int_{B_t} \rho(\boldsymbol{x},t)\,\mathrm{d}v \tag{4.1}$$

によって与えられる．質量保存則は，この物体の全質量が時間にともなって変化しない，すなわち，その物質時間微分が常に 0 であることであり，次式で表される．

$$\frac{\mathrm{D}}{\mathrm{D}t}\int_{B_t} \rho(\boldsymbol{x},t)\,\mathrm{d}v = 0 \tag{4.2}$$

このような積分量の物質時間微分を考える場合，被積分関数である物理量（ここでは $\rho(\boldsymbol{x},t)$）だけでなく，運動・変形にともなって積分領域 B_t 自体も時間変化することに注意が必要である．そのため，物質時間微分には少し複雑な数式操作が必要であ

---

†1 ここでは馴染みのあるニュートンの運動法則と記載するが，流体力学を中心にオイラーの運動法則として紹介する書籍も多い．オイラーは，ニュートン力学にデカルト座標系を導入するとともに，質点と区別して流体などの大きさをもつ物体の運動法則を定義した．

†2 解析力学と呼ぶ力学理論として，微積分学によって裏付けされ，より普遍的な理論体系として整理された．

る．その操作方法は**レイノルズの輸送定理**[†1]として整理されている．レイノルズの輸送定理に基づけば，式 (4.2) は次のようになる．

$$\frac{\mathrm{D}}{\mathrm{D}t}\int_{B_t}\rho(\boldsymbol{x},t)\,\mathrm{d}v=\int_{B_t}(\dot{\rho}+\rho\,\mathrm{div}\,\boldsymbol{v})\,\mathrm{d}v=0 \tag{4.3}$$

ここで，B_t 内部の任意領域でも質量が保存されるはずなので，式 (4.3) は B_t のいたるところで成立する．したがって，被積分関数について，

$$\dot{\rho}+\rho\,\mathrm{div}\,\boldsymbol{v}=\frac{\mathrm{D}\rho}{\mathrm{D}t}+\rho\,\mathrm{div}\,\boldsymbol{v}=0 \tag{4.4}$$

が成立する．式 (4.4) は局所的な質量保存の式である．

例題 4.1 連続の式（非圧縮性材料の質量保存則）

非圧縮性材料では密度 ρ が常に一定であることを利用して連続の式を導け．

解 密度 ρ が 0 ではない一定値であるので，$\dot{\rho}=0$，$\rho\neq 0$ とすれば，局所的な質量保存の式 (4.4) は次のようになる．

$$\mathrm{div}\,\boldsymbol{v}=\mathrm{tr}\,(\nabla\boldsymbol{v})=\frac{\partial v_i}{\partial x_i}=0$$

この式は連続の式と呼ばれる．たとえば，$\boldsymbol{v}(\boldsymbol{x},t)$ を水の流れの流速分布と考えて，流れのなかのいたるところで連続の式が成り立っていると，任意に設定した閉領域 Ω について，

$$0=\int_{\Omega}\mathrm{div}\,\boldsymbol{v}\,\mathrm{d}v=\int_{\partial\Omega}\boldsymbol{v}\cdot\boldsymbol{n}\,\mathrm{d}s \qquad (\because 最右辺は**ガウスの発散定理**[†2]による)$$

が成り立つ．$\boldsymbol{n}$ は閉領域境界面の外向き単位法線ベクトルであり，図 4.1 のように $\boldsymbol{v}\cdot\boldsymbol{n}$ は境界の単位面積からの流出量を表す．したがって，連続の式は，水の流れの

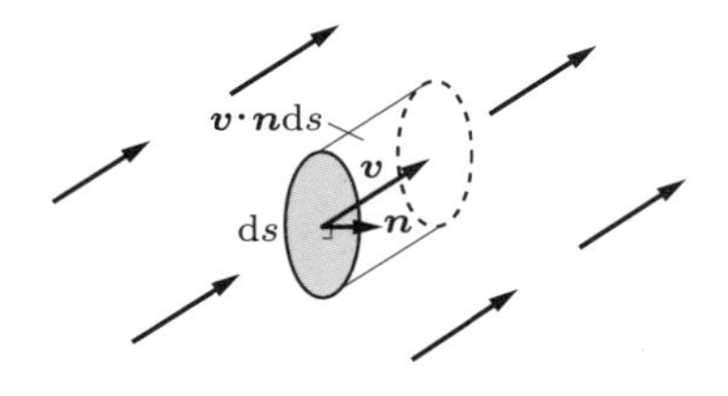

図 4.1 単位時間に微小面積 ds を通過する流量

†1 7.2 節を参照．
†2 7.3 節を参照．

なかのどの閉領域 Ω を考えても，その領域への流入量と流出量は常に等しいことを表している．

4.1.2 質量保存則を踏まえた重要な公式

連続体力学では，物理量について，現在配置 B_t における単位質量あたりの量として定義することが多い．このように，単位質量あたりのある物理量 θ を定義すると，B_t における総量は密度 ρ を掛けて単位体積あたりの量にしたあとに体積積分して，次のように表される．

$$\int_{B_t} \rho\theta \, \mathrm{d}v \tag{4.5}$$

式 (4.5) の積分量の物質時間微分を考えると，レイノルズの輸送定理や式 (4.4) の質量保存の式のおかげで，次のように非常に簡単な形になる．

$$\frac{\mathrm{D}}{\mathrm{D}t}\int_{B_t} \rho\theta \, \mathrm{d}v = \int_{B_t} \rho\dot{\theta} \, \mathrm{d}v \tag{4.6}$$

したがって，物理量 θ に密度 ρ が掛けてあれば，物質時間微分は積分記号のなかに入って物理量 θ にだけ作用させればよい．そのような操作を行えば，質量保存則も自動的に考慮したことになる．この結果は，物理量 θ がどんな物理量（スカラー，ベクトル，テンソル）であっても成立する．非常に有用な公式である．

例題 4.2 質量保存則を踏まえた公式の誘導

レイノルズの輸送定理と質量保存則を利用して，式 (4.6) を導け．ここで，ρ は B_t 内に分布する密度 $\rho(\boldsymbol{x}, t)$ であり，θ は任意の物理量 $\theta(\boldsymbol{x}, t)$ とする．

解 レイノルズの輸送定理によれば，物質時間微分を積分記号のなかに取り込んで，次式のように表すことができる．

$$\frac{\mathrm{D}}{\mathrm{D}t}\int_{B_t} \rho\theta \, \mathrm{d}v = \int_{B_t} \left\{ \frac{\mathrm{D}(\rho\theta)}{\mathrm{D}t} + (\rho\theta)\,\mathrm{div}\,\boldsymbol{v} \right\} \mathrm{d}v$$

次に，積の微分公式，質量保存則 $\dot{\rho} + \rho\,\mathrm{div}\,\boldsymbol{v} = 0$ を適用すれば，以下のように式が整理できる．

$$\begin{aligned}
\frac{\mathrm{D}}{\mathrm{D}t}\int_{B_t} \rho\theta \, \mathrm{d}v &= \int_{B_t} \left\{ \frac{\mathrm{D}(\rho\theta)}{\mathrm{D}t} + (\rho\theta)\,\mathrm{div}\,\boldsymbol{v} \right\} \mathrm{d}v && (\because \text{輸送定理}) \\
&= \int_{B_t} \left\{ \dot{\rho}\theta + \rho\dot{\theta} + (\rho\theta)\,\mathrm{div}\,\boldsymbol{v} \right\} \mathrm{d}v && (\because \text{積の微分公式}) \\
&= \int_{B_t} \left\{ (\dot{\rho} + \rho\,\mathrm{div}\,\boldsymbol{v})\theta + \rho\dot{\theta} \right\} \mathrm{d}v
\end{aligned}$$

$$= \int_{B_t} \rho\dot{\theta}\,\mathrm{d}v \qquad (\because \text{質量保存則 } \dot{\rho} + \rho\,\mathrm{div}\,\boldsymbol{v} = 0)$$

4.1.3 ニュートンの第2法則

物体の運動に関するニュートンの第2法則（運動量保存則）は，物体の運動量の時間変化率が物体に加えられた外力に等しいことをいう．時刻 t における現在配置 B_t 内部の任意領域 V を考える．領域 V は物体の一部として運動し，V には物体内部に物体力 $\rho\boldsymbol{g}$，境界面 ∂V を介して表面力 $\boldsymbol{t}$ が外力として作用する．このとき，領域 V におけるニュートンの第2法則は次のようである[†1]．

$$\frac{\mathrm{D}}{\mathrm{D}t}\int_V \rho\boldsymbol{v}\,\mathrm{d}v = \int_{\partial V} \boldsymbol{t}\,\mathrm{d}s + \int_V \rho\boldsymbol{g}\,\mathrm{d}v \tag{4.7}$$

ここで，運動量は連続体と一緒に運動しながら観測されるので，その時間変化率は必然的に物質時間微分になる．右辺は V に作用する物体力と表面力による外力の総和である．

式 (4.7) をレイノルズの輸送定理，質量保存則などのいくつかの道具[†2]を用いて整理すると，次の運動量平衡式が得られる．

$$\int_V \rho\dot{\boldsymbol{v}}\,\mathrm{d}v = \int_{\partial V} \boldsymbol{t}\,\mathrm{d}s + \int_V \rho\boldsymbol{g}\,\mathrm{d}v \tag{4.8}$$

ここで，$\rho = \rho(\boldsymbol{x})$ は単位体積あたりの質量である．また，$\dot{\boldsymbol{v}}$ は加速度であり，左辺は V に作用する慣性力である．

V 内部のコーシー応力テンソル $\boldsymbol{\sigma}$ と，境界面 ∂V 上に作用する表面力ベクトル t にはコーシーの式が成立するので，∂V の外向き単位法線ベクトル $\boldsymbol{n}$ を用いて書き換えたあと，ガウスの発散定理[†3]を適用すると，次のように表面積分が体積積分に書き換わる．

$$\int_{\partial V} \boldsymbol{t}\,\mathrm{d}s = \int_{\partial V} \boldsymbol{\sigma}\boldsymbol{n}\,\mathrm{d}s = \int_V \mathrm{div}\,\boldsymbol{\sigma}\,\mathrm{d}V \tag{4.9}$$

式 (4.8) の運動量平衡式に適用すると，次のような体積積分のみの式になる．

$$\int_V \{\rho\dot{\boldsymbol{v}} - (\mathrm{div}\,\boldsymbol{\sigma} + \rho\boldsymbol{g})\}\,\mathrm{d}v = \boldsymbol{0} \tag{4.10}$$

---

†1 オイラーの第1運動法則とも呼ばれる．オイラーは，質点と区別して物体を定義したうえで，質点の運動法則と同様に物体の運動法則が導けることを示した．

†2 質量保存則を踏まえた式 (4.6) を左辺に適用．

†3 ガウスの発散定理については 7.3 節を参照．

式 (4.10) は，図 4.2 における B_t 内のどのような領域 V を選んでも成立する．それは被積分関数が 0 であることを意味する．したがって，B_t 内の任意の点ごとに次の**運動方程式（コーシーの運動方程式）**が成立しなければならない．

$$\rho\dot{\boldsymbol{v}} = \operatorname{div}\boldsymbol{\sigma} + \rho\boldsymbol{g} \tag{4.11}$$

右辺を質点に作用する力 $\boldsymbol{f}$ と考えれば，高校物理で学んだ $\boldsymbol{f} = m\boldsymbol{a}$ という運動方程式と一致する．式 (4.11) の運動方程式は，導出の過程で質量保存則を同時に満足する．

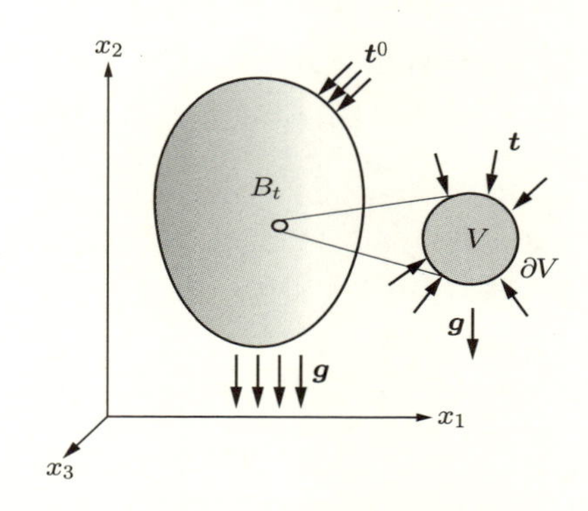

図 4.2 時刻 t における現在配置 B_t 内部の任意領域 V に作用する表面力と重力

物体が変形したあと，現在配置 B_t で静止しているならば，B_t 内のいたる点で $\dot{\boldsymbol{v}} = \boldsymbol{0}$ である．すなわち，B_t 内の任意の点ごとに次の**力のつり合い式**が成り立つ．

$$\operatorname{div}\boldsymbol{\sigma} + \rho\boldsymbol{g} = \boldsymbol{0} \tag{4.12}$$

また，流れのせん断応力と速度勾配が比例する性質を有するニュートン流体の運動方程式として知られるナビエ - ストークスの方程式は，式 (4.11) の運動方程式の $\boldsymbol{\sigma}$ にニュートン流体の構成則を代入することで得られる．

4.1.4 力のモーメントのつり合い式 □□

V が静止するためには，力のモーメントもつり合っていなければならない．力のモーメントのつり合いは任意の 1 点に関して考えれば十分であるので，V について原点まわりの力のモーメントのつり合い式†を考える．

$$\int_{\partial V} \boldsymbol{x} \times \boldsymbol{t}\,\mathrm{d}s + \int_V \boldsymbol{x} \times (\rho\boldsymbol{g})\,\mathrm{d}v = \boldsymbol{0} \qquad (\because \dot{\boldsymbol{v}} = \boldsymbol{0}) \tag{4.13}$$

† 角運動量平衡式やオイラーの第 2 運動法則と呼ばれる．

力のつり合い式と同様に，式 (4.13) の第 1 項にコーシーの式と発散定理を適用して整理すると，最終的に

$$\boldsymbol{\sigma} = \boldsymbol{\sigma}^T \tag{4.14}$$

というコーシー応力テンソルの対称条件が導かれる．したがって，式 (4.12) の力のつり合い式を満足する対称なコーシー応力テンソル $\boldsymbol{\sigma}$ は，同時に力のモーメントのつり合い式も満足する．

例題 4.3 力のモーメントのつり合い式とコーシー応力テンソルの対称性

式 (4.13) の力のモーメントのつり合い式から，コーシー応力テンソルの対称条件を導け．ただし，正規直交基底 $[\boldsymbol{e}_1, \boldsymbol{e}_2, \boldsymbol{e}_3]$ を参照した指標表記を適宜利用して導くこと．

解 式 (4.13) の力のモーメントのつり合い式は，総和規約に基づく指標表示を用いて，次のように書ける．

$$\int_{\partial V} \epsilon_{ijk} x_j t_k \,\mathrm{d}s + \int_V \epsilon_{ijk} x_j (\rho g_k) \,\mathrm{d}v = 0$$

ここで，ϵ_{ijk} は置換記号である．この式の第 1 項にコーシーの式とガウスの発散定理を順に適用すると，次のようになる．

$$\begin{aligned}
\int_{\partial V} \epsilon_{ijk} x_j t_k \,\mathrm{d}s &= \int_{\partial V} \epsilon_{ijk} x_j \sigma_{kl} n_l \,\mathrm{d}s \qquad (\because \text{コーシーの式}) \\
&= \int_V \frac{\partial}{\partial x_l} (\epsilon_{ijk} x_j \sigma_{kl}) \,\mathrm{d}v \qquad (\because \text{発散定理}) \\
&= \int_V \epsilon_{ijk} \left(\frac{\partial x_j}{\partial x_l} \sigma_{kl} + x_j \frac{\partial \sigma_{kl}}{\partial x_l} \right) \mathrm{d}v \\
&= \int_V \epsilon_{ijk} \left(\delta_{jl} \sigma_{kl} + x_j \frac{\partial \sigma_{kl}}{\partial x_l} \right) \mathrm{d}v \\
&= \int_V \epsilon_{ijk} \sigma_{kj} \,\mathrm{d}v + \int_V \epsilon_{ijk} x_j \frac{\partial \sigma_{kl}}{\partial x_l} \,\mathrm{d}v
\end{aligned}$$

この結果をもとの式に戻して整理すると，

$$\int_V \epsilon_{ijk} \sigma_{kj} \,\mathrm{d}v + \int_V \epsilon_{ijk} x_j \left(\frac{\partial \sigma_{kl}}{\partial x_l} + \rho g_k \right) \mathrm{d}v = 0$$

となり，左辺第 2 項のなかにつり合い式が現れる．

$$\frac{\partial \sigma_{kl}}{\partial x_l} + \rho g_k = 0$$

$$\mathrm{tr}(\nabla \boldsymbol{\sigma}) + \rho \boldsymbol{g} = \mathrm{div}\, \boldsymbol{\sigma} + \rho \boldsymbol{g} = \boldsymbol{0}$$

したがって，第1項だけが残って，次式が得られる．

$$\int_V \epsilon_{ijk}\sigma_{kj}\,\mathrm{d}v = 0$$

この積分領域 V は任意に選べることを考えると，被積分関数 $\epsilon_{ijk}\sigma_{kj} = 0$ となる．総和規約と置換記号 ϵ_{ijk} に留意して応力テンソル成分で個々に記述すると，

$$\begin{Bmatrix} \sigma_{32} - \sigma_{23} \\ \sigma_{13} - \sigma_{31} \\ \sigma_{21} - \sigma_{12} \end{Bmatrix} = \begin{Bmatrix} 0 \\ 0 \\ 0 \end{Bmatrix} \quad \Longrightarrow \quad \boldsymbol{\sigma} = \boldsymbol{\sigma}^T$$

が成立する．

4.1.5 仕事・エネルギーによる運動法則の書き換え □□

力学現象（物体の運動）は，ニュートンの運動法則に支配され，物質点ごとに適用される運動方程式はベクトル方程式で記述される．しかし，いったん書き下された運動方程式を解くために，座標変換によって方程式を変換することがしばしば行われる．この観点から，運動方程式を**エネルギー（仕事）**の次元に書き換える．エネルギーというスカラー量を用いることで，座標系によらず，運動方程式を簡単に書き下すことができ，その結果，方程式を解くことが容易になる．仮想仕事の原理（仮想仕事式）は，このような考えに基づく運動方程式の書き換えである．

連続体力学の書籍では，仮想仕事式をさまざまな手順で誘導している．たとえば，

① 物質点に作用する力と物質点の運動の変数の内積として仮想仕事を定義して，物質点での仮想仕事を系全体について積分して誘導する（ニュートン力学からの誘導）

② 系全体に付随する関数としてポテンシャル場におけるエネルギー汎関数を定義して，その停留値として誘導する† （オイラー - ラグランジュの運動方程式からの誘導）

③ 局所的な力のつり合い式の近似として，重み付き残差法のように誘導する

などがある．本書では，主に①の手順を念頭において誘導し，ほかの誘導方法については参考程度に簡単に述べる．①の手順は，はじめに運動法則ありきの誘導であり，②の手順は，はじめにエネルギー汎関数ありきの誘導である．そのため，マルチフィジックス問題に興味がある読者は②の手順を学ぶとよい．力のほかに熱などの別の作用があるマルチフィジックス問題では，運動方程式に $\boldsymbol{v}$ を掛けて力学的エネルギーの

† 構造力学や初等材料力学で学ぶように，エネルギーの極値（停留値）から力のつり合い式が導かれることと同様の考え方による．

保存則を導くとともに，エネルギーという概念を通じて，熱エネルギー，電気エネルギーなどのさまざまな要因を取り込むことが行われる．しかし，熱などを考えない力学問題のみに限れば，どの手順で誘導しても結果的には同等の仮想仕事式が得られる．

4.2 仮想仕事の原理

4.2.1 仮想仕事の原理の概要 物質点での**局所的な**力のつり合い式は式(4.12)で与えた．ここでは，対象物体全体で成立する**大域的な**積分形式のつり合い式について解説する．大域的なつり合い式，すなわち**仮想仕事の原理**は，力学問題の初期値・境界値問題†を定義する際の基礎をなすものであり，有限要素法の定式化における出発点である．

いま，改めて図4.3のように，時刻 t における現在配置 B_t の物体を考える．物体には，物体力 $\rho\boldsymbol{g}$，境界面 ∂B_t^σ に表面荷重 $\boldsymbol{t}^0$ が作用しているものとする．式(4.11)，(4.12)から，B_t 内の任意の点に作用する力 $\boldsymbol{f}$ は

$$\boldsymbol{f} = \operatorname{div}\boldsymbol{\sigma} + \rho\boldsymbol{g} \tag{4.15}$$

である．その点の任意の仮想な変位を $\boldsymbol{w}$ で表すと，B_t 内の点に作用する力 $\boldsymbol{f}$ が仮想な変位 $\boldsymbol{w}$ に沿ってなす仮想仕事を

$$\delta W = \boldsymbol{f}\cdot\boldsymbol{w} \tag{4.16}$$

で定義する．いかなる仮想な変位 $\boldsymbol{w}$ に対してもこの仮想仕事 δW が0になるとき，点

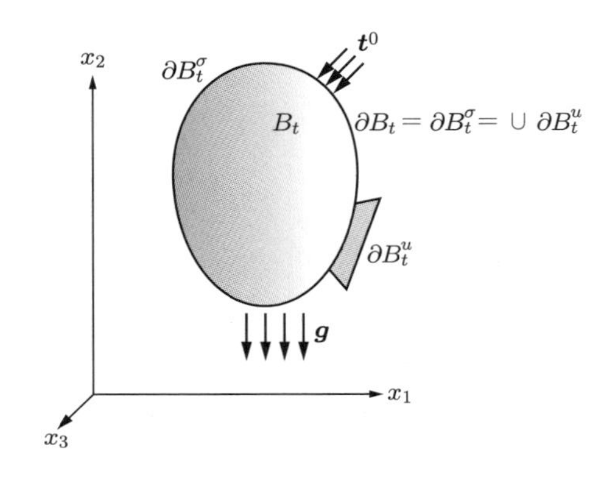

図4.3 現在配置 B_t の物体

† これ以降，固体問題を意識した記載になっている．

はつり合い状態（$\boldsymbol{f}=\boldsymbol{0}$）にある．これは質点系の静止状態が実現される条件を述べたもので，仮想仕事の原理と呼ばれる．

連続体力学では，B_t にわたって点での仮想仕事 δW を積分[†1] して，仮想仕事の原理を

$$\int_{B_t} (\operatorname{div}\boldsymbol{\sigma}+\rho\boldsymbol{g})\cdot\boldsymbol{w}\,\mathrm{d}v=0 \tag{4.17}$$

の形に拡張する．式 (4.17) を満たすとき，物体（系全体）は**つり合い状態**にある．

4.2.2 静的可容応力が運動学的可容変位に沿ってなす仕事

連続体の現在配置 B_t 全体について力のつり合いを考えるとき，B_t のいたるところでつり合い式を満たし，境界 ∂B_t^σ 上で表面荷重 $\boldsymbol{t}^0$ とつり合う応力 $\boldsymbol{\sigma}$ を**静的可容応力**という[†2]．つまり，次式を満たす応力 $\boldsymbol{\sigma}$ が静的可容応力である．

$$\operatorname{div}\boldsymbol{\sigma}+\rho\boldsymbol{g}=\boldsymbol{0},\quad \boldsymbol{\sigma}=\boldsymbol{\sigma}^T \qquad (B_t\ \text{内部で}) \tag{4.18}$$

$$\boldsymbol{\sigma}\boldsymbol{n}=\boldsymbol{t}^0 \qquad (\partial B_t^\sigma\ \text{上で}) \tag{4.19}$$

一方で，B_t の変形について考えるとき，B_t において十分に滑らかで，境界 ∂B_t^u で変位の制約条件 $\boldsymbol{u}=\boldsymbol{u_0}$ を満たす変位 $\boldsymbol{u}$ を**運動学的可容変位**という[†3]．ただし，運動学的可容変位 $\boldsymbol{u}$ は B_t の変形である資格があるだけで，$\boldsymbol{\sigma}$ とは全く無関係である．力学問題では，何らかの構成則によって結び付けられることで解となる $\boldsymbol{\sigma}$ や $\boldsymbol{u}$ を得るが，ここでの議論はそのような関係性は全く必要としない．

運動学的可容変位 $\boldsymbol{u}(\boldsymbol{x})$ のなかから一つ選んで $\boldsymbol{w}(\boldsymbol{x})=\boldsymbol{u}(\boldsymbol{x})$ とする．式 (4.17) において $\boldsymbol{w}(\boldsymbol{x})$ は任意の仮想な変位なので，$\boldsymbol{w}(\boldsymbol{x})$ を $\boldsymbol{u}(\boldsymbol{x})$ にそのまま置き換えて次のように表すことができる．

$$\int_{B_t} (\operatorname{div}\boldsymbol{\sigma}+\rho\boldsymbol{g})\cdot\boldsymbol{u}\,\mathrm{d}v=0,\quad \int_{B_t}\left(\frac{\partial\sigma_{ij}}{\partial x_j}+\rho g_i\right)u_i\,\mathrm{d}v=0 \tag{4.20}$$

式 (4.20) に積の微分公式，発散定理，コーシーの式を順に適用すると，次の式が導かれる[†4]．

---

†1 変形している物体 B_t を対象に，その単位領域 $\mathrm{d}v$ での仮想仕事 δW を B_t にわたって積分する．単位領域 $\mathrm{d}v$ は空間座標に基づいて決定するので，この章で導く仮想仕事式は空間表示の仮想仕事式である．

†2 コーシー応力テンソルの独立な 6 個の成分に対して，つり合い式は独立な方向への三つしかないので，これらの条件を満足する応力 $\boldsymbol{\sigma}$ は無数に存在する．

†3 静的可容応力 $\boldsymbol{\sigma}$ と同様に，このような変位 $\boldsymbol{u}$ も無数に存在する．

†4 詳しい導出は，次の【例題 4.4】を通して理解してほしい．

$$\begin{cases} \displaystyle\int_{B_t} \boldsymbol{\sigma} : \left(\frac{\partial \boldsymbol{u}}{\partial \boldsymbol{x}}\right) \mathrm{d}v = \int_{\partial B_t^\sigma} \boldsymbol{t}^0 \cdot \boldsymbol{u}\, \mathrm{d}s + \int_{\partial B_t^u} \boldsymbol{t} \cdot \boldsymbol{u}^0\, \mathrm{d}s + \int_{B_t} \rho \boldsymbol{g} \cdot \boldsymbol{u}\, \mathrm{d}v \\ \displaystyle\int_{B_t} \sigma_{ij} \frac{\partial u_i}{\partial x_j}\, \mathrm{d}v = \int_{\partial B_t^\sigma} t_i^0 u_i\, \mathrm{d}s + \int_{\partial B_t^u} t_i u_i^0\, \mathrm{d}s + \int_{B_t} \rho g_i f u_i\, \mathrm{d}v \end{cases} \tag{4.21}$$

ここで，∂B_t^u で条件 $\boldsymbol{u} = \boldsymbol{u_0}$ を満たす．

さらに，静的可容応力 $\boldsymbol{\sigma}$ は対称テンソルなので，左辺は次のように書き換えられる．

$$\begin{aligned} \int_{B_t} \sigma_{ij} \frac{\partial u_i}{\partial x_j}\, \mathrm{d}v &= \int_{B_t} \sigma_{ij} \left\{ \frac{1}{2}\left(\frac{\partial u_i}{\partial x_j} + \frac{\partial u_j}{\partial x_i}\right) + \frac{1}{2}\left(\frac{\partial u_i}{\partial x_j} - \frac{\partial u_j}{\partial x_i}\right) \right\} \mathrm{d}v \\ &= \int_{B_t} \sigma_{ij} \left\{ \frac{1}{2}\left(\frac{\partial u_i}{\partial x_j} + \frac{\partial u_j}{\partial x_i}\right) \right\} \mathrm{d}v = \int_{B_t} \sigma_{ij} \left[\frac{\partial u_i}{\partial x_j}\right]_{\mathrm{s}} \mathrm{d}v \end{aligned} \tag{4.22}$$

微小変形理論の場合，運動学的可容変位 $\boldsymbol{u}$ の勾配テンソルの対称部分 $[\partial u_i/\partial x_j]_{\mathrm{s}}$ は，次式のように微小ひずみテンソル $\boldsymbol{\varepsilon}$ に等しくなる．

$$\left[\frac{\partial \boldsymbol{u}}{\partial \boldsymbol{x}}\right]_{\mathrm{s}} = \frac{1}{2}\left\{ \frac{\partial \boldsymbol{u}}{\partial \boldsymbol{x}} + \left(\frac{\partial \boldsymbol{u}}{\partial \boldsymbol{x}}\right)^T \right\} = \boldsymbol{\varepsilon}, \quad \left[\frac{\partial u_i}{\partial x_j}\right]_{\mathrm{s}} = \frac{1}{2}\left(\frac{\partial u_i}{\partial x_j} + \frac{\partial u_j}{\partial x_i}\right) = \varepsilon_{ij} \tag{4.23}$$

すなわち，静的可容応力 $\boldsymbol{\sigma}$ と運動学的可容変位 $\boldsymbol{u}$ は常に次式を満たす．

$$\begin{cases} \displaystyle\int_{B_t} \boldsymbol{\sigma} : \boldsymbol{\varepsilon}\, \mathrm{d}v = \int_{\partial B_t^\sigma} \boldsymbol{t}^0 \cdot \boldsymbol{u}\, \mathrm{d}s + \int_{\partial B_t^u} \boldsymbol{t} \cdot \boldsymbol{u}^0\, \mathrm{d}s + \int_{B_t} \rho \boldsymbol{g} \cdot \boldsymbol{u}\, \mathrm{d}v \\ \displaystyle\int_{B_t} \sigma_{ij} \varepsilon_{ij}\, \mathrm{d}v = \int_{\partial B_t^\sigma} t_i^0 u_i\, \mathrm{d}s + \int_{\partial B_t^u} t_i u_i^0\, \mathrm{d}s + \int_{B_t} \rho g_i u_i\, \mathrm{d}v \end{cases} \tag{4.24}$$

ここで，左辺の $\boldsymbol{\sigma}$ と $\boldsymbol{\varepsilon}$ は全く無関係であることを改めて注意しておく．言い換えると，式 (4.24) は，つり合い式を満たす $\boldsymbol{\sigma}$ と，それとは無関係な変位 $\boldsymbol{u}$ とひずみ $\boldsymbol{\varepsilon}$ について，常に成立する式である．左辺の応力 $\boldsymbol{\sigma}$ とひずみ $\boldsymbol{\varepsilon}$ の内積，右辺の表面力 $\boldsymbol{t}$ や物体力 $\rho\boldsymbol{g}$ と変位 $\boldsymbol{u}$ の内積は，それぞれ仮想の仕事と考えることができ，その意味で**広義の仮想仕事式**と解釈できる．

また，運動学的可容な速度ベクトル $\boldsymbol{v}(\boldsymbol{x})$ を採用して，$\boldsymbol{w}(\boldsymbol{x}) = \boldsymbol{v}(\boldsymbol{x})$ とすることも可能である．その場合，勾配テンソルの対称部分は変形速度テンソル $\boldsymbol{d}$ になる．すなわち，常に次式が成立する．

$$\begin{cases} \displaystyle\int_{B_t} \boldsymbol{\sigma} : \boldsymbol{d}\,\mathrm{d}v = \int_{\partial B_t^\sigma} \boldsymbol{t}^0 \cdot \boldsymbol{v}\,\mathrm{d}s + \int_{\partial B_t^u} \boldsymbol{t} \cdot \boldsymbol{v}^0\,\mathrm{d}s + \int_{B_t} \rho \boldsymbol{g} \cdot \boldsymbol{v}\,\mathrm{d}v \\ \displaystyle\int_{B_t} \sigma_{ij} d_{ij}\;\mathrm{d}v = \int_{\partial B_t^\sigma} t_i^0 v_i\;\mathrm{d}s + \int_{\partial B_t^u} t_i v_i^0\;\mathrm{d}s + \int_{B_t} \rho g_i v_i\;\mathrm{d}v \end{cases} \tag{4.25}$$

ここでも，$\boldsymbol{\sigma}$ と変形速度テンソル $\boldsymbol{d}$ は全く無関係である．

例題 4.4 静的可容応力が運動学的可容変位に沿ってなす仕事

静的可容応力が運動学的可容変位に沿ってなす仕事の体積積分

$$\int_{B_t} \left(\frac{\partial \sigma_{ij}}{\partial x_j} + \rho g_i \right) u_i\;\mathrm{d}v = 0$$

から，式 (4.21) を導け．

解 式 (4.20) に積の微分公式，発散定理を順に適用すると，次のように書き換えられる．

$$\begin{aligned} 0 &= \int_{B_t} \frac{\partial \sigma_{ij}}{\partial x_j} u_i\;\mathrm{d}v + \int_{B_t} \rho g_i u_i\;\mathrm{d}v \\ &= \int_{B_t} \frac{\partial (\sigma_{ij} u_i)}{\partial x_j}\;\mathrm{d}v - \int_{B_t} \sigma_{ij} \frac{\partial u_i}{\partial x_j}\;\mathrm{d}v + \int_{B_t} \rho g_i u_i\;\mathrm{d}v \quad (\because \text{積の微分公式}) \\ &= \int_{\partial B_t} \sigma_{ij} u_i n_j\;\mathrm{d}s - \int_{B_t} \sigma_{ij} \frac{\partial u_i}{\partial x_j}\;\mathrm{d}v + \int_{B_t} \rho g_i u_i\;\mathrm{d}v \quad (\because \text{発散定理}) \end{aligned}$$

全境界面は $\partial B_t = \partial B_t^\sigma \cup \partial B_t^u$ であることと，荷重境界 ∂B_t^σ 上では式 (4.19) の荷重境界条件式を満たすことを考慮すると，第 1 項は

$$\int_{\partial B_t} \sigma_{ij} u_i n_j\;\mathrm{d}s = \int_{\partial B_t^\sigma} t_i^0 u_i\;\mathrm{d}s + \int_{\partial B_t^u} t_i u_i\;\mathrm{d}s$$

となり，第 2 項を左辺に移項すると，次のように式 (4.21) が導かれる．

$$\int_{B_t} \sigma_{ij} \frac{\partial u_i}{\partial x_j}\;\mathrm{d}v = \int_{\partial B_t^\sigma} t_i^0 u_i\;\mathrm{d}s + \int_{\partial B_t^u} t_i u_i\;\mathrm{d}s + \int_{B_t} \rho g_i u_i\;\mathrm{d}v$$

例題 4.5 剛体棒の仮想仕事と力のつり合い

図 4.4 のように，集中荷重 P_1, P_2, H_A, V_A, V_B が作用する剛体の棒がある．この棒に，剛体移動の変位 u, v と，棒の中点を中心にして反時計回りに θ の剛体回転を与える．ただし，$\theta \ll 1$ とする．以下の問いに答えよ．

(1) 荷重 $P_1, P_2, H_\mathrm{A}, V_\mathrm{A}, V_\mathrm{B}$ がした仕事の総和 W を記述せよ．

(2) 荷重 $P_1, P_2, H_\mathrm{A}, V_\mathrm{A}, V_\mathrm{B}$ がつり合うとき，仕事の総和 W の値を求めよ．

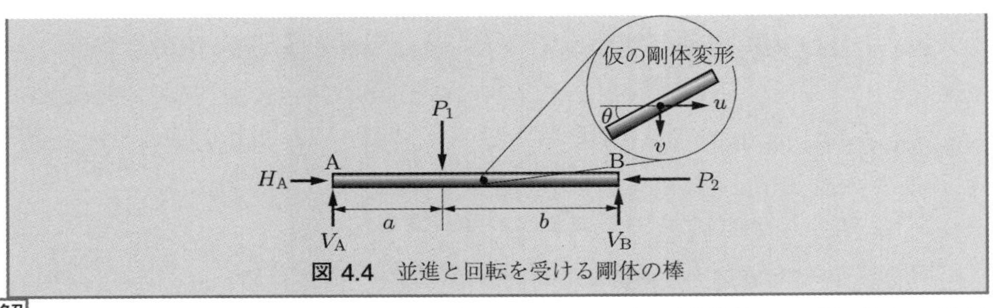

図 4.4 並進と回転を受ける剛体の棒

解 (1) 剛体移動や剛体回転により，棒は図 4.5 のように運動する．それぞれの運動は，作用する荷重とは全く関係なく与えられていることに注意しておく．

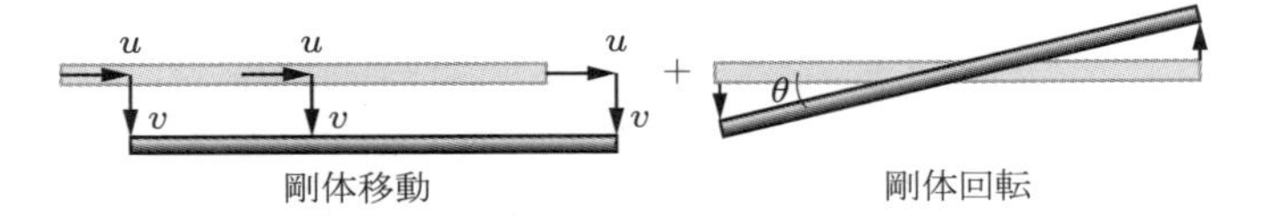

図 4.5 剛体棒の剛体移動・剛体回転と仮想仕事

それぞれの荷重がする仕事は，与えられた荷重に各作用点の移動量を掛けて次のように求められる．

$$P_1 \text{ の仕事：} P_1\left(v+\frac{b-a}{2}\theta\right), \quad P_2 \text{ の仕事：} -P_2 u$$

$$H_A \text{ の仕事：} H_A u, \quad V_A \text{ の仕事：} -V_A\left(v+\frac{a+b}{2}\theta\right)$$

$$V_B \text{ の仕事：} V_B\left(-v+\frac{a+b}{2}\theta\right)$$

仕事の総和 W は次のように記述できる．

$$W = P_1\left(v+\frac{b-a}{2}\theta\right) - P_2 u + H_A u - V_A\left(v+\frac{a+b}{2}\theta\right) + V_B\left(-v+\frac{a+b}{2}\theta\right)$$

(2) 荷重 P_1, P_2, H_A, V_A, V_B がつり合うとき，それぞれ次の式が成立する．

$$\sum H = H_A - P_2 = 0$$

$$\sum V = P_1 - V_A - V_B = 0$$

$$\sum M_{\text{中点}} = (V_B - V_A)\frac{a+b}{2} + P_1\frac{b-a}{2} = 0$$

また，(1) で求めた仕事の総和 W を u, v, θ について整理すると

$$W = (H_A - P_2)u + (P_1 - V_A - V_B)v + \left\{(V_B - V_A)\frac{a+b}{2} + P_1\frac{b-a}{2}\right\}\theta$$

となる．これにつり合い式を代入すると，u, v, θ の値によらず，次の式が常に成立する．

$$W = 0$$

ここで，u, v, θ は各荷重とは全く無関係な仮想の運動である．しかし，つり合い状態にある荷重 P_1, P_2, H_A, V_A, V_B と仮想の運動 u, v, θ による仕事（＝仮想仕事）は常に 0 になる．仮想仕事式はつり合い式と等価であることを直感的に理解できるはずである．

4.2.3 仮想仕事の原理 ◇◇

(1) ベクトル場の変分と仮想変位　ある一定の性質を満たす関数の集合 Z において，Z の要素 z に対して微小な変動 δz を加えた $z + \delta z$ もまた集合 Z に属するとき，その微小変動 δz を z の**変分**という．

運動学的可容変位 $\boldsymbol{u}(\boldsymbol{x})$ についても，このような変分 $\delta\boldsymbol{u}(\boldsymbol{x})$ を考えることができる．したがって，$\boldsymbol{u}(\boldsymbol{x})$ に変分 $\delta\boldsymbol{u}(\boldsymbol{x})$ を与えた新しいベクトル $\boldsymbol{u}'(\boldsymbol{x}) = \boldsymbol{u}(\boldsymbol{x}) + \delta\boldsymbol{u}(\boldsymbol{x})$ も運動学的可容変位である．

変分 $\delta\boldsymbol{u}(\boldsymbol{x})$ は，二つの運動学的可容変位ベクトルの差として，

$$\delta\boldsymbol{u}(\boldsymbol{x}) = \boldsymbol{u}'(\boldsymbol{x}) - \boldsymbol{u}(\boldsymbol{x}) \tag{4.26}$$

と表されるので，$\delta\boldsymbol{u}(\boldsymbol{x})$ も B_t において十分に滑らかな変位ベクトルである．そして，$\boldsymbol{u}$，$\boldsymbol{u}'$ は変位境界 ∂B_t^u 上で $\boldsymbol{u}' = \boldsymbol{u} = \boldsymbol{u}_0$ を満足するから，$\delta\boldsymbol{u}$ は ∂B_t^u 上で

$$\delta\boldsymbol{u} = \boldsymbol{0} \tag{4.27}$$

を満たすベクトルである．この意味で，運動学的可容変位の変分 $\delta\boldsymbol{u}(\boldsymbol{x})$ は，性質の異なる変位ベクトル場（集合）として**仮想変位**と呼ばれる．仮想変位は，物体の運動が可能な方向にだけ微小変動を考えている．

同様に，**仮想速度** $\delta\boldsymbol{v}(\boldsymbol{x})$ も考えることができる†．仮想速度 $\delta\boldsymbol{v}(\boldsymbol{x})$ は運動学的可容速度の変分であり，十分に滑らかで ∂B_t^u 上で $\delta\boldsymbol{v} = \boldsymbol{0}$ を満たす速度ベクトルである．

(2) 仮想変位に沿ってなす仮想仕事　B_t 内の点に作用する力 $\boldsymbol{f}$ が仮想変位 $\delta\boldsymbol{u}$ に

† 厳密には，変分が解析力学などでいう接ベクトルであることを意識して，仮想変位ではなく，速度ベクトルを用いた仮想速度で記述されることも多い．その場合，仮想仕事は仕事率として解釈できる．

沿ってなす仮想仕事を B_t にわたって積分すると，次の式を得る．

$$\int_{B_t} (\operatorname{div} \boldsymbol{\sigma} + \rho \boldsymbol{g}) \cdot \delta \boldsymbol{u} \, \mathrm{d}v = 0, \quad \int_{B_t} \left(\frac{\partial \sigma_{ij}}{\partial x_j} + \rho g_i \right) \delta u_i \, \mathrm{d}v = 0 \tag{4.28}$$

式 (4.28) は，式 (4.24) と全く同様に式展開でき，次のようになる．

$$\begin{cases} \displaystyle\int_{B_t} \boldsymbol{\sigma} : \delta \boldsymbol{\varepsilon} \, \mathrm{d}v = \int_{\partial B_t^\sigma} \boldsymbol{t}^0 \cdot \delta \boldsymbol{u} \, \mathrm{d}s + \int_{B_t} \rho \boldsymbol{g} \cdot \delta \boldsymbol{u} \, \mathrm{d}v \\ \displaystyle\int_{B_t} \sigma_{ij} \delta \varepsilon_{ij} \, \mathrm{d}v = \int_{\partial B_t^\sigma} t_i^0 \delta u_i \, \mathrm{d}s + \int_{B_t} \rho g_i \delta u_i \, \mathrm{d}v \end{cases} \tag{4.29}$$

ここで，仮想変位 $\delta \boldsymbol{u}$ に対応する式 (4.23) の演算 $\boldsymbol{\varepsilon}(\delta \boldsymbol{u})$ を仮想ひずみ $\delta \boldsymbol{\varepsilon}$ として用いている．また，∂B_t^u 上で $\delta \boldsymbol{u} = \boldsymbol{0}$ という条件によって，変位境界 ∂B_t^u に関する積分項は消えている．なお，仮想変位を仮想速度に置き換えても，同様の議論が成立し，次のようになる．

$$\begin{cases} \displaystyle\int_{B_t} \boldsymbol{\sigma} : \delta \boldsymbol{d} \, \mathrm{d}v = \int_{\partial B_t^\sigma} \boldsymbol{t}^0 \cdot \delta \boldsymbol{v} \, \mathrm{d}s + \int_{B_t} \rho \boldsymbol{g} \cdot \delta \boldsymbol{v} \, \mathrm{d}v \\ \displaystyle\int_{B_t} \sigma_{ij} \delta d_{ij} \, \mathrm{d}v = \int_{\partial B_t^\sigma} t_i^0 \delta v_i \, \mathrm{d}s + \int_{B_t} \rho g_i \delta v_i \, \mathrm{d}v \end{cases} \tag{4.30}$$

式 (4.30) の場合，単位時間あたりの仮想仕事率である．

式 (4.29) の左辺は B_t 内において静的可容応力 $\boldsymbol{\sigma}$ が仮想ひずみ $\delta \boldsymbol{\varepsilon}$ との間になす**内部仮想仕事**であり，右辺は与えられた外力が仮想変位 $\delta \boldsymbol{u}$ との間になす**外部仮想仕事**を表している．すなわち，与えられた外力がなす外部仮想仕事は，それらの外力とつり合う静的可容応力がなす内部仮想仕事に等しいということである．この命題を**仮想仕事の原理**といい，式 (4.29) を**仮想仕事式**という†．

以上，運動学的可容変位の変分である仮想変位 $\delta \boldsymbol{u}$ を導入して，仮想仕事の原理に基づいて式 (4.28) から直接的に式 (4.29) の仮想仕事式を導いた．また，変分法に基づいて，式 (4.24) が恒等的に 0 となる汎関数

$$\begin{aligned} \psi_\sigma(\boldsymbol{u}) &= \int_{B_t} \boldsymbol{\sigma} : \boldsymbol{\varepsilon}(\boldsymbol{u}) \, \mathrm{d}v - \int_{\partial B_t^\sigma} \boldsymbol{t}^0 \cdot \boldsymbol{u} \, \mathrm{d}s - \int_{\partial B_t^u} \boldsymbol{t} \cdot \boldsymbol{u}^0 \, \mathrm{d}s - \int_{B_t} \rho \boldsymbol{g} \cdot \boldsymbol{u} \, \mathrm{d}v \\ &= 0 \end{aligned} \tag{4.31}$$

と見なし，その第 1 変分

---

† 前述のように，式 (4.24) も仮想仕事式と呼ばれることが多い．

$$\delta\psi_\sigma(\boldsymbol{u}) = \left.\frac{\mathrm{d}\psi_\sigma(\boldsymbol{u}+h\delta\boldsymbol{u})}{\mathrm{d}h}\right|_{h=0} = 0 \tag{4.32}$$

を計算する変分操作によっても，式 (4.29) の仮想仕事式を導くことができる†.

例題 4.6 内部仮想仕事と外部仮想仕事

図 4.6 のように，$x=0$ で壁に固定された長さ l，断面積 A の均質な棒において，$x=l$ の端部に力 $f=\alpha A$ が与えられている．以下の問いに答えよ．

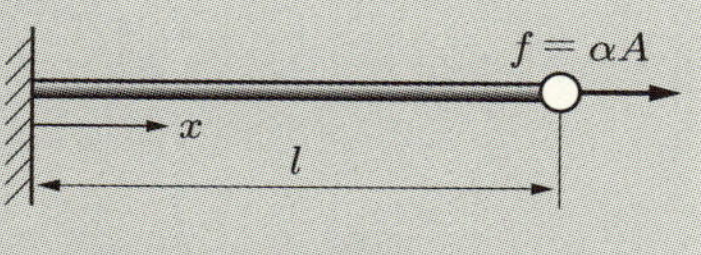

図 4.6 壁に固定された棒

(1) 棒内部に生じる軸応力 σ を求めよ．

(2) 仮想変位を $\delta u=\beta x$ とするとき，内部仮想仕事 δW_{int} と外部仮想仕事 δW_{ext} を求めよ．

(3) $\delta u=\beta x^2$ として，δW_{int} と δW_{ext} を求めよ．

解

(1) 棒の断面積は A で一定であることから，内部には位置 x によらず一様な軸応力 σ が生じる．また，荷重境界 $x=l$ において，外力による表面力とつり合う．したがって，次のようになる．

$$\sigma = t^0 = \frac{f}{A} = \frac{\alpha A}{A} = \alpha$$

(2) 与えられた $\delta u(x)$ は ∂B_t^u 上で $\delta u(0)=0$ であり，仮想変位としての条件を確かに満たしている．この仮想変位 $\delta u=\beta x$ に対する仮想ひずみ $\delta\varepsilon$ は次の式で求められる．

$$\delta\varepsilon(x) = \frac{\mathrm{d}\{\delta u(x)\}}{\mathrm{d}x} = \beta$$

したがって，内力 σ がなす仮想仕事 δW_{int} は次のように求められる．

$$\delta W_{\mathrm{int}} = \int_{B_t} \boldsymbol{\sigma} : \delta\boldsymbol{\varepsilon}\ \mathrm{d}v = \int_0^l \sigma(\delta\varepsilon)A\ \mathrm{d}x = \int_0^l \alpha\beta A\ \mathrm{d}x = \alpha\beta A l$$

ここで，(1) で荷重境界条件から求めた $\sigma=\alpha$ を用いている．

また，∂B_t^σ は $x=l$ だけであることに留意すると，外力 f がなす仮想仕事 δW_{ext} は次のように求められる．

$$\delta W_{\mathrm{ext}} = \int_{\partial B_t^\sigma} \boldsymbol{t}^0 \cdot \delta\boldsymbol{u}\ \mathrm{d}s = t^0 \cdot \delta u(l) = \alpha A \cdot \beta l = \alpha\beta A l$$

† 接ベクトルは方向微分（ガトー微分）と見なすことができる．解析力学などの書籍では，オイラー－ラグランジュの運動方程式として詳しく説明されている．

得られた結果を比較すると，内部仮想仕事 δW_{int} と外部仮想仕事 δW_{ext} は全く等しい値をとり，仮想仕事の原理が成立していることが確認できる．

(3) 与えられた $\delta u(x) = \beta x^2$ もまた ∂B_t^u 上で $\delta u(0) = 0$ であり，仮想変位としての条件を満たす．仮想ひずみ $\delta\varepsilon$ は次の式で求められる．

$$\delta\varepsilon(x) = \frac{\mathrm{d}\{\delta u(x)\}}{\mathrm{d}x} = 2\beta x$$

したがって，内部仮想仕事 δW_{int} は

$$\delta W_{\text{int}} = \int_{B_t} \boldsymbol{\sigma} : \delta\boldsymbol{\varepsilon}\ \mathrm{d}v = \int_0^l \sigma(\delta\varepsilon)A\ \mathrm{d}x = \int_0^l \alpha(2\beta x)A\ \mathrm{d}x = \alpha\beta A l^2$$

となり，外部仮想仕事 δW_{ext} は次のように求められる．

$$\delta W_{\text{ext}} = \int_{\partial B_t^\sigma} \boldsymbol{t}^0 \cdot \delta\boldsymbol{u}\ \mathrm{d}s = t^0 \cdot \delta u(l) = \alpha A \cdot \beta l^2 = \alpha\beta A l^2$$

異なる仮想変位 $\delta u(x)$ を用いると，それぞれの仮想仕事の値は (2) と異なる結果になるが，$\delta W_{\text{int}} = \delta W_{\text{ext}}$ の関係は変わることなく成立している．

【例題 4.6】では，構成則などの材料の性質などは全く与えていない．そのため，この棒が変形するかどうかさえ不明のままである．しかし，仮想仕事の原理は，静的可容応力 σ と仮想変位 δu について常に成立し，どんな材料に対しても適用できることがわかる．

例題 4.7 ダランベールの原理に基づく動的問題の仮想仕事式

式 (4.11) の連続体の運動方程式 $\rho\dot{\boldsymbol{v}} = \operatorname{div}\boldsymbol{\sigma} + \rho\boldsymbol{g}$ について，ダランベールの原理を用いて，仮想仕事式を導け．

解 ダランベールの原理によれば，ニュートンの第2法則を $\boldsymbol{f} - m\boldsymbol{\alpha} = \boldsymbol{0}$ と変換することにより，「$m\boldsymbol{\alpha}$ という力（慣性力）が外力 $\boldsymbol{f}$ と反対方向に作用して，系全体で外力とつり合っている」と理解できる．すなわち，$-m\boldsymbol{\alpha}$ という慣性力を導入することにより，「動的問題を静力学的なつり合い問題として扱う」ことを意味している．

運動方程式を静的なつり合い式と読み替えて，

$$\operatorname{div}\boldsymbol{\sigma} + \rho(\boldsymbol{g} - \dot{\boldsymbol{v}}) = \boldsymbol{0}$$

のつり合い式を満たす静的可容応力 $\boldsymbol{\sigma}$ と，任意の仮想変位 $\delta\boldsymbol{u}$ を別々に定義する．ここで，$\rho\dot{\boldsymbol{v}}$ は B_t に作用する外力（物体力）の一つとして扱っている．

以上より，静的問題と同様に仮想仕事式を導くと，

$$\int_{B_t} \boldsymbol{\sigma} : \delta\boldsymbol{\varepsilon}\ \mathrm{d}v = \int_{\partial B_t^\sigma} \boldsymbol{t}^0 \cdot \delta\boldsymbol{u}\ \mathrm{d}s + \int_{B_t} \rho(\boldsymbol{g} - \dot{\boldsymbol{v}}) \cdot \delta\boldsymbol{u}\ \mathrm{d}v$$

となるので，

$$\int_{B_t} \rho \dot{\boldsymbol{v}} \cdot \delta \boldsymbol{u} \, \mathrm{d}v + \int_{B_t} \boldsymbol{\sigma} : \delta \boldsymbol{\varepsilon} \, \mathrm{d}v = \int_{\partial B_t^\sigma} \boldsymbol{t}^0 \cdot \delta \boldsymbol{u} \, \mathrm{d}s + \int_{B_t} \rho \boldsymbol{g} \cdot \delta \boldsymbol{u} \, \mathrm{d}v$$

と求めることができる．

動的問題であるので，運動学的に可容な加速度，速度，変位が力学問題の解となるが，静的可容応力と仮想変位はそれぞれが関連性なく独立な組として定義できるので，仮想変位 $\delta \boldsymbol{u}$ のみを用いて仮想仕事式を作ることが可能である．このことからも，仮想仕事式で用いる仮想変位（または，運動学的可容変位）場は，運動方程式を満足する**解の変位**（**運動の変数**）であるとは限らないことがわかる．

例題 4.8 変分法による仮想仕事式の誘導

図 4.7 のような試験片について，1 次元問題としてモデル化した次のつり合い式について考える．

$$\frac{\mathrm{d}\sigma(x)}{\mathrm{d}x} + f(x) = 0$$

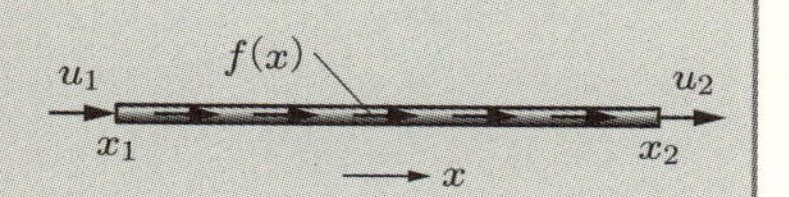

図 4.7 両端が変位してつり合う試験片

以下の問いに答えよ．ただし，試験片はその両端 $u(x_1) = u_1$，$u(x_2) = u_2$ の変位をもってつり合うものとし，試験片の断面積は位置 x によらず A とする．

(1) 運動学的可容変位場 U を次のような関数の集合として定義する†．

$$U = \left\{ u \in C^1([x_1, x_2]) \mid u(x_1) = u_1,\, u(x_2) = u_2 \right\}$$

つり合い式に任意の運動学的可容変位 $u \in U$ を掛けて，$[x_1, x_2]$ 上で体積積分せよ．ただし，$\varepsilon(x) = \mathrm{d}u/\mathrm{d}x$ とする．

(2) 仮想変位場 W を次のような関数の集合として定義する．

$$W = \left\{ \delta u \in C^1([x_1, x_2]) \mid \delta u(x_1) = \delta u(x_2) = 0 \right\}$$

つり合い式に任意の仮想変位 $\delta u \in W$ を掛けて，$[x_1, x_2]$ 上で体積積分せよ．ただし，$\delta\varepsilon(x) = \mathrm{d}(\delta u)/\mathrm{d}x$ とする．

(3) ある静的可容応力 $\sigma(x)$ を一つ固定して，任意の運動学的可容変位 $u \in U$ に対して次の汎関数 $\psi_\sigma(u)$ を定義する．

$$\psi_\sigma(u) = \int_{x_1}^{x_2} \frac{\mathrm{d}\sigma(x)}{\mathrm{d}x} u(x) A \, \mathrm{d}x + \int_{x_1}^{x_2} f(x) u(x) A \, \mathrm{d}x$$

† $u \in C^1([x_1, x_2])$ は，区間 $[x_1, x_2]$ において，関数 u の 1 階微分が連続な関数になることを示す．

h を十分に小さい実数とし，次の微分を求めよ．

$$\psi'_\sigma = \lim_{h\to 0} \frac{\psi_\sigma(u + h\delta u) - \psi_\sigma(u)}{h}$$

解　(1) つり合い式の両辺に $u \in U$ を掛けて体積積分する．

$$0 = \int_{x_1}^{x_2} \int_A \left\{ \frac{\mathrm{d}\sigma(x)}{\mathrm{d}x} + f(x) \right\} u(x)\ \mathrm{d}A\mathrm{d}x$$
$$= \int_{x_1}^{x_2} \frac{\mathrm{d}\sigma(x)}{\mathrm{d}x} u(x) A\ \mathrm{d}x + \int_{x_1}^{x_2} f(x) u(x) A\ \mathrm{d}x$$

第1項について部分積分を行い，$u \in U$ を考慮すると，

$$\int_{x_1}^{x_2} \frac{\mathrm{d}\sigma}{\mathrm{d}x} u(x) A\ \mathrm{d}x = [\sigma(x)u(x)A]_{x_1}^{x_2} - \int_{x_1}^{x_2} \sigma(x) \frac{\mathrm{d}u(x)}{\mathrm{d}x} A\ \mathrm{d}x$$
$$= \sigma(x_2)Au_2 - \sigma(x_1)Au_1 - \int_{x_1}^{x_2} \sigma(x)\varepsilon(x)A\ \mathrm{d}x$$

となる．したがって，もとの式は次のように変位境界に関する項を有する形で整理される．

$$\int_{x_1}^{x_2} \sigma(x)\varepsilon(x)A\ \mathrm{d}x - \sigma(x_2)Au_2 + \sigma(x_1)Au_1 - \int_{x_1}^{x_2} f(x)u(x)A\ \mathrm{d}x = 0$$

(2) (1) と同様に式を展開する．つり合い式の両辺に $\delta u \in W$ を掛けて，体積積分する．

$$\int_{x_1}^{x_2} \frac{\mathrm{d}\sigma(x)}{\mathrm{d}x} \delta u(x) A\ \mathrm{d}x + \int_{x_1}^{x_2} f(x)\delta u(x) A\ \mathrm{d}x = 0$$

第1項について部分積分を行い，$\delta u \in W$ すなわち $\delta u(x_1) = \delta u(x_2) = 0$ を考慮すると，

$$\int_{x_1}^{x_2} \frac{\mathrm{d}\sigma}{\mathrm{d}x} \delta u(x) A\ \mathrm{d}x = [\sigma(x)\delta u(x)A]_{x_1}^{x_2} - \int_{x_1}^{x_2} \sigma(x) \frac{\mathrm{d}\delta u(x)}{\mathrm{d}x} A\ \mathrm{d}x$$
$$= -\int_{x_1}^{x_2} \sigma(x)\delta\varepsilon(x)A\ \mathrm{d}x$$

となる．したがって，もとの式を整理すると，次の仮想仕事式が得られる．

$$\int_{x_1}^{x_2} \sigma(x)\delta\varepsilon(x)A\ \mathrm{d}x - \int_{x_1}^{x_2} f(x)\delta u(x)A\ \mathrm{d}x = 0$$

(1) の結果と比較すると，仮想変位の条件 $\delta u(x_1) = \delta u(x_2) = 0$ により，変位境界に関する項が消えていることがわかる．

(3) $u \in U$，$\delta u \in W$ より，$u(x) + h\delta u(x)$ もまた $u(x_1) + h\delta u(x_1) = u(x_1) =$

u_1，$u(x_2) + h\delta u(x_2) = u(x_2) = u_2$ を満たす C^1 連続な運動学的可容変位 $u + h\delta u \in U$ である．

また，汎関数 $\psi_\sigma(u)$ は，(1) ですでに計算した体積積分の式であるので，汎関数 $\psi_\sigma(u + h\delta u)$ は次のように整理できる．

$$\begin{aligned}\psi_\sigma(u + h\delta u) &= \int_{x_1}^{x_2} \frac{\mathrm{d}\sigma(x)}{\mathrm{d}x}(u + h\delta u)A \, \mathrm{d}x + \int_{x_1}^{x_2} f(x)(u + h\delta u)A \, \mathrm{d}x \\ &= -\int_{x_1}^{x_2} \sigma(x)\frac{\mathrm{d}(u + h\delta u)}{\mathrm{d}x}A \, \mathrm{d}x + \sigma(x_2)Au_2 - \sigma(x_1)Au_1 \\ &\quad + \int_{x_1}^{x_2} f(x)(u + h\delta u)A \, \mathrm{d}x\end{aligned}$$

次に，$\psi_\sigma(u + h\delta u) - \psi_\sigma(u)$ を計算すると，

$$\begin{aligned}\psi_\sigma(u + h\delta u) - \psi_\sigma(u) &= -\int_{x_1}^{x_2} \sigma(x)\frac{\mathrm{d}(u + h\delta u)}{\mathrm{d}x}A \, \mathrm{d}x + \sigma(x_2)Au_2 \\ &\quad - \sigma(x_1)Au_1 + \int_{x_1}^{x_2} f(x)(u + h\delta u)A \, \mathrm{d}x \\ &\quad + \int_{x_1}^{x_2} \sigma(x)\frac{\mathrm{d}u}{\mathrm{d}x}A \, \mathrm{d}x - \sigma(x_2)Au_2 \\ &\quad + \sigma(x_1)Au_1 - \int_{x_1}^{x_2} f(x)uA \, \mathrm{d}x \\ &= -\int_{x_1}^{x_2} \sigma(x)h\frac{\mathrm{d}(\delta u)}{\mathrm{d}x}A \, \mathrm{d}x \\ &\quad + \int_{x_1}^{x_2} f(x)h\delta uA \, \mathrm{d}x\end{aligned}$$

となるので，最終的に求めるべき微分は

$$\begin{aligned}\psi'_\sigma &= \lim_{h \to 0} \frac{\psi_\sigma(u + h\delta u) - \psi_\sigma(u)}{h} \\ &= -\int_{x_1}^{x_2} \sigma(x)\frac{\mathrm{d}(\delta u)}{\mathrm{d}x}A \, \mathrm{d}x + \int_{x_1}^{x_2} f(x)\delta uA \, \mathrm{d}x\end{aligned}$$

と整理できる．

ψ'_σ は，u から δu だけ変化させるときの汎関数 $\psi_\sigma(u)$ の変化を表している．これを $\psi_\sigma(u)$ の点 u における δu 方向への**ガトー微分（方向微分）**といい，次のように表せる†．

† 同様の考え方で，多次元空間に拡張することができる．その場合も，$\delta u \to \delta \boldsymbol{u}$ という空間内の方向を表し，$h \to 0$ に関する極限をとる．

$$\mathrm{D}\psi_\sigma(u)[\delta u] = \lim_{h\to 0}\frac{\psi_\sigma(u+h\delta u)-\psi_\sigma(u)}{h} = \left.\frac{\mathrm{d}\psi_\sigma(u+h\delta u)}{\mathrm{d}h}\right|_{h=0}$$

変分法では，このガトー微分を変関数 u の変分 δu に対する $\psi_\sigma(u)$ の第1変分または単に $\psi_\sigma(u)$ の変分と呼ぶ.

ここで，汎関数 $\psi_\sigma(u)$ は，(1) ですでに計算した体積積分の式であり，静的可容応力と運動学的可容変位に関する恒等式であるので，$\psi_\sigma(u)=\psi_\sigma(u+h\delta u)=0$ である．そのため，$h\to 0$ の過程で汎関数の変化 $\psi'_\sigma(u)=0$ である．したがって，ここで求めた微分は

$$\psi'_\sigma = -\int_{x_1}^{x_2}\sigma(x)\frac{\mathrm{d}(\delta u)}{\mathrm{d}x}A\ \mathrm{d}x + \int_{x_1}^{x_2} f(x)\delta u A\ \mathrm{d}x = 0$$

となる．したがって，(2) で計算した仮想仕事式は，汎関数 $\psi_\sigma(u)$ の第1変分が0となることを表している.

4.3 強形式と弱形式

物体のつり合い状態は，式 (4.12) の局所的な力のつり合い式や式 (4.29) の大域的な仮想仕事式によって等価に表される．このうち，式 (4.12) は**強形式**と呼ばれ，式 (4.29) は**弱形式**と呼ばれる．多くの場合，有限要素法は弱形式に基づいて定式化が行われる．そこで，式 (4.12)，(4.29) の比較を通して，弱形式の性質をまとめておく.

力のつり合いは，現在配置 B_t 上のすべての位置 $\boldsymbol{x}$ で成り立つ二つの平衡条件式

$$\mathrm{div}\,\boldsymbol{\sigma} + \rho\boldsymbol{g} = \boldsymbol{0} \qquad (B_t \text{ 内部で}) \tag{4.12 再掲}$$

$$\boldsymbol{\sigma} = \boldsymbol{\sigma}^T \qquad (B_t \text{ 内部で}) \tag{4.14 再掲}$$

と，荷重境界 ∂B_t^σ 上での荷重境界条件

$$\boldsymbol{\sigma}\boldsymbol{n} = \boldsymbol{t}^0 \qquad (\partial B_t^\sigma \text{ 上で}) \tag{4.33}$$

という複数のベクトル方程式によって記述される．したがって，式 (4.12)，(4.14) が領域 B_t 内のいたる点で成立し，式 (4.33) の荷重境界条件式は荷重境界上で成立する必要がある.

これに対して，式 (4.29) の仮想仕事式は物体全体の仕事（積分量）について成立する式であるので，次のような一つのスカラー方程式で記述される.

$$\int_{B_t}\boldsymbol{\sigma} : \left[\frac{\partial\delta\boldsymbol{u}}{\partial\boldsymbol{x}}\right]_{\mathrm{s}}\mathrm{d}v = \int_{\partial B_t^\sigma}\boldsymbol{t}^0\cdot\delta\boldsymbol{u}\,\mathrm{d}s + \int_{B_t}\rho\boldsymbol{g}\cdot\delta\boldsymbol{u}\,\mathrm{d}v \tag{4.34}$$

スカラーの式であるため，座標変換が容易である．したがって，どのような座標系を参照して仮想仕事式を記述したとしても，領域 B_t 全体で積分した外部仮想仕事と内部仮想仕事が等しくなればよい．そして，式 (4.34) の右辺第 1 項には，荷重境界 ∂B_t^σ 上での式 (4.33) の荷重境界条件式が自然に考慮されている[†1]．

さらに，具体的な境界値問題が成立することを前提として，材料の構成則を考える．ひずみテンソルは変位の勾配によって表される関数 $\boldsymbol{\varepsilon}(\partial \boldsymbol{u}/\partial \boldsymbol{x})$ であり，応力テンソルはひずみテンソルを変数にもつ関数 $\boldsymbol{\sigma}(\boldsymbol{\varepsilon})$ であるとする．式 (4.12) には $\mathrm{div}\,\boldsymbol{\sigma}(\boldsymbol{\varepsilon})$ が含まれることから，解の関数である変位 $\boldsymbol{u}$ に対して 2 階微分が含まれる．一方，式 (4.34) では 1 階微分に低減されている．すなわち，局所的な力のつり合い式を用いる場合，変位 $\boldsymbol{u}$ は 2 階微分までが可能な関数でなければならないが，仮想仕事式では変位 $\boldsymbol{u}$ は 1 階微分可能な関数でもよいことになり，関数の滑らかさに対する要求が弱くなっている．この意味から，式 (4.34) を弱形式と呼び，式 (4.12) のもとの力のつり合い式を強形式と呼ぶことがある[†2]．

例題 4.9 強形式と弱形式

図 4.8 のような試験片について，$\sigma = E(\partial u/\partial x)$ という関係式が成り立つ．

力のつり合い式と仮想仕事式を求めよ．ただし，試験片の断面積は A とする．

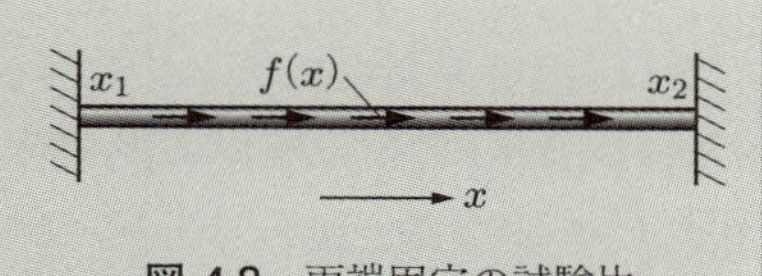

図 4.8 両端固定の試験片

解 与えられた関係式を局所的な力のつり合い式に代入すると，次のように求められる．

$$\frac{\partial}{\partial x}\left(E\frac{\partial u}{\partial x}\right) + f(x) = E\frac{\partial^2 u}{\partial x^2} + f(x) = 0$$

一方，関係式を仮想仕事式に代入すると，次のように整理できる．

$$\int_{B_t} \sigma \frac{\partial \delta u}{\partial x}\,\mathrm{d}v - \int_{B_t} f(x)\delta u\,\mathrm{d}v = \int_{x_1}^{x_2} EA\frac{\partial u}{\partial x}\frac{\partial \delta u}{\partial x}\,\mathrm{d}x - \int_{x_1}^{x_2} f(x)\delta u A\,\mathrm{d}x = 0$$

以上より，局所的な力のつり合い式では u の 2 階導関数が現れるのに対して，仮想仕事式では u の 1 階導関数しか現れない．u の関数に求められる滑らかさが緩和されていることがわかる．

---

†1 この意味で，荷重境界条件（ノイマン境界条件）を自然境界条件と呼ぶことが多い．

†2 点ごとの力のつり合い式を物体全体について成り立つ一つのつり合い式に変換するという意味合いから，式 (4.34) を弱形式と呼ぶこともあるが，その場合でもこれらの性質が成り立つことに変わりはない．

4.4 重み付き残差法としての仮想仕事式

静的可容応力 $\boldsymbol{\sigma}(\boldsymbol{x})$ は式 (4.12) の力のつり合い式を満たすので，任意の滑らかなベクトル場 $\boldsymbol{w}(\boldsymbol{x})$（＝重み）との内積について，次の式が常に成立する．

$$\int_{B_t} (\mathrm{div}\,\boldsymbol{\sigma} + \rho \boldsymbol{g}) \cdot \boldsymbol{w}\ \mathrm{d}v = 0, \quad \int_{B_t} \left(\frac{\partial \sigma_{ij}}{\partial x_j} + \rho g_i \right) w_i\ \mathrm{d}v = 0 \tag{4.35}$$

式 (4.35) に積の微分公式，発散定理，コーシーの式を順に適用すると，静的可容応力 $\boldsymbol{\sigma}$ について次の式が導かれる．

$$\begin{cases} \displaystyle\int_{B_t} \boldsymbol{\sigma} : \left[\frac{\partial \boldsymbol{w}}{\partial \boldsymbol{x}} \right]_{\mathrm{s}} \mathrm{d}v = \int_{\partial B_t^\sigma} \boldsymbol{t}^0 \cdot \boldsymbol{w}\, \mathrm{d}s + \int_{\partial B_t^u} \boldsymbol{t} \cdot \boldsymbol{w}\, \mathrm{d}s + \int_{B_t} \rho \boldsymbol{g} \cdot \boldsymbol{w}\, \mathrm{d}v \\ \displaystyle\int_{B_t} \sigma_{ij} \left[\frac{\partial w_i}{\partial x_j} \right]_{\mathrm{s}} \mathrm{d}v = \int_{\partial B_t^\sigma} t_i^0 w_i\ \mathrm{d}s + \int_{\partial B_t^u} t_i w_i\ \mathrm{d}s + \int_{B_t} \rho g_i w_i\ \mathrm{d}v \end{cases} \tag{4.36}$$

ただし，全境界面は $\partial B_t = \partial B_t^\sigma \cup \partial B_t^u$ のように分けることができ，荷重境界 ∂B_t^σ 上では式 (4.33) の荷重境界条件を満たすことを用いている．第2項の変位境界 ∂B_t^u 上の表面力 t_i は支持反力であり，$\boldsymbol{\sigma}$ に対してコーシーの式を満たすように決まるため，あらかじめ反力を与えることはできない．また，左辺には，任意の2階テンソルは対称部分と反対称部分に一意に分解でき，対称テンソルと反対称テンソルとの内積は0になることを用いている．式 (4.35)，(4.36) は静的可容応力 $\boldsymbol{\sigma}$ が満たす恒等式であるので，つり合い状態を表す積分形式の式である．

このように，重み付き残差法に基づいて，B_t 内の点ごとのつり合い式から物体全体（系）について成り立つ条件式を誘導しても，式 (4.24) と同様の内容を有する積分形式の式を導くことができる．しかし，この場合の $\boldsymbol{w}(\boldsymbol{x})$ は任意のベクトル場であるため，仕事という物理的な意味合いを有していない．

例題 4.10 静的可容応力が満たす積分形式のつり合い式

局所的な力のつり合い式の重み付き体積積分

$$\int_{B_t} \left(\frac{\partial \sigma_{ij}}{\partial x_j} + \rho g_i \right) w_i\ \mathrm{d}v = 0$$

から，式 (4.36) を導け．

解 式 (4.35) に積の微分公式，発散定理を順に適用すると，次のように書き換えられる．

$$\begin{aligned}0 &= \int_{B_t} \frac{\partial \sigma_{ij}}{\partial x_j} w_i \,\mathrm{d}v + \int_{B_t} \rho g_i w_i \,\mathrm{d}v \\ &= \int_{B_t} \frac{\partial(\sigma_{ij} w_i)}{\partial x_j} \,\mathrm{d}v - \int_{B_t} \sigma_{ij} \frac{\partial w_i}{\partial x_j} \,\mathrm{d}v + \int_{B_t} \rho g_i w_i \,\mathrm{d}v \quad (\because \text{積の微分公式}) \\ &= \int_{\partial B_t} \sigma_{ij} w_i n_j \,\mathrm{d}s - \int_{B_t} \sigma_{ij} \frac{\partial w_i}{\partial x_j} \,\mathrm{d}v + \int_{B_t} \rho g_i w_i \,\mathrm{d}v \quad (\because \text{発散定理})\end{aligned}$$

全境界面は $\partial B_t = \partial B_t^\sigma \cup \partial B_t^u$ であることと，荷重境界 ∂B_t^σ 上では式 (4.33) の荷重境界条件を満たすことを考慮すると，第 1 項は

$$\int_{\partial B_t} \sigma_{ij} w_i n_j \,\mathrm{d}s = \int_{\partial B_t^\sigma} t_i^0 w_i \,\mathrm{d}s + \int_{\partial B_t^u} t_i w_i \,\mathrm{d}s$$

となる．また，$\boldsymbol{\sigma}$ が対称テンソルであることから，第 2 項は次のように書き換えられる．

$$\int_{B_t} \sigma_{ij} \frac{\partial w_i}{\partial x_j} \,\mathrm{d}v = \int_{B_t} \sigma_{ij} \left[\frac{\partial w_i}{\partial x_j} \right]_{\mathrm{s}} \,\mathrm{d}v$$

これを左辺に移項すると，最終的に次のように式 (4.36) が導かれる．

$$\int_{B_t} \sigma_{ij} \left[\frac{\partial w_i}{\partial x_j} \right]_{\mathrm{s}} \,\mathrm{d}v = \int_{\partial B_t^\sigma} t_i^0 w_i \,\mathrm{d}s + \int_{\partial B_t^u} t_i w_i \,\mathrm{d}s + \int_{B_t} \rho g_i w_i \,\mathrm{d}v$$

第5章　さまざまな応力テンソル

第 4 章では，変形しながらつり合っている物体 B_t に対する物理法則を式 (4.29) の仮想仕事式で表した．式 (4.29) は，式 (4.17) に示すように，単位領域あたりの仮想仕事を，変形後の現在配置 B_t にわたって積分することで与えられた．単位領域は空間座標に基づいて決定しているので，式 (4.29) は**空間表示の仮想仕事式**である．空間表示の仮想仕事式は，変形にともなって積分領域が変化するため，実際の計算は複雑になる．

この章では，積分変数を空間表示から物質表示に変換して，単位領域を基準配置 B_0 に基づいて決定することで，空間表示の仮想仕事式から**物質表示の仮想仕事式**に書き換える．これにより，積分領域は基準配置 B_0 となり，物体が変形しても仮想仕事式の積分領域は変化しない．

そして，仮想仕事式を物質表示へ書き換える過程で，さまざまな運動の変数（ひずみテンソル）を用いると，各ひずみテンソルに対応した**さまざまな応力テンソル**が次々と現れる．仕事の書き換えによって導出されるさまざまな応力テンソルには，コーシー応力テンソルのように物理的な解釈が可能なものと困難なものがある．その場合も，線形変換作用素という 2 階テンソルの機能を意識して，理解の助けにしてほしい．また，連続体の単純な一様変形問題を通じて，さまざまな応力テンソルがどのように与えられ，その結果として具体的にどのような値を示すかについて学習する．

5.1　内部仮想仕事を与える力の変数と運動の変数の組み合わせ

つり合っている物体では，外部仮想仕事は，内部仮想仕事に等しく，仮想仕事式が必ず成立する．式 (4.29) に示したように，仮想変位ベクトルを $\delta\boldsymbol{u}$ とすると，コーシー応力テンソル $\boldsymbol{\sigma}$ と微小ひずみテンソル[†] $\boldsymbol{\varepsilon}$ を用いて，空間表示による仮想仕事式は次式で表される．

$$\int_{B_t} \boldsymbol{\sigma} : \delta\boldsymbol{\varepsilon}\ \mathrm{d}v = \int_{B_t} \rho\boldsymbol{g} \cdot \delta\boldsymbol{u}\ \mathrm{d}v + \int_{\partial B_t^\sigma} \boldsymbol{t}^0 \cdot \delta\boldsymbol{u}\ \mathrm{d}s \tag{5.1}$$

式 (5.1) において，$\boldsymbol{\sigma}$ と $\delta\boldsymbol{\varepsilon}$ は，変形後の現在配置 B_t の体積に関して，正しく内部仮想仕事を与える力の変数と運動の変数の組み合わせであることを示している．

また，式 (4.30) に示したように，仮想変位ベクトルの代わりに仮想速度ベクトル $\delta\boldsymbol{v}$

† この章での微小ひずみテンソルという表現は，式 (4.23) に示す変位の空間微分 $\nabla_x\boldsymbol{u} = \partial\boldsymbol{u}/\partial\boldsymbol{x}$ の対象部分を便宜上表したもので，式 (5.1) をはじめとした仮想仕事式は，微小変形理論に限らず一般的に成り立つ．

を用いることもでき，空間表示の仮想仕事式は次式で表される．

$$\int_{B_t} \boldsymbol{\sigma} : \delta \boldsymbol{d} \, \mathrm{d}v = \int_{B_t} \rho \boldsymbol{g} \cdot \delta \boldsymbol{v} \, \mathrm{d}v + \int_{\partial B_t^\sigma} \boldsymbol{t}^0 \cdot \delta \boldsymbol{v} \, \mathrm{d}s \tag{5.2}$$

この場合は，$\boldsymbol{\sigma}$ と $\delta \boldsymbol{d}$ が，正しく内部仮想仕事を与える組み合わせとなる．このような力の変数と運動の変数の関係を「仕事に関して共役である」という．

以下では，式 (5.1) の変位ベクトルを用いた空間表示の仮想仕事式を物質表示の仮想仕事式に書き換えていくことにより，正しく内部仮想仕事を与える力の変数と運動の変数の組み合わせが次々と現れることを示す．

5.2 キルヒホッフ応力テンソル

式 (5.1) の仮想仕事式を空間座標 $\boldsymbol{x}$ から物質座標 $\boldsymbol{X}$ に変換する．まず，微小体積と微小面積は，式 (3.25)，(3.36) より，それぞれ次式で表される．

$$\mathrm{d}v = J \mathrm{d}V, \quad \mathrm{d}s = \frac{J}{\sqrt{\boldsymbol{n} \cdot \boldsymbol{b} \boldsymbol{n}}} \mathrm{d}S \tag{5.3}$$

これらを用いると，式 (5.1) の仮想仕事式は次のようになる．

$$\int_{B_0} \boldsymbol{\tau} : \delta \boldsymbol{\varepsilon} \, \mathrm{d}V = \int_{B_0} \rho_0 \boldsymbol{g} \cdot \delta \boldsymbol{u} \, \mathrm{d}V + \int_{\partial B_0^\sigma} \boldsymbol{T}^0 \cdot \delta \boldsymbol{u} \, \mathrm{d}S \tag{5.4}$$

ここで，右辺の ρ_0 と $\boldsymbol{T}^0$ はそれぞれ次式で表される．

$$\rho_0 = J \rho \,, \quad \boldsymbol{T}^0 = \frac{J}{\sqrt{\boldsymbol{n} \cdot \boldsymbol{b} \boldsymbol{n}}} \boldsymbol{t}^0 \tag{5.5}$$

左辺の $\boldsymbol{\tau}$ は**キルヒホッフ応力テンソル**であり，次式で表される．

$$\boldsymbol{\tau} = J \boldsymbol{\sigma} = J \sigma_{ij} (\boldsymbol{e}_i \otimes \boldsymbol{e}_j) \tag{5.6}$$

式 (5.4) より，キルヒホッフ応力テンソル $\boldsymbol{\tau}$ は，微小ひずみテンソル $\delta \boldsymbol{\varepsilon}$ との内積により，変形前の基準配置 B_0 における内部仮想仕事を正しく与える力の変数となる．

キルヒホッフ応力テンソル $\boldsymbol{\tau}$ は，式 (5.1) の仮想仕事式を現在配置 B_t の体積積分から基準配置 B_0 の体積積分に書き換える過程で導出される．このとき，式 (5.6) の基底を見てわかるように，キルヒホッフ応力テンソル $\boldsymbol{\tau}$ は現在配置 B_t を参照するテンソルである．微小ひずみテンソル $\boldsymbol{\varepsilon}$ も，$\boldsymbol{\tau}$ と同様に B_t を参照するテンソルであるので，式 (5.4) は，現在配置 B_t を参照するテンソルで表される内部仮想仕事を被積分関数として，積分領域 B_0 について体積積分することを意味する．したがって，物質表示の仮想仕事式への書き換えがまだ完全ではない.

5.3 第1ピオラ - キルヒホッフ応力テンソル

式 (5.4) の仮想仕事式における運動の変数を，微小ひずみテンソル $\boldsymbol{\varepsilon}$ から変形勾配テンソル $\boldsymbol{F}$ に書き換える．コーシー応力テンソルの対称性を利用すると，単位体積あたりの内部仮想仕事は次のように書き換えられる．

$$\boldsymbol{\tau} : \delta\boldsymbol{\varepsilon} = J\boldsymbol{\sigma} : \left\{ \frac{\partial(\delta \boldsymbol{u})}{\partial \boldsymbol{x}} \right\} = J\boldsymbol{\sigma} : (\delta \boldsymbol{F})\boldsymbol{F}^{-1} = J\boldsymbol{\sigma}\boldsymbol{F}^{-T} : \delta\boldsymbol{F} = \boldsymbol{P} : \delta\boldsymbol{F} \tag{5.7}$$

式 (5.7) を用いると，式 (5.4) の仮想仕事式は次式のように書き換えられる．

$$\int_{B_0} \boldsymbol{P} : \delta\boldsymbol{F} \,\mathrm{d}V = \int_{B_0} \rho_0 \boldsymbol{g} \cdot \delta\boldsymbol{u} \,\mathrm{d}V + \int_{\partial B_0^\sigma} \boldsymbol{T}^0 \cdot \delta\boldsymbol{u} \,\mathrm{d}S \tag{5.8}$$

式 (5.7)，(5.8) は，$\delta\boldsymbol{F}$ と $J\boldsymbol{\sigma}\boldsymbol{F}^{-T}$ が正しく内部仮想仕事を与える組み合わせであることを示している．この応力テンソル $J\boldsymbol{\sigma}\boldsymbol{F}^{-T}$ を**第1ピオラ - キルヒホッフ応力テンソル**といい，次のように $\boldsymbol{P}$ で表す．

$$\boldsymbol{P} = J\boldsymbol{\sigma}\boldsymbol{F}^{-T} = J\sigma_{ik}{F^{-1}}_{Jk}(\boldsymbol{e}_i \otimes \boldsymbol{E}_J) \tag{5.9}$$

基底表示を見るとわかるように，$\boldsymbol{P}$ は $\boldsymbol{F}$ と同様に，ツーポイントテンソル†であり，対称テンソルでもない．

第1ピオラ - キルヒホッフ応力テンソル $\boldsymbol{P}$ の導出過程において，運動の変数を微小ひずみテンソル $\boldsymbol{\varepsilon}$ から変形勾配テンソル $\boldsymbol{F}$ に書き換えた．しかし，第1ピオラ - キルヒホッフ応力テンソル $\boldsymbol{P}$ と変形勾配テンソル $\boldsymbol{F}$ は非対称なツーポイントテンソルであるので，得られた式 (5.8) の仮想仕事式もまだ完全に基準配置 B_0 を参照する式ではない．

例題 5.1 第1ピオラ - キルヒホッフ応力テンソルの導出（その1）

キルヒホッフ応力テンソル $\boldsymbol{\tau}$ と微小ひずみテンソル $\boldsymbol{\varepsilon}$ による単位体積あたりの内部仮想仕事 $\boldsymbol{\tau} : \delta\boldsymbol{\varepsilon}$ から，第1ピオラ - キルヒホッフ応力テンソル $\boldsymbol{P}$ を導出せよ．

解 第1ピオラ - キルヒホッフ応力テンソル $\boldsymbol{P}$ は，内部仮想仕事 $\boldsymbol{\tau} : \delta\boldsymbol{\varepsilon}$ における運動の変数を，微小ひずみテンソル $\boldsymbol{\varepsilon}$ から変形勾配テンソル $\boldsymbol{F}$ に書き換えることによって導出される．

† ツーポイントテンソルについては，3.2.2 項を参照．

2階の反対称テンソルは，2階の対称テンソルとの内積が常に0となるので，2階の対称テンソル $\boldsymbol{\sigma}$ と任意の2階テンソル $\boldsymbol{A}$ の内積は次のようになる．

$$\boldsymbol{\sigma} : \boldsymbol{A} = \boldsymbol{\sigma} : \frac{1}{2}(\boldsymbol{A} + \boldsymbol{A}^T)$$

この関係を用いると，内部仮想仕事 $\boldsymbol{\tau} : \delta\boldsymbol{\varepsilon}$ は次式で表される．

$$\boldsymbol{\tau} : \delta\boldsymbol{\varepsilon} = J\boldsymbol{\sigma} : \delta\boldsymbol{\varepsilon} = J\boldsymbol{\sigma} : \frac{1}{2}\left[\frac{\partial(\delta\boldsymbol{u})}{\partial\boldsymbol{x}} + \left\{\frac{\partial(\delta\boldsymbol{u})}{\partial\boldsymbol{x}}\right\}^T\right] = J\boldsymbol{\sigma} : \left\{\frac{\partial(\delta\boldsymbol{u})}{\partial\boldsymbol{x}}\right\}$$

また，$\delta\boldsymbol{u}$ に対する変分 $\delta\boldsymbol{F}$ は，次式のように与えられる†．

$$\delta\boldsymbol{F} = \frac{\mathrm{d}}{\mathrm{d}h}\left[\frac{\partial(\boldsymbol{x} + h\delta\boldsymbol{u})}{\partial\boldsymbol{X}}\right]_{h=0} = \frac{\partial(\delta\boldsymbol{u})}{\partial\boldsymbol{X}} = \frac{\partial(\delta\boldsymbol{u})}{\partial\boldsymbol{x}}\frac{\partial\boldsymbol{x}}{\partial\boldsymbol{X}} = \frac{\partial(\delta\boldsymbol{u})}{\partial\boldsymbol{x}}\boldsymbol{F}$$

この関係から，変形勾配テンソル $\boldsymbol{F}$ と仕事に関して共役な第1ピオラ-キルヒホッフ応力テンソル $\boldsymbol{P}$ は次のように導かれる．

$$\boldsymbol{\tau} : \delta\boldsymbol{\varepsilon} = J\boldsymbol{\sigma} : \left\{\frac{\partial(\delta\boldsymbol{u})}{\partial\boldsymbol{x}}\right\} = J\boldsymbol{\sigma} : (\delta\boldsymbol{F})\boldsymbol{F}^{-1} = J\boldsymbol{\sigma}\boldsymbol{F}^{-T} : \delta\boldsymbol{F} = \boldsymbol{P} : \delta\boldsymbol{F}$$

例題 5.2 第1ピオラ-キルヒホッフ応力テンソルの導出（その2）

式 (5.2) に示すように，仮想変位ベクトルの代わりに仮想速度ベクトルを用いて，仮想仕事の式を表すこともできる．キルヒホッフ応力テンソル $\boldsymbol{\tau}$ と変形速度テンソル $\boldsymbol{d}$ による単位体積あたりの内部仮想仕事 $\boldsymbol{\tau} : \delta\boldsymbol{d}$ から，運動の変数を $\dot{\boldsymbol{F}}$ に書き換えることにより，第1ピオラ-キルヒホッフ応力テンソル $\boldsymbol{P}$ を導出せよ．

解 キルヒホッフ応力テンソル $\boldsymbol{\tau}$ と仮想速度ベクトルによる仮想仕事式は次式で表される．

$$\int_{B_0} \boldsymbol{\tau} : \delta\boldsymbol{d}\ \mathrm{d}V = \int_{B_0} \rho_0\boldsymbol{g} \cdot \delta\boldsymbol{v}\ \mathrm{d}V + \int_{\partial B_0^\sigma} \boldsymbol{T}^0 \cdot \delta\boldsymbol{v}\ \mathrm{d}S$$

$\boldsymbol{d}$ と $\boldsymbol{l}$ の関係と対称テンソルの内積に関する法則から，内部仮想仕事は次のようになる．

$$\boldsymbol{\tau} : \delta\boldsymbol{d} = J\boldsymbol{\sigma} : \frac{1}{2}\left\{\delta\boldsymbol{l} + (\delta\boldsymbol{l})^T\right\} = J\boldsymbol{\sigma} : \delta\boldsymbol{l}$$

また，$\delta\boldsymbol{v}$ に対する変分 $\delta\dot{\boldsymbol{F}}$ は，次式のように与えられる．

$$\delta\dot{\boldsymbol{F}} = \frac{\mathrm{d}}{\mathrm{d}h}\left[\frac{\partial(\dot{\boldsymbol{x}} + h\delta\boldsymbol{v})}{\partial\boldsymbol{X}}\right]_{h=0} = \frac{\partial(\delta\boldsymbol{v})}{\partial\boldsymbol{X}} = \frac{\partial(\delta\boldsymbol{v})}{\partial\boldsymbol{x}}\frac{\partial\boldsymbol{x}}{\partial\boldsymbol{X}} = \frac{\partial(\delta\boldsymbol{v})}{\partial\boldsymbol{x}}\boldsymbol{F} = (\delta\boldsymbol{l})\boldsymbol{F}$$

† 変分 $\delta\boldsymbol{F}$ は $\delta\boldsymbol{u}$ 方向のガトー微分で与えられる．ガトー微分については，【例題 4.8】を参照．

この関係から，運動の変数 $\dot{\boldsymbol{F}}$ と仕事に関して共役な第1ピオラ - キルヒホッフ応力テンソル $\boldsymbol{P}$ は次のように導かれる．

$$\boldsymbol{\tau} : \delta\boldsymbol{d} = J\boldsymbol{\sigma} : \delta\boldsymbol{l} = J\boldsymbol{\sigma} : (\delta\dot{\boldsymbol{F}})\boldsymbol{F}^{-1} = J\boldsymbol{\sigma}\boldsymbol{F}^{-T} : \delta\dot{\boldsymbol{F}} = \boldsymbol{P} : \delta\dot{\boldsymbol{F}}$$

例題 5.3 物質表示のつり合い式と荷重境界条件式の導出

第1ピオラ - キルヒホッフ応力テンソル $\boldsymbol{P}$ を用いた式 (5.8) の仮想仕事式から，物質表示による力のつり合い式と荷重境界条件式を導出せよ．

解 4.2節で示した仮想仕事式の導出手順と逆の手順をたどればよい．まず，式 (5.8) の仮想仕事式を指標表記で表すと，次式のようになる．

$$\int_{B_0} P_{iJ}\delta F_{iJ}\ \mathrm{d}V = \int_{B_0} \rho_0 g_i \delta u_i\ \mathrm{d}V + \int_{\partial B_0^\sigma} T_i^0 \delta u_i\ \mathrm{d}S$$

式 (5.8) の仮想仕事式の左辺を $\delta\boldsymbol{u}$ を用いて書き換える．$\delta\boldsymbol{F}$ は $\delta\boldsymbol{u}$ を用いて，次式で表される．

$$\delta\boldsymbol{F} = \frac{\partial(\delta\boldsymbol{u})}{\partial\boldsymbol{x}}\boldsymbol{F} = \frac{\partial(\delta\boldsymbol{u})}{\partial\boldsymbol{x}}\frac{\partial\boldsymbol{x}}{\partial\boldsymbol{X}} = \frac{\partial(\delta\boldsymbol{u})}{\partial\boldsymbol{X}} = \frac{\partial(\delta u_i)}{\partial X_J}(\boldsymbol{e}_i \otimes \boldsymbol{E}_J)$$

積の微分公式を利用して，内部仮想仕事に関する内積は，指標表記を用いて次式で表される．

$$P_{iJ}\delta F_{iJ} = P_{iJ}\frac{\partial(\delta u_i)}{\partial X_J} = \frac{\partial(P_{iJ}\delta u_i)}{\partial X_J} - \frac{\partial P_{iJ}}{\partial X_J}\delta u_i$$

これより，内部仮想仕事は次式となる．

$$\int_{B_0} P_{iJ}\delta F_{iJ}\ \mathrm{d}V = \int_{B_0} \frac{\partial(P_{iJ}\delta u_i)}{\partial X_J}\ \mathrm{d}V - \int_{B_0} \frac{\partial P_{iJ}}{\partial X_J}\delta u_i\ \mathrm{d}V$$

上式の右辺第1項にガウスの発散定理を適用すると，次のようになる．

$$\int_{B_0} P_{iJ}\delta F_{iJ}\ \mathrm{d}V = \int_{\partial B_0} P_{iJ}N_J\delta u_i\ \mathrm{d}S - \int_{B_0} \frac{\partial P_{iJ}}{\partial X_J}\delta u_i\ \mathrm{d}V$$

ここで，右辺第1項における $\boldsymbol{N} = N_I\boldsymbol{E}_I$ は，基準配置における境界面 ∂B_0 の外向き単位法線ベクトルである．さらに，$\partial B_0 = \partial B_0^\sigma \cup \partial B_0^u$ であり，∂B_0^u において $\delta u_i = 0$ なので，上式は次のようになる．

$$\int_{B_0} P_{iJ}\delta F_{iJ}\ \mathrm{d}V = \int_{\partial B_0^\sigma} P_{iJ}N_J\delta u_i\ \mathrm{d}S - \int_{B_0} \frac{\partial P_{iJ}}{\partial X_J}\delta u_i\ \mathrm{d}V$$

これをもとの仮想仕事式に戻すと，次式のようになる．

$$\int_{B_0}\left(\frac{\partial P_{iJ}}{\partial X_J}+\rho_0 g_i\right)\delta u_i\,\mathrm{d}V+\int_{\partial B_0^\sigma}\left(T_i^0-P_{iJ}N_J\right)\delta u_i\,\mathrm{d}S=0$$

これが任意の仮想変位に対して成立するには，積分の内部が常に0でなければならない．すなわち，基準配置 B_0 とその境界 ∂B_0^σ において，次式が成立する．

$$\begin{cases}\dfrac{\partial P_{iJ}}{\partial X_J}+\rho_0 g_i=0\,, \quad \mathrm{DIV}\,\boldsymbol{P}+\rho_0\boldsymbol{g}=\boldsymbol{0} & (B_0\text{において}) \\ P_{iJ}N_J=T_i^0\,, \quad \boldsymbol{P}\boldsymbol{N}=\boldsymbol{T}^0 & (\partial B_0^\sigma\text{上で})\end{cases}$$

物質座標 $\boldsymbol{X}$ に関する発散をDIVと表している．上式は，変形前の基準配置 B_0 に関するつり合い式であるが，変形前のつり合い状態を表す式ではない．変形前の基準配置 B_0 を参照して，変形後のつり合い状態を表した式である．$\boldsymbol{T}^0$ や $\boldsymbol{g}$ が参照する基底（この場合は指標 i）に注意してほしい．

なお，このようなつり合い式と仮想仕事式の書き換えは，$\boldsymbol{\sigma}$ と $\boldsymbol{\varepsilon}$，$\boldsymbol{P}$ と $\boldsymbol{F}$ の組み合わせのみで可能である．その他の応力テンソルとひずみテンソルの組み合わせでは，つり合い式を適切に導出することができない．

5.4 第2ピオラ‐キルヒホッフ応力テンソル

基準配置 B_0 を参照するラグランジュ‐グリーンひずみテンソル $\boldsymbol{E}$ を運動の変数として，仮想仕事式を書き換えていく．$\delta\boldsymbol{E}$ と $\delta\boldsymbol{\varepsilon}$ の間には，$\delta\boldsymbol{E}=\boldsymbol{F}^T(\delta\boldsymbol{\varepsilon})\boldsymbol{F}$ の関係があり，これを用いて単位体積あたりの内部仮想仕事は次のように書き換えられる．

$$\boldsymbol{\tau}:\delta\boldsymbol{\varepsilon}=J\boldsymbol{\sigma}:\boldsymbol{F}^{-T}(\delta\boldsymbol{E})\boldsymbol{F}^{-1}=J\boldsymbol{F}^{-1}\boldsymbol{\sigma}\boldsymbol{F}^{-T}:\delta\boldsymbol{E}=\boldsymbol{S}:\delta\boldsymbol{E} \tag{5.10}$$

式(5.10)を用いると，式(5.4)の仮想仕事式は次式のように書き換えられる．

$$\int_{B_0}\boldsymbol{S}:\delta\boldsymbol{E}\,\mathrm{d}V=\int_{B_0}\rho_0\boldsymbol{g}\cdot\delta\boldsymbol{u}\,\mathrm{d}V+\int_{\partial B_0^\sigma}\boldsymbol{T}^0\cdot\delta\boldsymbol{u}\,\mathrm{d}S \tag{5.11}$$

式(5.10)，(5.11)は，$\delta\boldsymbol{E}$ と $J\boldsymbol{F}^{-1}\boldsymbol{\sigma}\boldsymbol{F}^{-T}$ が正しく内部仮想仕事を与える組み合わせであることを示している．この応力テンソル $J\boldsymbol{F}^{-1}\boldsymbol{\sigma}\boldsymbol{F}^{-T}$ を**第2ピオラ‐キルヒホッフ応力テンソル**といい，次のように $\boldsymbol{S}$ で表す．

$$\boldsymbol{S}=J\boldsymbol{F}^{-1}\boldsymbol{\sigma}\boldsymbol{F}^{-T}=JF_{Ik}^{-1}\sigma_{kl}F_{lJ}^{-T}(\boldsymbol{E}_I\otimes\boldsymbol{E}_J) \tag{5.12}$$

基底を見れば明らかなように，$\boldsymbol{S}$ は基準配置 B_0 を参照するテンソルである．$\boldsymbol{E}$ も同様に，基準配置 B_0 を参照するテンソルであるので，式(5.11)は基準配置 B_0 を参照する物質表示の仮想仕事式であることがわかる．非対称なツーポイントテンソルであった $\boldsymbol{P}$ とは異なり，$\boldsymbol{S}$ は対称テンソルである．

また，式 (5.6) より，キルヒホッフ応力テンソル $\boldsymbol{\tau}$ と第2ピオラ - キルヒホッフ応力テンソル $\boldsymbol{S}$ の関係は，変形勾配テンソル $\boldsymbol{F}$ を用いて，次式のようにも表すことができる[†1]．

$$\boldsymbol{S} = J\boldsymbol{F}^{-1}\boldsymbol{\sigma}\boldsymbol{F}^{-T} = \boldsymbol{F}^{-1}(J\boldsymbol{\sigma})\boldsymbol{F}^{-T} = \boldsymbol{F}^{-1}\boldsymbol{\tau}\boldsymbol{F}^{-T}, \quad \boldsymbol{\tau} = \boldsymbol{F}\boldsymbol{S}\boldsymbol{F}^{T} \tag{5.13}$$

例題 5.4 第2ピオラ - キルヒホッフ応力テンソルの導出（その1）

ラグランジュ - グリーンひずみテンソル $\boldsymbol{E}$ の変分 $\delta\boldsymbol{E}$ を $\delta\boldsymbol{\varepsilon}$ を用いて表して，キルヒホッフ応力テンソル $\boldsymbol{\tau}$ と微小ひずみテンソル $\boldsymbol{\varepsilon}$ による単位体積あたりの内部仮想仕事 $\boldsymbol{\tau}:\delta\boldsymbol{\varepsilon}$ から，第2ピオラ - キルヒホッフ応力テンソル $\boldsymbol{S}$ を導出せよ．

解 第2ピオラ - キルヒホッフ応力テンソル $\boldsymbol{S}$ は，内部仮想仕事 $\boldsymbol{\tau}:\delta\boldsymbol{\varepsilon}$ における運動の変数を，微小ひずみテンソル $\boldsymbol{\varepsilon}$ からラグランジュ - グリーンひずみテンソル $\boldsymbol{E}$ に書き換えることによって導出される．

ラグランジュ - グリーンひずみテンソル $\boldsymbol{E}$ の変分 $\delta\boldsymbol{E}$ は，次のように求められる[†2]．

$$\begin{aligned}
\delta\boldsymbol{E} &= \delta\left\{\frac{1}{2}\left(\boldsymbol{F}^T\boldsymbol{F} - \boldsymbol{I}\right)\right\} = \frac{1}{2}\delta\left(\boldsymbol{F}^T\boldsymbol{F}\right) = \frac{1}{2}\left\{(\delta\boldsymbol{F}^T)\boldsymbol{F} + \boldsymbol{F}^T(\delta\boldsymbol{F})\right\} \\
&= \frac{1}{2}\left[\boldsymbol{F}^T\left\{\frac{\partial(\delta\boldsymbol{u})}{\partial\boldsymbol{x}}\right\}^T\boldsymbol{F} + \boldsymbol{F}^T\left\{\frac{\partial(\delta\boldsymbol{u})}{\partial\boldsymbol{x}}\right\}\boldsymbol{F}\right] \\
&= \boldsymbol{F}^T\frac{1}{2}\left[\left\{\frac{\partial(\delta\boldsymbol{u})}{\partial\boldsymbol{x}}\right\}^T + \left\{\frac{\partial(\delta\boldsymbol{u})}{\partial\boldsymbol{x}}\right\}\right]\boldsymbol{F} = \boldsymbol{F}^T(\delta\boldsymbol{\varepsilon})\boldsymbol{F}
\end{aligned}$$

上式より，$\delta\boldsymbol{\varepsilon} = \boldsymbol{F}^{-T}(\delta\boldsymbol{E})\boldsymbol{F}^{-1}$ となる．この関係を用いて，$\boldsymbol{E}$ と仕事に関して共役な第2ピオラ - キルヒホッフ応力テンソル $\boldsymbol{S}$ は次のように導かれる．

$$\boldsymbol{\tau}:\delta\boldsymbol{\varepsilon} = J\boldsymbol{\sigma}:\boldsymbol{F}^{-T}(\delta\boldsymbol{E})\boldsymbol{F}^{-1} = J\boldsymbol{F}^{-1}\boldsymbol{\sigma}\boldsymbol{F}^{-T}:\delta\boldsymbol{E} = \boldsymbol{S}:\delta\boldsymbol{E}$$

例題 5.5 第2ピオラ - キルヒホッフ応力テンソルの導出（その2）

式 (5.2) に示すように，仮想変位ベクトルの代わりに仮想速度ベクトルを用いて，仮想仕事の式を表すこともできる．キルヒホッフ応力テンソル $\boldsymbol{\tau}$ と変形速度テンソル $\boldsymbol{d}$ による単位体積あたりの内部仮想仕事 $\boldsymbol{\tau}:\delta\boldsymbol{d}$ から，運動の変数を $\dot{\boldsymbol{E}}$ に書

†1 $\boldsymbol{F}$ を用いたこのような変換をプッシュフォワード，プルバックという．詳しくは 7.4.1 項を参照．
†2 変分 $\delta\boldsymbol{E}$ は $\delta\boldsymbol{u}$ 方向のガトー微分で与えられる．

き換えることにより，第 2 ピオラ - キルヒホッフ応力テンソル $\boldsymbol{S}$ を導出せよ.

解 内部仮想仕事における運動の変数をラグランジュ - グリーンひずみテンソルの物質時間微分 $\dot{\boldsymbol{E}}$ に書き換える. まず，$\dot{\boldsymbol{E}} = \boldsymbol{F}^T \boldsymbol{d} \boldsymbol{F}$ の関係[†1] を用いて，$\delta \boldsymbol{v}$ に対する $\delta \dot{\boldsymbol{E}}$ は次式で与えられる.

$$\delta \dot{\boldsymbol{E}} = \delta \left(\boldsymbol{F}^T \boldsymbol{d} \boldsymbol{F} \right) = \boldsymbol{F}^T (\delta \boldsymbol{d}) \boldsymbol{F} \qquad (\boldsymbol{F} \text{ は} \delta \boldsymbol{v} \text{ とは無関係})$$

上式より，$\delta \boldsymbol{d} = \boldsymbol{F}^{-T} (\delta \dot{\boldsymbol{E}}) \boldsymbol{F}^{-1}$ となる. この関係を用いて，$\dot{\boldsymbol{E}}$ と仕事に関して共役な第 2 ピオラ - キルヒホッフ応力テンソル $\boldsymbol{S}$ は次のように導かれる.

$$\boldsymbol{\tau} : \delta \boldsymbol{d} = J \boldsymbol{\sigma} : \boldsymbol{F}^{-T} (\delta \dot{\boldsymbol{E}}) \boldsymbol{F}^{-1} = J \boldsymbol{F}^{-1} \boldsymbol{\sigma} \boldsymbol{F}^{-T} : \delta \dot{\boldsymbol{E}} = \boldsymbol{S} : \delta \dot{\boldsymbol{E}}$$

5.5 ビオ応力テンソル

力の変数と運動の変数の組み合わせを $\boldsymbol{S}$ と $\boldsymbol{E}$ にすることにより，基準配置 B_0 を参照する物質表示の仮想仕事式を得ることができる. 一方，ラグランジュ - グリーンひずみテンソル $\boldsymbol{E}$ の代わりに，右ストレッチテンソル $\boldsymbol{U}$ を用いた場合も，基準配置 B_0 を参照する物質表示の仮想仕事式が得られる.

ラグランジュ - グリーンひずみテンソル $\boldsymbol{E}$ と右ストレッチテンソル $\boldsymbol{U}$ の関係[†2]を用いて，$\delta \boldsymbol{E}$ と $\delta \boldsymbol{U}$ は次のように関係付けられる.

$$\delta \boldsymbol{E} = \delta \left\{ \frac{1}{2} (\boldsymbol{U}^2 - \boldsymbol{I}) \right\} = \frac{1}{2} \left\{ (\delta \boldsymbol{U}) \boldsymbol{U} + \boldsymbol{U} (\delta \boldsymbol{U}) \right\} \tag{5.14}$$

これより，単位体積あたりの内部仮想仕事は次のように書き換えられる.

$$\boldsymbol{S} : \delta \boldsymbol{E} = \boldsymbol{S} : \frac{1}{2} \left\{ (\delta \boldsymbol{U}) \boldsymbol{U} + \boldsymbol{U} (\delta \boldsymbol{U}) \right\} = \frac{1}{2} (\boldsymbol{S} \boldsymbol{U} + \boldsymbol{U} \boldsymbol{S}) : \delta \boldsymbol{U} = \tilde{\boldsymbol{T}} : \delta \boldsymbol{U} \tag{5.15}$$

式 (5.15) を用いて，式 (5.11) の仮想仕事式を次式のように書き換えることができる.

$$\int_{B_0} \tilde{\boldsymbol{T}} : \delta \boldsymbol{U} \, \mathrm{d}V = \int_{B_0} \rho_0 \boldsymbol{g} \cdot \delta \boldsymbol{u} \, \mathrm{d}V + \int_{\partial B_0^\sigma} \boldsymbol{T}^0 \cdot \delta \boldsymbol{u} \, \mathrm{d}S \tag{5.16}$$

式 (5.15)，(5.16) は，$\delta \boldsymbol{U}$ と $(\boldsymbol{S} \boldsymbol{U} + \boldsymbol{U} \boldsymbol{S})/2$ が正しく内部仮想仕事を与える組み合わせであることを示している. この応力テンソル $(\boldsymbol{S} \boldsymbol{U} + \boldsymbol{U} \boldsymbol{S})/2$ を**ビオ応力テンソル**と

†1 ひずみテンソルの物質時間微分については，3.5.5 項を参照.
†2 ストレッチテンソルと有限ひずみテンソルについては，3.3.1，3.3.2 項を参照.

いい，次のように $\tilde{\boldsymbol{T}}$ で表す．

$$\tilde{\boldsymbol{T}} = \frac{1}{2}(\boldsymbol{SU} + \boldsymbol{US}) = \frac{1}{2}(S_{IK}U_{KJ} + U_{IK}S_{KJ})(\boldsymbol{E}_I \otimes \boldsymbol{E}_J) \tag{5.17}$$

$\boldsymbol{S}$ と $\boldsymbol{U}$ は，ともに基準配置 B_0 を参照する対称テンソルであるので，ビオ応力テンソル $\tilde{\boldsymbol{T}}$ も基準配置 B_0 を参照する対称テンソルとなる．

例題 5.6 ビオ応力テンソルの導出

式 (5.2) に示すように，仮想変位ベクトル $\delta\boldsymbol{u}$ の代わりに仮想速度ベクトル $\delta\boldsymbol{v}$ を用いて，仮想仕事の式を表すこともできる．第2ピオラ - キルヒホッフ応力テンソル $\boldsymbol{S}$ と変形速度テンソル $\dot{\boldsymbol{E}}$ による単位体積あたりの内部仮想仕事 $\boldsymbol{S} : \delta\dot{\boldsymbol{E}}$ から，運動の変数を $\dot{\boldsymbol{U}}$ に書き換えることにより，ビオ応力テンソル $\tilde{\boldsymbol{T}}$ を導出せよ．

解 第2ピオラ - キルヒホッフ応力テンソル $\boldsymbol{S}$ と変形速度テンソル $\dot{\boldsymbol{E}}$ による仮想仕事式は，仮想速度ベクトル $\delta\boldsymbol{v}$ を用いて次式で表される．

$$\int_{B_0} \boldsymbol{S} : \delta\dot{\boldsymbol{E}}\ \mathrm{d}V = \int_{B_0} \rho_0 \boldsymbol{g} \cdot \delta\boldsymbol{v}\ \mathrm{d}V + \int_{\partial B_0^\sigma} \boldsymbol{T}^0 \cdot \delta\boldsymbol{v}\ \mathrm{d}S$$

ラグランジュ - グリーンひずみテンソル $\boldsymbol{E}$ と右ストレッチテンソル $\boldsymbol{U}$ の関係を用いて，$\dot{\boldsymbol{E}}$ と $\dot{\boldsymbol{U}}$ の関係は次式で表される．

$$\dot{\boldsymbol{E}} = \frac{1}{2}\frac{\mathrm{d}}{\mathrm{d}t}\left(\boldsymbol{U}^2 - \boldsymbol{I}\right) = \frac{1}{2}\left(\dot{\boldsymbol{U}}\boldsymbol{U} + \boldsymbol{U}\dot{\boldsymbol{U}}\right)$$

$\boldsymbol{U}$ は $\delta\boldsymbol{v}$ とは無関係であることに注意して，$\delta\dot{\boldsymbol{E}}$ は次のように表すことができる．

$$\delta\dot{\boldsymbol{E}} = \frac{1}{2}\delta\left(\dot{\boldsymbol{U}}\boldsymbol{U} + \boldsymbol{U}\dot{\boldsymbol{U}}\right) = \frac{1}{2}\left\{(\delta\dot{\boldsymbol{U}})\boldsymbol{U} + \boldsymbol{U}(\delta\dot{\boldsymbol{U}})\right\}$$

これより，$\dot{\boldsymbol{U}}$ と仕事に関して共役なビオ応力テンソル $\tilde{\boldsymbol{T}}$ は次のように導かれる．

$$\boldsymbol{S} : \delta\dot{\boldsymbol{E}} = \boldsymbol{S} : \frac{1}{2}\left\{(\delta\dot{\boldsymbol{U}})\boldsymbol{U} + \boldsymbol{U}(\delta\dot{\boldsymbol{U}})\right\} = \frac{1}{2}(\boldsymbol{SU} + \boldsymbol{US}) : \delta\dot{\boldsymbol{U}} = \tilde{\boldsymbol{T}} : \delta\dot{\boldsymbol{U}}$$

5.6 さまざまな応力テンソルと仮想仕事式に関する演習

5.1〜5.5 節では，空間表示の仮想仕事式を物質表示の仮想仕事式に書き換えることによって，さまざまな応力テンソルを導出した．これらの応力テンソルのなかには，物理的な解釈が可能なものと困難なものとがある．以下では，連続体の単純な一様変形問題を通じて，さまざまな応力テンソルがどのように与えられ，その結果として具体的にどのような値になるかを示す†．

† 以降，簡便な記載のために，テンソルや表現行列を等号で結ぶ表記（方便）を多用する．

例題 5.7 基準配置と空間配置における応力の値

図 5.1 のように，物体 ABCD に荷重 $\boldsymbol{f}$ を与えたところ，変形した．荷重 $\boldsymbol{f}$ は面 AB，CD に一様に作用し，物体の奥行は変形の前後で常に 1 とする．荷重 $\boldsymbol{f}$ の大きさを 3 とし，引張を正とする．以下の問いに答えよ．

(1) $\boldsymbol{x}$ 座標系を参照したときの面 CD の面積 A_x，$\boldsymbol{X}$ 座標系を参照したときの面 CD の面積 A_X の値を求めよ．

(2) $\sigma = \boldsymbol{f}/A_x$ から，面 CD に生じるコーシー応力 σ の値を求めよ．

(3) $\Sigma = \boldsymbol{f}/A_X$ から，$\boldsymbol{X}$ 座標系を参照する面 CD の面積を用いて応力の値を求めよ．

(4) $\boldsymbol{P} = J\boldsymbol{\sigma}\boldsymbol{F}^{-T}$ から，面 CD に生じる第 1 ピオラ - キルヒホッフ応力 P の値を求めよ．

(5) $\boldsymbol{S} = \boldsymbol{F}^{-1}\boldsymbol{P} = J\boldsymbol{F}^{-1}\boldsymbol{\sigma}\boldsymbol{F}^{-T}$ から，面 CD に生じる第 2 ピオラ - キルヒホッフ応力 S の値を求めよ．

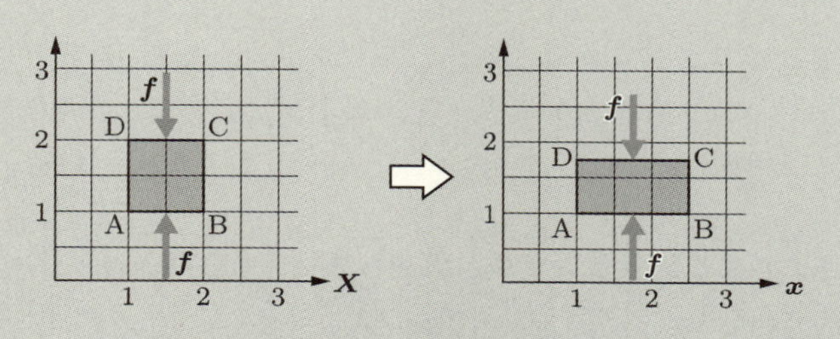

図 5.1 物体の変形

解

(1) 図 5.1 より，寸法をそれぞれ読み取ると，$\boldsymbol{x}$ 座標系を参照する面 CD の面積 $A_x = 1.5\times1 = 1.5$ であり，$\boldsymbol{X}$ 座標系を参照する面 CD の面積 $A_X = 1.0\times1 = 1$ となる．

(2) 荷重の大きさ $||\boldsymbol{f}|| = 3$ を A_x で割ることにより，コーシー応力 σ は次のようになる．

$$\sigma = \frac{\boldsymbol{f}}{A_x} = -\frac{||\boldsymbol{f}||}{A_x} = -\frac{3}{1.5} = -2$$

(3) 与式より計算される面 CD に作用する応力は次のようになる．

$$\Sigma = \frac{\boldsymbol{f}}{A_X} = -\frac{||\boldsymbol{f}||}{A_X} = -\frac{3}{1} = -3$$

(4)【例題 2.4】,【例題 3.5】のようにして，コーシー応力テンソル $\boldsymbol{\sigma}$ と変形勾配テンソル $\boldsymbol{F}$ は，それぞれ次式で表される．

$$\boldsymbol{\sigma}=\begin{bmatrix}0 & 0\\ 0 & -2\end{bmatrix},\quad \boldsymbol{F}=\begin{bmatrix}3/2 & 0\\ 0 & 3/4\end{bmatrix}$$

第1ピオラ - キルヒホッフ応力テンソル $\boldsymbol{P}$ は次のようになる．

$$\boldsymbol{P}=J\boldsymbol{\sigma}\boldsymbol{F}^{-T}=\frac{9}{8}\begin{bmatrix}0 & 0\\ 0 & -2\end{bmatrix}\begin{bmatrix}2/3 & 0\\ 0 & 4/3\end{bmatrix}=\begin{bmatrix}0 & 0\\ 0 & -3\end{bmatrix}$$

$P=-3$ より，(3) で計算した応力が第1ピオラ - キルヒホッフ応力であることが確認できる．つまり，第1ピオラ - キルヒホッフ応力は，変形前の断面積を用いて計算した単位面積あたりの力である．

(5) $\boldsymbol{S}=J\boldsymbol{F}^{-1}\boldsymbol{\sigma}\boldsymbol{F}^{-T}=\boldsymbol{F}^{-1}\boldsymbol{P}$ を計算すると，第2ピオラ - キルヒホッフ応力テンソル $\boldsymbol{S}$ は次のようになる．

$$\boldsymbol{S}=\begin{bmatrix}2/3 & 0\\ 0 & 4/3\end{bmatrix}\begin{bmatrix}0 & 0\\ 0 & -3\end{bmatrix}=\begin{bmatrix}0 & 0\\ 0 & -4\end{bmatrix}$$

$S=-4$ となり，$||\boldsymbol{f}||=3$，$A_x=1.5$，$A_X=1$ のどの組み合わせでも計算することができない．第2ピオラ - キルヒホッフ応力は，物理的解釈が容易でないことがわかる．

例題 5.8 さまざまな応力テンソルと仮想仕事式

図 5.2(a) に示すように，1辺の長さが L の正方形 B_0 が，鉛直方向と水平方向の荷重を受けて，摩擦のない直角な壁に接した状態で一様に変形して B_t になった．ただし，荷重は応力が一様に分布するように均等に加わるものとし，重力などの体積力は存在しないとする．以下の問いに答えよ．

(1) B_t における外向き単位法線ベクトル $\boldsymbol{n}_{\mathrm{H}}, \boldsymbol{n}_{\mathrm{V}}$ と表面力ベクトル $\boldsymbol{t}_{\mathrm{H}}, \boldsymbol{t}_{\mathrm{V}}$ を求めよ．

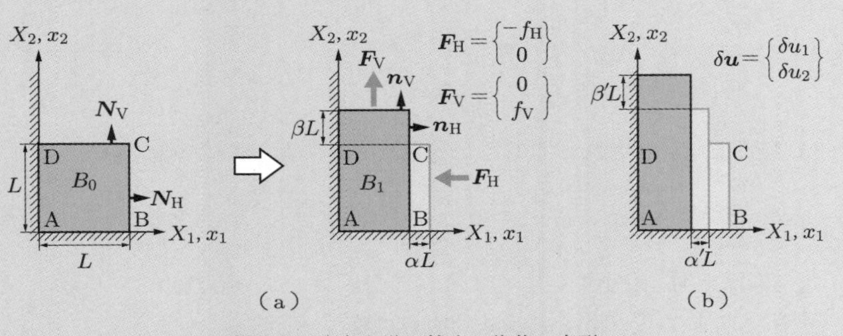

図 5.2 直角な壁に接する物体の変形

(2) コーシーの式より，コーシー応力テンソル $\boldsymbol{\sigma}$ を求めよ．

(3) 運動の関係 $\boldsymbol{x} = \phi(\boldsymbol{x}, t)$ を，$\{x\} = [A]\{X\} + \{b\}$ の形で表し，変形勾配テンソル $\boldsymbol{F}$ とそのヤコビアン $J = \det \boldsymbol{F}$ を求めよ．

(4) 第1ピオラ - キルヒホッフ応力テンソル $\boldsymbol{P}$ と第2ピオラ - キルヒホッフ応力テンソル $\boldsymbol{S}$ を求めよ．

(5) 基準配置を参照するコーシーの式のようにして，$\boldsymbol{P}$ より，表面力ベクトル $\boldsymbol{T}^0_{\mathrm{H}}, \boldsymbol{T}^0_{\mathrm{V}}$ を求めよ．

次に，図 (b) のように B_t に次式の仮想変位 $\delta\boldsymbol{u}$ を与え，その仮想仕事を考える．

$$\delta\boldsymbol{u} = \begin{Bmatrix} \delta u_1 \\ \delta u_2 \end{Bmatrix} = \begin{Bmatrix} -\alpha' X_1 \\ \beta' X_2 \end{Bmatrix}$$

(6) $\delta\boldsymbol{F}, \delta\boldsymbol{\varepsilon}, \delta\boldsymbol{E}$ を求めよ．

(7) 内部仮想仕事 $\int_{B_t} \boldsymbol{\sigma} : \delta\boldsymbol{\varepsilon}\ \mathrm{d}v$ を求めよ．

(8) 内部仮想仕事 $\int_{B_0} \boldsymbol{P} : \delta\boldsymbol{F}\ \mathrm{d}V$ を求めよ．

(9) 内部仮想仕事 $\int_{B_0} \boldsymbol{S} : \delta\boldsymbol{E}\ \mathrm{d}V$ を求めよ．

(10) 外部仮想仕事 $\int_{\partial B_0} \boldsymbol{T}^0 \cdot \delta\boldsymbol{u}\ \mathrm{d}S$ を求めよ．

解

(1) 回転運動はなく一様に変形するだけなので，B_t において外向き単位法線ベクトルは

$$\boldsymbol{n}_{\mathrm{H}} = \begin{Bmatrix} 1 \\ 0 \end{Bmatrix}, \quad \boldsymbol{n}_{\mathrm{V}} = \begin{Bmatrix} 0 \\ 1 \end{Bmatrix}$$

であり，辺 BC，CD の長さがそれぞれ $(1+\beta)L$，$(1-\alpha)L$ なので，表面力は次のようになる．

$$\boldsymbol{t}_{\mathrm{H}} = \begin{Bmatrix} -f_{\mathrm{H}}/\{(1+\beta)L\} \\ 0 \end{Bmatrix}, \quad \boldsymbol{t}_{\mathrm{V}} = \begin{Bmatrix} 0 \\ f_{\mathrm{V}}/\{(1-\alpha)L\} \end{Bmatrix}$$

(2) $\boldsymbol{\sigma}$ は B_t 内で一様に分布する．コーシーの式 $\boldsymbol{t} = \boldsymbol{\sigma}\boldsymbol{n}$ より，$\boldsymbol{\sigma}$ は次のように求められる．

$$\boldsymbol{t}_{\mathrm{H}} = \boldsymbol{\sigma}\boldsymbol{n}_{\mathrm{H}} \implies \begin{Bmatrix} -f_{\mathrm{H}}/\{(1+\beta)L\} \\ 0 \end{Bmatrix} = \begin{bmatrix} \sigma_{11} & \sigma_{12} \\ \sigma_{12} & \sigma_{22} \end{bmatrix} \begin{Bmatrix} 1 \\ 0 \end{Bmatrix} = \begin{Bmatrix} \sigma_{11} \\ \sigma_{12} \end{Bmatrix}$$

$$\boldsymbol{t}_{\mathrm{v}} = \boldsymbol{\sigma}\boldsymbol{n}_{\mathrm{v}} \implies \begin{Bmatrix} 0 \\ f_{\mathrm{V}}/\{(1-\alpha)L\} \end{Bmatrix} = \begin{bmatrix} \sigma_{11} & \sigma_{12} \\ \sigma_{12} & \sigma_{22} \end{bmatrix} \begin{Bmatrix} 0 \\ 1 \end{Bmatrix} = \begin{Bmatrix} \sigma_{12} \\ \sigma_{22} \end{Bmatrix}$$

$$\therefore\ \boldsymbol{\sigma} = \begin{bmatrix} -f_{\mathrm{H}}/\{(1+\beta)L\} & 0 \\ 0 & f_{\mathrm{V}}/\{(1-\alpha)L\} \end{bmatrix}$$

(3) 点 A, B, D の運動より $[A]$, $\{b\}$ の成分は，それぞれ次のように求められる．

$$\begin{Bmatrix} 0 \\ 0 \end{Bmatrix} = \begin{bmatrix} a & b \\ c & d \end{bmatrix} \begin{Bmatrix} 0 \\ 0 \end{Bmatrix} + \begin{Bmatrix} e \\ f \end{Bmatrix} \quad \Longrightarrow \quad \begin{Bmatrix} e \\ f \end{Bmatrix} = \begin{Bmatrix} 0 \\ 0 \end{Bmatrix}$$

$$\begin{Bmatrix} (1-\alpha)L \\ 0 \end{Bmatrix} = \begin{bmatrix} a & b \\ c & d \end{bmatrix} \begin{Bmatrix} L \\ 0 \end{Bmatrix} + \begin{Bmatrix} e \\ f \end{Bmatrix} \quad \Longrightarrow \quad \begin{Bmatrix} a \\ c \end{Bmatrix} = \begin{Bmatrix} 1-\alpha \\ 0 \end{Bmatrix}$$

$$\begin{Bmatrix} 0 \\ (1+\beta)L \end{Bmatrix} = \begin{bmatrix} a & b \\ c & d \end{bmatrix} \begin{Bmatrix} 0 \\ L \end{Bmatrix} + \begin{Bmatrix} e \\ f \end{Bmatrix} \quad \Longrightarrow \quad \begin{Bmatrix} b \\ d \end{Bmatrix} = \begin{Bmatrix} 0 \\ 1+\beta \end{Bmatrix}$$

以上の3式より，正方形 ABCD 内の任意の点 $\boldsymbol{x}$ の運動は次式で与えられる．

$$\begin{Bmatrix} x_1 \\ x_2 \end{Bmatrix} = \begin{bmatrix} 1-\alpha & 0 \\ 0 & 1+\beta \end{bmatrix} \begin{Bmatrix} X_1 \\ X_2 \end{Bmatrix}$$

$\boldsymbol{F} = \partial\boldsymbol{x}/\partial\boldsymbol{X}$ より，変形勾配テンソル $\boldsymbol{F}$ とヤコビアン $J = \det\boldsymbol{F}$ は次式となる．

$$\boldsymbol{F} = \begin{bmatrix} 1-\alpha & 0 \\ 0 & 1+\beta \end{bmatrix} = \boldsymbol{F}^T, \quad J = \det\boldsymbol{F} = (1-\alpha)(1+\beta)$$

(4) 第1ピオラ - キルヒホッフ応力テンソル $\boldsymbol{P}$ は，次のようになる．

$$\begin{aligned} \boldsymbol{P} &= J\boldsymbol{\sigma}\boldsymbol{F}^{-T} \\ &= (1-\alpha)(1+\beta) \begin{bmatrix} -f_{\mathrm{H}}/\{(1+\beta)L\} & 0 \\ 0 & f_{\mathrm{V}}/\{(1-\alpha)L\} \end{bmatrix} \begin{bmatrix} 1/(1-\alpha) & 0 \\ 0 & 1/(1+\beta) \end{bmatrix} \\ &= \begin{bmatrix} -f_{\mathrm{H}}/L & 0 \\ 0 & f_{\mathrm{V}}/L \end{bmatrix} \end{aligned}$$

第2ピオラ - キルヒホッフ応力テンソル $\boldsymbol{S}$ は，次のようになる．

$$\begin{aligned} \boldsymbol{S} &= J\boldsymbol{F}^{-1}\boldsymbol{\sigma}\boldsymbol{F}^{-T} = \boldsymbol{F}^{-1}\boldsymbol{P} \\ &= \begin{bmatrix} 1/(1-\alpha) & 0 \\ 0 & 1/(1+\beta) \end{bmatrix} \begin{bmatrix} -f_{\mathrm{H}}/L & 0 \\ 0 & f_{\mathrm{V}}/L \end{bmatrix} \\ &= \begin{bmatrix} -f_{\mathrm{H}}/\{(1-\alpha)L\} & 0 \\ 0 & f_{\mathrm{V}}/\{(1+\beta)L\} \end{bmatrix} \end{aligned}$$

(5) 基準配置 B_0 における外向き単位法線ベクトル $\boldsymbol{N}_{\mathrm{H}}$ と $\boldsymbol{N}_{\mathrm{V}}$ は，次式で与えられる．

$$\boldsymbol{N}_{\mathrm{H}} = \begin{Bmatrix} 1 \\ 0 \end{Bmatrix}, \quad \boldsymbol{N}_{\mathrm{V}} = \begin{Bmatrix} 0 \\ 1 \end{Bmatrix}$$

基準配置を参照するコーシーの式のようにして，$\boldsymbol{P}$ および $\boldsymbol{N}_{\mathrm{H}}, \boldsymbol{N}_{\mathrm{V}}$ より，

$$\boldsymbol{T}_{\mathrm{H}}^{0} = \boldsymbol{P}\boldsymbol{N}_{\mathrm{H}} = \begin{bmatrix} -f_{\mathrm{H}}/L & 0 \\ 0 & f_{\mathrm{V}}/L \end{bmatrix} \begin{Bmatrix} 1 \\ 0 \end{Bmatrix} = \begin{Bmatrix} -f_{\mathrm{H}}/L \\ 0 \end{Bmatrix}$$

$$\boldsymbol{T}_{\mathrm{V}}^{0} = \boldsymbol{P}\boldsymbol{N}_{\mathrm{V}} = \begin{bmatrix} -f_{\mathrm{H}}/L & 0 \\ 0 & f_{\mathrm{V}}/L \end{bmatrix} \begin{Bmatrix} 0 \\ 1 \end{Bmatrix} = \begin{Bmatrix} 0 \\ f_{\mathrm{V}}/L \end{Bmatrix}$$

となる．表面力ベクトル $\boldsymbol{T}_{\mathrm{H}}^{0}, \boldsymbol{T}_{\mathrm{V}}^{0}$ は，B_t に作用する力を B_0 の面積で割った値に一致する．

(6) $\delta\boldsymbol{F}$ は，$\delta\boldsymbol{u}$ を用いて次式で表される．

$$\delta\boldsymbol{F} = \frac{\partial(\delta\boldsymbol{u})}{\partial\boldsymbol{X}} = \begin{bmatrix} -\alpha' & 0 \\ 0 & \beta' \end{bmatrix}$$

$\delta\boldsymbol{\varepsilon}$ は，$\delta\boldsymbol{u}$ と $\delta\boldsymbol{F}$ を用いて次式のようになる．

$$\delta\boldsymbol{\varepsilon} = \frac{\partial(\delta\boldsymbol{u})}{\partial\boldsymbol{x}} = \frac{\partial(\delta\boldsymbol{u})}{\partial\boldsymbol{X}}\frac{\partial\boldsymbol{X}}{\partial\boldsymbol{x}} = (\delta\boldsymbol{F})\boldsymbol{F}^{-1} = \begin{bmatrix} -\alpha'/(1-\alpha) & 0 \\ 0 & \beta'/(1+\beta) \end{bmatrix}$$

$\delta\boldsymbol{E}$ は，$\delta\boldsymbol{\varepsilon}$ を用いて次式のようになる．

$$\begin{aligned} \delta\boldsymbol{E} &= \boldsymbol{F}^{T}(\delta\boldsymbol{\varepsilon})\boldsymbol{F} \\ &= \begin{bmatrix} 1-\alpha & 0 \\ 0 & 1+\beta \end{bmatrix} \begin{bmatrix} -\alpha'/(1-\alpha) & 0 \\ 0 & \beta'/(1+\beta) \end{bmatrix} \begin{bmatrix} 1-\alpha & 0 \\ 0 & 1+\beta \end{bmatrix} \\ &= \begin{bmatrix} -\alpha'(1-\alpha) & 0 \\ 0 & \beta'(1+\beta) \end{bmatrix} \end{aligned}$$

(7) 現在配置 B_t を参照する積分であることに注意して，内部仮想仕事は次のようになる．

$$\begin{aligned} &\int_{B_t} \boldsymbol{\sigma} : \delta\boldsymbol{\varepsilon}\, dv \\ &= \mathrm{tr}\left(\begin{bmatrix} -f_{\mathrm{H}}/\{(1+\beta)L\} & 0 \\ 0 & f_{\mathrm{V}}/\{(1-\alpha)L\} \end{bmatrix} \begin{bmatrix} -\alpha'/(1-\alpha) & 0 \\ 0 & \beta'/(1+\beta) \end{bmatrix} \right) \\ &\quad \cdot (1-\alpha)(1+\beta)L^2 \\ &= \alpha' L f_{\mathrm{H}} + \beta' L f_{\mathrm{V}} \end{aligned}$$

(8) 基準配置 B_0 を参照する積分であることに注意して，内部仮想仕事は次のようになる．

$$\int_{B_0} \boldsymbol{P} : \delta \boldsymbol{F}\, dV = \mathrm{tr}\left(\begin{bmatrix} -f_{\mathrm{H}}/L & 0 \\ 0 & f_{\mathrm{V}}/L \end{bmatrix}\begin{bmatrix} -\alpha' & 0 \\ 0 & \beta' \end{bmatrix}\right) L^2$$
$$= \alpha' L f_{\mathrm{H}} + \beta' L f_{\mathrm{V}}$$

(9) 基準配置 B_0 を参照する積分であることに注意して，内部仮想仕事は次のようになる．

$$\int_{B_0} \boldsymbol{S} : \delta \boldsymbol{E}\, dV$$
$$= \mathrm{tr}\left(\begin{bmatrix} -f_{\mathrm{H}}/\{(1-\alpha)L\} & 0 \\ 0 & f_{\mathrm{V}}/\{(1+\beta)L\} \end{bmatrix}\begin{bmatrix} -\alpha'(1-\alpha) & 0 \\ 0 & \beta'(1+\beta) \end{bmatrix}\right) L^2$$
$$= \alpha' L f_{\mathrm{H}} + \beta' L f_{\mathrm{V}}$$

したがって，(7)〜(9) において計算された内部仮想仕事はすべて同じ値をとる．これより，(7)〜(9) で用いた運動の変数（ひずみ）と力の変数（応力）が，内積によって正しく内部仮想仕事を与える組み合わせであることが確認できる．

(10) 表面力ベクトルの成分と仮想変位の性質より，辺 AB，AD における仮想仕事は 0 である．基準配置 B_0 を参照する表面積分であることに注意して，辺 BC，CD に関して表面積分を行えば，外部仮想仕事は次のようになる．

$$\int_{\partial B_0} \boldsymbol{T}^0 \cdot \delta \boldsymbol{u}\, dS = \begin{Bmatrix} -f_{\mathrm{H}}/L \\ 0 \end{Bmatrix} \cdot \begin{Bmatrix} -\alpha' L \\ \beta' L \end{Bmatrix} L + \begin{Bmatrix} 0 \\ f_{\mathrm{V}}/L \end{Bmatrix} \cdot \begin{Bmatrix} -\alpha' L \\ \beta' L \end{Bmatrix} L$$
$$= \alpha' L f_{\mathrm{H}} + \beta' L f_{\mathrm{V}}$$

この結果は，(7)〜(9) で求めた内部仮想仕事と一致しており，内部仮想仕事と外部仮想仕事が等しくなることがわかる．

例題 5.9 単軸引張におけるさまざまな応力テンソル

図 5.3 のような，単軸引張状態にある直方体を対象に，さまざまな応力テンソルを考える．軸方向の引張応力は，現在配置を参照して $\bar{\sigma}$ である．基準配置の寸法をそれぞれ a_0, b_0, c_0，現在配置の寸法をそれぞれ a, b, c とする．運動の関係は，

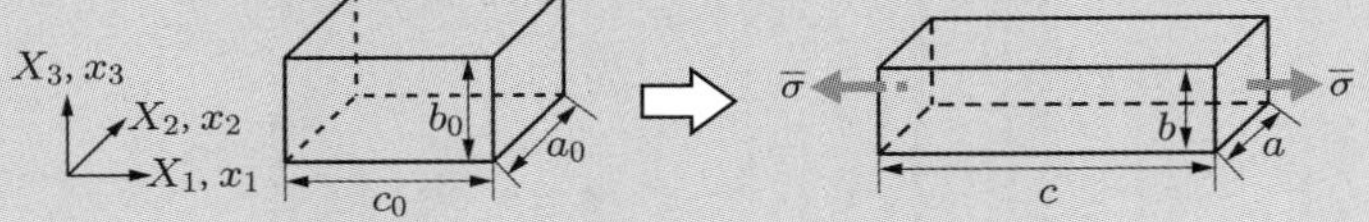

図 5.3 単軸引張状態にある直方体

物質座標 $\boldsymbol{X}$，空間座標 $\boldsymbol{x}$ を用いて，

$$x_1 = \frac{c}{c_0}X_1, \quad x_2 = \frac{a}{a_0}X_2, \quad x_3 = \frac{b}{b_0}X_3$$

のように表される．以下の問いに答えよ．

(1) 変形勾配テンソル $\boldsymbol{F}$ とその逆テンソル $\boldsymbol{F}^{-1}$，ヤコビアン J，ストレッチテンソル $\boldsymbol{U}$ を求めよ．

(2) コーシー応力テンソル $\boldsymbol{\sigma}$ とキルヒホッフ応力テンソル $\boldsymbol{\tau}$ を求めよ．

(3) 第 1 ピオラ - キルヒホッフ応力テンソル $\boldsymbol{P}$ を求めよ．

(4) 第 2 ピオラ - キルヒホッフ応力テンソル $\boldsymbol{S}$ を求めよ．

(5) ビオ応力テンソル $\tilde{\boldsymbol{T}}$ を求めよ．

(6) $a_0 = 1$, $b_0 = 1$, $c_0 = 2$ および $a = 0.5$, $b = 0.5$, $c = 4$ として，$\boldsymbol{\sigma}$, $\boldsymbol{\tau}$, $\boldsymbol{P}$, $\boldsymbol{S}$, $\tilde{\boldsymbol{T}}$ の成分 σ_{11}, τ_{11}, P_{11}, S_{11}, $\tilde{T}_{11}$（引張方向）を比較せよ．

解　(1) 物質座標 $\boldsymbol{X}$ と空間座標 $\boldsymbol{x}$ の関係を行列で表すと，次のようになる．

$$\begin{Bmatrix} x_1 \\ x_2 \\ x_3 \end{Bmatrix} = \begin{bmatrix} c/c_0 & 0 & 0 \\ 0 & a/a_0 & 0 \\ 0 & 0 & b/b_0 \end{bmatrix} \begin{Bmatrix} X_1 \\ X_2 \\ X_3 \end{Bmatrix}$$

これより，変形勾配テンソル $\boldsymbol{F}$ と $\boldsymbol{F}^{-1}$，ヤコビアン J，ストレッチテンソル $\boldsymbol{U} = \sqrt{\boldsymbol{F}^T\boldsymbol{F}}$ は次のようになる．

$$\boldsymbol{F} = \frac{\partial \boldsymbol{x}}{\partial \boldsymbol{X}} = \begin{bmatrix} c/c_0 & 0 & 0 \\ 0 & a/a_0 & 0 \\ 0 & 0 & b/b_0 \end{bmatrix} = \boldsymbol{U}, \quad J = \det \boldsymbol{F} = \frac{abc}{a_0 b_0 c_0}$$

$$\boldsymbol{F}^{-1} = \begin{bmatrix} c_0/c & 0 & 0 \\ 0 & a_0/a & 0 \\ 0 & 0 & b_0/b \end{bmatrix}$$

(2) x_1 方向への単軸引張で，軸方向の引張応力は現在配置を参照して $\bar{\sigma}$ であるので，$\bar{\sigma}$ はそのままコーシー応力テンソルの σ_{11} 成分になる．したがって，コーシー応力テンソル $\boldsymbol{\sigma}$ は次のようになる．

$$\boldsymbol{\sigma} = \begin{bmatrix} \bar{\sigma} & 0 & 0 \\ 0 & 0 & 0 \\ 0 & 0 & 0 \end{bmatrix}$$

また，$\boldsymbol{\tau} = J\boldsymbol{\sigma}$ より，キルヒホッフ応力テンソル $\boldsymbol{\tau}$ は次のようになる．

$$\boldsymbol{\tau} = J\boldsymbol{\sigma} = \frac{abc}{a_0 b_0 c_0}\begin{bmatrix} \bar{\sigma} & 0 & 0 \\ 0 & 0 & 0 \\ 0 & 0 & 0 \end{bmatrix}$$

(3) $\boldsymbol{P} = J\boldsymbol{\sigma}\boldsymbol{F}^{-T}$ より，第1ピオラ - キルヒホッフ応力テンソル $\boldsymbol{P}$ は次のようになる．

$$\boldsymbol{P} = J\boldsymbol{\sigma}\boldsymbol{F}^{-T} = \frac{ab}{a_0 b_0}\begin{bmatrix} \bar{\sigma} & 0 & 0 \\ 0 & 0 & 0 \\ 0 & 0 & 0 \end{bmatrix}$$

(4) $\boldsymbol{S} = J\boldsymbol{F}^{-1}\boldsymbol{\sigma}\boldsymbol{F}^{-T}$ より，第2ピオラ - キルヒホッフ応力テンソル $\boldsymbol{S}$ は次のようになる．

$$\boldsymbol{S} = J\boldsymbol{F}^{-1}\boldsymbol{\sigma}\boldsymbol{F}^{-T} = \boldsymbol{F}^{-1}\boldsymbol{P} = \frac{abc_0}{a_0 b_0 c}\begin{bmatrix} \bar{\sigma} & 0 & 0 \\ 0 & 0 & 0 \\ 0 & 0 & 0 \end{bmatrix}$$

(5) $\tilde{\boldsymbol{T}} = (\boldsymbol{S}\boldsymbol{U} + \boldsymbol{U}\boldsymbol{S})/2$ より，ビオ応力テンソル $\tilde{\boldsymbol{T}}$ は次のようになる．

$$\tilde{\boldsymbol{T}} = \frac{1}{2}(\boldsymbol{S}\boldsymbol{U} + \boldsymbol{U}\boldsymbol{S}) = \frac{ab}{a_0 b_0}\begin{bmatrix} \bar{\sigma} & 0 & 0 \\ 0 & 0 & 0 \\ 0 & 0 & 0 \end{bmatrix}$$

(6) (2)〜(5) で求めたそれぞれの式に $a_0 = 1$, $b_0 = 1$, $c_0 = 2$ および $a = 0.5$, $b = 0.5$, $c = 4$ を代入すると，以下のように整理できる．

$$\sigma_{11} = \bar{\sigma}, \quad \tau_{11} = \frac{abc}{a_0 b_0 c_0}\bar{\sigma} = \frac{1}{2}\bar{\sigma}$$

$$P_{11} = \frac{ab}{a_0 b_0}\bar{\sigma} = \frac{1}{4}\bar{\sigma}, \quad S_{11} = \frac{abc_0}{a_0 b_0 c}\bar{\sigma} = \frac{1}{8}\bar{\sigma}, \quad \tilde{T}_{11} = \frac{ab}{a_0 b_0}\bar{\sigma} = \frac{1}{4}\bar{\sigma}$$

このように，物体が大きく変形する場合，コーシー応力 $\bar{\sigma}$ に対して，その他の応力値は大きく異なる値を示す．

【例題 5.9】の結果により，引張方向成分に着目して，各応力の特徴について述べる．まず，キルヒホッフ応力テンソル $\boldsymbol{\tau}$ は，変形後と変形前の体積変化率 J をコーシー応力テンソル $\boldsymbol{\sigma}$ に掛けたものであり，ヤコビアンが $J = 0.5$ である【例題 5.9】では τ_{11} はコーシー応力 $\bar{\sigma}$ の半分の値となる．第1ピオラ - キルヒホッフ応力テンソル $\boldsymbol{P}$ は，コーシー応力に対して，力の作用する断面積の変化に依存する．そのため，載荷軸方向の c_0 や c には依存しない．

一方，第 2 ピオラ - キルヒホッフ応力テンソル $\boldsymbol{S}$ は，物理的な意味を見いだすことが困難な応力である．【例題 5.9】では，ビオ応力テンソルが第 1 ピオラ - キルヒホッフ応力テンソルと偶然一致するが，一般には物理的意味が希薄な応力である．

さまざまな応力には，物理的な意味を理解しやすいものと，物理的な解釈が困難なものがある．物理的解釈が困難な応力は，内部仕事の数式操作によって便宜的に導入された，仕事に関して共役な力の変数と運動の変数の組み合わせであると考えたほうがよい．

コーシー応力は，変形後の物体 B_t におけるつり合い状態の応力であるので，**真応力**と呼ばれる．しかし，実際の場面では，変形後の物体の寸法を計測することは困難であることが多い．そのため，作用する力は，変形後のものをそのまま用いるが，物体の寸法は，簡便的に変形前の物体，つまり基準配置 B_0 を用いることが多い．変形後の現在の内力を変形前の単位断面積あたりで表した応力を**公称応力**と呼び，これは【例題 5.9】の (3) から第 1 ピオラ - キルヒホッフ応力 $\boldsymbol{P}$ に対応することがわかる．なお，構造計算などにおいて，物体の変形量が大きい場合は，真応力であるコーシー応力を意識して応力照査をする必要がある．

例題 5.10 第 2 ピオラ - キルヒホッフ応力テンソルの性質

図 5.4 のように，ある物体内の物質点が基準時刻 t_0 から時刻 t_1 までに，変形勾配テンソル $\boldsymbol{F}_{01}$ による変形を受け，つり合い状態になったとする．さらに，時刻 t_1 から反時計回りに 90° の回転テンソル $\boldsymbol{R}$ による剛体回転を受けて，時刻 t_2 の状態になったとする．時刻 t_1 における物質点のコーシー応力テンソル $\boldsymbol{\sigma}_1$ と変形勾配テンソル $\boldsymbol{F}_{01}$ は次の値であるとし，以下の問いに答えよ．

$$\boldsymbol{\sigma}_1 = \begin{bmatrix} 100 & 140 \\ 140 & 160 \end{bmatrix}, \quad \boldsymbol{F}_{01} = \begin{bmatrix} 1 & 1 \\ 0.5 & 2 \end{bmatrix}$$

(1) 時刻 t_0 を基準配置としたとき，時刻 t_1 における第 1 ピオラ - キルヒホッフ

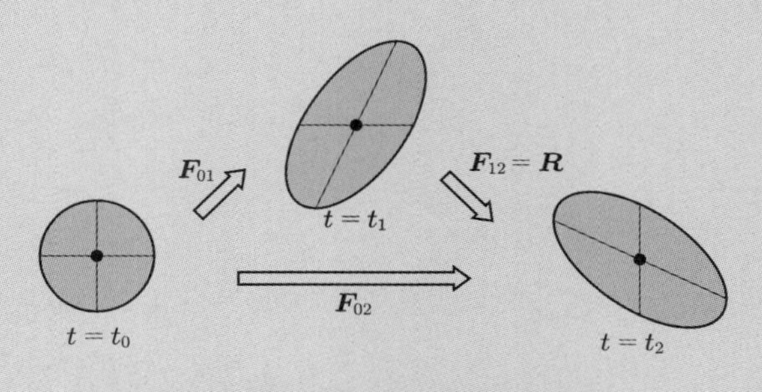

図 5.4 段階的に変形と剛体回転を受ける物体

応力テンソル $\boldsymbol{P}_{01}$ と第2ピオラ－キルヒホッフ応力テンソル $\boldsymbol{S}_{01}$ をそれぞれ求めよ．

(2) 時刻 t_1 から t_2 までの変形勾配テンソル $\boldsymbol{F}_{12}$ および時刻 t_0 から t_2 までの変形勾配テンソル $\boldsymbol{F}_{02}$ を求めよ．

(3) 時刻 t_2 におけるコーシー応力テンソル $\boldsymbol{\sigma}_2$ を求めよ．

(4) 時刻 t_1 を基準配置としたとき，時刻 t_2 における第1ピオラ－キルヒホッフ応力テンソル $\boldsymbol{P}_{12}$ と第2ピオラ－キルヒホッフ応力テンソル $\boldsymbol{S}_{12}$ をそれぞれ求めよ．

(5) 時刻 t_0 を基準配置としたとき，時刻 t_2 における第1ピオラ－キルヒホッフ応力テンソル $\boldsymbol{P}_{02}$，第2ピオラ－キルヒホッフ応力テンソル $\boldsymbol{S}_{02}$ をそれぞれ求めよ．

解 (1) 変形勾配テンソル $\boldsymbol{F}_{01}$ のヤコビアンおよび逆テンソルは次のようになる．

$$J_{01} = \det \boldsymbol{F}_{01} = 2 - 0.5 = \frac{3}{2}, \quad \boldsymbol{F}_{01}^{-1} = \frac{2}{3}\begin{bmatrix} 2 & -1 \\ -0.5 & 1 \end{bmatrix}$$

これを用いて，$\boldsymbol{P}_{01}$ と $\boldsymbol{S}_{01}$ は次のように求められる．

$$\boldsymbol{P}_{01} = J_{01}\boldsymbol{\sigma}_1\boldsymbol{F}_{01}^{-T} = \frac{3}{2}\cdot\frac{2}{3}\begin{bmatrix} 100 & 140 \\ 140 & 160 \end{bmatrix}\begin{bmatrix} 2 & -0.5 \\ -1 & 1 \end{bmatrix} = \begin{bmatrix} 60 & 90 \\ 120 & 90 \end{bmatrix}$$

$$\boldsymbol{S}_{01} = J_{01}\boldsymbol{F}_{01}^{-1}\boldsymbol{\sigma}_1\boldsymbol{F}_{01}^{-T} = \boldsymbol{F}_{01}^{-1}\boldsymbol{P}_{01} = \frac{2}{3}\begin{bmatrix} 2 & -1 \\ -0.5 & 1 \end{bmatrix}\begin{bmatrix} 60 & 90 \\ 120 & 90 \end{bmatrix}$$

$$= \begin{bmatrix} 0 & 60 \\ 60 & 30 \end{bmatrix}$$

(2) 反時計回りに 90° の剛体回転を表す直交テンソル $\boldsymbol{R}$ は次式で与えられる．

$$\boldsymbol{R} = \begin{bmatrix} \cos 90^\circ & -\sin 90^\circ \\ \sin 90^\circ & \cos 90^\circ \end{bmatrix} = \begin{bmatrix} 0 & -1 \\ 1 & 0 \end{bmatrix}$$

時刻 t_1 から t_2 までに，物体は上記の剛体回転のみを受ける．

$$\boldsymbol{F}_{12} = \boldsymbol{R} = \begin{bmatrix} 0 & -1 \\ 1 & 0 \end{bmatrix}$$

また，時刻 t_0 から t_2 までの変形勾配テンソル $\boldsymbol{F}_{02}$ は，$\boldsymbol{F}_{12}$ と $\boldsymbol{F}_{01}$ の合成変換である．

$$\boldsymbol{F}_{02} = \boldsymbol{F}_{12}\boldsymbol{F}_{01} = \begin{bmatrix} 0 & -1 \\ 1 & 0 \end{bmatrix} \begin{bmatrix} 1 & 1 \\ 0.5 & 2 \end{bmatrix} = \begin{bmatrix} -0.5 & -2 \\ 1 & 1 \end{bmatrix}$$

(3) 物体内のある微小面積の外向き単位法線ベクトルが，時刻 t_1 において $\boldsymbol{n}$ であるとすると，t_2 までにこの外向き単位法線ベクトルは回転テンソル $\boldsymbol{R}$ による剛体回転を受けるので，時刻 t_2 では $\boldsymbol{n}' = \boldsymbol{R}\boldsymbol{n}$ となる．同様に，t_1 において，この微小面積に作用する表面力ベクトル $\boldsymbol{t}$ は，時刻 t_2 において $\boldsymbol{t}' = \boldsymbol{R}\boldsymbol{t}$ である．時刻 t_2 でのコーシー応力テンソル $\boldsymbol{\sigma}_2$ は，コーシーの式 $\boldsymbol{t}' = \boldsymbol{\sigma}_2\boldsymbol{n}'$ を満たすので，$\boldsymbol{R}\boldsymbol{t} = \boldsymbol{\sigma}_2\boldsymbol{R}\boldsymbol{n}$ である．これを $\boldsymbol{t} = \boldsymbol{\sigma}_1\boldsymbol{n}$ と比較すると，次式の関係が得られる．

$$\boldsymbol{\sigma}_2 = \boldsymbol{R}\boldsymbol{\sigma}_1\boldsymbol{R}^{-1}$$

ここで，直交テンソル $\boldsymbol{R}^{-1} = \boldsymbol{R}^T$ であることを用いれば，時刻 t_2 におけるコーシー応力テンソル $\boldsymbol{\sigma}_2$ が次のように算出できる．

$$\boldsymbol{\sigma}_2 = \boldsymbol{R}\boldsymbol{\sigma}_1\boldsymbol{R}^T = \begin{bmatrix} 0 & -1 \\ 1 & 0 \end{bmatrix} \begin{bmatrix} 100 & 140 \\ 140 & 160 \end{bmatrix} \begin{bmatrix} 0 & 1 \\ -1 & 0 \end{bmatrix} = \begin{bmatrix} 160 & -140 \\ -140 & 100 \end{bmatrix}$$

(4) 変形勾配テンソル $\boldsymbol{F}_{12}$ のヤコビアンおよび逆テンソルは次のようになる．

$$J_{12} = \det \boldsymbol{F}_{12} = 0 + 1 = 1, \quad \boldsymbol{F}_{12}^{-1} = \begin{bmatrix} 0 & 1 \\ -1 & 0 \end{bmatrix}$$

これを用いて，$\boldsymbol{P}_{12}$ と $\boldsymbol{S}_{12}$ は次のように求められる．

$$\boldsymbol{P}_{12} = J_{12}\boldsymbol{\sigma}_2\boldsymbol{F}_{12}^{-T} = \begin{bmatrix} 160 & -140 \\ -140 & 100 \end{bmatrix} \begin{bmatrix} 0 & -1 \\ 1 & 0 \end{bmatrix} = \begin{bmatrix} -140 & -160 \\ 100 & 140 \end{bmatrix}$$

$$\boldsymbol{S}_{12} = J_{12}\boldsymbol{F}_{12}^{-1}\boldsymbol{\sigma}_2\boldsymbol{F}_{12}^{-T} = \boldsymbol{F}_{12}^{-1}\boldsymbol{P}_{12} = \begin{bmatrix} 0 & 1 \\ -1 & 0 \end{bmatrix} \begin{bmatrix} -140 & -160 \\ 100 & 140 \end{bmatrix}$$
$$= \begin{bmatrix} 100 & 140 \\ 140 & 160 \end{bmatrix}$$

(5) 変形勾配テンソル $\boldsymbol{F}_{02}$ のヤコビアンおよび逆テンソルは次のようになる．

$$J_{02} = \det \boldsymbol{F}_{02} = -0.5 + 2 = \frac{3}{2}, \quad \boldsymbol{F}_{02}^{-1} = \frac{2}{3} \begin{bmatrix} 1 & 2 \\ -1 & -0.5 \end{bmatrix}$$

これを用いて，$\boldsymbol{P}_{02}$ と $\boldsymbol{S}_{02}$ は次のように求められる．

$$\boldsymbol{P}_{02} = J_{02}\boldsymbol{\sigma}_2\boldsymbol{F}_{02}^{-T} = \frac{3}{2}\cdot\frac{2}{3}\begin{bmatrix} 160 & -140 \\ -140 & 100 \end{bmatrix}\begin{bmatrix} 1 & -1 \\ 2 & -0.5 \end{bmatrix}$$

$$= \begin{bmatrix} -120 & -90 \\ 60 & 90 \end{bmatrix}$$

$$\boldsymbol{S}_{02} = J_{02}\boldsymbol{F}_{02}^{-1}\boldsymbol{\sigma}_2\boldsymbol{F}_{02}^{-T} = \boldsymbol{F}_{02}^{-1}\boldsymbol{P}_{02} = \frac{2}{3}\begin{bmatrix} 1 & 2 \\ -1 & -0.5 \end{bmatrix}\begin{bmatrix} -120 & -90 \\ 60 & 90 \end{bmatrix}$$

$$= \begin{bmatrix} 0 & 60 \\ 60 & 30 \end{bmatrix}$$

【例題 5.10】の結果より，それぞれの応力テンソルが大きな変形や剛体回転を受けて，どのような値を示したのかを考えてみよう．

【例題 5.10】(1) のように大きな変形下では，各種応力テンソルの値が大きく異なることが確認できる．また，第 2 ピオラ - キルヒホッフ応力テンソルが対称テンソルになるのに対し，第 1 ピオラ - キルヒホッフ応力テンソルは非対称テンソルとなる．

【例題 5.10】(3) より物体が 90° の剛体回転を受けると，x_1 方向と x_2 方向の垂直応力が入れ替わることが確認できる．また，せん断応力については，その大きさは変わらないが，符号が反転している．これは，基準とする面と力の方向が 90° 剛体回転したことにより，せん断応力の作用する見かけの方向が反転したことによるものである．なお，せん断応力の符号は方向のみを表し，符号の正負に物理的意味は希薄である．

【例題 5.10】(4)，(5) は，同じ時刻 t_2 の物体に作用する第 1 ピオラ - キルヒホッフ応力テンソルと第 2 ピオラ - キルヒホッフ応力テンソルを求めている．しかし，いずれの応力も，基準配置（基準時刻）が異なった結果として，その値が異なっている．【例題 5.10】(5) の結果を (1) で求めた時刻 t_1 における結果と比較すると，第 1 ピオラ - キルヒホッフ応力テンソル $\boldsymbol{P}_{02}$ は $\boldsymbol{P}_{01}$ と異なる値となるが，$\boldsymbol{S}_{02}$ は $\boldsymbol{S}_{01}$ と同一の値となっている．これは，第 2 ピオラ - キルヒホッフ応力テンソルは基準配置を参照するテンソルであるため，そのあとの剛体回転には依存しないことを表している．第 2 ピオラ - キルヒホッフ応力テンソルの値が剛体回転を与えても不変であるのは，基準時刻が同一であるときに限られる．

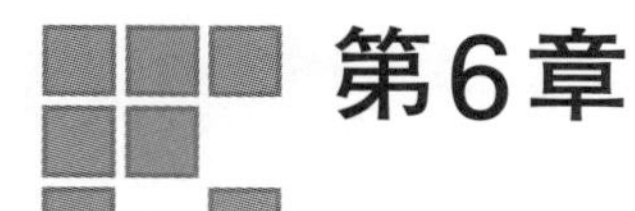

第6章 構成則

連続体における力のつり合いと変形の問題は，力のつり合い式と変位ひずみ関係式に加えて，材料の**構成則**を導入することにより解くことのできる方程式系になる．構成則は，力の変数（応力テンソル）と運動の変数（ひずみテンソル）を結び付ける関係式である．物体が力を受けて変形するとき，物体がどのように変形するかは，物体を構成する材料の構成則によって与えられる．たとえば，金属材料とゴム材料では，変形の特徴が同一ではないので，異なる構成則が与えられる．同じ材料であっても，温度や載荷速度によって材料の力学的性質が異なる場合は，その材料の性質に応じて，異なる構成則が与えられる．

この章の前半では，応力の状態が変形の履歴によらず，その時点の変形状態だけで応力が決まる弾性体を対象に，連続体力学における構成則について示す．弾性は，力学において力と変形を関係付ける最も基本的な性質であるとともに，荷重や変形が小さいうちは多くの材料が弾性的な挙動を示す．

また，材料の力学的性質は，当然のことながら，現象を観測する観測者によって変化してはならない．これを，**客観性の原理**という．材料の力学的性質は，観測者によらない客観的な構成則で与えられなければならず，そのために構成則に用いる各種テンソルの客観性にも注意して，構成則を記述する必要がある．後半では，構成則および各種テンソルの客観性について学習する．

6.1 超弾性体

6.1.1 弾性・超弾性

ある一点の応力の状態が，変形の履歴によらず，その時点での変形だけで決まる性質を**弾性**という．たとえば，変形勾配テンソル $\boldsymbol{F}$ と第1ピオラ - キルヒホッフ応力テンソル $\boldsymbol{P}$ は，正しく仕事を与える組み合わせである．弾性とは，$\boldsymbol{F}$ が与えられると，次式のように $\boldsymbol{P}$ が $\boldsymbol{F}$ だけに依存して決まる場合である．

$$\boldsymbol{P} = \boldsymbol{G}(\boldsymbol{F}) \tag{6.1}$$

図 6.1 に示すように，初期状態 $\boldsymbol{F}_0$ から $\boldsymbol{F}_\mathrm{A}$ へと変形の状態を変化させたとき，単位体積あたりの仕事 w_F が次式で表されたとする．

$$w_{\boldsymbol{F}} = \int_{\boldsymbol{F}_0}^{\boldsymbol{F}_\mathrm{A}} \boldsymbol{P} : \mathrm{d}\boldsymbol{F} = \int_{\boldsymbol{F}_0}^{\boldsymbol{F}_\mathrm{A}} \boldsymbol{G}(\boldsymbol{F}) : \mathrm{d}\boldsymbol{F} = \mathcal{H}(\boldsymbol{F}_\mathrm{A}) - \mathcal{H}(\boldsymbol{F}_0) \tag{6.2}$$

式 (6.2) は，はじめと終わりの値の差として表されるようなスカラー値関数 $\mathcal{H}$ が存在

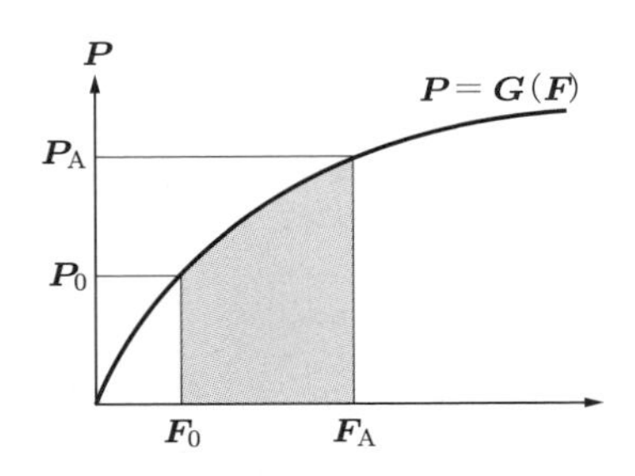

図 6.1 応力と変形勾配の関係

することを意味しており，この関数 $\mathcal{H}$ を**ひずみエネルギー**または**弾性ポテンシャル**という．このようなひずみエネルギー $\mathcal{H}$[†1]が存在する性質を**超弾性**という．

ひずみエネルギー $\mathcal{H}$ が存在すれば，$\boldsymbol{F}$ に関する $\mathcal{H}$ の勾配から $\boldsymbol{P}$ が与えられる．すなわち，仕事を与える組み合わせとして $\boldsymbol{P}$ と $\boldsymbol{F}$ を考えた場合，ひずみエネルギー $\mathcal{H}$ が存在する超弾性体の構成則は，次式で表される．

$$\boldsymbol{P} = \frac{\partial \mathcal{H}}{\partial \boldsymbol{F}}, \quad P_{iJ}(\boldsymbol{e}_i \otimes \boldsymbol{E}_J) = \frac{\partial \mathcal{H}}{\partial F_{iJ}}(\boldsymbol{e}_i \otimes \boldsymbol{E}_J) \tag{6.3}$$

ひずみエネルギー $\mathcal{H}$ は物質に固有の特性値であり，変形によって定まる量である．したがって，ひずみエネルギー $\mathcal{H}$ は，直交テンソル[†2] $\boldsymbol{Q}$ や $\boldsymbol{R}$ による剛体回転には無関係であり，変形勾配テンソル $\boldsymbol{F}$ に含まれるストレッチテンソル $\boldsymbol{U}$ だけが寄与する[†3]．また，$\boldsymbol{C} = \boldsymbol{U}^2$ より，$\mathcal{H}$ は右コーシー - グリーンテンソル $\boldsymbol{C}$ の関数と見なすことができ，さらに $\boldsymbol{E} = (\boldsymbol{C} - \boldsymbol{I})/2$ より，ラグランジュ - グリーンひずみテンソル $\boldsymbol{E}$ の関数としてもよいので，次式のように表すことができる．

$$\mathcal{H}(\boldsymbol{F}) = \mathcal{H}(\boldsymbol{C}) = \mathcal{H}(\boldsymbol{E}) \tag{6.4}$$

$\boldsymbol{E}$ は第 2 ピオラ - キルヒホッフ応力テンソル $\boldsymbol{S}$ と仕事を与える組み合わせとなる．したがって，$\boldsymbol{E}$ と $\boldsymbol{S}$ の関係は，$\mathcal{H}$ の $\boldsymbol{E}$ による勾配から，次式で与えられる．

$$\boldsymbol{S} = \frac{\partial \mathcal{H}}{\partial \boldsymbol{E}} = 2\frac{\partial \mathcal{H}}{\partial \boldsymbol{C}} \tag{6.5}$$

例題 6.1 エネルギー汎関数と構成則

1 次元のひずみエネルギーと構成則に関して，以下の問いに答えよ．
(1) $G(u)$ という変数 u の一価関数に対して，

---

†1 この場合，ひずみエネルギー $\mathcal{H}$ は 1.3.3 項で説明したポテンシャルである．
†2 ひずみエネルギー $\mathcal{H}$ は，観測者によって変化する量であってはならない．それは，$\boldsymbol{F}$ による変形のあとに，さらに $\boldsymbol{Q}$ による剛体回転を受けても変わらないということである．詳細は 6.3 節で後述する．
†3 変形勾配テンソルとストレッチテンソルの関係については，3.2.5 項を参照．

$$\int_{u_0}^{u_1} G(u)\mathrm{d}\,u = \mathcal{H}(u_1) - \mathcal{H}(u_0)$$

を満たす $\mathcal{H}(u)$ が存在するとき，$\mathcal{H}(u)$ を用いて $G(u)$ を表せ．

(2) ばねのひずみエネルギー

$$\mathcal{H}(u) = \frac{1}{2}ku^2$$

と $f = G(u)$ を利用して，フック則（ばねの構成則）を求めよ．

図 6.2 に示すように，2 本のばね（ともにばね定数 k）が並列につながれた系がある．変位 u は固定されていない端に軸方向に沿って一様に付与する．

(3) 変位 u が与えられたとき，この系に蓄えられるひずみエネルギーを求めよ．

(4) この系の構成則（力 f と変位 u の関係式）を求めよ．

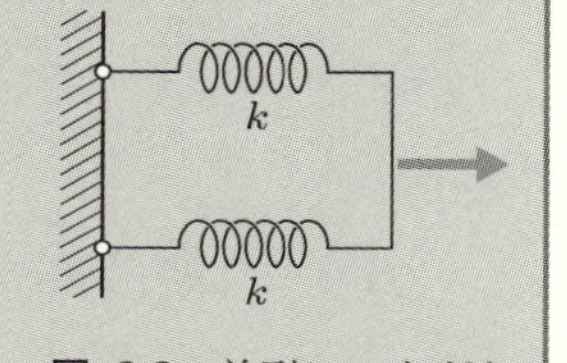

図 6.2 並列につながれたばね

解 (1) $G(u)$ の原始関数を $F(u)$ とおくと，次のようになる．

$$\int_{u_0}^{u_1} G(u)\ \mathrm{d}u = \Big[F(u)\Big]_{u_0}^{u_1} = F(u_1) - F(u_0)$$

条件より，$F(u)$ と $\mathcal{H}(u)$ に恒等関係が成立するので，$G(u)$ は $\mathcal{H}(u)$ の導関数である．したがって，$G(u)$ は次式で表される．

$$G(u) = \frac{\mathrm{d}\mathcal{H}(u)}{\mathrm{d}u}$$

(2) ばねのひずみエネルギーを代入すると，

$$G(u) = \frac{\mathrm{d}\mathcal{H}(u)}{\mathrm{d}u} = ku$$

となる．これより，$f = ku$ が成立して，フック則（ばねの構成則）が求められることがわかる．以上から，エネルギー汎関数と構成則の関係がイメージできれば，超弾性の構成則もイメージしやすくなる．

(3) ばねが並列に 2 本つながれているので，系のひずみエネルギーは次式で与えられる．

$$\mathcal{H}(u) = 2 \times \frac{1}{2}ku^2 = ku^2$$

(4) (2) と同様に計算すると，

$$f = G(u) = \frac{\mathrm{d}\mathcal{H}(u)}{\mathrm{d}u} = 2ku$$

‖ となる．2本並列につながれたばねは，ばね定数が2倍のばね1本と同じである．

6.1.2 弾性係数テンソル □□ $\boldsymbol{S}$ と $\boldsymbol{E}$ の関係を $\boldsymbol{S} = \boldsymbol{S}(\boldsymbol{E})$ とし，両辺の物質時間微分をとり，右辺に微分の連鎖則を適用すると，次式のように $\dot{\boldsymbol{S}}$ と $\dot{\boldsymbol{E}}$ に関する線形関係式を得る．

$$\dot{\boldsymbol{S}} = \frac{\partial \boldsymbol{S}(\boldsymbol{E})}{\partial \boldsymbol{E}} : \frac{\partial \boldsymbol{E}}{\partial t} = \frac{\partial \boldsymbol{S}(\boldsymbol{E})}{\partial \boldsymbol{E}} : \dot{\boldsymbol{E}} = \boldsymbol{D}^0 : \dot{\boldsymbol{E}} \tag{6.6}$$

式 (6.6) は，両辺に $\mathrm{d}t$ を掛ければ，$\mathrm{d}\boldsymbol{S} = \dot{\boldsymbol{S}}\mathrm{d}t$, $\mathrm{d}\boldsymbol{E} = \dot{\boldsymbol{E}}\mathrm{d}t$ となるので，$\boldsymbol{S}$ と $\boldsymbol{E}$ の増分量に関する線形関係式でもある．

$$\dot{\boldsymbol{S}}\mathrm{d}t = \boldsymbol{D}^0 : \dot{\boldsymbol{E}}\mathrm{d}t, \quad \mathrm{d}\boldsymbol{S} = \boldsymbol{D}^0 : \mathrm{d}\boldsymbol{E} \tag{6.7}$$

これらの式の係数として現れる4階テンソル $\boldsymbol{D}^0$ を**物質弾性係数テンソル**†という．

$$\boldsymbol{D}^0 = D^0_{IJKL}(\boldsymbol{E}_I \otimes \boldsymbol{E}_J \otimes \boldsymbol{E}_K \otimes \boldsymbol{E}_L) = \frac{\partial S_{IJ}}{\partial E_{KL}}(\boldsymbol{E}_I \otimes \boldsymbol{E}_J \otimes \boldsymbol{E}_K \otimes \boldsymbol{E}_L) \tag{6.8}$$

超弾性体の場合は，ひずみエネルギー汎関数の勾配から，応力テンソルが $S_{IJ} = \partial \mathcal{H}/\partial E_{IJ}$ で与えられるので，物質弾性係数テンソルを次のように表すことができる．

$$D^0_{IJKL} = \frac{\partial S_{IJ}}{\partial E_{KL}} = \frac{\partial}{\partial E_{KL}}\left(\frac{\partial \mathcal{H}}{\partial E_{IJ}}\right) = \frac{\partial^2 \mathcal{H}}{\partial E_{IJ}\partial E_{KL}} = 4\frac{\partial^2 \mathcal{H}}{\partial C_{IJ}\partial C_{KL}} \tag{6.9}$$

ここで，$\mathcal{H}$ が十分に滑らかな関数であれば，式 (6.9) の2階偏微分は順序によらないので，D^0_{IJKL} は次の対称性を有することになる．

$$D^0_{IJKL} = \frac{\partial^2 \mathcal{H}}{\partial E_{IJ}\partial E_{KL}} = \frac{\partial^2 \mathcal{H}}{\partial E_{KL}\partial E_{IJ}} = D^0_{KLIJ} \tag{6.10}$$

さらに，$\boldsymbol{S}$ と $\boldsymbol{E}$ は対称テンソルであるので，次の対称性も有している．

$$D^0_{IJKL} = \frac{\partial S_{IJ}}{\partial E_{KL}} = \frac{\partial S_{JI}}{\partial E_{KL}} = D^0_{JIKL} = \frac{\partial S_{IJ}}{\partial E_{LK}} = D^0_{IJLK} \tag{6.11}$$

したがって，超弾性体の弾性係数テンソル D^0_{IJKL} は，$3^4 = 81$ 個の成分のうち，独立な成分は最大でも21個である．

† $\boldsymbol{D}^0$ の上付き添字は，基準配置 B_0 を参照する弾性係数テンソルであることを示す．指標表記の添字と区別するために，本書では上付きで示す．

ラグランジュ - グリーンひずみテンソルの物質時間微分 $\dot{\boldsymbol{E}}$ は，変形速度テンソル $\boldsymbol{d}$ のプルバックとして次式で表される[†1].

$$\dot{\boldsymbol{E}} = \boldsymbol{F}^T \boldsymbol{d} \boldsymbol{F}, \quad \dot{E}_{IJ} = F_{kI} d_{kl} F_{lJ} \tag{6.12}$$

また，第 2 ピオラ - キルヒホッフ応力テンソルの物質時間微分 $\dot{\boldsymbol{S}}$ のプッシュフォワードは，トゥルーズデルの応力速度テンソル $\mathring{\boldsymbol{\sigma}}_{[\mathrm{T}]}$ となる[†2].

$$\mathring{\boldsymbol{\sigma}}_{[\mathrm{T}]} = J^{-1} \boldsymbol{F} \dot{\boldsymbol{S}} \boldsymbol{F}^T, \quad \mathring{\sigma}_{[\mathrm{T}]ij} = J^{-1} F_{iK} \dot{S}_{KL} F_{jL} \tag{6.13}$$

これらの関係を式 (6.6) に代入すると，$\mathring{\boldsymbol{\sigma}}_{[\mathrm{T}]}$ と $\boldsymbol{d}$ についての次の関係式が得られる.

$$\begin{aligned} \mathring{\sigma}_{[\mathrm{T}]ij} &= J^{-1} F_{iK} F_{jL} \dot{S}_{KL} = J^{-1} F_{iK} F_{jL} D^0_{KLMN} \dot{E}_{MN} \\ &= J^{-1} F_{iK} F_{jL} F_{kM} F_{lN} D^0_{KLMN} d_{kl} \end{aligned} \tag{6.14}$$

$\mathring{\boldsymbol{\sigma}}_{[\mathrm{T}]}$ と $\boldsymbol{d}$ の線形関係式が

$$\mathring{\boldsymbol{\sigma}}_{[\mathrm{T}]} = \boldsymbol{D}^t : \boldsymbol{d} \tag{6.15}$$

のように表され，**空間弾性係数テンソル** $\boldsymbol{D}^t$ が次のように導かれる[†3].

$$\boldsymbol{D}^t = D^t_{ijkl} (\boldsymbol{e}_i \otimes \boldsymbol{e}_j \otimes \boldsymbol{e}_k \otimes \boldsymbol{e}_l), \quad D^t_{ijkl} = J^{-1} F_{iK} F_{jL} F_{kM} F_{lN} D^0_{KLMN} \tag{6.16}$$

例題 6.2 超弾性材料モデル

超弾性材料について，第 2 ピオラ - キルヒホッフ応力テンソル $\boldsymbol{S}$ が次式で与えられる.

$$\boldsymbol{S} = \frac{\partial \mathcal{H}}{\partial \boldsymbol{E}} = 2 \frac{\partial \mathcal{H}}{\partial \boldsymbol{C}}$$

ここで，$\mathcal{H}$ は物体に蓄積されたひずみエネルギー，$\boldsymbol{E}$ はラグランジュ - グリーンひずみテンソル，$\boldsymbol{C}$ は右コーシー - グリーンテンソルである. 以下の問いに答えよ.

(1) $\boldsymbol{S}, \boldsymbol{E}$ の物質時間微分 $\dot{\boldsymbol{S}}, \dot{\boldsymbol{E}}$ に成り立つ線形関係式を $\dot{\boldsymbol{S}} = \boldsymbol{D}^0 : \dot{\boldsymbol{E}}$ とするとき，$\mathcal{H}$ と $\boldsymbol{E}$ を用いて 4 階の弾性テンソル $\boldsymbol{D}^0$ を表せ.

(2) $\mathcal{H}$ と $\boldsymbol{C}$ を用いて 4 階の弾性テンソル $\boldsymbol{D}^0$ を表せ.

(3) ひずみエネルギーが $\mathcal{H}(\boldsymbol{C}) = a(\mathrm{tr}\,\boldsymbol{C} - 3)^b$（$a$，$b$ は材料定数）であるとして，$\boldsymbol{C}$ を用いて $\boldsymbol{S}$ を表せ.

---

†1 $\dot{\boldsymbol{E}}$ と $\boldsymbol{d}$ の関係は，3.5.5 項を参照. また，プッシュフォワードとプルバックは 7.4.1 項を参照.

†2 トゥルーズデルの応力速度テンソルについては，6.4.4 項で説明する.

†3 $\boldsymbol{D}^t$ の上付き添字は，現在配置 B_t を参照する弾性係数テンソルであることを示す.

解 (1) $\boldsymbol{E}$ を用いて $\dot{\boldsymbol{S}}$ を表すと，次のようになる．

$$\dot{\boldsymbol{S}} = \frac{\partial \boldsymbol{S}}{\partial t} = \frac{\partial \boldsymbol{S}}{\partial \boldsymbol{E}} : \frac{\partial \boldsymbol{E}}{\partial t} = \frac{\partial \boldsymbol{S}}{\partial \boldsymbol{E}} : \dot{\boldsymbol{E}} = \frac{\partial}{\partial \boldsymbol{E}}\left(\frac{\partial \mathcal{H}}{\partial \boldsymbol{E}}\right) : \dot{\boldsymbol{E}} = \frac{\partial^2 \mathcal{H}}{\partial \boldsymbol{E} \partial \boldsymbol{E}} : \dot{\boldsymbol{E}}$$
$$= \boldsymbol{D}^0 : \dot{\boldsymbol{E}}$$

したがって，$\boldsymbol{D}^0$ は次のようになる．

$$\boldsymbol{D}^0 = \frac{\partial^2 \mathcal{H}}{\partial \boldsymbol{E} \partial \boldsymbol{E}}$$

また，E_{IJ} のように指標表記を用いて $\dot{S}_{IJ}$ を表すと，

$$\dot{S}_{IJ} = \frac{\partial S_{IJ}}{\partial t} = \frac{\partial S_{IJ}}{\partial E_{KL}} \frac{\partial E_{KL}}{\partial t} = \frac{\partial S_{IJ}}{\partial E_{KL}} \dot{E}_{KL} = \frac{\partial^2 \mathcal{H}}{\partial E_{IJ} \partial E_{KL}} \dot{E}_{KL}$$
$$= D^0_{IJKL} \dot{E}_{KL}$$

であり，D^0_{IJKL} は次のようになる．

$$D^0_{IJKL} = \frac{\partial^2 \mathcal{H}}{\partial E_{IJ} \partial E_{KL}}$$

(2) $\boldsymbol{C}$ を用いると，$\boldsymbol{D}^0$ は次のようになる．

$$\boldsymbol{D}^0 = \frac{\partial}{\partial \boldsymbol{E}}\left(\frac{\partial \mathcal{H}}{\partial \boldsymbol{E}}\right) = \left(\frac{\partial}{\partial \boldsymbol{C}} : \frac{\partial \boldsymbol{C}}{\partial \boldsymbol{E}}\right)\left(\frac{\partial \mathcal{H}}{\partial \boldsymbol{C}} : \frac{\partial \boldsymbol{C}}{\partial \boldsymbol{E}}\right) = 2\frac{\partial}{\partial \boldsymbol{C}}\left(2\frac{\partial \mathcal{H}}{\partial \boldsymbol{C}}\right)$$
$$= 4\frac{\partial \mathcal{H}}{\partial \boldsymbol{C} \partial \boldsymbol{C}}$$

また，C_{IJ} を用いて D^0_{IJKL} を指標表記で表すと，次のようになる．

$$D^0_{IJKL} = \frac{\partial}{\partial E_{IJ}}\left(\frac{\partial \mathcal{H}}{\partial E_{KL}}\right) = \left(\frac{\partial}{\partial C_{ij}} \frac{\partial C_{ij}}{\partial E_{IJ}}\right)\left(\frac{\partial \mathcal{H}}{\partial C_{kl}} \frac{\partial C_{kl}}{\partial E_{KL}}\right)$$

ここで，$\partial C_{IJ}/\partial E_{KL}$ は次式で表される†．

$$\frac{\partial C_{IJ}}{\partial E_{KL}} = \frac{\partial}{\partial E_{KL}}(2E_{IJ} + \delta_{IJ}) = 2\frac{\partial E_{IJ}}{\partial E_{KL}}$$
$$= 2 \cdot \frac{1}{2}(\delta_{IK}\delta_{JL} + \delta_{IL}\delta_{JK}) = \delta_{IK}\delta_{JL} + \delta_{IL}\delta_{JK}$$

最終的に，$C_{IJ} = C_{JI}$ より，D^0_{IJKL} は次のようになる．

$$D^0_{IJKL} = \left(\frac{\partial}{\partial C_{ij}}\delta_{iI}\delta_{jJ} + \frac{\partial}{\partial C_{ij}}\delta_{iJ}\delta_{jI}\right)\left(\frac{\partial \mathcal{H}}{\partial C_{kl}}\delta_{kK}\delta_{lL} + \frac{\partial \mathcal{H}}{\partial C_{kl}}\delta_{kL}\delta_{lK}\right)$$
$$= 4\frac{\partial \mathcal{H}}{\partial C_{IJ} C_{KL}}$$

† テンソルの微分については 7.5 節を参照．

(3) $\mathcal{H}$ を $\boldsymbol{C}$ で微分することにより，$\boldsymbol{S}$ は次のようになる．

$$\boldsymbol{S} = 2\frac{\partial \mathcal{H}}{\partial \boldsymbol{C}} = 2ab\,(\mathrm{tr}\,\boldsymbol{C}-3)^{b-1}\frac{\partial\,(\mathrm{tr}\,\boldsymbol{C}-3)}{\partial \boldsymbol{C}} = 2ab\,(\mathrm{tr}\,\boldsymbol{C}-3)^{b-1}\,\boldsymbol{I}$$

ここで，$\boldsymbol{I}$ は単位テンソルである．また，指標を用いると，$\mathrm{tr}\,\boldsymbol{C} = C_{KK}$ であり，S_{IJ} は次のようになる．

$$\begin{aligned} S_{IJ} &= 2\frac{\partial \mathcal{H}}{\partial C_{IJ}} = 2ab\,(C_{KK}-3)^{b-1}\frac{\partial\,(C_{LL}-3)}{\partial C_{IJ}} \\ &= 2ab\,(C_{KK}-3)^{b-1}\,\delta_{LI}\delta_{LJ} = 2ab\,(C_{KK}-3)^{b-1}\,\delta_{IJ} \end{aligned}$$

例題 6.3 テンソルの微分と超弾性体

ラメ定数[†] λ, μ とラグランジュ - グリーンひずみテンソル $\boldsymbol{E}$ を用いて，ひずみエネルギー $\mathcal{H}$ が次式で表される超弾性体がある．

$$\mathcal{H} = \frac{1}{2}\lambda\,(\mathrm{tr}\,\boldsymbol{E})^2 + \mu\boldsymbol{E}:\boldsymbol{E}, \quad \mathcal{H} = \frac{1}{2}\lambda E_{KK}{}^2 + \mu E_{KL}E_{KL}$$

以下の問いに答えよ．

(1) 第 2 ピオラ - キルヒホッフ応力テンソル S_{IJ} は，$S_{IJ} = \partial\mathcal{H}/\partial E_{IJ}$ で与えられる．S_{IJ} を求めよ．

(2) S_{IJ} の物質時間微分 $\dot{S}_{IJ}$ は，$\dot{S}_{IJ} = (\partial S_{IJ}/\partial E_{KL})\dot{E}_{KL} = D^0_{IJKL}\dot{E}_{KL}$ で与えられる．物質弾性係数テンソル D^0_{IJKL} を求めよ．

(3) $\dot{S}_{IJ} = D^0_{IJKL}\dot{E}_{KL}$ より，$\dot{S}_{IJ}$ を求めよ．

いま，時刻 $t=0$ で 2 次元空間内に存在していた正方形の超弾性体 ABCD が，時刻 t の経過にともない，図 6.3 のように一様変形していく状態を考える．

(4) 時刻 $t=0$ を基準配置とするとき，時刻 $t=t$ に移す変形勾配テンソル $\boldsymbol{F}(t)$ を求めよ．

(5) 時刻 t における $\boldsymbol{E}(t)$ を求めよ．

(6) $\boldsymbol{E}(t)$ の物質時間微分 $\dot{\boldsymbol{E}}(t)$ を求めよ．

(7) (1) で求めた式を用いて，$t=2$ における $\boldsymbol{S}(2)$ を求めよ．

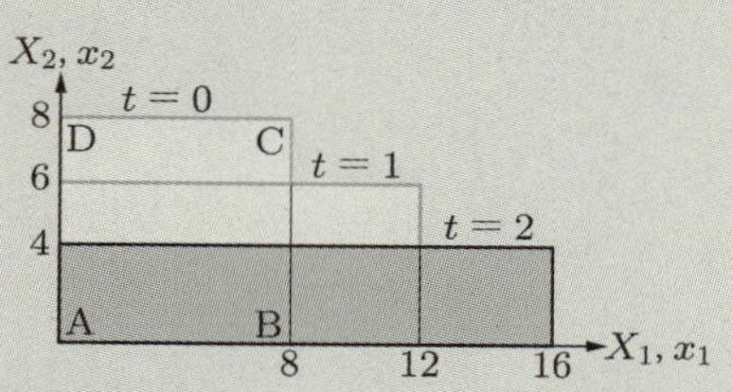

図 6.3 時間とともに変形する超弾性体

(8) (3) で求めた式を用いて，$\dot{\boldsymbol{S}}(t)$ を求めよ．

(9) $\boldsymbol{S}(2) = \int_0^2 \dot{\boldsymbol{S}}(t)\,dt$ を計算し，(7) の結果と比較せよ．

---

† 弾性係数を記述する際に，ヤング率やポアソン比のように，多く用いられる定数である．詳しくは，6.2 節で説明する．

解 超弾性体の構成則を取り扱う際は，テンソルの微分を理解する必要がある．テンソルの微分に関する基本法則は 7.5 節を参照してほしい．

(1) 7.5 節におけるテンソルの微分に関する基本法則より，S_{IJ} は次のようになる．

$$\begin{aligned} S_{IJ} &= \frac{\partial \mathcal{H}}{\partial E_{IJ}} = \frac{1}{2}\lambda\frac{\partial(E_{KK}E_{LL})}{\partial E_{IJ}} + \mu\frac{\partial(E_{KL}E_{KL})}{\partial E_{IJ}} \\ &= \frac{1}{2}\lambda\cdot 2E_{KK}\delta_{IL}\delta_{JL} + 2\mu E_{KL}\cdot\frac{1}{2}(\delta_{KI}\delta_{LJ} + \delta_{KJ}\delta_{LI}) \\ &= \lambda E_{KK}\delta_{IJ} + 2\mu E_{IJ} \end{aligned}$$

(2) 7.5 節におけるテンソルの微分に関する基本法則より，D^0_{IJKL} は次のようになる．

$$\begin{aligned} D^0_{IJKL} &= \frac{\partial S_{IJ}}{\partial E_{KL}} = \lambda\frac{\partial E_{MM}}{\partial E_{KL}}\delta_{IJ} + 2\mu\frac{\partial E_{IJ}}{\partial E_{KL}} \\ &= \lambda\delta_{MK}\delta_{ML}\delta_{IJ} + 2\mu\cdot\frac{1}{2}(\delta_{IK}\delta_{JL} + \delta_{IL}\delta_{JK}) \\ &= \lambda\delta_{IJ}\delta_{KL} + \mu\,(\delta_{IK}\delta_{JL} + \delta_{IL}\delta_{JK}) \end{aligned}$$

(3) 4 階テンソルと 2 階テンソルの乗算ルール（線形変換）に従い，$\dot{S}_{IJ}$ は次のようになる．

$$\begin{aligned} \dot{S}_{IJ} &= D^0_{IJKL}\dot{E}_{KL} = \lambda\delta_{IJ}\delta_{KL}\dot{E}_{KL} + \mu\delta_{IK}\delta_{JL}\dot{E}_{KL} + \mu\delta_{IL}\delta_{JK}\dot{E}_{KL} \\ &= \lambda\dot{E}_{KK}\delta_{IJ} + \mu\dot{E}_{IJ} + \mu\dot{E}_{JI} = \lambda\dot{E}_{KK}\delta_{IJ} + 2\mu\dot{E}_{IJ} \end{aligned}$$

(4) 時刻 $t = 0$ における超弾性体 ABCD 内部の点の位置 $\boldsymbol{X}$ と，時刻 $t = t$ における超弾性体 ABCD 内部の点の位置 $\boldsymbol{x}$ の関係を，$\{x\} = [A]\{X\} + \{b\}$ の形で表す．そうすると，点 A, B, D の運動はそれぞれ次のように表される．

$$\begin{Bmatrix} 0 \\ 0 \end{Bmatrix} = \begin{bmatrix} a & b \\ c & d \end{bmatrix}\begin{Bmatrix} 0 \\ 0 \end{Bmatrix} + \begin{Bmatrix} e \\ f \end{Bmatrix} \quad\Longrightarrow\quad \begin{Bmatrix} e \\ f \end{Bmatrix} = \begin{Bmatrix} 0 \\ 0 \end{Bmatrix}$$

$$\begin{Bmatrix} 8+4t \\ 0 \end{Bmatrix} = \begin{bmatrix} a & b \\ c & d \end{bmatrix}\begin{Bmatrix} 8 \\ 0 \end{Bmatrix} + \begin{Bmatrix} e \\ f \end{Bmatrix} \quad\Longrightarrow\quad \begin{Bmatrix} a \\ c \end{Bmatrix} = \begin{Bmatrix} 1+t/2 \\ 0 \end{Bmatrix}$$

$$\begin{Bmatrix} 0 \\ 8-2t \end{Bmatrix} = \begin{bmatrix} a & b \\ c & d \end{bmatrix}\begin{Bmatrix} 0 \\ 8 \end{Bmatrix} + \begin{Bmatrix} e \\ f \end{Bmatrix} \quad\Longrightarrow\quad \begin{Bmatrix} b \\ d \end{Bmatrix} = \begin{Bmatrix} 0 \\ 1-t/4 \end{Bmatrix}$$

以上の 3 式より，正方形 ABCD の運動は次式で与えられる．

$$\begin{Bmatrix} x_1 \\ x_2 \end{Bmatrix} = \begin{bmatrix} 1+t/2 & 0 \\ 0 & 1-t/4 \end{bmatrix}\begin{Bmatrix} X_1 \\ X_2 \end{Bmatrix} + \begin{Bmatrix} 0 \\ 0 \end{Bmatrix}$$

$\boldsymbol{F} = \partial \boldsymbol{x}/\partial \boldsymbol{X}$ より，変形勾配テンソル $\boldsymbol{F}(t)$ は次式となる．

$$\boldsymbol{F}(t) = \frac{\partial \boldsymbol{x}(\boldsymbol{X}, t)}{\partial \boldsymbol{X}} = \begin{bmatrix} 1 + t/2 & 0 \\ 0 & 1 - t/4 \end{bmatrix}$$

(5) 変形勾配テンソル $\boldsymbol{F}(t)$ より，ラグランジュ - グリーンひずみテンソル $\boldsymbol{E}(t)$ は次のようになる．

$$\begin{aligned} \boldsymbol{E}(t) &= \frac{1}{2}\{\boldsymbol{C}(t) - \boldsymbol{I}\} = \frac{1}{2}\{\boldsymbol{F}^T(t)\boldsymbol{F}(t) - \boldsymbol{I}\} \\ &= \begin{bmatrix} t^2/8 + t/2 & 0 \\ 0 & t^2/32 - t/4 \end{bmatrix} \end{aligned}$$

(6) $\boldsymbol{E}(t)$ の物質時間微分 $\dot{\boldsymbol{E}}(t)$ は次のようになる．

$$\dot{\boldsymbol{E}}(t) = \frac{\partial \boldsymbol{E}(t)}{\partial t} = \begin{bmatrix} t/4 + 1/2 & 0 \\ 0 & t/16 - 1/4 \end{bmatrix}$$

(7) E_{KK} は次のようになる．

$$E_{KK} = \mathrm{tr}\,\boldsymbol{E} = \frac{1}{8}t^2 + \frac{1}{2}t + \frac{1}{32}t^2 - \frac{1}{4}t = \frac{5t^2 + 8t}{32}$$

これと (1) の結果より，$\boldsymbol{S}(t)$ は次のようになる．

$$\begin{aligned} \boldsymbol{S}(t) &= \lambda(\mathrm{tr}\,\boldsymbol{E})\boldsymbol{I} + 2\mu\boldsymbol{E} \\ &= \lambda\begin{bmatrix} 5t^2/32 + t/4 & 0 \\ 0 & 5t^2/32 + t/4 \end{bmatrix} + \mu\begin{bmatrix} t^2/4 + t & 0 \\ 0 & t^2/16 - t/2 \end{bmatrix} \end{aligned}$$

上式より，$\boldsymbol{S}(2)$ は次のようになる．

$$\boldsymbol{S}(2) = \lambda\begin{bmatrix} 9/8 & 0 \\ 0 & 9/8 \end{bmatrix} + \mu\begin{bmatrix} 3 & 0 \\ 0 & -3/4 \end{bmatrix}$$

(8) $\dot{E}_{KK}$ は次のようになる．

$$\dot{E}_{KK} = \mathrm{tr}\,\dot{\boldsymbol{E}} = \frac{1}{4}t + \frac{1}{2} + \frac{1}{16}t - \frac{1}{4} = \frac{5t + 4}{16}$$

これと (3) の結果より，$\dot{\boldsymbol{S}}(t)$ は次のようになる．

$$\begin{aligned} \dot{\boldsymbol{S}}(t) &= \lambda(\mathrm{tr}\,\dot{\boldsymbol{E}})\boldsymbol{I} + 2\mu\dot{\boldsymbol{E}} \\ &= \lambda\begin{bmatrix} 5t/16 + 1/4 & 0 \\ 0 & 5t/16 + 1/4 \end{bmatrix} + \mu\begin{bmatrix} t/2 + 1 & 0 \\ 0 & t/8 - 1/2 \end{bmatrix} \end{aligned}$$

(9) $\dot{\boldsymbol{S}}(t)$ の時間積分を計算すると，次のようになる．

$$
\begin{aligned}
\boldsymbol{S}(2) &= \int_0^2 \dot{\boldsymbol{S}}(t)\ \mathrm{d}t \\
&= \lambda \begin{bmatrix} \int_0^2 (5t/16 + 1/4)\,\mathrm{d}t & 0 \\ 0 & \int_0^2 (5t/16 + 1/4)\,\mathrm{d}t \end{bmatrix} \\
&\quad + \mu \begin{bmatrix} \int_0^2 (t/2 + 1)\,\mathrm{d}t & 0 \\ 0 & \int_0^2 (t/8 - 1/2)\,\mathrm{d}t \end{bmatrix} \\
&= \lambda \begin{bmatrix} 9/8 & 0 \\ 0 & 9/8 \end{bmatrix} + \mu \begin{bmatrix} 3 & 0 \\ 0 & -3/4 \end{bmatrix}
\end{aligned}
$$

したがって，(7) の結果と一致していることがわかる．

6.1.3 等方超弾性体 □□

材料の性質が，方向に依存しないことを**等方性**といい，そのような性質をもつ材料を**等方性材料**という．等方超弾性体のひずみエネルギーには，変形勾配テンソル $\boldsymbol{F}$ に含まれるストレッチテンソル $\boldsymbol{U}$ だけが寄与する．右コーシー - グリーンテンソル $\boldsymbol{C}$ を用いて，基準配置 B_0 を参照する等方超弾性体のひずみエネルギー $\mathcal{H}$ は次式で表すことができる[†1]．

$$
\mathcal{H}(\boldsymbol{C}) = \mathcal{H}(I_C, I\!I_C, I\!I\!I_C) \tag{6.17}
$$

ここで，I_C，$I\!I_C$，$I\!I\!I_C$ は $\boldsymbol{C}$ の基本不変量であり，それぞれ次式で与えられる．

$$
\begin{cases}
I_C = \mathrm{tr}\ \boldsymbol{C} = C_{KK} \\
I\!I_C = \mathrm{tr}\ \boldsymbol{C}^2 = C_{KL}C_{KL} = \boldsymbol{C} : \boldsymbol{C} \\
I\!I\!I_C = \det\ \boldsymbol{C} = J^2
\end{cases} \tag{6.18}
$$

これらを用いて，等方超弾性体の構成則は次式で表される．

$$
\boldsymbol{S} = \frac{\partial \mathcal{H}}{\partial \boldsymbol{E}} = 2\frac{\partial \mathcal{H}}{\partial \boldsymbol{C}} = 2\frac{\partial \mathcal{H}}{\partial I_C}\frac{\partial I_C}{\partial \boldsymbol{C}} + 2\frac{\partial \mathcal{H}}{\partial I\!I_C}\frac{\partial I\!I_C}{\partial \boldsymbol{C}} + 2\frac{\partial \mathcal{H}}{\partial I\!I\!I_C}\frac{\partial I\!I\!I_C}{\partial \boldsymbol{C}} \tag{6.19}
$$

ここで，基本不変量の $\boldsymbol{C}$ に関する勾配は次のようになる[†2]．

$$
\frac{\partial I_C}{\partial \boldsymbol{C}} = \boldsymbol{I}, \quad \frac{\partial I\!I_C}{\partial \boldsymbol{C}} = 2\boldsymbol{C}, \quad \frac{\partial I\!I\!I_C}{\partial \boldsymbol{C}} = (\det \boldsymbol{C})\boldsymbol{C}^{-1} \tag{6.20}
$$

---

†1 等方テンソル値関数の表示定理という．

†2 2 階テンソルの行列式 $\det \boldsymbol{A}$ の $\boldsymbol{A}$ による勾配は，スカラー 3 重積より次のようになる．

$$(\partial/\partial \boldsymbol{A})(\det \boldsymbol{A}) = (\det \boldsymbol{A})\boldsymbol{A}^{-T}$$

以上より，等方超弾性体の構成則の一般形は次式となる．

$$\boldsymbol{S} = 2\left(\frac{\partial\mathcal{H}}{\partial I_C}\right)\boldsymbol{I} + 4\left(\frac{\partial\mathcal{H}}{\partial I\!I_C}\right)\boldsymbol{C} + 2J^2\left(\frac{\partial\mathcal{H}}{\partial I\!I\!I_C}\right)\boldsymbol{C}^{-1} \tag{6.21}$$

また，式 (6.21) は，$\boldsymbol{S} = J\boldsymbol{F}^{-1}\boldsymbol{\sigma}\boldsymbol{F}^{-T}$ を用いて，現在配置 B_t を参照するコーシー応力テンソル $\boldsymbol{\sigma}$ と左コーシー - グリーンテンソル $\boldsymbol{b}$ を結び付けて，次のような構成則に書き換えることができる．

$$\boldsymbol{\sigma} = 2J^{-1}\left(\frac{\partial\mathcal{H}}{\partial I_C}\right)\boldsymbol{b} + 4J^{-1}\left(\frac{\partial\mathcal{H}}{\partial I\!I_C}\right)\boldsymbol{b}^2 + 2J\left(\frac{\partial\mathcal{H}}{\partial I\!I\!I_C}\right)\boldsymbol{I} \tag{6.22}$$

また，$\boldsymbol{b}$ の基本不変量は $\boldsymbol{C}$ の基本不変量に等しいため，次のようになる．

$$I_C = I_b, \quad I\!I_C = I\!I_b, \quad I\!I\!I_C = I\!I\!I_b \tag{6.23}$$

したがって，式 (6.22) は次式のように書き換えられる．

$$\boldsymbol{\sigma} = 2J^{-1}\left(\frac{\partial\mathcal{H}}{\partial I_b}\right)\boldsymbol{b} + 4J^{-1}\left(\frac{\partial\mathcal{H}}{\partial I\!I_b}\right)\boldsymbol{b}^2 + 2J\left(\frac{\partial\mathcal{H}}{\partial I\!I\!I_b}\right)\boldsymbol{I} \tag{6.24}$$

例題 6.4 コーシー - グリーンテンソルの基本不変量

左コーシー - グリーンテンソル $\boldsymbol{b}$ の基本不変量 I_b，$I\!I_b$，$I\!I\!I_b$ が，右コーシー - グリーンテンソル $\boldsymbol{C}$ の基本不変量 I_C，$I\!I_C$，$I\!I\!I_C$ に等しいことを示せ．

解 $\boldsymbol{A}$，$\boldsymbol{B}$ を 2 階テンソルとすると，トレース演算の性質より，$\mathrm{tr}\,(\boldsymbol{AB}) = \mathrm{tr}\,(\boldsymbol{BA})$ となる．これを利用して，$I_C = I_b$ が次式のように得られる．

$$I_C = \mathrm{tr}\,\boldsymbol{C} = \mathrm{tr}\,(\boldsymbol{F}^T\boldsymbol{F}) = \mathrm{tr}\,(\boldsymbol{F}\boldsymbol{F}^T) = \mathrm{tr}\,\boldsymbol{b} = I_b$$

$\boldsymbol{A}$～$\boldsymbol{C}$ を 2 階テンソルとすると，2 階テンソルの内積の性質より，$\boldsymbol{AB} : \boldsymbol{C} = \boldsymbol{A} : \boldsymbol{CB}^T = \boldsymbol{B} : \boldsymbol{A}^T\boldsymbol{C}$ となる．これを利用して，$I\!I_C = I\!I_b$ が次式のように得られる．

$$\begin{aligned} I\!I_C &= \boldsymbol{C} : \boldsymbol{C} = \boldsymbol{F}^T\boldsymbol{F} : \boldsymbol{F}^T\boldsymbol{F} = \boldsymbol{F}^T : \boldsymbol{F}^T\boldsymbol{F}\boldsymbol{F}^T = \boldsymbol{F}\boldsymbol{F}^T : \boldsymbol{F}\boldsymbol{F}^T = \boldsymbol{b} : \boldsymbol{b} \\ &= I\!I_b \end{aligned}$$

$\boldsymbol{A}$, $\boldsymbol{B}$ を 2 階テンソルとすると，デターミナントの性質より，$\det(\boldsymbol{AB}) = \det\boldsymbol{A}\det\boldsymbol{B}$ となる．これを利用して，$I\!I\!I_C = I\!I\!I_b$ が次式のように得られる．

$$\begin{aligned} I\!I\!I_C &= \det\boldsymbol{C} = \det(\boldsymbol{F}^T\boldsymbol{F}) = \det\boldsymbol{F}^T\det\boldsymbol{F} = \det\boldsymbol{F}\det\boldsymbol{F}^T \\ &= \det(\boldsymbol{F}\boldsymbol{F}^T) = \det\boldsymbol{b} = I\!I\!I_b \end{aligned}$$

例題 6.5 等方超弾性モデル

圧縮性のネオフックモデル† は，線形弾性体の材料パラメータ λ, μ を利用した簡易な等方性の超弾性体モデルであり，ひずみエネルギー $\mathcal{H}$ は次式で与えられる．

$$\mathcal{H} = \frac{\mu}{2}(I_C - 3) - \mu \ln J + \frac{\lambda}{2}(\ln J)^2$$

以下の問いに答えよ．

(1) 無変形状態において，ひずみエネルギー $\mathcal{H} = 0$ となることを示せ．

(2) ひずみエネルギー $\mathcal{H}$ を右コーシー - グリーンテンソル $\boldsymbol{C}$ で微分することにより，第2ピオラ - キルヒホッフ応力テンソル $\boldsymbol{S}$ を求めよ．

(3) コーシー応力テンソル $\boldsymbol{\sigma}$ を求めよ．

解

(1) 無変形状態（剛体運動）であれば，$\boldsymbol{F} = \boldsymbol{I}$ であり，$\boldsymbol{C} = \boldsymbol{I}$ となるので，それぞれの基本不変量を計算すると次のようになる．

$$I_C = \mathrm{tr}\,\boldsymbol{C} = \mathrm{tr}\,\boldsymbol{I} = 3, \quad I\!I_C = \mathrm{tr}\,\boldsymbol{C}^2 = \mathrm{tr}\,\boldsymbol{I} = 3$$

$$I\!I\!I_C = \det \boldsymbol{C} = J^2 = 1$$

$J = 1$ より，$\ln J = 0$ となるので，無変形状態の $\mathcal{H}$ は次のようになる．

$$\mathcal{H} = \frac{\mu}{2}(3-3) - \mu \cdot 0 + \frac{\lambda}{2} \cdot 0^2 = 0$$

(2) I_C，$I\!I\!I_C$ を $\boldsymbol{C}$ で微分すると，それぞれ次のようになる．

$$\frac{\partial I_C}{\partial \boldsymbol{C}} = \boldsymbol{I}, \quad \frac{\partial I\!I\!I_C}{\partial \boldsymbol{C}} = (\det \boldsymbol{C})\boldsymbol{C}^{-1} = J^2 \boldsymbol{C}^{-1}$$

$\partial I\!I\!I_C/\partial \boldsymbol{C}$ は次のようにも表すことができる．

$$\frac{\partial I\!I\!I_C}{\partial \boldsymbol{C}} = \frac{\partial J^2}{\partial \boldsymbol{C}} = \frac{\partial J^2}{\partial J}\frac{\partial J}{\partial \boldsymbol{C}} = 2J\frac{\partial J}{\partial \boldsymbol{C}}$$

これらの関係から，$\partial J/\partial \boldsymbol{C}$ は次式で与えられる．

$$\frac{\partial J}{\partial \boldsymbol{C}} = \frac{1}{2} J \boldsymbol{C}^{-1}$$

また，上式を用いて，$\ln J$，$(\ln J)^2$ の $\boldsymbol{C}$ による微分はそれぞれ次式のようになる．

$$\frac{\partial \ln J}{\partial \boldsymbol{C}} = \frac{\partial \ln J}{\partial J}\frac{\partial J}{\partial \boldsymbol{C}} = \frac{1}{J}\frac{\partial J}{\partial \boldsymbol{C}} = \frac{1}{J}\frac{1}{2}J\boldsymbol{C}^{-1} = \frac{1}{2}\boldsymbol{C}^{-1}$$

$$\frac{\partial (\ln J)^2}{\partial \boldsymbol{C}} = \frac{\partial (\ln J)^2}{\partial \ln J}\frac{\partial \ln J}{\partial J}\frac{\partial J}{\partial \boldsymbol{C}} = 2(\ln J)\frac{1}{J}\frac{1}{2}J\boldsymbol{C}^{-1} = (\ln J)\ \boldsymbol{C}^{-1}$$

以上より，第2ピオラ - キルヒホッフ応力テンソル $\boldsymbol{S}$ は次式で表される．

† ネオフックモデル（ネオフック則）は，大変形におけるフック則のような基本的な構成則である．

$$\boldsymbol{S} = 2\frac{\partial \mathcal{H}}{\partial \boldsymbol{C}} = 2\left\{\frac{\mu}{2}\frac{\partial I_C}{\partial \boldsymbol{C}} - \mu\frac{\partial \ln J}{\partial \boldsymbol{C}} + \frac{\lambda}{2}\frac{\partial (\ln J)^2}{\partial \boldsymbol{C}}\right\}$$
$$= \mu \boldsymbol{I} - \mu \boldsymbol{C}^{-1} + \lambda(\ln J)\,\boldsymbol{C}^{-1} = \mu\left(\boldsymbol{I} - \boldsymbol{C}^{-1}\right) + \lambda\,(\ln J)\,\boldsymbol{C}^{-1}$$

なお，別解として，式 (6.21) を用いると，次のように求めることができる．$I\!I\!I_C = J^2$ であることから，$\mathcal{H}$ は I_C，$I\!I\!I_C$ の関数である．それぞれの基本不変量による $\mathcal{H}$ の微分は次のようになる．

$$\frac{\partial \mathcal{H}}{\partial I_C} = \frac{\mu}{2}, \quad \frac{\partial \mathcal{H}}{\partial I\!I_C} = 0$$
$$\frac{\partial \mathcal{H}}{\partial I\!I\!I_C} = \frac{\partial \mathcal{H}}{\partial J^2} = -\mu\frac{\partial \ln J}{\partial J^2} + \frac{\lambda}{2}\frac{\partial (\ln J)^2}{\partial J^2} = -\mu\frac{\partial \ln J}{\partial J^2} + \frac{\lambda}{2}\frac{\partial (\ln J)^2}{\partial \ln J}\frac{\partial \ln J}{\partial J^2}$$

ここで，

$$\frac{\partial \ln J}{\partial J} = \frac{\partial \ln J}{\partial J^2}\frac{\partial J^2}{\partial J} = \frac{1}{J} \quad \Longrightarrow \quad \frac{\partial \ln J}{\partial J^2} = \frac{1}{2J^2}$$

より，$I\!I\!I_C$ による微分は次のようになる．

$$\frac{\partial \mathcal{H}}{\partial I\!I\!I_C} = -\mu\frac{1}{2J^2} + \frac{\lambda}{2}(2\ln J)\frac{1}{2J^2} = \frac{1}{2J^2}(\lambda \ln J - \mu)$$

以上の基本不変量による $\mathcal{H}$ の偏微分を，それぞれ式 (6.21) に代入すると，第 2 ピオラ - キルヒホッフ応力テンソル $\boldsymbol{S}$ は次式で表される．

$$\boldsymbol{S} = 2\frac{\mu}{2}\boldsymbol{I} + 2J^2\frac{1}{2J^2}(\lambda \ln J - \mu)\boldsymbol{C}^{-1} = \mu\left(\boldsymbol{I} - \boldsymbol{C}^{-1}\right) + \lambda(\ln J)\boldsymbol{C}^{-1}$$

(3) コーシー応力テンソル $\boldsymbol{\sigma}$ は，$\boldsymbol{S}$ のピオラ変換（J を含んだプッシュフォワード）により次式で表される†．

$$\boldsymbol{\sigma} = \frac{1}{J}\boldsymbol{F}\boldsymbol{S}\boldsymbol{F}^T$$
$$= \frac{1}{J}\left\{\mu \boldsymbol{F}\boldsymbol{F}^T - \mu \boldsymbol{F}\left(\boldsymbol{F}^{-1}\boldsymbol{F}^{-T}\right)\boldsymbol{F}^T + \lambda(\ln J)\boldsymbol{F}\left(\boldsymbol{F}^{-1}\boldsymbol{F}^{-T}\right)\boldsymbol{F}^T\right\}$$
$$= \frac{\mu}{J}(\boldsymbol{b} - \boldsymbol{I}) + \frac{\lambda}{J}(\ln J)\,\boldsymbol{I}$$

6.2 線形弾性体

応力とひずみの関係が線形であり，かつ弾性である材料を**線形弾性体**という．微小変形理論の場合，線形弾性体の構成則は，4 階の弾性係数テンソル $\boldsymbol{D}$ を用いて，コーシー応力テンソル $\boldsymbol{\sigma}$ と微小ひずみテンソル $\boldsymbol{\varepsilon}$ を結び付ける線形関係式として，次式で与えられる．

† プッシュフォワード，プルバックとピオラ変換については，それぞれ 7.4.1，7.4.2 項を参照．

$$\boldsymbol{\sigma} = \boldsymbol{D} : \boldsymbol{\varepsilon}, \quad \sigma_{ij}(\boldsymbol{e}_i \otimes \boldsymbol{e}_j) = D_{ijkl}\varepsilon_{kl}(\boldsymbol{e}_i \otimes \boldsymbol{e}_j), \quad \sigma_{ij} = D_{ijkl}\varepsilon_{kl} \tag{6.25}$$

ここで，$\boldsymbol{\sigma}$，$\boldsymbol{\varepsilon}$ はともに対称テンソルであり，$\sigma_{ij} = \sigma_{ji}$，$\varepsilon_{kl} = \varepsilon_{lk}$ であるので，弾性係数テンソルの成分 D_{ijkl} は，i，j および k，l に関して対称である．

$$D_{ijkl} = D_{jikl} = D_{ijlk} = D_{jilk} \tag{6.26}$$

さらに，等方線形弾性体の場合は，弾性係数テンソルは二つの定数だけを用いて，次のように表される．

$$D_{ijkl} = \lambda\delta_{ij}\delta_{kl} + \mu(\delta_{ik}\delta_{jl} + \delta_{il}\delta_{jk}) \tag{6.27}$$

応力とひずみの関係は，次のような簡単な式で与えられる．

$$\sigma_{ij} = D_{ijkl}\varepsilon_{kl} = 2\mu\varepsilon_{ij} + \lambda\varepsilon_{kk}\delta_{ij} \tag{6.28}$$

ここで，λ，μ はラメ定数であり，ヤング率 E とポアソン比 ν を用いて次のように表される．

$$\lambda = \frac{E\nu}{(1+\nu)(1-2\nu)}, \quad \mu = \frac{E}{2(1+\nu)} \tag{6.29}$$

微小変形理論では，基準配置 B_0 と現在配置 B_t に区別がなく，式 (6.2) のひずみエネルギー $\mathcal{H}(\boldsymbol{\varepsilon})$ が存在するかどうかは，$\boldsymbol{D}$ が $D_{ijkl} = D_{klij}$ となる対称性を有する場合に限られる．このとき，ひずみエネルギー $\mathcal{H}(\boldsymbol{\varepsilon})$ は，次のようになる．

$$\mathcal{H}(\boldsymbol{\varepsilon}) = \frac{1}{2}\boldsymbol{\varepsilon} : \boldsymbol{D} : \boldsymbol{\varepsilon} = \frac{1}{2}\varepsilon_{ij}D_{ijkl}\varepsilon_{kl} \tag{6.30}$$

例題 6.6 線形弾性体とひずみエネルギー汎関数

せん断応力が無視できる2次元状態において，ある線形弾性体に対して，コーシー応力 $\boldsymbol{\sigma}$ と微小ひずみ $\boldsymbol{\varepsilon}$ をベクトルで表して，次の関係が与えられているとする．

$$\begin{Bmatrix} \sigma_1 \\ \sigma_2 \end{Bmatrix} = \begin{bmatrix} a & b \\ c & d \end{bmatrix} \begin{Bmatrix} \varepsilon_1 \\ \varepsilon_2 \end{Bmatrix}, \quad \boldsymbol{G} = \begin{bmatrix} a & b \\ c & d \end{bmatrix}$$

このとき，無変形状態 $\varepsilon_1 = \varepsilon_2 = 0$ から $\varepsilon_1 = \varepsilon_2 = \bar{\varepsilon}$ までの変形を考える．以下の問いに答えよ．

(1) 無変形状態から $\varepsilon_2 = 0$ を保って $\varepsilon_1 = \bar{\varepsilon}$ まで変形させ，次にこの状態から $\varepsilon_1 = \bar{\varepsilon}$ を保って $\varepsilon_2 = \bar{\varepsilon}$ まで変形させる．この過程で，変形に費やされる仕事を求めよ．

(2) 無変形状態から，等二軸ひずみ $\varepsilon_1 = \varepsilon_2$ を保って $\varepsilon_1 = \varepsilon_2 = \bar{\varepsilon}$ まで変形させ

る過程で，変形に費やされる仕事を求めよ．

(3) (1)，(2) で得られた仕事が常に等しくなるための条件は，構成則を表すテンソル $\boldsymbol{G}$ が対称となることである．このことを示せ．

(4) この材料に対するひずみエネルギー汎関数 $\mathcal{H}(\boldsymbol{\varepsilon})$ を求めよ．

(5) ひずみエネルギー汎関数 $\mathcal{H}$ の全微分 $\mathrm{d}\mathcal{H}$ を求め，$\boldsymbol{G}$ が対称テンソルのときに，$\mathrm{d}\mathcal{H}$ がひずみエネルギー増分 $\boldsymbol{\sigma} : \mathrm{d}\boldsymbol{\varepsilon}$ に一致することを示せ．

解 この例題では，無変形状態から等二軸ひずみを加える過程において，(1)，(2) に示される二つの変形経路を考えている．この模式図を図 6.4 に示す．

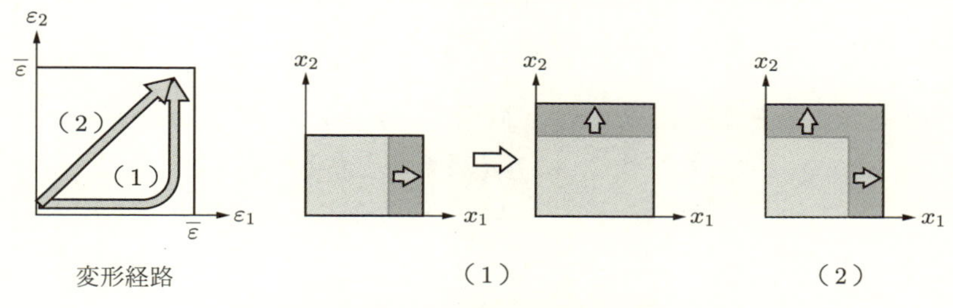

図 6.4 無変形状態からの変形経路

(1) $\varepsilon_2 = 0$ を保って $\varepsilon_1 = \bar{\varepsilon}$ まで変形させる経路において，$\mathrm{d}\varepsilon_2 = 0$，$\sigma_1 = a\varepsilon_1 + b\varepsilon_2 = a\varepsilon_1$ であるので，変形に費やされる仕事 w_{11} は次式で表される．

$$w_{11} = \int \boldsymbol{\sigma} : \mathrm{d}\boldsymbol{\varepsilon} = \int_0^{\bar{\varepsilon}} \sigma_1 \mathrm{d}\varepsilon_1 = \int_0^{\bar{\varepsilon}} a\varepsilon_1 \mathrm{d}\varepsilon_1 = \left[\frac{1}{2}a{\varepsilon_1}^2\right]_0^{\bar{\varepsilon}} = \frac{1}{2}a\bar{\varepsilon}^2$$

同様に，この状態から $\varepsilon_1 = \bar{\varepsilon}$ を保って $\varepsilon_2 = \bar{\varepsilon}$ まで変形させる経路において，$\mathrm{d}\varepsilon_1 = 0$，$\sigma_2 = c\varepsilon_1 + d\varepsilon_2 = c\bar{\varepsilon} + d\varepsilon_2$ であるので，変形に費やされる仕事 w_{12} は次式で表される．

$$w_{12} = \int \boldsymbol{\sigma} : \mathrm{d}\boldsymbol{\varepsilon} = \int_0^{\bar{\varepsilon}} \sigma_2 \mathrm{d}\varepsilon_2 = \int_0^{\bar{\varepsilon}} (c\bar{\varepsilon} + d\varepsilon_2)\mathrm{d}\varepsilon_2 = \left[c\bar{\varepsilon}\varepsilon_2 + \frac{1}{2}d{\varepsilon_2}^2\right]_0^{\bar{\varepsilon}}$$
$$= c\bar{\varepsilon}^2 + \frac{1}{2}d\bar{\varepsilon}^2$$

したがって，変形を通じて費やされた仕事 w_1 は次のようになる．

$$w_1 = w_{11} + w_{12} = \frac{1}{2}a\bar{\varepsilon}^2 + c\bar{\varepsilon}^2 + \frac{1}{2}d\bar{\varepsilon}^2 = \frac{1}{2}(a + 2c + d)\bar{\varepsilon}^2$$

(2) 等二軸ひずみ $\varepsilon_1 = \varepsilon_2$ を保って $\varepsilon_1 = \varepsilon_2 = \bar{\varepsilon}$ まで変形させる場合，$\mathrm{d}\varepsilon_1 = \mathrm{d}\varepsilon_2$，$\sigma_1 = a\varepsilon_1 + b\varepsilon_2 = (a + b)\varepsilon_1$，$\sigma_2 = c\varepsilon_1 + d\varepsilon_2 = (c + d)\varepsilon_1$ であるので，変形に

費やされる仕事 w_2 は次のようになる．

$$\begin{aligned} w_2 &= \int \boldsymbol{\sigma} : \mathrm{d}\boldsymbol{\varepsilon} = \int_0^{\bar{\varepsilon}} (\sigma_1 \mathrm{d}\varepsilon_1 + \sigma_2 \mathrm{d}\varepsilon_2) = \int_0^{\bar{\varepsilon}} (\sigma_1 + \sigma_2) \mathrm{d}\varepsilon_1 \\ &= \int_0^{\bar{\varepsilon}} (a+b+c+d)\varepsilon_1 \mathrm{d}\varepsilon_1 = \left[\frac{1}{2}(a+b+c+d){\varepsilon_1}^2 \right]_0^{\bar{\varepsilon}} \\ &= \frac{1}{2}(a+b+c+d)\bar{\varepsilon}^2 \end{aligned}$$

(3) (1)，(2) で得られた仕事 w_1, w_2 が常に等しくなるためには，次式のように，$w_1 = w_2$ が恒等的に成り立つことが必要である．

$$\frac{1}{2}(a+2c+d)\bar{\varepsilon}^2 = \frac{1}{2}(a+b+c+d)\bar{\varepsilon}^2$$

両辺の係数を比較することで，恒等式が成り立つ条件は $2c = b + c$，すなわち $b = c$ である．したがって，(1)，(2) で得られる仕事が常に等しくなる条件は，$b = c$ であり，構成則を表すテンソル $\boldsymbol{G}$ が対称となることである．

(4) この材料に対するひずみエネルギー汎関数 $\mathcal{H}(\boldsymbol{\varepsilon})$ は，式 (6.30) より，次のようになる．

$$\begin{aligned} \mathcal{H}(\boldsymbol{\varepsilon}) &= \frac{1}{2}\boldsymbol{\varepsilon} : \boldsymbol{G} : \boldsymbol{\varepsilon} = \frac{1}{2} \begin{Bmatrix} \varepsilon_1 & \varepsilon_2 \end{Bmatrix} \begin{bmatrix} a & b \\ c & d \end{bmatrix} \begin{Bmatrix} \varepsilon_1 \\ \varepsilon_2 \end{Bmatrix} \\ &= \frac{1}{2} \left\{ a{\varepsilon_1}^2 + (b+c)\varepsilon_1\varepsilon_2 + d{\varepsilon_2}^2 \right\} \end{aligned}$$

(5) (4) で求めたひずみエネルギー汎関数 $\mathcal{H}$ の全微分 $\mathrm{d}\mathcal{H}$ は次のようになる．

$$\begin{aligned} \mathrm{d}\mathcal{H} &= \frac{\partial \mathcal{H}}{\partial \varepsilon_1}\mathrm{d}\varepsilon_1 + \frac{\partial \mathcal{H}}{\partial \varepsilon_2}\mathrm{d}\varepsilon_2 \\ &= \left\{ a\varepsilon_1 + \frac{1}{2}(b+c)\varepsilon_2 \right\} \mathrm{d}\varepsilon_1 + \left\{ \frac{1}{2}(b+c)\varepsilon_1 + d\varepsilon_2 \right\} \mathrm{d}\varepsilon_2 \end{aligned}$$

また，構成式より，$\sigma_1 = a\varepsilon_1 + b\varepsilon_2$，$\sigma_2 = c\varepsilon_1 + d\varepsilon_2$ であることから，ひずみ増分 $\mathrm{d}\boldsymbol{\varepsilon} = \begin{Bmatrix} \mathrm{d}\varepsilon_1 & \mathrm{d}\varepsilon_2 \end{Bmatrix}^T$ に対するひずみエネルギー増分 $\boldsymbol{\sigma} : \mathrm{d}\boldsymbol{\varepsilon}$ は次のようになる．

$$\boldsymbol{\sigma} : \mathrm{d}\boldsymbol{\varepsilon} = (a\varepsilon_1 + b\varepsilon_2)\mathrm{d}\varepsilon_1 + (c\varepsilon_1 + d\varepsilon_2)\mathrm{d}\varepsilon_2$$

以上で得られた $\mathrm{d}\mathcal{H}$ と $\boldsymbol{\sigma} : \mathrm{d}\boldsymbol{\varepsilon}$ が恒等的に等しくなるためには，$b = c$ が必要十分条件である，すなわち，$\boldsymbol{G}$ が対称テンソルであれば，$\mathrm{d}\mathcal{H}$ と $\boldsymbol{\sigma} : \mathrm{d}\boldsymbol{\varepsilon}$ は一致し，エネルギー汎関数 $\mathcal{H}$ がポテンシャル関数となることができる．

例題 6.7 構成則のフォークト表記と工学ひずみ

仕事に関して共役な応力テンソル $\boldsymbol{\sigma}$ とひずみテンソル $\boldsymbol{\varepsilon}$ の間に，$\sigma_{ij} = D_{ijkl}\varepsilon_{kl}$ で表される構成則が与えられているとする．ただし，$\boldsymbol{\sigma}$ と $\boldsymbol{\varepsilon}$ は，コーシー応力テンソルや微小ひずみテンソルとは限らないものとする．以下の問いに答えよ．

(1) 応力テンソルとひずみテンソルを適当な列ベクトルとして定義し，構成則を行列を用いた行列表示で表せ．

(2) 応力テンソルとひずみテンソルが対称テンソルであるとき，すなわち $\sigma_{ij} = \sigma_{ji}$, $\varepsilon_{ij} = \varepsilon_{ji}$ であるとき，構成則を行列を用いた行列表示で表せ．

(3) 応力テンソルとひずみテンソルが対称テンソルであり，さらに $D_{ijkl} = D_{klij}$ という対称性が成り立つとき，構成則を行列を用いた行列表示で表せ．

解 この例題では，$\boldsymbol{\sigma}$ と $\boldsymbol{\varepsilon}$ はコーシー応力テンソルや微小ひずみテンソルに限定せず，各問において，その都度，構成則行列 $[D]$ の独立成分の数も併せて確認してほしい．

(1) 構成則が $\sigma_{ij} = D_{ijkl}\varepsilon_{kl}$ で与えられていることから，ある応力成分 σ_{ij} は次式で与えられる．

$$\begin{aligned}\sigma_{ij} = &D_{ij11}\varepsilon_{11} + D_{ij22}\varepsilon_{22} + D_{ij33}\varepsilon_{33} + D_{ij12}\varepsilon_{12} + D_{ij21}\varepsilon_{21}\\ &+ D_{ij23}\varepsilon_{23} + D_{ij32}\varepsilon_{32} + D_{ij31}\varepsilon_{31} + D_{ij13}\varepsilon_{13}\end{aligned}$$

ここで，応力およびひずみの成分を並べた列ベクトルを，それぞれ次のようにする．

$$\{\sigma\} = \left\{\sigma_{11} \quad \sigma_{22} \quad \sigma_{33} \quad \sigma_{12} \quad \sigma_{21} \quad \sigma_{23} \quad \sigma_{32} \quad \sigma_{31} \quad \sigma_{13}\right\}^T$$

$$\{\varepsilon\} = \left\{\varepsilon_{11} \quad \varepsilon_{22} \quad \varepsilon_{33} \quad \varepsilon_{12} \quad \varepsilon_{21} \quad \varepsilon_{23} \quad \varepsilon_{32} \quad \varepsilon_{31} \quad \varepsilon_{13}\right\}^T$$

これらより，構成則を行列表示すると，次のようになる．

$$\begin{Bmatrix}\sigma_{11}\\ \sigma_{22}\\ \sigma_{33}\\ \sigma_{12}\\ \sigma_{21}\\ \sigma_{23}\\ \sigma_{32}\\ \sigma_{31}\\ \sigma_{13}\end{Bmatrix} = \begin{bmatrix} D_{1111} & D_{1122} & D_{1133} & D_{1112} & D_{1121} & D_{1123} & D_{1132} & D_{1131} & D_{1113}\\ D_{2211} & D_{2222} & D_{2233} & D_{2212} & D_{2221} & D_{2223} & D_{2232} & D_{2231} & D_{2213}\\ D_{3311} & D_{3322} & D_{3333} & D_{3312} & D_{3321} & D_{3323} & D_{3332} & D_{3331} & D_{3313}\\ D_{1211} & D_{1222} & D_{1233} & D_{1212} & D_{1221} & D_{1223} & D_{1232} & D_{1231} & D_{1213}\\ D_{2111} & D_{2122} & D_{2133} & D_{2112} & D_{2121} & D_{2123} & D_{2132} & D_{2131} & D_{2113}\\ D_{2311} & D_{2322} & D_{2333} & D_{2312} & D_{2321} & D_{2323} & D_{2332} & D_{2331} & D_{2313}\\ D_{3211} & D_{3222} & D_{3233} & D_{3212} & D_{3221} & D_{3223} & D_{3232} & D_{3231} & D_{3213}\\ D_{3111} & D_{3122} & D_{3133} & D_{3112} & D_{3121} & D_{3123} & D_{3132} & D_{3131} & D_{3113}\\ D_{1311} & D_{1322} & D_{1333} & D_{1312} & D_{1321} & D_{1323} & D_{1332} & D_{1331} & D_{1313}\end{bmatrix} \begin{Bmatrix}\varepsilon_{11}\\ \varepsilon_{22}\\ \varepsilon_{33}\\ \varepsilon_{12}\\ \varepsilon_{21}\\ \varepsilon_{23}\\ \varepsilon_{32}\\ \varepsilon_{31}\\ \varepsilon_{13}\end{Bmatrix}$$

構成則の行列表示を $[D]$ とすれば，$\{\sigma\} = [D]\{\varepsilon\}$ となる．構成則テンソル D_{ijkl}

は4階テンソルであり，$3 \times 3 \times 3 \times 3 = 81$ の成分をもつが，構成則行列 $[D]$ も $9 \times 9 = 81$ の成分をもち，D_{ijkl} の全成分を過不足なく含んでいる．すなわち，独立な行列成分は81個である．

(2) ひずみテンソルに $\varepsilon_{ij} = \varepsilon_{ji}$ の対称性があると，応力成分 σ_{ij} は次式で表される．

$$\begin{aligned}\sigma_{ij} &= D_{ij11}\varepsilon_{11} + D_{ij22}\varepsilon_{22} + D_{ij33}\varepsilon_{33} + D_{ij12}\varepsilon_{12} + D_{ij21}\varepsilon_{21} \\ &\quad + D_{ij23}\varepsilon_{23} + D_{ij32}\varepsilon_{32} + D_{ij31}\varepsilon_{31} + D_{ij13}\varepsilon_{13} \\ &= D_{ij11}\varepsilon_{11} + D_{ij22}\varepsilon_{22} + D_{ij33}\varepsilon_{33} + (D_{ij12} + D_{ij21})\varepsilon_{12} \\ &\quad + (D_{ij23} + D_{ij32})\varepsilon_{23} + (D_{ij31} + D_{ij13})\varepsilon_{31}\end{aligned}$$

上式の D_{ijkl}，D_{ijlk} は，それぞれ ε_{kl}，ε_{lk} に対する係数であることから，ひずみテンソルの対称性を考慮すると $D_{ijkl} = D_{ijlk}$ となる．これより，応力成分 σ_{ij} は次のようになる．

$$\begin{aligned}\sigma_{ij} &= D_{ij11}\varepsilon_{11} + D_{ij22}\varepsilon_{22} + D_{ij33}\varepsilon_{33} + 2D_{ij12}\varepsilon_{12} + 2D_{ij23}\varepsilon_{23} \\ &\quad + 2D_{ij31}\varepsilon_{31}\end{aligned}$$

ここで，応力テンソルとひずみテンソルの成分を並べた列ベクトルを，それぞれ

$$\begin{aligned}\{\sigma\} &= \{\sigma_{11} \quad \sigma_{22} \quad \sigma_{33} \quad \sigma_{12} \quad \sigma_{23} \quad \sigma_{31}\}^T \\ \{\varepsilon\} &= \{\varepsilon_{11} \quad \varepsilon_{22} \quad \varepsilon_{33} \quad 2\varepsilon_{12} \quad 2\varepsilon_{23} \quad 2\varepsilon_{31}\}^T\end{aligned}$$

とする．これを用いると，構成則の行列表示は次のように書き換えられる．

$$\begin{Bmatrix}\sigma_{11}\\ \sigma_{22}\\ \sigma_{33}\\ \sigma_{12}\\ \sigma_{23}\\ \sigma_{31}\end{Bmatrix} = \begin{bmatrix} D_{1111} & D_{1122} & D_{1133} & D_{1112} & D_{1123} & D_{1131} \\ D_{2211} & D_{2222} & D_{2233} & D_{2212} & D_{2223} & D_{2231} \\ D_{3311} & D_{3322} & D_{3333} & D_{3312} & D_{3323} & D_{3331} \\ D_{1211} & D_{1222} & D_{1233} & D_{1212} & D_{1223} & D_{1231} \\ D_{2311} & D_{2322} & D_{2333} & D_{2312} & D_{2323} & D_{2331} \\ D_{3111} & D_{3122} & D_{3133} & D_{3112} & D_{3123} & D_{3131} \end{bmatrix} \begin{Bmatrix}\varepsilon_{11}\\ \varepsilon_{22}\\ \varepsilon_{33}\\ 2\varepsilon_{12}\\ 2\varepsilon_{23}\\ 2\varepsilon_{31}\end{Bmatrix}$$

すなわち，構成則行列の成分が $6 \times 6 = 36$ に縮約され，独立な行列成分は36個となる．構成則の記述において，たとえば，ラグランジュ - グリーンひずみテンソルと第2ピオラ - キルヒホッフ応力テンソルのように対称テンソルの組み合わせを用いる場合，一般に上記の縮約が可能となる．なお，ひずみのベクトル表示において，せん断成分が2倍されていることに注意する．これにより，応力とひずみの内積として仕事を定義した場合，$\boldsymbol{\sigma} : \boldsymbol{\varepsilon} = \{\sigma\}^T\{\varepsilon\}$ としてつじ

つまが合う．これがいわゆる**工学ひずみ**である．

(3) 構成則テンソルに $D_{ijkl} = D_{klij}$ という対称性がある場合，(2) で得られた構成則行列は，次のように対称行列となる．

$$\begin{Bmatrix} \sigma_{11} \\ \sigma_{22} \\ \sigma_{33} \\ \sigma_{12} \\ \sigma_{23} \\ \sigma_{31} \end{Bmatrix} = \begin{bmatrix} D_{1111} & D_{1122} & D_{1133} & D_{1112} & D_{1123} & D_{1131} \\ & D_{2222} & D_{2233} & D_{2212} & D_{2223} & D_{2231} \\ & & D_{3333} & D_{3312} & D_{3323} & D_{3331} \\ & & & D_{1212} & D_{1223} & D_{1231} \\ & \text{sym.} & & & D_{2323} & D_{2331} \\ & & & & & D_{3131} \end{bmatrix} \begin{Bmatrix} \varepsilon_{11} \\ \varepsilon_{22} \\ \varepsilon_{33} \\ 2\varepsilon_{12} \\ 2\varepsilon_{23} \\ 2\varepsilon_{31} \end{Bmatrix}$$

sym. は対称であることを表す．このとき，構成則行列の独立成分は 21 個となっている．$D_{ijkl} = D_{klij}$ という対称性は，超弾性体や線形弾性体であれば必ず満たされ，独立な成分の数を減らすことができる．

【例題 6.7】で得られた独立成分の数は，行列の成分としての数である．たとえば，(3) で得られる行列の独立成分の数は 21 個となるが，等方な線形弾性体の場合，21 個の成分はヤング率とポアソン比などの 2 個の変数で記述することができる．これは，どの方向へ座標変換しても同じ行列となるためで，独立な変数は 2 個となる．

また，【例題 6.7】で示した行列表示において，ベクトルで表示した応力とひずみは，本来の意味での物理的なベクトル（座標変換則に従う量）ではないことに注意する必要がある．すなわち，応力やひずみのベクトル表示は，計算上の便宜的な表示（擬ベクトル）である．同様に，行列で表示した $[D]$ も計算上の便宜的な表示にすぎない．このように，構成則をテンソルではなく，便宜的に行列を用いて表示することを**フォークト表記**という．

例題 6.8 線形弾性体の構成則

線形弾性体の単位体積あたりのひずみエネルギー U は次式で与えられる．

$$U = \frac{E\nu}{2(1+\nu)(1-2\nu)} (\mathrm{tr}\,\boldsymbol{\varepsilon})^2 + \frac{E}{2(1+\nu)} (\boldsymbol{\varepsilon} : \boldsymbol{\varepsilon})$$

ここで，E はヤング率，ν はポアソン比である．以下の問いに答えよ．

(1) ひずみエネルギー U を各ひずみ成分で微分することにより，

$$\{\sigma\} = \{\sigma_{11} \quad \sigma_{22} \quad \sigma_{33} \quad \sigma_{12} \quad \sigma_{23} \quad \sigma_{31}\}^T$$
$$\{\varepsilon\} = \{\varepsilon_{11} \quad \varepsilon_{22} \quad \varepsilon_{33} \quad \varepsilon_{12} \quad \varepsilon_{23} \quad \varepsilon_{31}\}^T$$

の関係を表す構成則 $\{\sigma\} = [D]\{\varepsilon\}$ を導け．

(2) ラメ定数 λ, μ を用いて，(1) で得た構成則を書き換えよ．

(3) コーシー応力テンソル $\boldsymbol{\sigma}$，微小ひずみテンソル $\boldsymbol{\varepsilon}$ を成分を用いて成分表示することで，$\boldsymbol{\sigma} = \lambda(\mathrm{tr}\,\boldsymbol{\varepsilon})\boldsymbol{I} + 2\mu\boldsymbol{\varepsilon}$ となることを示せ．

解 以下では，ひずみエネルギー U について，

$$\mathrm{tr}\,\boldsymbol{\varepsilon} = \varepsilon_{11} + \varepsilon_{22} + \varepsilon_{33}, \quad \boldsymbol{\varepsilon} : \boldsymbol{\varepsilon} = {\varepsilon_{11}}^2 + {\varepsilon_{22}}^2 + {\varepsilon_{33}}^2 + {\varepsilon_{12}}^2 + {\varepsilon_{23}}^2 + {\varepsilon_{31}}^2$$

のように具体的に成分で書き下して考えていく．

(1) U をひずみ成分 ε_{11} で微分すると，次のようになる．

$$\begin{aligned}\sigma_{11} = \frac{\partial U}{\partial \varepsilon_{11}} &= \frac{E\nu}{(1+\nu)(1-2\nu)}(\varepsilon_{11} + \varepsilon_{22} + \varepsilon_{33}) + \frac{E}{1+\nu}\varepsilon_{11} \\ &= \frac{E}{(1+\nu)(1-2\nu)}\{(1-\nu)\varepsilon_{11} + \nu\varepsilon_{22} + \nu\varepsilon_{33}\}\end{aligned}$$

同様に，U をひずみ成分 ε_{22}，ε_{33} で微分すると，次のようになる．

$$\sigma_{22} = \frac{\partial U}{\partial \varepsilon_{22}} = \frac{E}{(1+\nu)(1-2\nu)}\{\nu\varepsilon_{11} + (1-\nu)\varepsilon_{22} + \nu\varepsilon_{33}\}$$
$$\sigma_{33} = \frac{\partial U}{\partial \varepsilon_{33}} = \frac{E}{(1+\nu)(1-2\nu)}\{\nu\varepsilon_{11} + \nu\varepsilon_{22} + (1-\nu)\varepsilon_{33}\}$$

せん断成分についても，次のように求めることができる．

$$\sigma_{12} = \frac{\partial U}{\partial \varepsilon_{12}} = \frac{E}{1+\nu}\varepsilon_{12}, \quad \sigma_{23} = \frac{\partial U}{\partial \varepsilon_{23}} = \frac{E}{1+\nu}\varepsilon_{23}$$
$$\sigma_{31} = \frac{\partial U}{\partial \varepsilon_{31}} = \frac{E}{1+\nu}\varepsilon_{31}$$

以上の結果を行列を用いて $\{\sigma\} = [D]\{\varepsilon\}$ のように表記すると，次式が得られる．

$$\begin{Bmatrix}\sigma_{11}\\ \sigma_{22}\\ \sigma_{33}\\ \sigma_{12}\\ \sigma_{23}\\ \sigma_{31}\end{Bmatrix} = \frac{E}{(1+\nu)(1-2\nu)}\begin{bmatrix}1-\nu & \nu & \nu & 0 & 0 & 0\\ \nu & 1-\nu & \nu & 0 & 0 & 0\\ \nu & \nu & 1-\nu & 0 & 0 & 0\\ 0 & 0 & 0 & 1-2\nu & 0 & 0\\ 0 & 0 & 0 & 0 & 1-2\nu & 0\\ 0 & 0 & 0 & 0 & 0 & 1-2\nu\end{bmatrix}\begin{Bmatrix}\varepsilon_{11}\\ \varepsilon_{22}\\ \varepsilon_{33}\\ \varepsilon_{12}\\ \varepsilon_{23}\\ \varepsilon_{31}\end{Bmatrix}$$

(2) ラメ定数 λ, μ はそれぞれ，

$$\lambda = \frac{E\nu}{(1+\nu)(1-2\nu)}, \quad \mu = \frac{E}{2(1+\nu)}$$

であり，(1) で求めた応力の各成分は次のように書き換えられる．

$$\sigma_{11} = \lambda(\varepsilon_{11} + \varepsilon_{22} + \varepsilon_{33}) + 2\mu\varepsilon_{11}$$

$$\sigma_{22} = \lambda(\varepsilon_{11} + \varepsilon_{22} + \varepsilon_{33}) + 2\mu\varepsilon_{22}$$

$$\sigma_{33} = \lambda(\varepsilon_{11} + \varepsilon_{22} + \varepsilon_{33}) + 2\mu\varepsilon_{33}$$

$$\sigma_{12} = 2\mu\varepsilon_{12}, \quad \sigma_{23} = 2\mu\varepsilon_{23}, \quad \sigma_{31} = 2\mu\varepsilon_{31}$$

以上の結果を行列表記することにより，次式が得られる．

$$\begin{Bmatrix} \sigma_{11} \\ \sigma_{22} \\ \sigma_{33} \\ \sigma_{12} \\ \sigma_{23} \\ \sigma_{31} \end{Bmatrix} = \begin{bmatrix} \lambda & \lambda & \lambda & 0 & 0 & 0 \\ \lambda & \lambda & \lambda & 0 & 0 & 0 \\ \lambda & \lambda & \lambda & 0 & 0 & 0 \\ 0 & 0 & 0 & 0 & 0 & 0 \\ 0 & 0 & 0 & 0 & 0 & 0 \\ 0 & 0 & 0 & 0 & 0 & 0 \end{bmatrix} \begin{Bmatrix} \varepsilon_{11} \\ \varepsilon_{22} \\ \varepsilon_{33} \\ \varepsilon_{12} \\ \varepsilon_{23} \\ \varepsilon_{31} \end{Bmatrix} + \begin{bmatrix} 2\mu & 0 & 0 & 0 & 0 & 0 \\ 0 & 2\mu & 0 & 0 & 0 & 0 \\ 0 & 0 & 2\mu & 0 & 0 & 0 \\ 0 & 0 & 0 & 2\mu & 0 & 0 \\ 0 & 0 & 0 & 0 & 2\mu & 0 \\ 0 & 0 & 0 & 0 & 0 & 2\mu \end{bmatrix} \begin{Bmatrix} \varepsilon_{11} \\ \varepsilon_{22} \\ \varepsilon_{33} \\ \varepsilon_{12} \\ \varepsilon_{23} \\ \varepsilon_{31} \end{Bmatrix}$$

(3) $\mathrm{tr}\,\boldsymbol{\varepsilon} = \varepsilon_{11} + \varepsilon_{22} + \varepsilon_{33} = \varepsilon_{kk}$ より，(2) で求めた各応力成分は次のようになる．

$$\sigma_{11} = \lambda(\mathrm{tr}\,\boldsymbol{\varepsilon}) + 2\mu\varepsilon_{11}, \quad \sigma_{22} = \lambda(\mathrm{tr}\,\boldsymbol{\varepsilon}) + 2\mu\varepsilon_{22}, \quad \sigma_{33} = \lambda(\mathrm{tr}\,\boldsymbol{\varepsilon}) + 2\mu\varepsilon_{33}$$

$$\sigma_{12} = 2\mu\varepsilon_{12}, \quad \sigma_{23} = 2\mu\varepsilon_{23}, \quad \sigma_{31} = 2\mu\varepsilon_{31}$$

したがって，応力テンソルを表現行列を用いて表記すると，構成則は次のようになる．

$$\begin{bmatrix} \sigma_{11} & \sigma_{12} & \sigma_{31} \\ \sigma_{12} & \sigma_{22} & \sigma_{23} \\ \sigma_{31} & \sigma_{23} & \sigma_{33} \end{bmatrix} = \lambda(\mathrm{tr}\,\boldsymbol{\varepsilon}) \begin{bmatrix} 1 & 0 & 0 \\ 0 & 1 & 0 \\ 0 & 0 & 1 \end{bmatrix} + 2\mu \begin{bmatrix} \varepsilon_{11} & \varepsilon_{12} & \varepsilon_{31} \\ \varepsilon_{12} & \varepsilon_{22} & \varepsilon_{23} \\ \varepsilon_{31} & \varepsilon_{23} & \varepsilon_{33} \end{bmatrix}$$

上式をボールド表記と指標表記で表すと，それぞれ次のようになる．

$$\boldsymbol{\sigma} = \lambda(\mathrm{tr}\,\boldsymbol{\varepsilon})\boldsymbol{I} + 2\mu\boldsymbol{\varepsilon}, \quad \sigma_{ij} = \lambda\varepsilon_{kk}\delta_{ij} + 2\mu\varepsilon_{ij}$$

6.3 客観性の原理

一つの物理現象は，それを立ち止まって見る人と，運動しながら見る人では異なって見える．しかし，それが一つの物理現象であることに変わりはなく，その物理現象を観測する観測者によって変化してはいけない．このように，「物理的事実は任意の並進運動や回転運動をする観測者に依存しない」ことを**客観性の原理**という．

力を受けて変形する物体に，この客観性の原理を適用すると，「物体の変形後に，さらに剛体運動を与えても物体固有の力学的性質は不変である」ということになる．すなわち，変形後の現在配置 B_t があって，さらにそこから剛体運動を与えて，新たな状態 B'_t になったとしても，B_t で観測される物理量が B'_t において異なってはいけない．このように，B_t においても B'_t においても，物理量が変わらないとき，その量には**客観性がある**という．

客観性の原理を具体的に考えるために，図 6.5 のような状態を考える．変形後の現在配置 B_t からさらに直交テンソル $\boldsymbol{Q}$ によって回転した状態を B'_t とし，変形後の B_t で物体を観測する観測者を a，物体と同じ運動をしながら B'_t で物体を観測する観測者を a′ とする．そうすると，「物理的事実は任意の並進運動や回転運動をする観測者に依存しない」という客観性の原理について，次の二つのとらえ方が可能になる．

① 観測者 a が回転した B'_t を観測したとき，物理量が回転したという情報を適切に反映して，B_t の観測結果と恒等的な関係が成立すること．

② 観測者 a が B_t を観測した結果と，物体と一緒に回転運動した観測者 a′ が B'_t を観測した結果が同じであること．このとき，観測者 a，a′ は，図 6.5 に示すように異なる空間座標を頼りに現象を観測している．

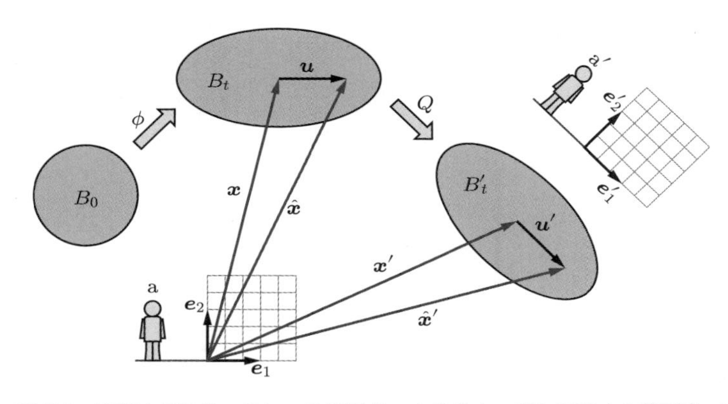

図 6.5　変形する物体の外にいる観測者 a と物体と一緒に運動する観測者 a′

連続体力学の書籍では，①のとらえ方で客観性の原理を議論することも多いが，本書では②のとらえ方に基づいて記述することとする†1．つまり，観測者 a，a′ は「それぞれの空間座標を用いて物体を観測する」ことになる†2．客観性がある量については，「a′ が B'_t で観測する値は，a が B_t で観測する値に一致する」ことを満たす必要がある．

†1 客観性の原理のとらえ方は，書籍によって異なる．これらの違いは，ツーポイントテンソルや基準配置を参照するテンソルの客観性に現れる．しかし，実際の問題において重要なことは構成則の客観性であり，その場合に上記のとらえ方の影響はほとんどない．

†2 a，a′ は物質座標を知らないので，物質座標を用いて観測することはできない．

6.3.1 現在配置を参照する物理量の客観性

(1) ベクトルの客観性 図 6.5 に示す物体中のベクトル $\boldsymbol{u}$ の客観性を示す．観測者 a は物体の外の空間にいるので，観測者 a は空間座標の正規直交基底 $[\boldsymbol{e}_1, \boldsymbol{e}_2, \boldsymbol{e}_3]$ を用いて物体の変形を観測する．観測者 a から見たベクトル $\boldsymbol{u}$ は次のようになる．

$$\boldsymbol{u} = \hat{\boldsymbol{x}} - \boldsymbol{x} = (\hat{x}_i - x_i)\boldsymbol{e}_i \tag{6.31}$$

ここで，$\boldsymbol{x}$，$\hat{\boldsymbol{x}}$ はベクトル $\boldsymbol{u}$ の始点と終点を示す空間表示のベクトルである．観測者 a は正規直交基底 $\boldsymbol{e}_i$ を用いて観測するので，観測者 a による $\boldsymbol{u}$ の観測値は $(\hat{x}_i - x_i)$ となる．

一方，観測者 a$'$ は物体の外の空間にいて，物体と同じ運動をしているので，観測者 a$'$ は空間座標の正規直交基底 $[\boldsymbol{e}'_1, \boldsymbol{e}'_2, \boldsymbol{e}'_3] = [\boldsymbol{Q}\boldsymbol{e}_1, \boldsymbol{Q}\boldsymbol{e}_2, \boldsymbol{Q}\boldsymbol{e}_3]$ を用いて，物体の変形を観測することになる．B_t から回転運動後の B'_t におけるベクトル $\boldsymbol{u}'$ は次のように表される．

$$\boldsymbol{u}' = \hat{\boldsymbol{x}}' - \boldsymbol{x}' = \boldsymbol{Q}\hat{\boldsymbol{x}} - \boldsymbol{Q}\boldsymbol{x} = \boldsymbol{Q}(\hat{\boldsymbol{x}} - \boldsymbol{x}) = \boldsymbol{Q}\boldsymbol{u} = (\hat{x}_i - x_i)\boldsymbol{Q}\boldsymbol{e}_i = (\hat{x}_i - x_i)\boldsymbol{e}'_i \tag{6.32}$$

観測者 a$'$ は正規直交基底 $\boldsymbol{e}'_i = \boldsymbol{Q}\boldsymbol{e}_i$ を用いて観測するので，観測者 a$'$ による $\boldsymbol{u}'$ の観測値は $(\hat{x}_i - x_i)$ となり，観測者 a による $\boldsymbol{u}$ の観測値に一致する．以上より，B_t におけるベクトル $\boldsymbol{u}$ は，剛体運動によって，次式のように変化すれば，客観性のあるベクトルとなる．

$$\boldsymbol{u}' = \boldsymbol{Q}\boldsymbol{u} \tag{6.33}$$

(2) 2 階テンソルの客観性 ベクトルの客観性と同様に，現在配置 B_t で観測される 2 階テンソル $\boldsymbol{h}$ について考える．観測者 a から見た 2 階テンソル $\boldsymbol{h}$ は

$$\boldsymbol{h} = h_{ij}(\boldsymbol{e}_i \otimes \boldsymbol{e}_j) \tag{6.34}$$

のようになり，観測者 a による $\boldsymbol{h}$ の観測値は h_{ij} となる．物体と同じ運動をする観測者 a$'$ が $\boldsymbol{h}'$ を見て，観測者 a と同じ h_{ij} を観測するには，次のような関係にあればよい．

$$\boldsymbol{h}' = h_{ij}(\boldsymbol{e}'_i \otimes \boldsymbol{e}'_j) = h_{ij}\left(\boldsymbol{Q}\boldsymbol{e}_i \otimes \boldsymbol{Q}\boldsymbol{e}_j\right) = \boldsymbol{Q}\left\{h_{ij}(\boldsymbol{e}_i \otimes \boldsymbol{e}_j)\right\}\boldsymbol{Q}^T = \boldsymbol{Q}\boldsymbol{h}\boldsymbol{Q}^T \tag{6.35}$$

したがって，現在配置 B_t における 2 階テンソル $\boldsymbol{h}$ は，剛体運動によって，

$$\boldsymbol{h}' = \boldsymbol{Q}\boldsymbol{h}\boldsymbol{Q}^T \tag{6.36}$$

のように変化すれば，客観性のある 2 階テンソルとなる．

(3) スカラーの客観性 スカラー量は大きさだけを表す量であるので，変形後の現

在配置 B_t と，さらに剛体運動を与えた B'_t において，観測値が異なることはない．したがって，B_t におけるスカラー α は，剛体運動によって，

$$\alpha' = \alpha \tag{6.37}$$

のように変化しなければ，客観性のあるスカラーとなる．

以上，現在配置 B_t に付随するスカラー，ベクトル，2 階テンソルについては，剛体運動による変化が次のようであれば，客観性がある[†1]．

$$\begin{cases} \alpha' = \alpha \\ \boldsymbol{u}' = \boldsymbol{Q}\boldsymbol{u} \\ \boldsymbol{h}' = \boldsymbol{Q}\boldsymbol{h}\boldsymbol{Q}^T \end{cases} \tag{6.38}$$

6.3.2 ツーポイントテンソルの客観性 □□

ツーポイントテンソルである変形勾配テンソル $\boldsymbol{F}$ は，その基底の一方に基準配置 B_0 の基底 $\boldsymbol{E}_J$ をもち[†2]，次のようになる．

$$\boldsymbol{F} = F_{iJ}(\boldsymbol{e}_i \otimes \boldsymbol{E}_J) = \frac{\partial x_i}{\partial X_J}(\boldsymbol{e}_i \otimes \boldsymbol{E}_J) \tag{6.39}$$

基底 $\boldsymbol{E}_J$ は，現在配置 B_t の剛体運動に対して不変であるため，物体と同じ運動をする観測者 a′ が $\boldsymbol{F}'$ を見て，観測者 a と同じ F_{iJ} を観測するには，次のような関係にあればよい[†3]．

$$\boldsymbol{F}' = F_{iJ}(\boldsymbol{e}'_i \otimes \boldsymbol{E}_J) = F_{iJ}(\boldsymbol{Q}\boldsymbol{e}_i \otimes \boldsymbol{E}_J) = \boldsymbol{Q}\{F_{iJ}(\boldsymbol{e}_i \otimes \boldsymbol{E}_J)\} = \boldsymbol{Q}\boldsymbol{F} \tag{6.40}$$

$\boldsymbol{F}$ は剛体運動に無関係な基底 $\boldsymbol{E}_J$ を有するので，式 (6.36) の 2 階テンソルにおける客観性を満たさない[†4]．しかし，式 (6.36) の代わりに式 (6.40) を満足することで，ツーポイントテンソルである $\boldsymbol{F}$ はその機能として**客観的**になる[†5]．

---

†1 この意味では，現在配置 B_t を参照する物理量の客観性では，p.202 で説明した①，②のとらえ方は結果的に一致する．あくまでも考え方の違いである．

†2 ここでは，基底を省略しても $\boldsymbol{F}$ がツーポイントテンソルであることがわかるように，基底の指標に J を用いている．指標表記のルールに則していれば，指標の文字は何でもよい．1.2.3 項を参照．

†3 観測者 a, a′ はともに物体の外にいて，空間座標の基底 $\boldsymbol{e}_i$ を用いて観測するので，物質座標の基底 $\boldsymbol{E}_J$ を用いて観測することはできない．

†4 書籍によっては，式 (6.38) が成立するかどうかで客観性を議論する場合がある．その場合，ツーポイントテンソルや基準配置 B_0 を参照する量は必然的に**客観性がない**ということになる．

†5 ツーポイントテンソルは式 (6.36) を満足しないので p.202 で説明した①の立場では**客観性がない**とされる．一方，線形変換の結果として得られるベクトルは，式 (6.40) を満足することで客観的な量となるので，書籍によっては**客観性がある**と記述する場合がある．ツーポイントテンソルでは，剛体回転が式 (6.36) ではなく，式 (6.40) で表されることで解釈に違いが生じる．

ツーポイントテンソルである変形勾配テンソル $\boldsymbol{F}$ は，その基底を見てわかるように，基準配置 B_0 と現在配置 B_t にまたがる 2 階テンソルである．たとえば，$\boldsymbol{F}$ は，

$$\boldsymbol{u} = \boldsymbol{F}\boldsymbol{u}_0 \tag{6.41}$$

のように，基準配置 B_0 を参照するベクトル $\boldsymbol{u}_0$ を基準配置 B_t のベクトル $\boldsymbol{u}$ に変換する．さらに，$\boldsymbol{Q}$ による回転を与えて，$\boldsymbol{u}$ を $\boldsymbol{u}'$ に変換すると，次のようになる．

$$\boldsymbol{u}' = \boldsymbol{Q}\boldsymbol{u} = \boldsymbol{Q}\boldsymbol{F}\boldsymbol{u}_0 = \boldsymbol{F}'\boldsymbol{u}_0 \tag{6.42}$$

$\boldsymbol{F}$ に，さらに $\boldsymbol{Q}$ による回転を重ねているだけなので，$\boldsymbol{F}' = \boldsymbol{Q}\boldsymbol{F}$ となる．

6.3.3 基準配置を参照する 2 階テンソルの客観性 □□

右コーシー - グリーンテンソル $\boldsymbol{C}$ や第 2 ピオラ - キルヒホッフ応力テンソル $\boldsymbol{S}$ は，基準配置 B_0 を参照する 2 階テンソルである．

$$\boldsymbol{C} = C_{IJ}(\boldsymbol{E}_I \otimes \boldsymbol{E}_J), \quad \boldsymbol{S} = S_{IJ}(\boldsymbol{E}_I \otimes \boldsymbol{E}_J) \tag{6.43}$$

基準配置 B_0 と基底 $\boldsymbol{E}_I$ は剛体運動に無関係であるので，$\boldsymbol{C}$ や $\boldsymbol{S}$ に直交テンソル $\boldsymbol{Q}$ を作用させても変化しない†1．

$$\boldsymbol{C}' = \boldsymbol{F}'^T\boldsymbol{F}' = (\boldsymbol{Q}\boldsymbol{F})^T(\boldsymbol{Q}\boldsymbol{F}) = \boldsymbol{F}^T\boldsymbol{Q}^T\boldsymbol{Q}\boldsymbol{F} = \boldsymbol{F}^T\boldsymbol{F} = \boldsymbol{C} \tag{6.44}$$

$$\boldsymbol{S}' = J'\boldsymbol{F}'^{-1}\boldsymbol{\sigma}'\boldsymbol{F}'^{-T} = J(\boldsymbol{Q}\boldsymbol{F})^{-1}(\boldsymbol{Q}\boldsymbol{\sigma}\boldsymbol{Q}^T)(\boldsymbol{Q}\boldsymbol{F})^{-T} = J\boldsymbol{F}^{-1}\boldsymbol{\sigma}\boldsymbol{F}^{-T} = \boldsymbol{S} \tag{6.45}$$

このように，変形後の物体に，さらに剛体運動を重ねても変わらない量を**観測者不変量**という．

観測者 a，a′ は，物質座標ではなく，空間座標を用いて物理量を観測する．$\boldsymbol{C}$ や $\boldsymbol{S}$ はその基底を見てわかるように，空間座標の基底 $[\boldsymbol{e}_1, \boldsymbol{e}_2, \boldsymbol{e}_3]$ をもたない基準配置を参照する 2 階テンソルであるので，a，a′ はそもそも基準配置を参照する量を観測することができない．つまり，客観性の有無を議論することができない†2．

---

†1 コーシー応力テンソルの客観性 $\boldsymbol{\sigma}' = \boldsymbol{Q}\boldsymbol{\sigma}\boldsymbol{Q}^T$ を利用する．詳しくは，6.4.1 項で説明する．

†2 仮に，物体の外ではなく物体の中にいて，物体と一緒に運動する観測者 A がいれば，A は物質座標の基底 $\boldsymbol{E}_I$ を用いて，基準配置を参照する量を観測することができる．しかし，剛体運動を重ねても，$\boldsymbol{E}_I$ は変化しないので，A の観測値は不変である．一方，A と a が同じ物理量を観測した場合，A は物質座標の基底 $\boldsymbol{E}_I$ を用いて基準配置 B_0 を参照する量を観測し，a は空間座標の基底 $\boldsymbol{e}_i$ を用いて現在配置 B_t を参照する量を観測する．A と a の間には，$\boldsymbol{Q}$ ではなく，変形勾配テンソル $\boldsymbol{F}$ の関係がある．たとえば，A が第 2 ピオラ - キルヒホッフ応力テンソル $\boldsymbol{S}$ を観測し，a がこれを現在配置で観測すると，変形勾配テンソル $\boldsymbol{F}$ によって，現在配置では $\boldsymbol{F}\boldsymbol{S}\boldsymbol{F}^T$ となる．すなわち，式 (5.13) より，$\boldsymbol{F}\boldsymbol{S}\boldsymbol{F}^T = \boldsymbol{\tau}$ であるので，a はキルヒホッフ応力テンソル $\boldsymbol{\tau}$ を観測することになる．A と a の関係は客観性ではなく，プッシュフォワード，プルバックである．

$\boldsymbol{C}$ や $\boldsymbol{S}$ は空間座標の基底をもたないので，式 (6.36) の 2 階テンソルにおける客観性を満たさない[†1]．しかし，$\boldsymbol{C}$ や $\boldsymbol{S}$ に剛体運動を与えても，その物理量が変化することはないので，構成則の記述に用いることは可能である．

6.3.4 構成則の客観性 □□

連続体力学において重要なことは，個々の物理量の客観性ではなく，構成則の客観性である．構成則は，物体を構成する材料固有の力学的性質を与える関係式である．材料の力学的性質が観測者によって異なることはないので，構成則の式の形が観測者によって変わることはない．

たとえば，現在配置 B_t において，コーシー応力テンソル $\boldsymbol{\sigma}$ と変形勾配テンソル $\boldsymbol{F}$ を用いて，力と変形の関係が次式のような構成則で表されているとする．

$$\boldsymbol{\sigma} = \mathcal{F}(\boldsymbol{F}) \tag{6.46}$$

この $\mathcal{F}$ の式の形は材料の性質から決まる．そして，材料の性質は観測者に依存しないので，剛体運動後の B'_t においても，その式の形は変わらない．すなわち，B'_t における $\boldsymbol{\sigma}'$ と $\boldsymbol{F}'$ の間にも同じ関係が成り立つことになる．

$$\boldsymbol{\sigma}' = \mathcal{F}(\boldsymbol{F}') \tag{6.47}$$

以上が構成則に要求される客観性である．

客観性のある構成則であれば，式 (6.46)，(6.47) が同時に成立する．そして，式 (6.46)，(6.47) が同時に成立するのであれば，2 階テンソルにおける客観性の定義式 (6.36) を満たさないツーポイントテンソルや観測者不変量であっても，それらを構成則に用いることができる．たとえば，剛体回転に対して $\boldsymbol{\sigma}' = \boldsymbol{Q}\boldsymbol{\sigma}\boldsymbol{Q}^T$, $\boldsymbol{F}' = \boldsymbol{Q}\boldsymbol{F}$ を用いて[†2]，

$$\mathcal{F}(\boldsymbol{F}') = \mathcal{F}(\boldsymbol{Q}\boldsymbol{F}) = \boldsymbol{Q}\boldsymbol{\sigma}\boldsymbol{Q}^T = \boldsymbol{Q}\mathcal{F}(\boldsymbol{F})\boldsymbol{Q}^T = \boldsymbol{\sigma}' \tag{6.48}$$

が成立すれば，構成則 $\boldsymbol{\sigma} = \mathcal{F}(\boldsymbol{F})$ が客観性を有することの必要十分条件になる[†3]．したがって，回転したという情報をそれぞれの物理量に適切に反映させた結果として，式 (6.46)，(6.47) のように構成則 $\mathcal{F}$ の形が変わることなく同時に満たされるのであれば，その構成則 $\mathcal{F}$ は客観性を有することになる．

---

†1 式 (6.36) を満たさないので，観測者不変量である 2 階テンソルは**客観性がない**といわれることが多い．しかし，剛体運動に依存しないので，構成則に用いることはできる．「客観性のない量を構成則に用いることはできない」とすることもあるので，本書では「観測者 a，a′ は空間座標を用いて物理量を観測するので，基準配置を参照する量を観測することができない」としている．

†2 コーシー応力テンソルの客観性 $\boldsymbol{\sigma}' = \boldsymbol{Q}\boldsymbol{\sigma}\boldsymbol{Q}^T$ については，詳しくは，6.4.1 項で説明する．

†3 ただし，式 (6.48) のような構成則が実際に存在するということではない．

例題 6.9 ベクトルの客観性

2 次元空間において，図 6.6 に示すように，変形前の基準配置 B_0 から変形後の現在配置 B_t となり，さらに剛体回転により新たな状態 B'_t になったとする．A，a，a$'$ は物体の運動を観測する観測者である．観測者 A は**物体の中**にいて，物質座標の基底 $\boldsymbol{E}_I$ を用いて観測する．観測者 a は**物体の外**にいて，空間座標の基底 $\boldsymbol{e}_i$ を用いて観測する．観測者 a$'$ は**物体の外**にいて，物体と同じ運動をしながら，空間座標の基底 $\boldsymbol{e}'_i$ を用いて観測する（観測者 a，a$'$ の関係は図 6.5 と同様である）．以下の問いに答えよ．

(1) 基準配置 B_0 において，観測者 A によるベクトル $\boldsymbol{U}$ の観測値を求めよ．

(2) 変形後の配置 B_t において，観測者 A，a によるベクトル $\boldsymbol{u}$ の観測値を求めよ．

(3) 観測者 A，a の間に成り立つ関係を求めよ．

(4) 剛体回転後の配置 B'_t において，観測者 A，a，a$'$ によるベクトル $\boldsymbol{u}'$ の観測値を求めよ．

(5) B'_t において，観測者 a，a$'$ の間に成り立つ関係を求めよ．

(6) B'_t において，観測者 A，a の間に成り立つ関係を求めよ．

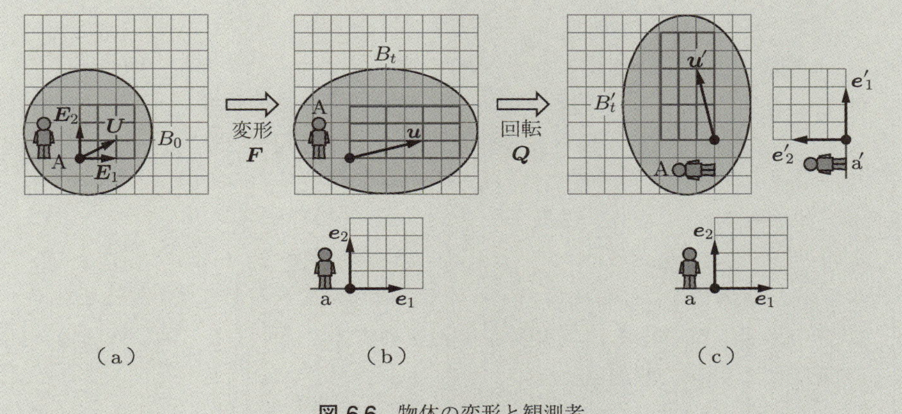

図 6.6 物体の変形と観測者

解 客観性の原理を考えるうえで，観測者の状況を正しく理解することが重要である．これまで，物体の変形を表す際に，物体とともに変形する物質座標系と，空間に固定した空間座標系を考えてきた．観測者 a は物体を外から見ているので，観測者 a が空間座標系と対応関係にあるのは明らかである．一方，観測者 a$'$ は物体と運動をともにするので，変形における物質座標系と同じように考えてしまいがちだが，そうではない．観測者 a$'$ は，観測者 a と同様に物体の外にいる．a，a$'$ の違いは，観測者 a は動かずにじっと物体を見続けるのに対して，観測者 a$'$ は物体と同じ運動をしながら物体を見る．観測者 a′ も物体を外から見ているので，観測者 a と同様に空間座標を用いて物体を観測するが，観測者 a′ が用いる空間座標系は，物体と同じ運動をしたので，観測者 a の空間座標系と角度や位置が異なっている．

客観性を考える際には，観測者 a，a′ の関係だけで十分である．しかし，この例題ではあえて，物体の中にいて物体と一緒に運動する観測者 A も登場させて，観測者 A，a，a′ の 3 者の関係を明らかにして，客観性の原理について考える．物体の中にいる観測者 A こそが，物体とともに変形する物質座標系に対応しており，観測者 A は物質座標を用いて物体を観測する．

以下では，それぞれの観測者の**観測値**を具体的な数値で表している．ここでの**観測値**とは，それぞれの観測者が自分の座標系の基底を使って，ベクトルや 2 階テンソルを表した際の**成分**のことである．すなわち，ベクトルの場合は数ベクトル，2 階テンソルの場合は表現行列である．

(1) 観測者 A は，物質座標の基底 $\boldsymbol{E}_I$ を用いて，ベクトル $\boldsymbol{U}$ を観測する．図 6.6(a) より，観測者 A による $\boldsymbol{U}$ の観測値は次のようになる．

$$\boldsymbol{U}_{\mathrm{A}} = \begin{Bmatrix} U_{X_1} \\ U_{X_2} \end{Bmatrix} = \begin{Bmatrix} 2 \\ 1 \end{Bmatrix}$$

(2) 観測者 A は物体の中にいて，物質座標しかわからないので，物体が変形したことを知ることができない．物体と一緒に物質座標も変形していることに注意して，図 6.6(b) より観測者 A による $\boldsymbol{u}$ の観測値は次のようになる．

$$\boldsymbol{u}_{\mathrm{A}} = \begin{Bmatrix} u_{X_1} \\ u_{X_2} \end{Bmatrix} = \boldsymbol{U}_{\mathrm{A}} = \begin{Bmatrix} 2 \\ 1 \end{Bmatrix}$$

一方，観測者 a は物体の外にいるので，物体が変形したことを知っており，自分の空間座標の基底 $\boldsymbol{e}_i$ を用いて変形後の物体を観測する．図 (b) より，観測者 a による $\boldsymbol{u}$ の観測値は次のようになる．

$$\boldsymbol{u}_{\mathrm{a}} = \begin{Bmatrix} u_{x_1} \\ u_{x_2} \end{Bmatrix} = \begin{Bmatrix} 4 \\ 1 \end{Bmatrix}$$

(3) 変形前の図 6.6(a) の座標系を $\boldsymbol{X}$，変形後の図 (b) の座標系を $\boldsymbol{x}$ とすると，$\boldsymbol{X}$ と $\boldsymbol{x}$ の間には $x_1 = 2X_1$，$x_2 = X_2$ の関係があるので，変形勾配テンソル $\boldsymbol{F}$ は次のようになる．

$$\boldsymbol{F} = \frac{\partial \boldsymbol{x}}{\partial \boldsymbol{X}} = \begin{bmatrix} 2 & 0 \\ 0 & 1 \end{bmatrix}$$

これより，次のような関係にあることがわかる．

$$\begin{Bmatrix} 4 \\ 1 \end{Bmatrix} = \begin{bmatrix} 2 & 0 \\ 0 & 1 \end{bmatrix} \begin{Bmatrix} 2 \\ 1 \end{Bmatrix} \quad \Longrightarrow \quad \boldsymbol{u}_{\mathrm{a}} = \boldsymbol{F}\boldsymbol{u}_{\mathrm{A}} = \boldsymbol{F}\boldsymbol{U}_{\mathrm{A}}$$

観測者 A，a の違いは変形の有無であるので，上式のようになって当然である．また，上式は，変形勾配テンソル $\boldsymbol{F}$ を作用させて，基準配置を参照するベクトル $\boldsymbol{U}$ を現在配置を参照するベクトル $\boldsymbol{u}$ に変換する式である．これは，プッシュフォワード，プルバックの関係であることがわかる†.

(4) 観測者 A は物体の中にいて，物体が回転したことを知ることができない．物体と一緒に物質座標も回転していることに注意して，図 6.6(c) より観測者 A による $\boldsymbol{u}'$ の観測値は次のようになる．

$$\boldsymbol{u}'_{\mathrm{A}} = \begin{Bmatrix} u'_{X_1} \\ u'_{X_2} \end{Bmatrix} = \boldsymbol{U}_{\mathrm{A}} = \begin{Bmatrix} 2 \\ 1 \end{Bmatrix}$$

一方，観測者 a は物体の外にいるので，物体が回転したことを知っており，自分の空間座標の基底 $\boldsymbol{e}_i$ を用いて回転後の物体を観測する．図 (c) より，観測者 a による $\boldsymbol{u}'$ の観測値は次のようになる．

$$\boldsymbol{u}'_{\mathrm{a}} = \begin{Bmatrix} u'_{x_1} \\ u'_{x_2} \end{Bmatrix} = \begin{Bmatrix} -1 \\ 4 \end{Bmatrix}$$

また，観測者 a′ は物体の外にいて，物体と同じ運動をする．すなわち，観測者 a′ は回転した空間座標の基底 $\boldsymbol{e}'_i$ を用いて回転後の物体を観測する．図 (c) より，観測者 a′ による $\boldsymbol{u}'$ の観測値は

$$\boldsymbol{u}'_{\mathrm{a}'} = \begin{Bmatrix} u'_{x'_1} \\ u'_{x'_2} \end{Bmatrix} = \begin{Bmatrix} 4 \\ 1 \end{Bmatrix} = \boldsymbol{u}_{\mathrm{a}}$$

のようになり，回転前の状態 B_t での a による観測値 $\boldsymbol{u}_{\mathrm{a}}$ と一致する．

(5) 現在配置 B_t から反時計回りに 90° 回転した状態が B'_t であるので，回転を表す直交テンソル $\boldsymbol{Q}$ は次のようになる．

$$\boldsymbol{Q} = \begin{bmatrix} 0 & -1 \\ 1 & 0 \end{bmatrix}$$

これより，次のような関係にあることがわかる．

$$\begin{Bmatrix} -1 \\ 4 \end{Bmatrix} = \begin{bmatrix} 0 & -1 \\ 1 & 0 \end{bmatrix} \begin{Bmatrix} 4 \\ 1 \end{Bmatrix} \quad \Longrightarrow \quad \boldsymbol{u}'_{\mathrm{a}} = \boldsymbol{Q}\boldsymbol{u}'_{\mathrm{a}'} = \boldsymbol{Q}\boldsymbol{u}_{\mathrm{a}}$$

† プッシュフォワード，プルバックについては，7.4.1 項を参照.

観測者 a，a′ の違いは回転の有無であるので，上式のようになって当然である．そして，これが式 (6.33) のベクトルにおける客観性の定義に対応する．

(6) (3)〜(5) より，次のような関係式が得られる．

$$\boldsymbol{u}'_{\mathrm{a}} = \boldsymbol{Q}\boldsymbol{u}'_{\mathrm{a}'} = \boldsymbol{Q}\boldsymbol{u}_{\mathrm{a}} = \boldsymbol{Q}\boldsymbol{F}\boldsymbol{U}_{\mathrm{A}} = (\boldsymbol{Q}\boldsymbol{F})\,\boldsymbol{u}'_{\mathrm{A}} = \boldsymbol{F}'\boldsymbol{u}'_{\mathrm{A}}$$

上式より，変形勾配テンソルがさらに剛体回転を受けると，$\boldsymbol{F}' = \boldsymbol{Q}\boldsymbol{F}$ となる．これが式 (6.40) に対応している．

例題 6.10 2階テンソルの客観性

以下の2階テンソルの客観性について確かめて，どのような量であるかを示せ．

(1) 第1ピオラ - キルヒホッフ応力テンソル $\boldsymbol{P}$

(2) ラグランジュ - グリーンひずみテンソル $\boldsymbol{E}$

(3) 左コーシー - グリーンテンソル $\boldsymbol{b}$

解 (1) 第1ピオラ - キルヒホッフ応力テンソル $\boldsymbol{P}$ は次式で与えられる．

$$\boldsymbol{P} = J\boldsymbol{\sigma}\boldsymbol{F}^{-T}$$

$\boldsymbol{Q}$ によって剛体回転を受けると，現在配置を参照するコーシー応力テンソルは $\boldsymbol{\sigma}' = \boldsymbol{Q}\boldsymbol{\sigma}\boldsymbol{Q}^T$ となり†，ツーポイントテンソルである変形勾配テンソルは $\boldsymbol{F}' = \boldsymbol{Q}\boldsymbol{F}$ となるので，剛体回転後の第1ピオラ - キルヒホッフ応力テンソル $\boldsymbol{P}'$ は次のようになる．

$$\begin{aligned}\boldsymbol{P}' &= J\boldsymbol{\sigma}'\boldsymbol{F}'^{-T} = J\{\boldsymbol{Q}\boldsymbol{\sigma}\boldsymbol{Q}^T(\boldsymbol{Q}\boldsymbol{F}^{-T})\} = J\boldsymbol{Q}\boldsymbol{\sigma}\boldsymbol{Q}^T\boldsymbol{Q}\boldsymbol{F}^{-T} = J\boldsymbol{Q}\boldsymbol{\sigma}\boldsymbol{F}^{-T}\\ &= \boldsymbol{Q}(J\boldsymbol{\sigma}\boldsymbol{F}^{-T}) = \boldsymbol{Q}\boldsymbol{P}\end{aligned}$$

よって，第1ピオラ - キルヒホッフ応力テンソルは，変形勾配テンソルと同様に，2階テンソルにおける客観性の式 (6.36) を満たさない．ツーポイントテンソルである第1ピオラ - キルヒホッフ応力テンソル $\boldsymbol{P}$ は，剛体回転を受けて式 (6.40) を満たす．

(2) ラグランジュ - グリーンひずみテンソル $\boldsymbol{E}$ は次式で与えられる．

$$\boldsymbol{E} = \frac{1}{2}(\boldsymbol{C} - \boldsymbol{I})$$

上式において，$\boldsymbol{C}$ は観測者不変量であり，また単位テンソル $\boldsymbol{I}$ も観測者不変量である．すなわち，$\boldsymbol{Q}$ によって剛体回転を受けても，$\boldsymbol{C}' = \boldsymbol{C}$，$\boldsymbol{I}' = \boldsymbol{I}$ であるので，剛体回転後のラグランジュ - グリーンひずみテンソル $\boldsymbol{E}'$ は次のように

† 詳しくは，式 (6.51) で説明する．

なる．

$$\boldsymbol{E}' = \frac{1}{2}(\boldsymbol{C}' - \boldsymbol{I}') = \frac{1}{2}(\boldsymbol{C} - \boldsymbol{I}) = \boldsymbol{E}$$

したがって，ラグランジュ - グリーンひずみテンソル $\boldsymbol{E}$ は，2 階テンソルにおける客観性の式 (6.36) を満たさず，観測者不変量である．

(3) 左コーシー - グリーンテンソル $\boldsymbol{b}$ は次式で与えられる．

$$\boldsymbol{b} = \boldsymbol{F}\boldsymbol{F}^T$$

変形勾配テンソル $\boldsymbol{F}$ は，$\boldsymbol{Q}$ によって剛体回転を受けると $\boldsymbol{F}' = \boldsymbol{Q}\boldsymbol{F}$ であるので，剛体回転後の左コーシー - グリーンテンソル $\boldsymbol{b}'$ は次のようになる．

$$\boldsymbol{b}' = \boldsymbol{F}'\boldsymbol{F}'^T = (\boldsymbol{Q}\boldsymbol{F})(\boldsymbol{Q}\boldsymbol{F})^T = \boldsymbol{Q}(\boldsymbol{F}\boldsymbol{F}^T)\boldsymbol{Q}^T = \boldsymbol{Q}\boldsymbol{b}\boldsymbol{Q}^T$$

したがって，式 (6.36) を満たす．左コーシー - グリーンテンソル $\boldsymbol{b}$ は客観性を有するテンソルの一つである．

6.4 応力速度の客観性

構成則を記述するとき，コーシー応力テンソルなどを使わずに，応力の時間変化率を用いて記述することがある．このような構成則は，速度形の構成則などと呼ばれる†．このとき，応力の時間変化率，すなわち，応力速度の客観性が重要となり，さまざまな応力速度が提案されている．ここでは，代表的な応力速度をいくつか紹介する．

6.4.1 コーシー応力テンソルの物質時間微分

現在配置 B_t を参照するコーシー応力テンソル $\boldsymbol{\sigma}$ は，同じく B_t を参照する表面力ベクトル $\boldsymbol{t}$ と外向き単位法線ベクトル $\boldsymbol{n}$ を用いて，次のコーシーの式で与えられる．

$$\boldsymbol{t} = \boldsymbol{\sigma}\boldsymbol{n} \tag{6.49}$$

直交テンソル $\boldsymbol{Q}$ によって，$\boldsymbol{t}$ は $\boldsymbol{t}' = \boldsymbol{Q}\boldsymbol{t}$，$\boldsymbol{n}$ は $\boldsymbol{n}' = \boldsymbol{Q}\boldsymbol{n}$ に移るので，剛体回転後の B_t' におけるコーシーの式は次のようになる．

$$\boldsymbol{t}' = \boldsymbol{\sigma}'\boldsymbol{n}'$$

† 複雑な材料挙動を記述するうえで，速度形は簡易な関数表現が可能であるため，分野によって利用されることがある．しかし，現在の有限要素解析では，力学問題を初期値・境界値問題として扱うことが世界標準となっている．

$$\boldsymbol{Qt} = \boldsymbol{\sigma}'\boldsymbol{Qn}$$
$$\boldsymbol{t} = (\boldsymbol{Q}^T\boldsymbol{\sigma}'\boldsymbol{Q})\boldsymbol{n} \tag{6.50}$$

式 (6.49)，(6.50) より，$\boldsymbol{\sigma}'$ と $\boldsymbol{\sigma}$ の関係は次式となる．

$$\boldsymbol{\sigma}' = \boldsymbol{Q\sigma Q}^T \tag{6.51}$$

これより，式 (6.36) の 2 階テンソルにおける客観性を満たすので，コーシー応力テンソル $\boldsymbol{\sigma}$ には客観性がある．

しかし，コーシー応力テンソル $\boldsymbol{\sigma}$ の物質時間微分は，

$$\dot{\boldsymbol{\sigma}}' = \frac{\mathrm{D}}{\mathrm{D}t}(\boldsymbol{Q\sigma Q}^T) = \dot{\boldsymbol{Q}}\boldsymbol{\sigma Q}^T + \boldsymbol{Q}\dot{\boldsymbol{\sigma}}\boldsymbol{Q}^T + \boldsymbol{Q\sigma}\dot{\boldsymbol{Q}}^T \neq \boldsymbol{Q}\dot{\sigma}\boldsymbol{Q}^T \tag{6.52}$$

となり，客観性がない．したがって，$\dot{\boldsymbol{\sigma}}$ を構成則に用いることができない．客観性のある速度形の構成則を定式化するには，$\dot{\boldsymbol{\sigma}}$ の代わりに，$\mathring{\boldsymbol{\sigma}}' = \boldsymbol{Q}\mathring{\boldsymbol{\sigma}}\boldsymbol{Q}^T$ を満たす客観性のある応力速度 $\mathring{\boldsymbol{\sigma}}$ が必要である．

6.4.2 ヤウマンの応力速度テンソル □□

ヤウマンの応力速度テンソル $\mathring{\boldsymbol{\sigma}}_{[\mathrm{J}]}$ は，速度勾配テンソル $\boldsymbol{l}$，$\boldsymbol{l}'$，スピンテンソル $\boldsymbol{w}$，$\boldsymbol{w}'$，コーシー応力テンソル $\boldsymbol{\sigma}$，$\boldsymbol{\sigma}'$ の関係から導かれる．まず，速度勾配テンソル $\boldsymbol{l}$ は，次式のように客観性のない 2 階テンソルである．

$$\begin{aligned}\boldsymbol{l}' &= \dot{\boldsymbol{F}}'\boldsymbol{F}'^{-1} = \left\{\frac{\mathrm{D}}{\mathrm{D}t}(\boldsymbol{QF})\right\}(\boldsymbol{QF})^{-1} = \left(\dot{\boldsymbol{Q}}\boldsymbol{F} + \boldsymbol{Q}\dot{\boldsymbol{F}}\right)\boldsymbol{F}^{-1}\boldsymbol{Q}^T \\ &= \dot{\boldsymbol{Q}}\boldsymbol{Q}^T + \boldsymbol{Q}\dot{\boldsymbol{F}}\boldsymbol{F}^{-1}\boldsymbol{Q}^T = \dot{\boldsymbol{Q}}\boldsymbol{Q}^T + \boldsymbol{QlQ}^T\end{aligned} \tag{6.53}$$

さらに，式 (6.53) を用いて，スピンテンソル $\boldsymbol{w}$ も，次式のように客観性のない 2 階テンソルである．

$$\begin{aligned}\boldsymbol{w}' &= \frac{1}{2}(\boldsymbol{l}' - \boldsymbol{l}'^T) = \frac{1}{2}\left\{\dot{\boldsymbol{Q}}\boldsymbol{Q}^T + \boldsymbol{QlQ}^T - \left(\dot{\boldsymbol{Q}}\boldsymbol{Q}^T + \boldsymbol{QlQ}^T\right)^T\right\} \\ &= \dot{\boldsymbol{Q}}\boldsymbol{Q}^T + \boldsymbol{QwQ}^T\end{aligned} \tag{6.54}$$

式 (6.54) から，$\boldsymbol{w}$，$\boldsymbol{w}'$ を用いて $\dot{\boldsymbol{Q}}$ を表すと，次式となる．

$$\dot{\boldsymbol{Q}} = \boldsymbol{w}'\boldsymbol{Q} - \boldsymbol{Qw} \tag{6.55}$$

これを客観性のないコーシー応力速度テンソル $\dot{\boldsymbol{\sigma}}$ の式 (6.52) に代入して，$\dot{\boldsymbol{Q}}$ を消去し，反対称テンソルの性質 $\boldsymbol{w}^T = -\boldsymbol{w}$ および $\boldsymbol{w}'^T = -\boldsymbol{w}'$ を用いると，

$$\dot{\boldsymbol{\sigma}}' - \boldsymbol{w}'\boldsymbol{\sigma}' + \boldsymbol{\sigma}'\boldsymbol{w}' = \boldsymbol{Q}\left(\dot{\boldsymbol{\sigma}} - \boldsymbol{w}\boldsymbol{\sigma} + \boldsymbol{\sigma}\boldsymbol{w}\right)\boldsymbol{Q}^T \tag{6.56}$$

となり，客観性の定義を満たす**ヤウマンの応力速度テンソル** $\overset{\circ}{\boldsymbol{\sigma}}_{[\mathrm{J}]}$ が導かれる．

$$\overset{\circ}{\boldsymbol{\sigma}}_{[\mathrm{J}]} = \dot{\boldsymbol{\sigma}} - \boldsymbol{w}\boldsymbol{\sigma} + \boldsymbol{\sigma}\boldsymbol{w} \tag{6.57}$$

6.4.3 コッター - リブリンの応力速度テンソル □□ ヤウマンの応力速度テンソルを導出する過程で，$\dot{\boldsymbol{\sigma}}$ の式 (6.52) における $\dot{\boldsymbol{Q}}$ をスピンテンソル $\boldsymbol{w}$ で書き換えたが，今度は $\dot{\boldsymbol{Q}}$ を速度勾配テンソル $\boldsymbol{l}$ で書き換える．まず，$\boldsymbol{Q}\boldsymbol{Q}^T = \boldsymbol{I}$ の物質時間微分の関係を利用して，$\boldsymbol{l}'$，$\boldsymbol{l}'^T$ はそれぞれ次式で与えられる．

$$\boldsymbol{l}' = \dot{\boldsymbol{Q}}\boldsymbol{Q}^T + \boldsymbol{Q}\boldsymbol{l}\boldsymbol{Q}^T, \quad \boldsymbol{l}'^T = \boldsymbol{Q}\dot{\boldsymbol{Q}}^T + \boldsymbol{Q}\boldsymbol{l}^T\boldsymbol{Q}^T = -\dot{\boldsymbol{Q}}\boldsymbol{Q}^T + \boldsymbol{Q}\boldsymbol{l}^T\boldsymbol{Q}^T \tag{6.58}$$

式 (6.58) から，$\dot{\boldsymbol{Q}}$ が次のように表される．

$$\dot{\boldsymbol{Q}} = \boldsymbol{Q}\boldsymbol{l}^T - \boldsymbol{l}'^T\boldsymbol{Q} \tag{6.59}$$

これを客観性のないコーシー応力速度テンソル $\dot{\boldsymbol{\sigma}}$ の式 (6.52) に代入して，$\dot{\boldsymbol{Q}}$ を消去すると，

$$\dot{\boldsymbol{\sigma}}' + \boldsymbol{l}'^T\boldsymbol{\sigma}' + \boldsymbol{\sigma}'\boldsymbol{l}' = \boldsymbol{Q}\big(\dot{\boldsymbol{\sigma}} + \boldsymbol{l}^T\boldsymbol{\sigma} + \boldsymbol{\sigma}\boldsymbol{l}\big)\boldsymbol{Q}^T \tag{6.60}$$

となり，客観性の定義を満たす**コッター - リブリンの応力速度テンソル** $\overset{\circ}{\boldsymbol{\sigma}}_{[\mathrm{C}]}$ が得られる．

$$\overset{\circ}{\boldsymbol{\sigma}}_{[\mathrm{C}]} = \dot{\boldsymbol{\sigma}} + \boldsymbol{l}^T\boldsymbol{\sigma} + \boldsymbol{\sigma}\boldsymbol{l} \tag{6.61}$$

6.4.4 トゥルーズデルの応力速度テンソル □□ トゥルーズデルの応力速度テンソルは，ピオラ変換†を利用することにより導かれる．まず，第 2 ピオラ - キルヒホッフ応力テンソル $\boldsymbol{S}$ は基準配置 B_0 を参照する観測者不変量であり，コーシー応力テンソル $\boldsymbol{\sigma}$ との間に，次のようなピオラ変換（ヤコビアン J を含むプッシュフォワード，プルバック）の関係がある．

$$\boldsymbol{\sigma} = \frac{1}{J}\boldsymbol{F}\boldsymbol{S}\boldsymbol{F}^T, \quad \boldsymbol{S} = J\boldsymbol{F}^{-1}\boldsymbol{\sigma}\boldsymbol{F}^{-T} \tag{6.62}$$

そして，$\boldsymbol{S}$ の物質時間微分をとったあとに，逆のピオラ変換によってもとに戻すことにより，トゥルーズデルの応力速度テンソル $\overset{\circ}{\boldsymbol{\sigma}}_{[\mathrm{T}]}$ が導かれる．

---

† ピオラ変換については，7.4.2 項を参照．

$$\overset{\circ}{\boldsymbol{\sigma}}_{[\mathrm{T}]} = \frac{1}{J}\boldsymbol{F}\left\{\frac{\mathrm{D}}{\mathrm{D}t}\left(J\boldsymbol{F}^{-1}\boldsymbol{\sigma}\boldsymbol{F}^{-T}\right)\right\}\boldsymbol{F}^T = \frac{1}{J}\boldsymbol{F}\dot{\boldsymbol{S}}\boldsymbol{F}^T \tag{6.63}$$

$\boldsymbol{F}' = \boldsymbol{Q}\boldsymbol{F}$，$\dot{\boldsymbol{S}}' = \dot{\boldsymbol{S}}$，$J' = J$ より，$\overset{\circ}{\boldsymbol{\sigma}}'_{[\mathrm{T}]}$ は次式のようになる．

$$\overset{\circ}{\boldsymbol{\sigma}}'_{[\mathrm{T}]} = \frac{1}{J'}\boldsymbol{F}'\dot{\boldsymbol{S}}'\boldsymbol{F}'^T = \frac{1}{J}\boldsymbol{Q}\boldsymbol{F}\dot{\boldsymbol{S}}\boldsymbol{F}^T\boldsymbol{Q}^T = \boldsymbol{Q}\left(\frac{1}{J}\boldsymbol{F}\dot{\boldsymbol{S}}\boldsymbol{F}^T\right)\boldsymbol{Q}^T = \boldsymbol{Q}\overset{\circ}{\boldsymbol{\sigma}}_{[\mathrm{T}]}\boldsymbol{Q}^T \tag{6.64}$$

つまり，$\overset{\circ}{\boldsymbol{\sigma}}_{[\mathrm{T}]}$ は客観性の定義を満たすことがわかる．これを採用したのが**トゥルーズデルの応力速度テンソル** $\overset{\circ}{\boldsymbol{\sigma}}_{[\mathrm{T}]}$ であり，次式で与えられる†1．

$$\begin{aligned}
\overset{\circ}{\boldsymbol{\sigma}}_{[\mathrm{T}]} &= \frac{1}{J}\boldsymbol{F}\dot{\boldsymbol{S}}\boldsymbol{F}^T = \frac{1}{J}\boldsymbol{F}\left\{\frac{\mathrm{D}}{\mathrm{D}t}\left(J\boldsymbol{F}^{-1}\boldsymbol{\sigma}\boldsymbol{F}^{-T}\right)\right\}\boldsymbol{F}^T \\
&= \frac{1}{J}\boldsymbol{F}\left\{\dot{J}\boldsymbol{F}^{-1}\boldsymbol{\sigma}\boldsymbol{F}^{-T} + J(\dot{\overline{\boldsymbol{F}^{-1}}})\boldsymbol{\sigma}\boldsymbol{F}^{-T} + J\boldsymbol{F}^{-1}\dot{\boldsymbol{\sigma}}\boldsymbol{F}^{-T} + J\boldsymbol{F}^{-1}\boldsymbol{\sigma}(\dot{\overline{\boldsymbol{F}^{-T}}})\right\}\boldsymbol{F}^T \\
&= (\mathrm{tr}\,\boldsymbol{l})\boldsymbol{\sigma} + \boldsymbol{F}(\dot{\overline{\boldsymbol{F}^{-1}}})\boldsymbol{\sigma} + \dot{\boldsymbol{\sigma}} + \boldsymbol{\sigma}(\dot{\overline{\boldsymbol{F}^{-T}}})\boldsymbol{F}^T = \dot{\boldsymbol{\sigma}} - \boldsymbol{l}\boldsymbol{\sigma} - \boldsymbol{\sigma}\boldsymbol{l}^T + (\mathrm{tr}\,\boldsymbol{l})\boldsymbol{\sigma}
\end{aligned} \tag{6.65}$$

また，トゥルーズデルの応力速度テンソルにヤコビアン J を掛け，$\dot{J} = J\mathrm{tr}\,\boldsymbol{l}$ の関係を用いると次式を得る．

$$\begin{aligned}
J\overset{\circ}{\boldsymbol{\sigma}}_{[\mathrm{T}]} &= J\dot{\boldsymbol{\sigma}} - \boldsymbol{l}J\boldsymbol{\sigma} - J\boldsymbol{\sigma}\boldsymbol{l}^T + J(\mathrm{tr}\,\boldsymbol{l})\boldsymbol{\sigma} = (J\dot{\boldsymbol{\sigma}} + \dot{J}\boldsymbol{\sigma}) - \boldsymbol{l}(J\boldsymbol{\sigma}) - (J\boldsymbol{\sigma})\boldsymbol{l}^T \\
&= \dot{\boldsymbol{\tau}} - \boldsymbol{l}\boldsymbol{\tau} - \boldsymbol{\tau}\boldsymbol{l}^T
\end{aligned} \tag{6.66}$$

これを**キルヒホッフ応力のトゥルーズデル速度**といい，次式のように表す．

$$\overset{\circ}{\boldsymbol{\tau}}_{[\mathrm{T}]} = J\overset{\circ}{\boldsymbol{\sigma}}_{[\mathrm{T}]} = \dot{\boldsymbol{\tau}} - \boldsymbol{l}\boldsymbol{\tau} - \boldsymbol{\tau}\boldsymbol{l}^T \tag{6.67}$$

式 (6.64) より，キルヒホッフ応力のトゥルーズデル速度は，

$$\overset{\circ}{\boldsymbol{\tau}}_{[\mathrm{T}]} = J\overset{\circ}{\boldsymbol{\sigma}}_{[\mathrm{T}]} = \boldsymbol{F}\dot{\boldsymbol{S}}\boldsymbol{F}^T = \boldsymbol{F}\left\{\frac{\mathrm{D}}{\mathrm{D}t}\left(\boldsymbol{F}^{-1}\boldsymbol{\tau}\boldsymbol{F}^{-T}\right)\right\}\boldsymbol{F}^T \tag{6.68}$$

となり，$\overset{\circ}{\boldsymbol{\tau}}_{[\mathrm{T}]}$ は $\dot{\boldsymbol{S}}$ のプッシュフォワード，さらに $\overset{\circ}{\boldsymbol{\tau}}_{[\mathrm{T}]}$ は $\boldsymbol{\tau}$ のリー時間微分となる†2．

6.4.5 オルドロイドの応力速度テンソル □□

オルドロイドの応力速度テンソルは，ヤコビアン J を除いたピオラ変換により，トゥルーズデルの応力速度テンソル

---

†1 $\dot{J} = J\ \mathrm{tr}\ \boldsymbol{l}$，$(\mathrm{D}/\mathrm{D}t)\boldsymbol{F}\boldsymbol{F}^{-1} = \boldsymbol{0}$ の関係を用いている．

†2 リー時間微分については，7.4.3 項を参照．

と同様の方法で導かれる.

$$\overset{\triangledown}{\boldsymbol{\sigma}}_{[\mathrm{O}]} = \boldsymbol{F}\left\{\frac{\mathrm{D}}{\mathrm{D}t}\left(\boldsymbol{F}^{-1}\boldsymbol{\sigma}\boldsymbol{F}^{-T}\right)\right\}\boldsymbol{F}^T \tag{6.69}$$

すなわち, $\overset{\triangledown}{\boldsymbol{\sigma}}_{[\mathrm{O}]}$ は $\boldsymbol{\sigma}$ のリー時間微分により与えられる. ここで, $\boldsymbol{S}_J = \boldsymbol{F}^{-1}\boldsymbol{\sigma}\boldsymbol{F}^{-T} = \boldsymbol{S}/J$ とおく. $\boldsymbol{S}_J$ は観測者不変量なので, $\overset{\triangledown}{\boldsymbol{\sigma}}'_{[\mathrm{O}]}$ は次式となる.

$$\overset{\triangledown}{\boldsymbol{\sigma}}'_{[\mathrm{O}]} = \boldsymbol{F}'\dot{\boldsymbol{S}}'_J\boldsymbol{F}'^T = \boldsymbol{Q}\boldsymbol{F}\dot{\boldsymbol{S}}_J\boldsymbol{F}^T\boldsymbol{Q}^T = \boldsymbol{Q}\overset{\triangledown}{\boldsymbol{\sigma}}_{[\mathrm{O}]}\boldsymbol{Q}^T \tag{6.70}$$

これより, $\overset{\triangledown}{\boldsymbol{\sigma}}_{[\mathrm{O}]}$ には客観性がある. これを採用したのが**オルドロイドの応力速度テンソル** $\overset{\triangledown}{\boldsymbol{\sigma}}_{[\mathrm{O}]}$ であり, 次式で与えられる.

$$\begin{aligned}
\overset{\triangledown}{\boldsymbol{\sigma}}_{[\mathrm{O}]} &= \boldsymbol{F}\dot{\boldsymbol{S}}_J\boldsymbol{F}^T = \boldsymbol{F}\left\{\frac{\mathrm{D}}{\mathrm{D}t}\left(\boldsymbol{F}^{-1}\boldsymbol{\sigma}\boldsymbol{F}^{-T}\right)\right\}\boldsymbol{F}^T \\
&= \boldsymbol{F}\left\{(\dot{\overline{\boldsymbol{F}^{-1}}})\boldsymbol{\sigma}\boldsymbol{F}^{-T} + \boldsymbol{F}^{-1}\dot{\boldsymbol{\sigma}}\boldsymbol{F}^{-T} + \boldsymbol{F}^{-1}\boldsymbol{\sigma}(\dot{\overline{\boldsymbol{F}^{-T}}})\right\}\boldsymbol{F}^T \\
&= \boldsymbol{F}\dot{\overline{\boldsymbol{F}^{-1}}}\boldsymbol{\sigma} + \dot{\boldsymbol{\sigma}} + \boldsymbol{\sigma}\dot{\overline{\boldsymbol{F}^{-T}}}\boldsymbol{F}^T = \dot{\boldsymbol{\sigma}} - \boldsymbol{l}\boldsymbol{\sigma} - \boldsymbol{\sigma}\boldsymbol{l}^T
\end{aligned} \tag{6.71}$$

6.4.6 グリーン - ナグディの応力速度テンソル □□

グリーン - ナグディの応力速度テンソルは, $\boldsymbol{U} = \boldsymbol{V} = \boldsymbol{I}$ とし, $\boldsymbol{F}$ の代わりに $\boldsymbol{R}$ を用いたプルバックとプッシュフォワードの関係（ピオラ変換）から与えられる.

$$\overset{\triangledown}{\boldsymbol{\sigma}}_{[\mathrm{G}]} = \boldsymbol{R}\left\{\frac{\mathrm{D}}{\mathrm{D}t}\left(\boldsymbol{R}^{-1}\boldsymbol{\sigma}\boldsymbol{R}^{-T}\right)\right\}\boldsymbol{R}^T \tag{6.72}$$

これを展開することにより, **グリーン - ナグディの応力速度テンソル** $\overset{\triangledown}{\boldsymbol{\sigma}}_{[\mathrm{G}]}$ は次式で表される.

$$\begin{aligned}
\overset{\triangledown}{\boldsymbol{\sigma}}_{[\mathrm{G}]} &= \boldsymbol{R}\left\{\frac{\mathrm{D}}{\mathrm{D}t}\left(\boldsymbol{R}^{-1}\boldsymbol{\sigma}\boldsymbol{R}^{-T}\right)\right\}\boldsymbol{R}^T = \boldsymbol{R}\left(\dot{\overline{\boldsymbol{R}^T}}\boldsymbol{\sigma}\boldsymbol{R} + \boldsymbol{R}^T\dot{\boldsymbol{\sigma}}\boldsymbol{R} + \boldsymbol{R}^T\boldsymbol{\sigma}\dot{\boldsymbol{R}}\right)\boldsymbol{R}^T \\
&= \boldsymbol{R}\dot{\overline{\boldsymbol{R}^T}}\boldsymbol{\sigma} + \dot{\boldsymbol{\sigma}} + \boldsymbol{\sigma}\dot{\boldsymbol{R}}\boldsymbol{R}^T = \dot{\boldsymbol{\sigma}} - \dot{\boldsymbol{R}}\boldsymbol{R}^T\boldsymbol{\sigma} + \boldsymbol{\sigma}\dot{\boldsymbol{R}}\boldsymbol{R}^T
\end{aligned} \tag{6.73}$$

例題 6.11 速度を表す 2 階テンソルの客観性

以下の 2 階テンソルについて, 客観性の有無を示せ.

(1) 変形速度テンソル $\boldsymbol{d}$

(2) トゥルーズデルの応力速度テンソル $\overset{\triangledown}{\boldsymbol{\sigma}}_{[\mathrm{T}]}$ （初期配置を参照せずに）

解 (1) 速度勾配テンソル $\boldsymbol{l}$ は，次式のように客観性のない2階テンソルである†.

$$\boldsymbol{l}' = \dot{\boldsymbol{Q}}\boldsymbol{Q}^T + \boldsymbol{Q}\boldsymbol{l}\boldsymbol{Q}^T \neq \boldsymbol{Q}\boldsymbol{l}\boldsymbol{Q}^T$$

$\boldsymbol{l}$ の対称部分である変形速度テンソル $\boldsymbol{d}$ は，上式を用いて次のようになる.

$$\begin{aligned}\boldsymbol{d}' &= \frac{1}{2}(\boldsymbol{l}' + \boldsymbol{l}'^T) = \frac{1}{2}(\dot{\boldsymbol{Q}}\boldsymbol{Q}^T + \boldsymbol{Q}\boldsymbol{l}\boldsymbol{Q}^T + \boldsymbol{Q}\dot{\boldsymbol{Q}}^T + \boldsymbol{Q}\boldsymbol{l}^T\boldsymbol{Q}^T) \\ &= \frac{1}{2}(\dot{\boldsymbol{Q}}\boldsymbol{Q}^T + \boldsymbol{Q}\dot{\boldsymbol{Q}}^T) + \boldsymbol{Q}\left\{\frac{1}{2}(\boldsymbol{l} + \boldsymbol{l}^T)\right\}\boldsymbol{Q}^T \\ &= \frac{1}{2}(\dot{\boldsymbol{Q}}\boldsymbol{Q}^T + \boldsymbol{Q}\dot{\boldsymbol{Q}}^T) + \boldsymbol{Q}\boldsymbol{d}\boldsymbol{Q}^T\end{aligned}$$

ここで，$\boldsymbol{Q}\boldsymbol{Q}^T = \boldsymbol{I}$ より，

$$\frac{\mathrm{D}}{\mathrm{D}t}(\boldsymbol{Q}\boldsymbol{Q}^T) = \dot{\boldsymbol{Q}}\boldsymbol{Q}^T + \boldsymbol{Q}\dot{\boldsymbol{Q}}^T = \boldsymbol{0}$$

となるので，右辺第1項は消え，$\boldsymbol{d}'$ は最終的に次式となる.

$$\boldsymbol{d}' = \boldsymbol{Q}\boldsymbol{d}\boldsymbol{Q}^T$$

したがって，式 (6.36) の2階テンソルにおける客観性を満たすので，変形速度テンソル $\boldsymbol{d}$ は客観性を有するテンソルである.

(2) トゥルーズデルの応力速度テンソル $\mathring{\boldsymbol{\sigma}}_{[\mathrm{T}]}$ は次式で与えられる.

$$\mathring{\boldsymbol{\sigma}}_{[\mathrm{T}]} = \dot{\boldsymbol{\sigma}} - \boldsymbol{l}\boldsymbol{\sigma} - \boldsymbol{\sigma}\boldsymbol{l}^T + (\mathrm{tr}\ \boldsymbol{l})\boldsymbol{\sigma}$$

また，$\boldsymbol{\sigma}'$，$\dot{\boldsymbol{\sigma}}'$，$\boldsymbol{l}'$ はそれぞれ次式で表される.

$$\boldsymbol{\sigma}' = \boldsymbol{Q}\boldsymbol{\sigma}\boldsymbol{Q}^T, \quad \dot{\boldsymbol{\sigma}}' = \dot{\boldsymbol{Q}}\boldsymbol{\sigma}\boldsymbol{Q}^T + \boldsymbol{Q}\dot{\boldsymbol{\sigma}}\boldsymbol{Q}^T + \boldsymbol{Q}\boldsymbol{\sigma}\dot{\boldsymbol{Q}}^T, \quad \boldsymbol{l}' = \dot{\boldsymbol{Q}}\boldsymbol{Q}^T + \boldsymbol{Q}\boldsymbol{l}\boldsymbol{Q}^T$$

これらを用いて，$\boldsymbol{Q}$ による剛体回転後のトゥルーズデルの応力速度テンソル $\mathring{\boldsymbol{\sigma}}'_{[\mathrm{T}]}$ は次のようになる.

$$\begin{aligned}\mathring{\boldsymbol{\sigma}}'_{[\mathrm{T}]} &= \dot{\boldsymbol{\sigma}}' - \boldsymbol{l}'\boldsymbol{\sigma}' - \boldsymbol{\sigma}'\boldsymbol{l}'^T + (\mathrm{tr}\ \boldsymbol{l}')\boldsymbol{\sigma}' \\ &= \dot{\boldsymbol{Q}}\boldsymbol{\sigma}\boldsymbol{Q}^T + \boldsymbol{Q}\dot{\boldsymbol{\sigma}}\boldsymbol{Q}^T + \boldsymbol{Q}\boldsymbol{\sigma}\dot{\boldsymbol{Q}}^T - (\dot{\boldsymbol{Q}}\boldsymbol{Q}^T + \boldsymbol{Q}\boldsymbol{l}\boldsymbol{Q}^T)\boldsymbol{Q}\boldsymbol{\sigma}\boldsymbol{Q}^T \\ &\quad - \boldsymbol{Q}\boldsymbol{\sigma}\boldsymbol{Q}^T(\boldsymbol{Q}\dot{\boldsymbol{Q}}^T + \boldsymbol{Q}\boldsymbol{l}^T\boldsymbol{Q}^T) + (\mathrm{tr}\ \boldsymbol{l}')\boldsymbol{Q}\boldsymbol{\sigma}\boldsymbol{Q}^T \\ &= \boldsymbol{Q}\dot{\boldsymbol{\sigma}}\boldsymbol{Q}^T - \boldsymbol{Q}\boldsymbol{l}\boldsymbol{\sigma}\boldsymbol{Q}^T - \boldsymbol{Q}\boldsymbol{\sigma}\boldsymbol{l}^T\boldsymbol{Q}^T + \boldsymbol{Q}(\mathrm{tr}\ \boldsymbol{l}')\boldsymbol{\sigma}\boldsymbol{Q}^T\end{aligned}$$

ここで，$\boldsymbol{l}' = \dot{\boldsymbol{Q}}\boldsymbol{Q}^T + \boldsymbol{Q}\boldsymbol{l}\boldsymbol{Q}^T$ より，$\mathrm{tr}\ \boldsymbol{l}'$ は次のようになる.

† 式 (6.53) を参照.

$$\begin{aligned}\mathrm{tr}\,\boldsymbol{l}' &= \mathrm{tr}\big(\dot{\boldsymbol{Q}}\boldsymbol{Q}^T\big) + \mathrm{tr}\big(\boldsymbol{Q}\boldsymbol{l}\boldsymbol{Q}^T\big) = \mathrm{tr}\big(\dot{\boldsymbol{Q}}\boldsymbol{Q}^T\big) + \mathrm{tr}\big(\boldsymbol{Q}^T\boldsymbol{Q}\boldsymbol{l}\big)\\ &= \mathrm{tr}\big(\dot{\boldsymbol{Q}}\boldsymbol{Q}^T\big) + \mathrm{tr}\,\boldsymbol{l}\end{aligned}$$

$\dot{\boldsymbol{Q}}\boldsymbol{Q}^T$ は，次式の演算より，反対称テンソルであることがわかる．

$$\frac{\mathrm{D}}{\mathrm{D}t}\big(\boldsymbol{Q}\boldsymbol{Q}^T\big) = \dot{\boldsymbol{Q}}\boldsymbol{Q}^T + \boldsymbol{Q}\dot{\boldsymbol{Q}}^T = \boldsymbol{0} \quad \Rightarrow \quad \dot{\boldsymbol{Q}}\boldsymbol{Q}^T = -\boldsymbol{Q}\dot{\boldsymbol{Q}}^T = -\big(\dot{\boldsymbol{Q}}\boldsymbol{Q}^T\big)^T$$

反対称テンソルは対角項がすべて 0 であるので，$\mathrm{tr}\big(\dot{\boldsymbol{Q}}\boldsymbol{Q}^T\big) = 0$ となる．したがって，$\mathrm{tr}\,\boldsymbol{l}' = \mathrm{tr}\,\boldsymbol{l}$ となり，$\mathring{\boldsymbol{\sigma}}'_{[\mathrm{T}]}$ は次のようになる．

$$\begin{aligned}\mathring{\boldsymbol{\sigma}}'_{[\mathrm{T}]} &= \boldsymbol{Q}\dot{\boldsymbol{\sigma}}\boldsymbol{Q}^T - \boldsymbol{Q}\boldsymbol{l}\boldsymbol{\sigma}\boldsymbol{Q}^T - \boldsymbol{Q}\boldsymbol{\sigma}\boldsymbol{l}^T\boldsymbol{Q}^T + \boldsymbol{Q}(\mathrm{tr}\,\boldsymbol{l})\boldsymbol{\sigma}\boldsymbol{Q}^T\\ &= \boldsymbol{Q}\big\{\dot{\boldsymbol{\sigma}} - \boldsymbol{l}\boldsymbol{\sigma} - \boldsymbol{\sigma}\boldsymbol{l}^T + (\mathrm{tr}\,\boldsymbol{l})\boldsymbol{\sigma}\big\}\boldsymbol{Q}^T = \boldsymbol{Q}\mathring{\boldsymbol{\sigma}}_{[\mathrm{T}]}\boldsymbol{Q}^T\end{aligned}$$

したがって，式 (6.36) の 2 階テンソルにおける客観性を満たすので，トゥルーズデルの応力速度テンソル $\mathring{\boldsymbol{\sigma}}_{[\mathrm{T}]}$ は客観性を有するテンソルである．

例題 6.12 客観応力速度テンソルの比較

2 次元平面において，図 6.7 に示すように，ストレッチテンソル $\boldsymbol{U}(t)$ と直交テンソル $\boldsymbol{R}(t)$ によって表される変形を考える．t は時刻であり，$\alpha > 0$ とする．以下の問いに答えよ．

(1) 時刻 t における変形勾配テンソル $\boldsymbol{F}(t)$，速度勾配テンソル $\boldsymbol{l}(t)$，スピンテンソル $\boldsymbol{w}(t)$ を求めよ．

(2) 時刻 t におけるコーシー応力テンソルとその物質時間微分を

$$\boldsymbol{\sigma}(t) = \begin{bmatrix}\sigma_1 & 0\\ 0 & \sigma_2\end{bmatrix}, \quad \dot{\boldsymbol{\sigma}}(t) = \begin{bmatrix}\dot{\sigma}_1 & 0\\ 0 & \dot{\sigma}_2\end{bmatrix}$$

とする．時刻 t におけるヤウマンの応力速度テンソル $\mathring{\boldsymbol{\sigma}}_{[\mathrm{J}]}$，コッター－リブリンの応力速度テンソル $\mathring{\boldsymbol{\sigma}}_{[\mathrm{C}]}$，トゥルーズデルの応力速度テンソル $\mathring{\boldsymbol{\sigma}}_{[\mathrm{T}]}$，オル

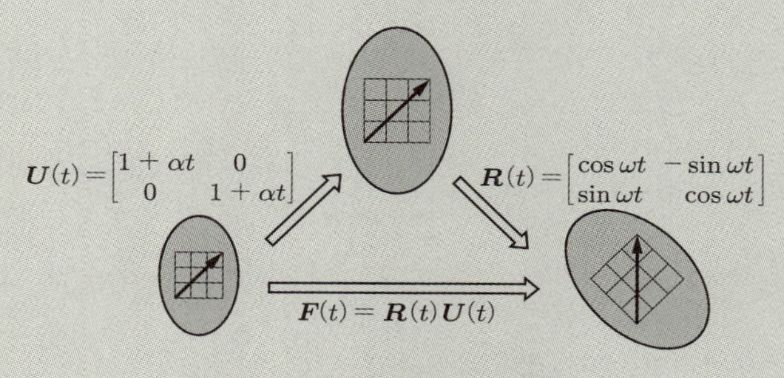

図 6.7 変形と回転を受ける物体

ドロイドの応力速度テンソル $\overset{\circ}{\boldsymbol{\sigma}}_{[\mathrm{O}]}$，グリーン - ナグディの応力速度テンソル $\overset{\circ}{\boldsymbol{\sigma}}_{[\mathrm{G}]}$ を求めよ．

(3) (2) で求めた五つの客観応力速度テンソルについて比較・考察せよ．

解 (1) $\boldsymbol{F} = \boldsymbol{R}\boldsymbol{U}$ より，変形勾配テンソル $\boldsymbol{F}(t)$ は次のようになる．

$$\boldsymbol{F}(t) = \boldsymbol{R}(t)\boldsymbol{U}(t) = \begin{bmatrix} \cos\omega t & -\sin\omega t \\ \sin\omega t & \cos\omega t \end{bmatrix} \begin{bmatrix} 1+\alpha t & 0 \\ 0 & 1+\alpha t \end{bmatrix}$$

$$= (1+\alpha t) \begin{bmatrix} \cos\omega t & -\sin\omega t \\ \sin\omega t & \cos\omega t \end{bmatrix}$$

$\boldsymbol{l} = \dot{\boldsymbol{F}}\boldsymbol{F}^{-1}$ より，まず $\dot{\boldsymbol{F}}(t)$，$\boldsymbol{F}^{-1}(t)$ は，それぞれ次のようになる．

$$\dot{\boldsymbol{F}}(t) = \alpha \begin{bmatrix} \cos\omega t & -\sin\omega t \\ \sin\omega t & \cos\omega t \end{bmatrix} + \omega(1+\alpha t) \begin{bmatrix} -\sin\omega t & -\cos\omega t \\ \cos\omega t & -\sin\omega t \end{bmatrix}$$

$$\boldsymbol{F}^{-1}(t) = \frac{1}{1+\alpha t} \begin{bmatrix} \cos\omega t & \sin\omega t \\ -\sin\omega t & \cos\omega t \end{bmatrix}$$

これより，$\boldsymbol{l}(t)$ は次式で与えられる．

$$\boldsymbol{l}(t) = \dot{\boldsymbol{F}}(t)\boldsymbol{F}^{-1}(t) = \begin{bmatrix} \alpha/(1+\alpha t) & -\omega \\ \omega & \alpha/(1+\alpha t) \end{bmatrix}$$

$\boldsymbol{w}$ は $\boldsymbol{l}$ の反対称成分であるので，次のようになる．

$$\boldsymbol{w}(t) = \frac{1}{2}\{\boldsymbol{l}(t) - \boldsymbol{l}^T(t)\} = \begin{bmatrix} 0 & -\omega \\ \omega & 0 \end{bmatrix}$$

(2) 時刻 t におけるヤウマンの応力速度テンソル $\overset{\circ}{\boldsymbol{\sigma}}_{[\mathrm{J}]}$ は，次のようになる．

$$\overset{\circ}{\boldsymbol{\sigma}}_{[\mathrm{J}]} = \dot{\boldsymbol{\sigma}} - \boldsymbol{w}\boldsymbol{\sigma} + \boldsymbol{\sigma}\boldsymbol{w} = \begin{bmatrix} \dot{\sigma}_1 & 0 \\ 0 & \dot{\sigma}_2 \end{bmatrix} + \begin{bmatrix} 0 & \omega(\sigma_2 - \sigma_1) \\ \omega(\sigma_2 - \sigma_1) & 0 \end{bmatrix}$$

時刻 t におけるコッター - リブリンの応力速度テンソル $\overset{\circ}{\boldsymbol{\sigma}}_{[\mathrm{C}]}$ は，次のようになる．

$$\overset{\circ}{\boldsymbol{\sigma}}_{[\mathrm{C}]} = \dot{\boldsymbol{\sigma}} + \boldsymbol{l}^T\boldsymbol{\sigma} + \boldsymbol{\sigma}\boldsymbol{l} = \begin{bmatrix} \dot{\sigma}_1 & 0 \\ 0 & \dot{\sigma}_2 \end{bmatrix} + \begin{bmatrix} \{2\alpha/(1+\alpha t)\}\sigma_1 & \omega(\sigma_2 - \sigma_1) \\ \omega(\sigma_2 - \sigma_1) & \{2\alpha/(1+\alpha t)\}\sigma_2 \end{bmatrix}$$

時刻 t におけるトゥルーズデルの応力速度テンソル $\overset{\circ}{\boldsymbol{\sigma}}_{[\mathrm{T}]}$ は，次のようになる．

$$\overset{\circ}{\boldsymbol{\sigma}}_{[\mathrm{T}]} = \dot{\boldsymbol{\sigma}} - \boldsymbol{l}\boldsymbol{\sigma} - \boldsymbol{\sigma}\boldsymbol{l}^T + (\mathrm{tr}\ \boldsymbol{l})\boldsymbol{\sigma} = \begin{bmatrix} \dot{\sigma}_1 & 0 \\ 0 & \dot{\sigma}_2 \end{bmatrix} + \begin{bmatrix} 0 & \omega(\sigma_2 - \sigma_1) \\ \omega(\sigma_2 - \sigma_1) & 0 \end{bmatrix}$$

時刻 t におけるオルドロイドの応力速度テンソル $\overset{\circ}{\boldsymbol{\sigma}}_{[\mathrm{O}]}$ は，次のようになる．

$$\overset{\circ}{\boldsymbol{\sigma}}_{[\mathrm{O}]}=\dot{\boldsymbol{\sigma}}-\boldsymbol{l}\boldsymbol{\sigma}-\boldsymbol{\sigma}\boldsymbol{l}^T=\begin{bmatrix}\dot{\sigma}_1 & 0\\ 0 & \dot{\sigma}_2\end{bmatrix}+\begin{bmatrix}-\{2\alpha/(1+\alpha t)\}\sigma_1 & \omega(\sigma_2-\sigma_1)\\ \omega(\sigma_2-\sigma_1) & -\{2\alpha/(1+\alpha t)\}\sigma_2\end{bmatrix}$$

時刻 t におけるグリーン - ナグディの応力速度テンソル $\overset{\circ}{\boldsymbol{\sigma}}_{[\mathrm{G}]}$ は，次のようになる．

$$\overset{\circ}{\boldsymbol{\sigma}}_{[\mathrm{G}]}=\dot{\boldsymbol{\sigma}}-\dot{\boldsymbol{R}}\boldsymbol{R}^T\boldsymbol{\sigma}+\boldsymbol{\sigma}\dot{\boldsymbol{R}}\boldsymbol{R}^T=\begin{bmatrix}\dot{\sigma}_1 & 0\\ 0 & \dot{\sigma}_2\end{bmatrix}+\begin{bmatrix}0 & \omega(\sigma_2-\sigma_1)\\ \omega(\sigma_2-\sigma_1) & 0\end{bmatrix}$$

(3) まず，ヤウマンの応力速度テンソルに含まれる $\boldsymbol{w}$ とグリーン - ナグディの応力速度テンソルに含まれる $\boldsymbol{R}$ は，ともに回転を表すテンソルである．グリーン - ナグディの応力速度テンソル $\dot{\boldsymbol{R}}\boldsymbol{R}^T$ を計算すると，

$$\dot{\boldsymbol{R}}\boldsymbol{R}^T=\omega\begin{bmatrix}-\sin\omega t & \cos\omega t\\ \cos\omega t & -\sin\omega t\end{bmatrix}\begin{bmatrix}\cos\omega t & \sin\omega t\\ -\sin\omega t & \cos\omega t\end{bmatrix}=\begin{bmatrix}0 & \omega\\ \omega & 0\end{bmatrix}=\boldsymbol{w}$$

となり，この例ではヤウマンとグリーン - ナグディの応力速度テンソルは一致する．

一方，その他のコッター - リブリン，トゥルーズデル，オルドロイドの応力速度テンソルの式には，速度勾配テンソル $\boldsymbol{l}$ が含まれる．$\boldsymbol{l}$ は回転と変形を含むテンソルであるので，$\overset{\circ}{\boldsymbol{\sigma}}_{[\mathrm{C}]}$，$\overset{\circ}{\boldsymbol{\sigma}}_{[\mathrm{O}]}$ には，この例で変形を表す α が含まれている†．変形が非常に微小である場合，すなわち $\alpha \fallingdotseq 0$ の場合，α の項が 0 になり，すべての応力速度が等しくなる．

客観応力速度には，ヤウマンとグリーン - ナグディの応力速度テンソルのように，回転を表すテンソルのみを用いるものと，コッター - リブリン，トゥルーズデル，オルドロイドの応力速度テンソルのように，回転と変形を含むテンソルを用いるものがある．客観性のある応力速度であれば，どれを用いてもよいが，応力に関する式に変形が含まれるよりも，回転だけのほうがわかりやすいことから，$\boldsymbol{l}$ を含むものよりも，$\boldsymbol{l}$ を含まない応力速度のほうが利用される場合が多い．

例題 6.13 客観性の原理とコッター - リブリンの応力速度テンソル

図 6.8 のように，基準配置 B_0 から，速度勾配テンソル $\boldsymbol{l}$ による現在配置 B_t となり，さらにそこから，回転を与える直交テンソル $\boldsymbol{Q}$ による剛体運動を与えて新たな状態 B_t' になったとする．B_t におけるコーシー応力テンソルを $\boldsymbol{\sigma}$，B_t における

† この例題ではせん断変形がないので，tr $\boldsymbol{l}$ によって $\overset{\circ}{\boldsymbol{\sigma}}_{[\mathrm{T}]}$ の α の項が消える．

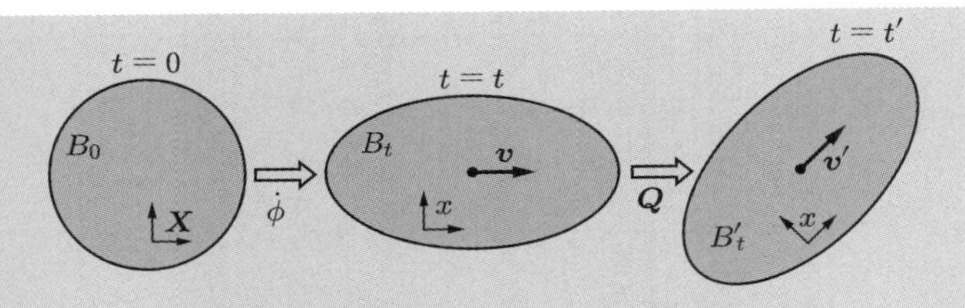

図 6.8 変形と回転を受ける物体

コーシー応力速度テンソルを $\dot{\boldsymbol{\sigma}}$ とし，$\boldsymbol{\sigma}$，$\dot{\boldsymbol{\sigma}}$，$\boldsymbol{l}$，$\boldsymbol{Q}$ は次のとおりとする．

$$\boldsymbol{\sigma} = \begin{bmatrix} \sigma_1 & 0 \\ 0 & \sigma_2 \end{bmatrix}, \quad \dot{\boldsymbol{\sigma}} = \begin{bmatrix} \dot{\sigma}_1 & 0 \\ 0 & \dot{\sigma}_2 \end{bmatrix}, \quad \boldsymbol{l} = \begin{bmatrix} 1 & -1 \\ 0 & 0 \end{bmatrix}$$

$$\boldsymbol{Q}(t) = \begin{bmatrix} \cos \pi t & -\sin \pi t \\ \sin \pi t & \cos \pi t \end{bmatrix}$$

以下の問いに答えよ．

(1) B'_t におけるコーシー応力テンソル $\boldsymbol{\sigma}'(t)$ を求めよ．

(2) $t=2$ のときの $\boldsymbol{\sigma}$，$\boldsymbol{\sigma}'$ を比較し，コーシー応力テンソルの客観性の有無について答えよ．

(3) B'_t におけるコーシー応力速度テンソル $\dot{\boldsymbol{\sigma}}'(t)$ を求めよ．

(4) $t=2$ のときの $\dot{\boldsymbol{\sigma}}$，$\dot{\boldsymbol{\sigma}}'$ を比較し，コーシー応力速度テンソルの客観性の有無について答えよ．

(5) B_t におけるコッター－リブリンの応力速度テンソル $\dot{\tilde{\boldsymbol{\sigma}}}_{[\mathrm{C}]} = \dot{\boldsymbol{\sigma}} + \boldsymbol{l}^T \boldsymbol{\sigma} + \boldsymbol{\sigma} \boldsymbol{l}$ を求めよ．

(6) $\dot{\boldsymbol{Q}}(t)$ および $\boldsymbol{l}'(t)$ を求めよ．

(7) $t=2$ のときの B'_t におけるコッター－リブリンの応力速度テンソル $\dot{\tilde{\boldsymbol{\sigma}}}'_{[\mathrm{C}]} = \dot{\boldsymbol{\sigma}}' + \boldsymbol{l}'^T \boldsymbol{\sigma}' + \boldsymbol{\sigma}' \boldsymbol{l}'$ を求め，コッター－リブリンの応力速度テンソルの客観性の有無について答えよ．

解 客観性のない応力速度と客観性のある応力速度を確認する例題である．

一般に，材料の構成則では，式 (6.48) のような客観性を満足するために，客観性のある物理量や観測者不変量を用いて記述する．変形速度と応力速度を用いて構成則を記述する際，たとえば変形速度テンソル $\boldsymbol{d}$ には客観性があるのに対して，その $\boldsymbol{d}$ と仕事に関して共役なコーシー応力テンソルの物質時間微分 $\dot{\boldsymbol{\sigma}}$ には客観性がない．この例題では，$\dot{\boldsymbol{\sigma}}$ のほかに，客観性のある応力速度テンソルとして，コッター－リブリンの応力速度テンソル $\dot{\tilde{\boldsymbol{\sigma}}}$ を取り上げ，1 回転という具体的な運動の結果として，それぞれの値がどうなるかを確認する．

なお，以下では，三角関数の表記を，便宜上，次の略記を用いて記載する．

$$c = \cos \pi t, \quad s = \sin \pi t$$
$$c^2 = \cos^2 \pi t, \quad s^2 = \sin^2 \pi t$$
$$c_2 = \cos 2\pi t, \quad s_2 = \sin 2\pi t$$

(1) 回転を与える直交テンソル $\boldsymbol{Q}$ を用いて，剛体回転後の時刻 t におけるコーシー応力テンソル $\boldsymbol{\sigma}'(t)$ は，次式で表される．

$$\boldsymbol{\sigma}'(t) = \boldsymbol{Q}\boldsymbol{\sigma}\boldsymbol{Q}^T = \begin{bmatrix} c & -s \\ s & c \end{bmatrix} \begin{bmatrix} \sigma_1 & 0 \\ 0 & \sigma_2 \end{bmatrix} \begin{bmatrix} c & s \\ -s & c \end{bmatrix}$$
$$= \begin{bmatrix} \sigma_1 c^2 + \sigma_2 s^2 & \sigma_1 cs - \sigma_2 cs \\ \sigma_1 cs - \sigma_2 cs & \sigma_1 s^2 + \sigma_2 c^2 \end{bmatrix}$$

(2) $t = 2$ のとき 360° 回転して物体はもとに戻るので，$\boldsymbol{\sigma}'(2) = \boldsymbol{\sigma}$ でないといけないことになる．実際に，(1) の結果に $t = 2$ を代入すると，次のようになる．

$$\boldsymbol{\sigma}'(2) = \begin{bmatrix} \sigma_1 & 0 \\ 0 & \sigma_2 \end{bmatrix} = \boldsymbol{\sigma}$$

したがって，コーシー応力テンソルには客観性があることがわかる．

(3) $\boldsymbol{\sigma}'(t)$ の物質時間微分をとると，次のようになる．

$$\dot{\boldsymbol{\sigma}}'(t) = \frac{\mathrm{D}}{\mathrm{D}t}\left(\boldsymbol{Q}\boldsymbol{\sigma}\boldsymbol{Q}^T\right)$$
$$= \begin{bmatrix} \dot{\sigma}_1 c^2 + \dot{\sigma}_2 s^2 - \pi(\sigma_1 - \sigma_2)s_2 & \pi(\sigma_1 - \sigma_2)c_2 + (\dot{\sigma}_1 - \dot{\sigma}_2)s_2/2 \\ \pi(\sigma_1 - \sigma_2)c_2 + (\dot{\sigma}_1 - \dot{\sigma}_2)s_2/2 & \dot{\sigma}_1 s^2 + \dot{\sigma}_2 c^2 + \pi(\sigma_1 - \sigma_2)s_2 \end{bmatrix}$$

(4) $t = 2$ のとき 360° 回転してもとに戻るので，$\dot{\boldsymbol{\sigma}}'(2) = \dot{\boldsymbol{\sigma}}$ でないといけないことになる．しかし，実際には，(3) の結果に $t = 2$ を代入すると，次のようになる．

$$\dot{\boldsymbol{\sigma}}'(2) = \begin{bmatrix} \dot{\sigma}_1 & \pi(\sigma_1 - \sigma_2) \\ \pi(\sigma_1 - \sigma_2) & \dot{\sigma}_2 \end{bmatrix} \neq \dot{\boldsymbol{\sigma}}$$

これより，コーシー応力速度テンソルは，単に物体を 1 回転しただけにもかかわらず，成分が変化してしまうことがわかる．したがって，コーシー応力速度テンソルには客観性がないことがわかる．

(5) コッター - リブリンの応力速度テンソル $\mathring{\boldsymbol{\sigma}}_{[\mathrm{C}]}$ は，次式のように求められる．

$$\mathring{\boldsymbol{\sigma}}_{[\mathrm{C}]} = \dot{\boldsymbol{\sigma}} + \boldsymbol{l}^T\boldsymbol{\sigma} + \boldsymbol{\sigma}\boldsymbol{l}$$

$$= \begin{bmatrix} \dot{\sigma}_1 & 0 \\ 0 & \dot{\sigma}_2 \end{bmatrix} + \begin{bmatrix} 1 & 0 \\ -1 & 0 \end{bmatrix} \begin{bmatrix} \sigma_1 & 0 \\ 0 & \sigma_2 \end{bmatrix} + \begin{bmatrix} \sigma_1 & 0 \\ 0 & \sigma_2 \end{bmatrix} \begin{bmatrix} 1 & -1 \\ 0 & 0 \end{bmatrix}$$

$$= \begin{bmatrix} \dot{\sigma}_1 + 2\sigma_1 & -\sigma_1 \\ -\sigma_1 & \dot{\sigma}_2 \end{bmatrix}$$

(6) $\dot{\boldsymbol{Q}}(t)$, $\dot{\boldsymbol{l}}'(t)$ を計算すると，それぞれ次のようになる．

$$\dot{\boldsymbol{Q}}(t) = \begin{bmatrix} -\pi s & -\pi c \\ \pi c & -\pi s \end{bmatrix}$$

$$\dot{\boldsymbol{l}}'(t) = \dot{\boldsymbol{Q}}\boldsymbol{Q}^T + \boldsymbol{Q}\boldsymbol{l}\boldsymbol{Q}^T$$

$$= \begin{bmatrix} -\pi s & -\pi c \\ \pi c & -\pi s \end{bmatrix} \begin{bmatrix} c & s \\ -s & c \end{bmatrix} + \begin{bmatrix} c & -s \\ s & c \end{bmatrix} \begin{bmatrix} 1 & -1 \\ 0 & 0 \end{bmatrix} \begin{bmatrix} c & s \\ -s & c \end{bmatrix}$$

$$= \begin{bmatrix} 0 & -\pi \\ \pi & 0 \end{bmatrix} + \begin{bmatrix} c^2 + cs & -c^2 + cs \\ s^2 + cs & s^2 - cs \end{bmatrix}$$

(7) (6) の結果より，$\boldsymbol{l}'(2)$ は次式で与えられる．

$$\boldsymbol{l}'(2) = \begin{bmatrix} 1 & -\pi - 1 \\ \pi & 0 \end{bmatrix}$$

これより，$t = 2$ のときの B_t' におけるコッター - リブリンの応力速度テンソル $\dot{\boldsymbol{\sigma}}'_{[\mathrm{C}]}(2)$ は次式のように求められる．

$$\dot{\boldsymbol{\sigma}}'_{[\mathrm{C}]}(2) = \dot{\boldsymbol{\sigma}}'(2) + \boldsymbol{l}'^T(2)\boldsymbol{\sigma}'(2) + \boldsymbol{\sigma}'(2)\boldsymbol{l}'(2)$$

$$= \begin{bmatrix} \dot{\sigma}_1 & \pi(\sigma_1 - \sigma_2) \\ \pi(\sigma_1 - \sigma_2) & \dot{\sigma}_2 \end{bmatrix} + \begin{bmatrix} 1 & \pi \\ -\pi - 1 & 0 \end{bmatrix} \begin{bmatrix} \sigma_1 & 0 \\ 0 & \sigma_2 \end{bmatrix}$$

$$+ \begin{bmatrix} \sigma_1 & 0 \\ 0 & \sigma_2 \end{bmatrix} \begin{bmatrix} 1 & -\pi - 1 \\ \pi & 0 \end{bmatrix}$$

$$= \begin{bmatrix} \dot{\sigma}_1 + 2\sigma_1 & -\sigma_1 \\ -\sigma_1 & \dot{\sigma}_2 \end{bmatrix}$$

$t = 2$ のとき $360°$ 回転して物体はもとに戻り，(5)，(7) の結果から，

$$\dot{\boldsymbol{\sigma}}'_{[\mathrm{C}]}(2) = \begin{bmatrix} \dot{\sigma}_1 + 2\sigma_1 & -\sigma_1 \\ -\sigma_1 & \dot{\sigma}_2 \end{bmatrix} = \dot{\boldsymbol{\sigma}}_{[\mathrm{C}]}$$

となる．したがって，コッター - リブリンの応力速度テンソルには客観性があることがわかる．

第7章　数式操作のための道具箱

連続体力学では，2階テンソルを扱いながら，それらの微分や積分を多用する．そのなかには，一見すると非常に複雑に見える数式操作もあるが，いったん手順を追って理解してしまえば，あとは結果を道具（公式）として活用すればよい．この章では，連続体力学を学ぶなかで頻繁に出てくる数学の道具とその例題を示す．

7.1　2階テンソルの固有値と固有ベクトル

ある2階テンソル $\boldsymbol{A}$ に対して，

$$\boldsymbol{A}\boldsymbol{x} = \lambda \boldsymbol{x} \tag{7.1}$$

を満たすスカラー λ と非零ベクトル $\boldsymbol{x}$ が存在するとき，λ を $\boldsymbol{A}$ の**固有値**，$\boldsymbol{x}$ を $\boldsymbol{A}$ の**固有ベクトル**と呼ぶ．

固有値と固有ベクトルの具体的な求め方を考える．$\boldsymbol{I}$ を2階の恒等テンソルとしたとき，$\lambda\boldsymbol{x} = \lambda\boldsymbol{I}\boldsymbol{x}$ であることに注意すれば，式 (7.1) は次のように書き換えられる．

$$(\boldsymbol{A} - \lambda\boldsymbol{I})\boldsymbol{x} = \boldsymbol{0} \tag{7.2}$$

定義より固有ベクトル $\boldsymbol{x}$ は非零ベクトルであるが，テンソル $(\boldsymbol{A} - \lambda\boldsymbol{I})$ が正則[†]で逆テンソルが存在するとき，式 (7.2) を満たす $\boldsymbol{x}$ は零ベクトルだけである．すなわち，式 (7.2) を満たす非零ベクトル $\boldsymbol{x}$ が存在する必要十分条件は，$(\boldsymbol{A} - \lambda\boldsymbol{I})$ が正則ではないことである．このことから，

$$\det(\boldsymbol{A} - \lambda\boldsymbol{I}) = 0 \tag{7.3}$$

が満たされる必要がある．これをテンソル $\boldsymbol{A}$ の**固有方程式**という．

3次元空間に限定して，固有方程式を成分で考えれば，

$$\begin{vmatrix} A_{11} - \lambda & A_{12} & A_{13} \\ A_{21} & A_{22} - \lambda & A_{23} \\ A_{31} & A_{32} & A_{33} - \lambda \end{vmatrix} = 0 \tag{7.4}$$

† テンソルに逆テンソルが存在するとき，すなわちデターミナントが0でないとき，テンソルは正則であるという．

となる．式 (7.4) を λ について整理すると，λ に関する 3 次方程式が得られる．$\boldsymbol{A}$ の固有値 λ は，この 3 次方程式の解であり，重解を含めて三つの固有値が得られる．なお，テンソルの成分がすべて実数であり，固有方程式のすべての係数が実数であっても，固有値（固有方程式の解）は複素数となる場合がある．

固有方程式から得られた固有値 λ を式 (7.2) に代入すれば，その固有値に対応する固有ベクトル $\boldsymbol{x}$ を求めることができる．しかし，ベクトル $\boldsymbol{x}$ が $\boldsymbol{A}$ の固有ベクトルであるとき，これを 0 ではないスカラー α 倍したベクトル $\alpha\boldsymbol{x}$ を $\boldsymbol{A}$ で線形変換すると

$$\boldsymbol{A}(\alpha\boldsymbol{x}) = \alpha(\boldsymbol{A}\boldsymbol{x}) = \alpha(\lambda\boldsymbol{x}) = \lambda(\alpha\boldsymbol{x}) \tag{7.5}$$

であるから，$\alpha\boldsymbol{x}$ もまた固有ベクトルとしての資格を有している†1．このことは，ある固有ベクトルと同じ方向を有するすべてのベクトルもまた $\boldsymbol{A}$ の固有ベクトルであり，固有ベクトルは一意には決定できないことを意味する．そのため，固有ベクトルの成分の値を具体的に求める場合には，大きさ $\|\boldsymbol{x}\| = 1$ となる固有ベクトルを求めることが多い．

一般に，2 階テンソル $\boldsymbol{A}$ は，あるベクトルに作用して異なる大きさと方向をもつベクトルへ変換する線形作用素である．ベクトル $\boldsymbol{x}$ が $\boldsymbol{A}$ の固有ベクトルである場合，$\boldsymbol{x}$ はテンソル $\boldsymbol{A}$ によってベクトル $\lambda\boldsymbol{x}$ へ線形変換される．λ が実数であれば，$\boldsymbol{A}$ による線形変換によって，固有ベクトル $\boldsymbol{x}$ は大きさは λ 倍されるが方向は変化しない特別なベクトルであることがわかる．ただし，固有値 λ が複素数である場合，固有ベクトルは固有値を掛けると大きさだけでなく方向も変化する†2．

コーシー応力テンソルなどは，全成分が実数となる対称テンソルである．これらは実対称テンソルと呼ばれ，その固有値と固有ベクトルについて，次の性質が知られている．

- 実対称テンソルの固有値は必ず実数となる．
- 実対称テンソルの固有ベクトルは，必ず互いに直交する．

この性質により，コーシー応力テンソルの固有値（主応力）は必ず実数となり，固有ベクトル（主軸の方向）は必ず互いに直交する†3．

---

†1 $\alpha = -1$ として，固有ベクトル $\boldsymbol{x}$ を -1 倍したベクトルも固有ベクトルである．

†2 ベクトルに複素数を掛けると，一般には複素空間上でベクトルの方向は変化する．

†3 一方で，第 1 ピオラ - キルヒホッフ応力テンソルは非対称テンソルであることから，これらの性質が満たされる保証はない．

7.2 レイノルズの輸送定理

物質点に付随する物理量 θ の現在配置 B_t における総量は，次の体積積分で与えられる．

$$\int_{B_t} \theta(\boldsymbol{x}, t)\,\mathrm{d}v \tag{7.6}$$

ここに，$\theta(\boldsymbol{x}, t)$ は，空間表示した関数であり，スカラー値やベクトル値，テンソル値関数などのいずれの関数でもかまわない．この総量の時間変化率は，物質時間微分を用いて次の式で表される．

$$\frac{\mathrm{D}}{\mathrm{D}t}\int_{B_t} \theta(\boldsymbol{x}, t)\,\mathrm{d}v \tag{7.7}$$

しかし，このような物質時間微分の式は，被積分関数 $\theta(\boldsymbol{x}, t)$ だけでなく，積分領域 B_t も物体の運動にともなって変化する時刻 t の関数である．そのため，B_t も時間微分の対象として取り扱う必要がある．

この問題を解決するために，参照する座標系を空間座標 $\boldsymbol{x}$ から物質座標 $\boldsymbol{X}$ に変換し，積分領域を現在配置 B_t から基準配置 B_0 にする．具体的には，式 (3.1) に示す運動の式 $\boldsymbol{x} = \phi(\boldsymbol{X}, t)$ を用いるとともに，式 (3.26) により積分変数 $\boldsymbol{x}$ を参照する体積の微分 $\mathrm{d}v$ から $\boldsymbol{X}$ を参照する体積の微分 $\mathrm{d}V$ へ変化させて，次のようになる．

$$\frac{\mathrm{D}}{\mathrm{D}t}\int_{B_t} \theta(\boldsymbol{x}, t)\,\mathrm{d}v = \frac{\mathrm{D}}{\mathrm{D}t}\int_{B_0} \theta\left(\phi(\boldsymbol{X}, t), t\right)\ J\mathrm{d}V \tag{7.8}$$

すると，新しい積分領域 B_0 は時間に無関係な一定領域であるので，微分は積分のなかに入ることができて，次のように式を整理することができる．

$$\begin{aligned}
\frac{\mathrm{D}}{\mathrm{D}t}\int_{B_0} \theta\left(\phi(\boldsymbol{X}, t), t\right)\ J\mathrm{d}V &= \int_{B_0} \frac{\mathrm{D}}{\mathrm{D}t}\left\{\theta\left(\phi(\boldsymbol{X}, t), t\right) J\right\}\mathrm{d}V \\
&= \int_{B_0} \left\{\dot{\theta}\left(\phi(\boldsymbol{X}, t), t\right) J + \theta\left(\phi(\boldsymbol{X}, t), t\right)\dot{J}\right\}\mathrm{d}V \qquad (\because \text{積の微分公式}) \\
&= \int_{B_0} \left\{\dot{\theta}\left(\phi(\boldsymbol{X}, t), t\right) + \theta\left(\phi(\boldsymbol{X}, t), t\right)\mathrm{div}\,\boldsymbol{v}\right\} J\,\mathrm{d}V \qquad (\because \dot{J} = J\mathrm{div}\,\boldsymbol{v})
\end{aligned}$$

ただし，ヤコビアン $J = \det \boldsymbol{F}$ の物質時間微分は $\dot{J} = J\mathrm{div}\,\boldsymbol{v}$ を用いている．

物理量 $\theta\left(\phi(\boldsymbol{X}, t), t\right)$ は，このままでは物質座標 $\boldsymbol{X}$ を参照しており，当初に定義された $\theta\left(\boldsymbol{x}, t\right)$ と表示が異なる．そこで，変数を $\boldsymbol{X}$ からもとの空間座標 $\boldsymbol{x}$ に戻す．

$$\int_{B_0} \left\{\dot{\theta}\left(\phi(\boldsymbol{X}, t), t\right) + \theta\left(\phi(\boldsymbol{X}, t), t\right)\mathrm{div}\,\boldsymbol{v}\right\} J\,\mathrm{d}V$$

$$= \int_{B_t} \left\{ \dot{\theta}(\boldsymbol{x}, t) + \theta(\boldsymbol{x}, t) \operatorname{div} \boldsymbol{v} \right\} \mathrm{d}v \tag{7.9}$$

右辺の $\dot{\theta}(\boldsymbol{x}, t)$ は空間表示の関数 $\theta(\boldsymbol{x}, t)$ の物質時間微分であり，次の展開が可能である[†].

$$\frac{\mathrm{D}}{\mathrm{D}t} \int_{B_t} \theta(\boldsymbol{x}, t)\, \mathrm{d}v = \int_{B_t} \left(\dot{\theta} + \theta \operatorname{div} \boldsymbol{v} \right) \mathrm{d}v \tag{7.10}$$

$$= \int_{B_t} \left\{ \left(\frac{\partial \theta}{\partial t} + \frac{\partial \theta}{\partial \boldsymbol{x}} \cdot \boldsymbol{v} \right) + \theta \operatorname{div} \boldsymbol{v} \right\} \mathrm{d}v \tag{7.11}$$

$$= \int_{B_t} \left\{ \frac{\partial \theta}{\partial t} + \operatorname{div}(\theta \boldsymbol{v}) \right\} \mathrm{d}v \qquad (\because \text{積の微分公式}) \tag{7.12}$$

$$= \int_{B_t} \frac{\partial \theta}{\partial t} \mathrm{d}v + \int_{\partial B_t} (\theta \boldsymbol{v}) \cdot \boldsymbol{n}\, \mathrm{d}s \qquad (\because \text{発散定理}) \tag{7.13}$$

一連の式展開は，現在配置 B_t 上の積分で表される物理量の物質時間微分について必ず成立し，**レイノルズの輸送定理**と呼ばれる．数式操作を理解したうえで，結果を公式として利用すればよい．

例題 7.1 レイノルズの輸送定理

時刻 $t = 0$ で 2 次元空間内に正方形 ABCD として存在していた物体が，時刻 t の経過にともなって図 7.1 のように一様膨張し続ける．$t = t$ のとき位置 $\boldsymbol{x}$ でのエネルギーが，空間座標 $\boldsymbol{x} = \{x_1 \quad x_2\}^T$ を用いて $E(x_1, x_2, t) = 2x_1 t + 4x_2$ で与えられる．以下の問いに答えよ．

(1) $t = 0$ を基準配置 B_0 として，$t = t$ での変形勾配テンソル $\boldsymbol{F}(t)$ とそのヤコビアン $J = \det \boldsymbol{F}$ を求めよ．

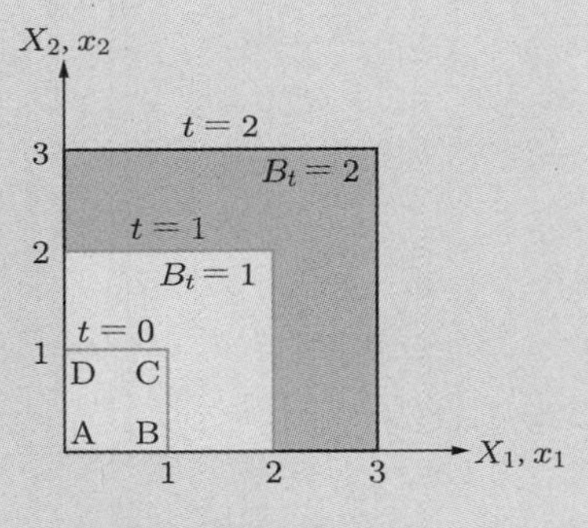

図 7.1　膨張する正方形物体

(2) 速度ベクトル $\boldsymbol{v}(\boldsymbol{x}, t)$ とその発散 $\operatorname{div} \boldsymbol{v}$ を求めよ．

(3) $t = t$ での B_t 内のエネルギーの総量 $\int_{B_t} E(\boldsymbol{x}, t)\, \mathrm{d}v$ とその時間変化率 $(\mathrm{D}/\mathrm{D}t) \int_{B_t} E(\boldsymbol{x}, t)\, \mathrm{d}v$ を求めよ．

(4) 物質座標 $\boldsymbol{X} = \{X_1 \quad X_2\}^T$ を用いてエネルギー $E(\boldsymbol{X}, t)$ を表せ．

(5) $(\mathrm{D}/\mathrm{D}t) \int_{B_0} E(\boldsymbol{X}, t) J\, \mathrm{d}V$ を求めよ．

(6) $\int_{B_0} \{(\mathrm{D}/\mathrm{D}t) E(\boldsymbol{X}, t) J\}\, \mathrm{d}V$ を求めよ．

(7) 空間座標 $\boldsymbol{x}$ を用いて表示したエネルギー $E(\boldsymbol{x}, t)$ の時間変化率 $(\mathrm{D}/\mathrm{D}t) E(\boldsymbol{x}, t)$

† 見やすさのために，$\theta(\boldsymbol{x}, t) = \theta$ として省略して記す．

を求めよ．

(8) $\int_{B_t} [\{(\mathrm{D}/\mathrm{D}t)E(\boldsymbol{x},t)\} + E(\boldsymbol{x},t)\mathrm{div}\,\boldsymbol{v}]\ \mathrm{d}v$ を求めよ．

解 (1) まず，運動の式 $\boldsymbol{x} = \phi(\boldsymbol{X}, t)$ を求める．題意から一様変形であるために，物質点の運動を次のようにおく．

$$\begin{Bmatrix} x_1 \\ x_2 \end{Bmatrix} = \begin{bmatrix} a & b \\ c & d \end{bmatrix} \begin{Bmatrix} X_1 \\ X_2 \end{Bmatrix} + \begin{Bmatrix} e \\ f \end{Bmatrix}$$

ここで，a〜f は未知数であり，その値を求めて運動の式を導く．時刻 t における点 B の運動は次式で表される．

$$\begin{Bmatrix} t+1 \\ 0 \end{Bmatrix} = \begin{bmatrix} a & b \\ c & d \end{bmatrix} \begin{Bmatrix} 1 \\ 0 \end{Bmatrix} + \begin{Bmatrix} e \\ f \end{Bmatrix} = \begin{Bmatrix} a+e \\ c+f \end{Bmatrix}$$

同様に，時刻 t における点 D の運動は，

$$\begin{Bmatrix} 0 \\ t+1 \end{Bmatrix} = \begin{bmatrix} a & b \\ c & d \end{bmatrix} \begin{Bmatrix} 0 \\ 1 \end{Bmatrix} + \begin{Bmatrix} e \\ f \end{Bmatrix} = \begin{Bmatrix} b+e \\ d+f \end{Bmatrix}$$

点 C の運動は

$$\begin{Bmatrix} t+1 \\ t+1 \end{Bmatrix} = \begin{bmatrix} a & b \\ c & d \end{bmatrix} \begin{Bmatrix} 1 \\ 1 \end{Bmatrix} + \begin{Bmatrix} e \\ f \end{Bmatrix} = \begin{Bmatrix} a+b+e \\ c+d+f \end{Bmatrix}$$

で表される．以上の 3 式より，連立方程式を解けば，時刻 t における正方形 ABCD の運動は次の式で与えられる．

$$\begin{Bmatrix} x_1 \\ x_2 \end{Bmatrix} = \begin{bmatrix} t+1 & 0 \\ 0 & t+1 \end{bmatrix} \begin{Bmatrix} X_1 \\ X_2 \end{Bmatrix}$$

次に，$\boldsymbol{F} = \partial\boldsymbol{x}/\partial\boldsymbol{X}$ であるので，時刻 t における変形勾配テンソル $\boldsymbol{F}(t)$ は次のように求められる．

$$\boldsymbol{F}(t) = \begin{bmatrix} \partial x_1/\partial X_1 & \partial x_1/\partial X_2 \\ \partial x_2/\partial X_1 & \partial x_2/\partial X_2 \end{bmatrix} = \begin{bmatrix} t+1 & 0 \\ 0 & t+1 \end{bmatrix}$$

さらに，そのヤコビアン $J = \det \boldsymbol{F}$ は次のようになる．

$$J = \det \boldsymbol{F} = (t+1)^2$$

(2) 速度は物質点の運動に付随する物理量であるので，次式のように物質時間微分を行う必要がある．

$$\dot{\boldsymbol{x}} = \frac{\mathrm{D}\phi(\boldsymbol{X},t)}{\mathrm{D}t} = \frac{\partial \phi(\boldsymbol{X},t)}{\partial t} = \begin{Bmatrix} X_1 \\ X_2 \end{Bmatrix}$$

運動の式から $x_1 = (t+1)X_1$，$x_2 = (t+1)X_2$ であるから，空間表示に書き換えて次式が求められる．

$$\boldsymbol{v}(\boldsymbol{x},t) = \frac{1}{t+1}\begin{Bmatrix} x_1 \\ x_2 \end{Bmatrix}$$

したがって，その発散は次のように求められる．

$$\mathrm{div}\,\boldsymbol{v} = \frac{\partial v_1}{\partial x_1} + \frac{\partial v_2}{\partial x_2} = \frac{2}{t+1}$$

(3) 積分領域が時刻 t とともに変化することに注意して，時刻 $t=t$ におけるエネルギーの総量 $\int_{B_t} E(\boldsymbol{x},t)\mathrm{d}v$ は次のようになる．

$$\begin{aligned}\int_{B_t} E(\boldsymbol{x},t)\mathrm{d}v &= \int_0^{t+1}\int_0^{t+1} (2x_1t + 4x_2)\,\mathrm{d}x_1\mathrm{d}x_2 \\ &= \int_0^{t+1} \left\{t(t+1)^2 + 4x_2(t+1)\right\}\mathrm{d}x_2 = (t+1)^3(t+2)\end{aligned}$$

したがって，その時間変化率 $(\mathrm{D}/\mathrm{D}t)\int_{B_t} E(\boldsymbol{x},t)\mathrm{d}v$ は，次のように求められる．

$$\frac{\mathrm{D}}{\mathrm{D}t}\int_{B_t} E(\boldsymbol{x},t)\mathrm{d}v = \frac{\mathrm{d}}{\mathrm{d}t}\left\{(t+1)^3(t+2)\right\} = (t+1)^2(4t+7)$$

(4) (1) で求めた運動の式より，$x_1 = (t+1)X_1$，$x_2 = (t+1)X_2$ なので，物質座標 $\boldsymbol{X}$ を用いてエネルギーを $E(\boldsymbol{x},t)$ から $E(\boldsymbol{X},t)$ へ変換すると，次式で表される．

$$E(\boldsymbol{X},t) = 2X_1t(t+1) + 4X_2(t+1)$$

(5) 積分領域が基準配置 B_0 であることに注意して，J と $E(\boldsymbol{X},t)$ を代入すると，次のように求められる．

$$\begin{aligned}&\frac{\mathrm{D}}{\mathrm{D}t}\int_{B_0} E(\boldsymbol{X},t)J\,\mathrm{d}V \\ &= \frac{\mathrm{D}}{\mathrm{D}t}\int_0^1\int_0^1 \left\{2X_1t(t+1) + 4X_2(t+1)\right\}(t+1)^2\mathrm{d}X_1\mathrm{d}X_2 \\ &= \frac{\mathrm{d}}{\mathrm{d}t}\left\{t(t+1)^3 + 2(t+1)^3\right\} = (t+1)^2(4t+7)\end{aligned}$$

(6) J と $E(\boldsymbol{X},t)$ を代入すると，次のように求められる．

$$
\begin{aligned}
&\int_{B_0} \frac{\mathrm{D}E(\boldsymbol{X},t)J}{\mathrm{D}t}\,\mathrm{d}V \\
&= \int_0^1 \int_0^1 \left\{ 2X_1(t+1)^2(4t+1) + 12X_2(t+1)^2 \right\} \mathrm{d}X_1 \mathrm{d}X_2 \\
&= (t+1)^2(4t+7)
\end{aligned}
$$

(5) の結果と比較すると，積分領域が B_0 となって時刻 t によらず定まるので，物質時間微分を積分のなかに入れても同じ結果が得られる．空間座標 $\boldsymbol{x}$ から物質座標 $\boldsymbol{X}$ に変換して，積分領域を B_0 にすることによって，微分を積分のなか に入れることが可能となる．

(7) 空間表示された物理量の物質時間微分では，移流項をともなうことに注意する．

$$
\begin{aligned}
\frac{\mathrm{D}E(\boldsymbol{x},t)}{\mathrm{D}t} &= \frac{\partial E(\boldsymbol{x},t)}{\partial t} + \frac{\partial E(\boldsymbol{x},t)}{\partial \boldsymbol{x}} \cdot \boldsymbol{v}(\boldsymbol{x},t) \\
&= 2x_1 + \frac{1}{t+1}\{2t \quad 4\} \begin{Bmatrix} x_1 \\ x_2 \end{Bmatrix} = 2x_1 + \frac{2t}{t+1}x_1 + \frac{4}{t+1}x_2
\end{aligned}
$$

(8) 積分領域が時刻 t とともに変化する B_t であることに注意すると，次のように求められる．

$$
\begin{aligned}
&\int_{B_t} \left\{ \frac{\mathrm{D}E(\boldsymbol{x},t)}{\mathrm{D}t} + E(\boldsymbol{x},t)\mathrm{div}\,\boldsymbol{v} \right\} \mathrm{d}v \\
&= \int_0^{t+1} \int_0^{t+1} \left\{ 2x_1 + \frac{2t}{t+1}x_1 + \frac{4}{t+1}x_2 + (2x_1 t + 4x_2)\frac{2}{t+1} \right\} \mathrm{d}x_1 \mathrm{d}x_2 \\
&= (t+1)^3 + 3t(t+1)^2 + 6(t+1)^2 = (t+1)^2(4t+7)
\end{aligned}
$$

以上より，(3)，(5)，(6)，(8) の結果はすべて一致する．レイノルズの輸送定理によれば，このような一連の変換操作によって B_t 上の積分量の物質時間微分においても，次式のように微分を積分のなかに入れることが可能である．

$$
\frac{\mathrm{D}}{\mathrm{D}t} \int_{B_t} E(\boldsymbol{x},t)\,\mathrm{d}v = \int_{B_t} \left\{ \frac{\mathrm{D}E(\boldsymbol{x},t)}{\mathrm{D}t} + E(\boldsymbol{x},t)\mathrm{div}\,\boldsymbol{v} \right\} \mathrm{d}v
$$

7.3 ガウスの発散定理

7.3.1 偏導関数の体積積分 □□

図 7.2 に示すような 3 次元領域 V 上に定義された $\Phi(\boldsymbol{x}) = \Phi(x_1, x_2, x_3)$ について，その x_1 に関する偏導関数を V にわたって体積

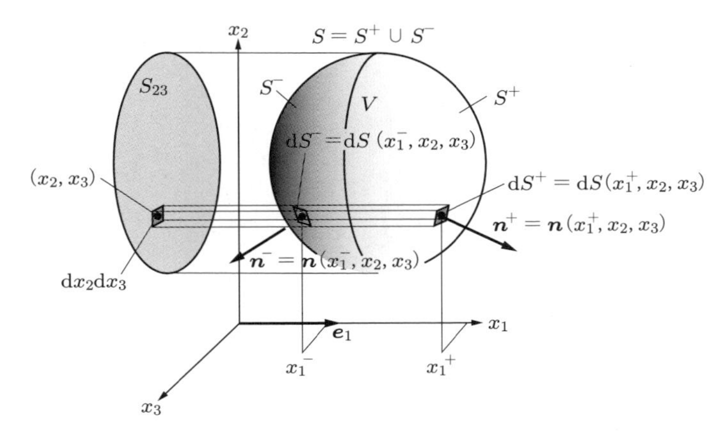

図 7.2 体積領域 V と境界面 $S = S^+ \cup S^-$ の x_1 面への射影

積分することを考える．

$$\int_V \frac{\partial \Phi(\boldsymbol{x})}{\partial x_1}\,\mathrm{d}V = \iiint_V \frac{\partial \Phi(x_1, x_2, x_3)}{\partial x_1}\,\mathrm{d}x_1\mathrm{d}x_2\mathrm{d}x_3 \tag{7.14}$$

ここで，V は基準配置，現在配置を問わない．また，$\Phi(\boldsymbol{x})$ はスカラー値，ベクトル値，テンソル値関数のいずれの関数でもかまわない．

x_1 に関する偏導関数なので，x_1 のみの関数と見なして積分を実行すると，次のようになる．

$$\int_V \frac{\partial \Phi(\boldsymbol{x})}{\partial x_1}\,\mathrm{d}V = \iint_{S_{23}} \left\{\Phi(x_1^+, x_2, x_3) - \Phi(x_1^-, x_2, x_3)\right\}\mathrm{d}x_2\mathrm{d}x_3 \tag{7.15}$$

式 (7.15) は，x_1 軸に沿って見たときの右側の点 $(x_1^+, *)$ と左側の点 $(x_1^-, *)$ の関数値の差 $\left\{\Phi(x_1^+, *) - \Phi(x_1^-, *)\right\}$ を，S^+ および S^- に共通の射影面積 S_{23} にわたって足し合わせるという面積分となっている．ここで，$\mathrm{d}x_2\mathrm{d}x_3$ は $\mathrm{d}S^+$，$\mathrm{d}S^-$ の x_1 面への共通の射影面積である．したがって，射影面積の公式より，

$$\mathrm{d}x_2\mathrm{d}x_3 = (\boldsymbol{n}^+ \cdot \boldsymbol{e}_1)\mathrm{d}S^+ = -(\boldsymbol{n}^- \cdot \boldsymbol{e}_1)\mathrm{d}S^- \tag{7.16}$$

を用いて式 (7.15) を書き換えると，正負の符号がうまい具合に調整されて，次式のように整理できる．

$$\begin{aligned}
&\iint_{S_{23}} \left\{\Phi(x_1^+, x_2, x_3) - \Phi(x_1^-, x_2, x_3)\right\}\mathrm{d}x_2\mathrm{d}x_3 \\
&= \int_{S^+} \Phi(x_1^+, x_2, x_3)(\boldsymbol{n}^+ \cdot \boldsymbol{e}_1)\mathrm{d}S^+ + \int_{S^-} \Phi(x_1^-, x_2, x_3)(\boldsymbol{n}^- \cdot \boldsymbol{e}_1)\mathrm{d}S^-
\end{aligned}$$

$$= \int_{S^+ \cup S^-} \Phi(\boldsymbol{x}) \, \{\boldsymbol{n}(\boldsymbol{x}) \cdot \boldsymbol{e}_1\} \, \mathrm{d}S = \int_S \Phi(\boldsymbol{x}) n_1 \mathrm{d}S$$

以上のことは，x_2, x_3 に関する偏導関数についても成り立つので，$\Phi(\boldsymbol{x})$ がスカラー値，ベクトル値，テンソル値関数のいずれの関数でも，体積積分と面積積分の変換を表す次式が必ず成立する．

$$\int_V \frac{\partial \Phi(\boldsymbol{x})}{\partial x_i} \, \mathrm{d}V = \int_S \Phi(\boldsymbol{x}) \, \{\boldsymbol{n}(\boldsymbol{x}) \cdot \boldsymbol{e}_i\} \, \mathrm{d}S = \int_S \Phi(\boldsymbol{x}) n_i \mathrm{d}S \qquad (i = 1, 2, 3) \tag{7.17}$$

7.3.2 ガウスの発散定理 □□ ベクトル値関数

$$\boldsymbol{\Phi}(\boldsymbol{x}) = \begin{Bmatrix} \Phi_1(\boldsymbol{x}) \\ \Phi_2(\boldsymbol{x}) \\ \Phi_3(\boldsymbol{x}) \end{Bmatrix} = \begin{Bmatrix} \Phi_1(x_1, x_2, x_3) \\ \Phi_2(x_1, x_2, x_3) \\ \Phi_3(x_1, x_2, x_3) \end{Bmatrix} \tag{7.18}$$

について，その発散は次式で与えられる．

$$\operatorname{div} \boldsymbol{\Phi}(\boldsymbol{x}) = \frac{\partial \Phi_1(\boldsymbol{x})}{\partial x_1} + \frac{\partial \Phi_2(\boldsymbol{x})}{\partial x_2} + \frac{\partial \Phi_3(\boldsymbol{x})}{\partial x_3} \tag{7.19}$$

この発散の体積積分には，式 (7.17) が三つの偏微分にそれぞれ適用でき，次式が成立する．

$$\begin{aligned} \int_V \operatorname{div} \boldsymbol{\Phi}(\boldsymbol{x}) \, \mathrm{d}V &= \int_V \left\{ \frac{\partial \Phi_1(\boldsymbol{x})}{\partial x_1} + \frac{\partial \Phi_2(\boldsymbol{x})}{\partial x_2} + \frac{\partial \Phi_3(\boldsymbol{x})}{\partial x_3} \right\} \mathrm{d}V \\ &= \int_S (\Phi_1 n_1 + \Phi_2 n_2 + \Phi_3 n_3) \, \mathrm{d}S = \int_S \boldsymbol{\Phi} \cdot \boldsymbol{n} \, \mathrm{d}S \end{aligned} \tag{7.20}$$

この式が成り立つ事実を**ガウスの発散定理**という．

例題 7.2 ガウスの発散定理

ある瞬間において，圧縮性の流体の流速分布が

$$\boldsymbol{v}(x_1, x_2) = \begin{Bmatrix} v_0 x_1 x_2 \\ 0 \end{Bmatrix}$$

で与えられた．この流れのなかに，図 7.3 のような一辺 l の正方形領域 V を考える．ただし，奥行き方向に流速分布は一定であり，奥行き方向の厚みを単位長さとする 2 次元問題として扱うものとする．以下の問いに答えよ．

(1) 単位時間に面Aを通過した流体の流出量を求めよ．

(2) 正方形領域 V の境界面 ∂V から流出した流体の総量を求めよ．

(3) V 内の位置 $\boldsymbol{x} = (x_1, x_2)$ 近傍の微小面積 $\mathrm{d}x_1\mathrm{d}x_2$ における単位時間あたりの流体の流出量を求めよ．

(4) V 内の位置 $\boldsymbol{x} = (x_1, x_2)$ における流速 $\boldsymbol{v}$ の発散 $\mathrm{div}\,\boldsymbol{v}$ を求めよ．

(5) V にわたって流速の発散を体積積分（2次元問題なので実質的には面積積分）して，$\int_V \mathrm{div}\,\boldsymbol{v}\ \mathrm{d}v$ を求めよ．

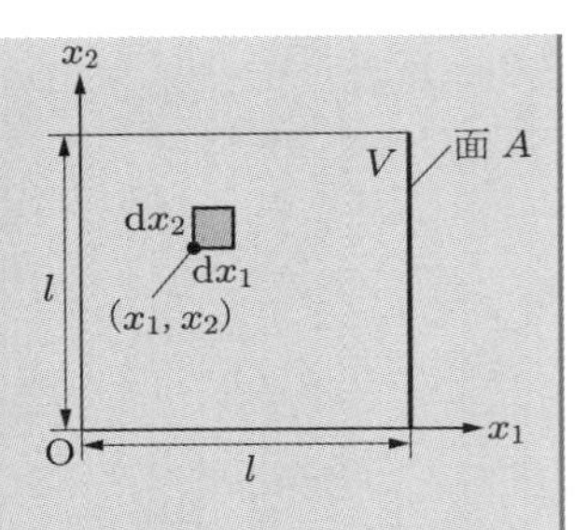

図 7.3　圧縮性流体の正方形領域

解

(1) 面Aは $x_1 = l$ $(0 \leq x_2 \leq l)$ で表されるので，この面上における流速ベクトルは次のように与えられる．

$$\boldsymbol{v}(l, x_2) = \begin{Bmatrix} v_0 l x_2 \\ 0 \end{Bmatrix}$$

単位時間に単位面積を通過する流体の流量は，図4.1に示すように，外向き単位法線ベクトル $\boldsymbol{n} = \{1 \quad 0\}^T$ と流速ベクトル $\boldsymbol{v}$ の内積 $\boldsymbol{v} \cdot \boldsymbol{n}$ で与えられる．したがって，領域 V から面Aを通過してくる流出量は次のように求められる．

$$\int_A \boldsymbol{v} \cdot \boldsymbol{n}\,\mathrm{d}s = \int_0^l v_0 l x_2\,\mathrm{d}x_2 = \frac{1}{2} v_0 l^3$$

(2) 面A以外の V の境界面において，外向き単位法線ベクトル $\boldsymbol{n}$ と流速分布 $\boldsymbol{v}$ は次のようになる．

$$\text{左側の境界面：}\ \boldsymbol{n} = \begin{Bmatrix} -1 \\ 0 \end{Bmatrix}, \quad \boldsymbol{v}(0, x_2) = \begin{Bmatrix} 0 \\ 0 \end{Bmatrix}$$

$$\text{下側の境界面：}\ \boldsymbol{n} = \begin{Bmatrix} 0 \\ -1 \end{Bmatrix}, \quad \boldsymbol{v}(x_1, 0) = \begin{Bmatrix} 0 \\ 0 \end{Bmatrix}$$

$$\text{上側の境界面：}\ \boldsymbol{n} = \begin{Bmatrix} 0 \\ 1 \end{Bmatrix}, \quad \boldsymbol{v}(x_1, l) = \begin{Bmatrix} v_0 l x_1 \\ 0 \end{Bmatrix}$$

これらの境界面において $\boldsymbol{v} \cdot \boldsymbol{n}$ はいずれの場合も0となり，領域 V から流出する流体は右側の面Aだけから出入りする．

$$\int_{V\ \text{の全境界}} \boldsymbol{v} \cdot \boldsymbol{n}\,\mathrm{d}s = \int_A \boldsymbol{v} \cdot \boldsymbol{n}\,\mathrm{d}s = \frac{1}{2} v_0 l^3$$

(3) 流速の x_2 方向成分が0であることから，V の左右の境界面からの流出量のみを考える．(2) と同様に考えれば，微小領域 $\mathrm{d}x_1\mathrm{d}x_2$ の左面から単位時間に流出する流量 F_1 は

$$F_1 = \int_{x_2}^{x_2+\mathrm{d}x_2} (-v_0 x_1 x_2)\ \mathrm{d}x_2 = -\frac{1}{2}v_0 x_1(2x_2\mathrm{d}x_2 + \mathrm{d}{x_2}^2)$$

と求められ，微小領域の右面から単位時間に流出する流量 F_2 は

$$F_2 = \int_{x_2}^{x_2+\mathrm{d}x_2} \{v_0(x_1+\mathrm{d}x_1)x_2\}\,\mathrm{d}x_2 = \frac{1}{2}v_0(x_1+\mathrm{d}x_1)(2x_2\mathrm{d}x_2+\mathrm{d}{x_2}^2)$$

となる．したがって，微小領域から流出する流体の総量 F は次のように求められる．

$$F = F_1 + F_2 = \frac{1}{2}v_0\mathrm{d}x_1(2x_2\mathrm{d}x_2 + \mathrm{d}{x_2}^2)$$

ここで，$\mathrm{d}x_1$, $\mathrm{d}x_2$ は微小量であり，高次項を無視すると，次式が得られる．

$$F \fallingdotseq v_0 x_2\ \mathrm{d}x_1\mathrm{d}x_2$$

(4) 流速 $\boldsymbol{v}$ の発散は，$\boldsymbol{v} = \{v_1 \quad v_2\}^T$ とすれば

$$\mathrm{div}\,\boldsymbol{v} = \frac{\partial v_1}{\partial x_1} + \frac{\partial v_2}{\partial x_2} = \frac{\partial(v_0 x_1 x_2)}{\partial x} + 0 = v_0 x_2$$

となる．したがって，位置 $\boldsymbol{x} = (x_1, x_2)$ における流速の発散は次のように求められる．

$$\mathrm{div}\,\boldsymbol{v}(x_1, x_2) = v_0 x_2$$

(3) で得た値と比較すると，$\mathrm{div}\boldsymbol{v}$ に微小領域の体積 $(\mathrm{d}x_1 \times \mathrm{d}x_2 \times 1)$ を掛けた値が微小領域からの流出量 F であることがわかる．すなわち，流速の発散は単位体積あたりの流れの増減量を表している．

また，非圧縮性材料では連続の式より $\mathrm{div}\,\boldsymbol{v} = 0$ であることを考慮すると，流速の発散が0でない場合，領域内の何らかの影響（流れが湧き出す機構など）によって，単位体積あたりの流れが増減することを表している．

(5) 流速の発散 $\mathrm{div}\,\boldsymbol{v}$ の体積積分は，次のようになる．

$$\int_V \mathrm{div}\,\boldsymbol{v}\ \mathrm{d}v = \int_0^l \int_0^l v_0 x_2\ \mathrm{d}x_1\mathrm{d}x_2 = \int_0^l v_0 l x_2\ \mathrm{d}x_2 = \frac{1}{2}v_0 l^3$$

これは，(2) で得た V の境界面から流出する流体の総量に等しい．流速 $\boldsymbol{v}$ を

任意のベクトル場 $\boldsymbol{\Phi}$ に書き換えると，ガウスの発散定理として知られる次式になる．

$$\int_{\partial V} \boldsymbol{\Phi} \cdot \boldsymbol{n}\, \mathrm{d}s = \int_V \mathrm{div}\, \boldsymbol{\Phi}\, \mathrm{d}v$$

左辺は，領域の全境界を通過する物理量を表している．また，ベクトル場の発散は点における物理量の増減量であり，その体積積分である右辺は領域全体における物理量の増減量を表す．すなわち，ガウスの発散定理とは，領域全体における物理量の増減量が，領域表面から外部へ流出する量に等しいことを意味する．これは，領域内の物理量が外部へ流出する際には必ず表面を通過するという，私たちの直感的理解に一致するものである．

7.4 基準配置と現在配置の変換

7.4.1 プッシュフォワード，プルバック

第5章で説明したさまざまな応力テンソルを導出する過程で見たように，連続体力学では，基準配置 B_0 を参照するテンソルと現在配置 B_t を参照するテンソルを用いて，変形後の力と運動の状態を表すことができる．基準配置を参照するテンソルと現在配置を参照するテンソルは互いに変換することができ，その変換においては変形勾配テンソル $\boldsymbol{F}$ が変換作用素として重要な役割を担う．変形勾配テンソル $\boldsymbol{F}$ は基準配置 B_0 と現在配置 B_t の両方を参照するツーポイントテンソルであり，基準配置 B_0 の基底 $\boldsymbol{E}_I$ と現在配置 B_t の基底 $\boldsymbol{e}_i$ をもつため，次のようになる．

$$\boldsymbol{F} = F_{iJ}(\boldsymbol{e}_i \otimes \boldsymbol{E}_J) = \frac{\partial x_i}{\partial X_J}(\boldsymbol{e}_i \otimes \boldsymbol{E}_J) \tag{7.21}$$

式 (7.21) を見てわかるように，$\boldsymbol{F}$ を作用させて基準配置を参照する $\mathrm{d}\boldsymbol{X}$ を現在配置を参照する $\mathrm{d}\boldsymbol{x}$ に，また $\boldsymbol{F}^{-1}$ を作用させて現在配置を参照する $\mathrm{d}\boldsymbol{x}$ を基準配置を参照する $\mathrm{d}\boldsymbol{X}$ に変換することができ，それぞれ次式のようになる．

$$\mathrm{d}\boldsymbol{x} = \boldsymbol{F}\mathrm{d}\boldsymbol{X}, \quad \mathrm{d}\boldsymbol{X} = \boldsymbol{F}^{-1}\mathrm{d}\boldsymbol{x} \tag{7.22}$$

式 (7.22) の第1式の関係を「$\mathrm{d}\boldsymbol{X}$ は $\mathrm{d}\boldsymbol{x}$ へプッシュフォワードされる」，あるいは「$\mathrm{d}\boldsymbol{x}$ は $\mathrm{d}\boldsymbol{X}$ のプッシュフォワードである」という．また，第2式の関係を「$\mathrm{d}\boldsymbol{x}$ は $\mathrm{d}\boldsymbol{X}$ へプルバックされる」，あるいは「$\mathrm{d}\boldsymbol{X}$ は $\mathrm{d}\boldsymbol{x}$ のプルバックである」という．$\boldsymbol{F}$ によるプッシュフォワードとプルバックの関係式は，テンソルの階数によって異なるので，プッ

シュフォワードとプルバックの関係を次のように一般化して表記する．

$$\mathrm{d}\boldsymbol{x} = \mathcal{F}(\mathrm{d}\boldsymbol{X}) = \boldsymbol{F}\mathrm{d}\boldsymbol{X}, \quad \mathrm{d}\boldsymbol{X} = \mathcal{F}^{-1}(\mathrm{d}\boldsymbol{x}) = \boldsymbol{F}^{-1}\mathrm{d}\boldsymbol{x} \tag{7.23}$$

2 階テンソルについても，$\boldsymbol{F}$ によるプッシュフォワードとプルバックの関係がある．たとえば，オイラー - アルマンジひずみテンソル $\boldsymbol{e}$ は現在配置 B_t を参照する 2 階テンソル，ラグランジュ - グリーンひずみテンソル $\boldsymbol{E}$ は基準配置 B_0 を参照する 2 階テンソルであり，これらは互いに次のようなプッシュフォワードとプルバックの関係にある．

$$\boldsymbol{e} = \mathcal{F}(\boldsymbol{E}) = \boldsymbol{F}^{-T}\boldsymbol{E}\boldsymbol{F}^{-1}, \quad \boldsymbol{E} = \mathcal{F}^{-1}(\boldsymbol{e}) = \boldsymbol{F}^{T}\boldsymbol{e}\boldsymbol{F} \tag{7.24}$$

2 階テンソルのプッシュフォワードとプルバックは，式 (7.24) のような変換方法だけではない．式 (5.13) に示したように，現在配置 B_t を参照するキルヒホッフ応力テンソル $\boldsymbol{\tau}$ と基準配置 B_0 を参照する第 2 ピオラ - キルヒホッフ応力テンソル $\boldsymbol{S}$ は，次のようなプッシュフォワードとプルバックの関係にある．

$$\boldsymbol{\tau} = \mathcal{F}(\boldsymbol{S}) = \boldsymbol{F}\boldsymbol{S}\boldsymbol{F}^{T}, \quad \boldsymbol{S} = \mathcal{F}^{-1}(\boldsymbol{\tau}) = \boldsymbol{F}^{-1}\boldsymbol{\tau}\boldsymbol{F}^{-T} \tag{7.25}$$

例題 7.3 プッシュフォワード，プルバック

ラグランジュ - グリーンひずみテンソルの物質時間微分 $\dot{\boldsymbol{E}}$ と変形速度テンソル $\boldsymbol{d}$ の間には，プッシュフォワードとプルバックの関係がある．$\dot{\boldsymbol{E}}$ の式展開から，$\dot{\boldsymbol{E}}$ と $\boldsymbol{d}$ の変換関係を示せ．

解 ラグランジュ - グリーンひずみテンソルの物質時間微分 $\dot{\boldsymbol{E}}$ は，次のようになる．

$$\dot{\boldsymbol{E}} = \frac{\mathrm{D}\boldsymbol{E}}{\mathrm{D}t} = \frac{\mathrm{D}}{\mathrm{D}t}\left\{\frac{1}{2}(\boldsymbol{C}-\boldsymbol{I})\right\} = \frac{\mathrm{D}}{\mathrm{D}t}\left\{\frac{1}{2}\left(\boldsymbol{F}^{T}\boldsymbol{F}-\boldsymbol{I}\right)\right\} = \frac{1}{2}\left(\dot{\boldsymbol{F}^{T}}\boldsymbol{F}+\boldsymbol{F}^{T}\dot{\boldsymbol{F}}\right)$$

ここで，$\boldsymbol{l} = \dot{\boldsymbol{F}}\boldsymbol{F}^{-1}$ より，$\dot{\boldsymbol{F}}$ と $\dot{\boldsymbol{F}^{T}}$ は次式で与えられる．

$$\dot{\boldsymbol{F}} = \boldsymbol{l}\boldsymbol{F}, \quad \dot{\boldsymbol{F}^{T}} = \boldsymbol{F}^{T}\boldsymbol{l}^{T}$$

これより，$\dot{\boldsymbol{E}}$ は次のようになる．

$$\begin{aligned}\dot{\boldsymbol{E}} &= \frac{1}{2}\left(\dot{\boldsymbol{F}^{T}}\boldsymbol{F}+\boldsymbol{F}^{T}\dot{\boldsymbol{F}}\right) = \frac{1}{2}\left(\boldsymbol{F}^{T}\boldsymbol{l}^{T}\boldsymbol{F}+\boldsymbol{F}^{T}\boldsymbol{l}\boldsymbol{F}\right) = \frac{1}{2}\boldsymbol{F}^{T}\left(\boldsymbol{l}+\boldsymbol{l}^{T}\right)\boldsymbol{F}\\ &= \boldsymbol{F}^{T}\boldsymbol{d}\boldsymbol{F}\end{aligned}$$

以上より，$\dot{\boldsymbol{E}}$ と $\boldsymbol{d}$ には次のようなプッシュフォワードとプルバックの関係がある．

$$\boldsymbol{d} = \mathcal{F}(\dot{\boldsymbol{E}}) = \boldsymbol{F}^{-T}\dot{\boldsymbol{E}}\boldsymbol{F}^{-1}, \quad \dot{\boldsymbol{E}} = \mathcal{F}^{-1}(\boldsymbol{d}) = \boldsymbol{F}^{T}\boldsymbol{d}\boldsymbol{F}$$

7.4.2 ピオラ変換

式 (7.25) で見たように，キルヒホッフ応力テンソル $\boldsymbol{\tau}$ と第2ピオラ - キルヒホッフ応力テンソル $\boldsymbol{S}$ は，変形勾配テンソル $\boldsymbol{F}$ のみを用いて相互に変換可能なプッシュフォワードとプルバックの関係にある．一方，コーシー応力テンソル $\boldsymbol{\sigma}$ と第2ピオラ - キルヒホッフ応力テンソル $\boldsymbol{S}$ の間には，次のような関係がある．

$$\boldsymbol{\sigma} = \mathcal{P}(\boldsymbol{S}) = \frac{1}{J}\boldsymbol{F}\boldsymbol{S}\boldsymbol{F}^T, \quad \boldsymbol{S} = \mathcal{P}^{-1}(\boldsymbol{\sigma}) = J\boldsymbol{F}^{-1}\boldsymbol{\sigma}\boldsymbol{F}^{-T} \tag{7.26}$$

式 (7.26) の $\mathcal{P}$ で表した変換は，変形勾配テンソル $\boldsymbol{F}$ に加えて，ヤコビアン J を含んだ形式のプッシュフォワード，プルバックの関係にある．このような J を含む $\boldsymbol{F}$ による変換を**ピオラ変換**と呼ぶ†1．

7.4.3 リー時間微分

【例題 7.3】で示したように，変形速度テンソル $\boldsymbol{d}$ は，ラグランジュ - グリーンひずみテンソルの物質時間微分 $\dot{\boldsymbol{E}}$ のプッシュフォワードである．

$$\boldsymbol{d} = \mathcal{F}(\dot{\boldsymbol{E}}) = \boldsymbol{F}^{-T}\dot{\boldsymbol{E}}\boldsymbol{F}^{-1} \tag{7.27}$$

式 (7.27) に，$\boldsymbol{E}$ を $\boldsymbol{e}$ のプルバックで表す式 (7.24) を代入すると，次のようになる．

$$\boldsymbol{d} = \boldsymbol{F}^{-T}\left\{\frac{\mathrm{D}}{\mathrm{D}t}(\boldsymbol{F}^T\boldsymbol{e}\boldsymbol{F})\right\}\boldsymbol{F}^{-1} \tag{7.28}$$

式 (7.28) は，いったん $\boldsymbol{e}$ を基準配置 B_0 を参照する $\boldsymbol{E}$ に変換し，基準配置において物質時間微分をとってから，再び現在配置 B_t に逆変換すれば $\boldsymbol{d}$ になることを示している．このような時間微分を**リー時間微分**という†2．$\boldsymbol{d}$ は $\boldsymbol{e}$ の物質時間微分ではなく，リー時間微分である．

例題 7.4 リー時間微分

$\mathrm{d}\boldsymbol{x}_1$，$\mathrm{d}\boldsymbol{x}_2$ は現在配置 B_t における任意 $\boldsymbol{x} = (x_1, x_2)$ からの微小移動量を示すベクトル，$\boldsymbol{e}$ はオイラー - アルマンジひずみテンソル，$\boldsymbol{d}$ は変形速度テンソルである．次式が成り立つことを示せ．

$$\frac{\mathrm{D}}{\mathrm{D}t}(\mathrm{d}\boldsymbol{x}_1 \cdot \boldsymbol{e}\mathrm{d}\boldsymbol{x}_2) = \mathrm{d}\boldsymbol{x}_1 \cdot \boldsymbol{d}\mathrm{d}\boldsymbol{x}_2$$

解 基準配置 B_0 における微小移動量を示すベクトルを $\mathrm{d}\boldsymbol{X}_1$，$\mathrm{d}\boldsymbol{X}_2$ とする．ベクトル $\mathrm{d}\boldsymbol{X}_1$，$\mathrm{d}\boldsymbol{X}_2$ には，プッシュフォワード，プルバックの式 (7.22) より，次の関係が成り立つ．

†1 6.4 節では，ピオラ変換を利用して客観性のある応力速度テンソルを導いた．
†2 6.4 節では，リー時間微分を利用して客観性のある応力速度テンソルを導いた．

$$\mathrm{d}\boldsymbol{x}_1 = \boldsymbol{F}\mathrm{d}\boldsymbol{X}_1, \quad \mathrm{d}\boldsymbol{x}_2 = \boldsymbol{F}\mathrm{d}\boldsymbol{X}_2, \quad \mathrm{d}\boldsymbol{X}_1 = \boldsymbol{F}^{-1}\mathrm{d}\boldsymbol{x}_1, \quad \mathrm{d}\boldsymbol{X}_2 = \boldsymbol{F}^{-1}\mathrm{d}\boldsymbol{x}_2$$

上の関係を代入し，転置と内積の演算ルールを利用すると次式となる．

$$\frac{\mathrm{D}}{\mathrm{D}t}(\mathrm{d}\boldsymbol{x}_1 \cdot \boldsymbol{e}\mathrm{d}\boldsymbol{x}_2) = \frac{\mathrm{D}}{\mathrm{D}t}(\boldsymbol{F}\mathrm{d}\boldsymbol{X}_1 \cdot \boldsymbol{e}\boldsymbol{F}\mathrm{d}\boldsymbol{X}_2) = \frac{\mathrm{D}}{\mathrm{D}t}\left(\mathrm{d}\boldsymbol{X}_1 \cdot \boldsymbol{F}^T\boldsymbol{e}\boldsymbol{F}\mathrm{d}\boldsymbol{X}_2\right)$$

$\mathrm{d}\boldsymbol{X}_1$，$\mathrm{d}\boldsymbol{X}_2$ は基準配置 B_0 を参照するベクトルであり，時間に無関係であるので，時間微分の外に出して，次のように表すことができる．

$$\frac{\mathrm{D}}{\mathrm{D}t}\left(\mathrm{d}\boldsymbol{X}_1 \cdot \boldsymbol{F}^T\boldsymbol{e}\boldsymbol{F}\mathrm{d}\boldsymbol{X}_2\right) = \mathrm{d}\boldsymbol{X}_1 \cdot \left\{\frac{\mathrm{D}}{\mathrm{D}t}\left(\boldsymbol{F}^T\boldsymbol{e}\boldsymbol{F}\right)\right\}\mathrm{d}\boldsymbol{X}_2$$

さらに，微分ベクトル $\mathrm{d}\boldsymbol{X}_1$，$\mathrm{d}\boldsymbol{X}_2$ のプルバックの式を用いると，次のようになる．

$$\mathrm{d}\boldsymbol{X}_1 \cdot \left\{\frac{\mathrm{D}}{\mathrm{D}t}\left(\boldsymbol{F}^T\boldsymbol{e}\boldsymbol{F}\right)\right\}\mathrm{d}\boldsymbol{X}_2 = \boldsymbol{F}^{-1}\mathrm{d}\boldsymbol{x}_1 \cdot \left\{\frac{\mathrm{D}}{\mathrm{D}t}\left(\boldsymbol{F}^T\boldsymbol{e}\boldsymbol{F}\right)\right\}\boldsymbol{F}^{-1}\mathrm{d}\boldsymbol{x}_2$$

転置と内積の演算ルールを利用すると，次式となる．

$$\boldsymbol{F}^{-1}\mathrm{d}\boldsymbol{x}_1 \cdot \left\{\frac{\mathrm{D}}{\mathrm{D}t}\left(\boldsymbol{F}^T\boldsymbol{e}\boldsymbol{F}\right)\right\}\boldsymbol{F}^{-1}\mathrm{d}\boldsymbol{x}_2 = \mathrm{d}\boldsymbol{x}_1 \cdot \boldsymbol{F}^{-T}\left\{\frac{\mathrm{D}}{\mathrm{D}t}\left(\boldsymbol{F}^T\boldsymbol{e}\boldsymbol{F}\right)\right\}\boldsymbol{F}^{-1}\mathrm{d}\boldsymbol{x}_2$$

$\boldsymbol{e}$ のリー時間微分の式 (7.28) より，

$$\mathrm{d}\boldsymbol{x}_1 \cdot \boldsymbol{F}^{-T}\left\{\frac{\mathrm{D}}{\mathrm{D}t}\left(\boldsymbol{F}^T\boldsymbol{e}\boldsymbol{F}\right)\right\}\boldsymbol{F}^{-1}\mathrm{d}\boldsymbol{x}_2 = \mathrm{d}\boldsymbol{x}_1 \cdot \boldsymbol{d}\mathrm{d}\boldsymbol{x}_2$$

となり，問題文で示した関係式が成り立つことがわかる．

7.5 テンソルの微分に関する基本法則

超弾性体の構成則を取り扱う際に，テンソルの微分を理解しておく必要がある．たとえば，応力テンソルはひずみエネルギーをひずみテンソルで微分することにより得られ，また弾性係数テンソルは応力テンソルをひずみテンソルで微分することにより得られる．前者はスカラーを 2 階テンソルで微分，後者は 2 階テンソルを 2 階テンソルで微分することになる．スカラーを 2 階テンソルで微分した結果は 2 階テンソルになり，2 階テンソルを 2 階テンソルで微分した結果は 4 階テンソルになる．

テンソルの微分に関する基本法則は以下のようになる．まず，スカラーを 2 階テンソルで微分した結果は 2 階テンソルになる．これらは，超弾性体の場合，ひずみエネルギー $\mathcal{H}$ をラグランジュ - グリーンひずみテンソル $\boldsymbol{E}$ で微分すると，次式のように $\boldsymbol{S}$ になる演算に現れる．

$$\frac{\partial \mathcal{H}}{\partial E_{IJ}} = S_{IJ} \tag{7.29}$$

また，2階テンソルを2階テンソルで微分した結果は4階テンソルになる．これらは，超弾性体の場合，$\boldsymbol{S}$ を $\boldsymbol{E}$ で微分すると，次式のように物質弾性係数テンソル $\boldsymbol{D}^0$ になる演算に現れる．

$$\frac{\partial S_{IJ}}{\partial E_{KL}} = D^0_{IJKL} \tag{7.30}$$

テンソルの微分では，テンソルの階数が重要であり，演算過程においてクロネッカーのデルタを多用することから，ボールド表記（テンソル表記）よりも指標表記（インデックス表記）を用いることが多い．たとえば，2階テンソル $\boldsymbol{A}$ のトレース A_{kk}（スカラー）を $\boldsymbol{A}$ で微分すると次のようになる．

$$\frac{\partial A_{kk}}{\partial A_{ij}} = \delta_{ki}\delta_{kj} = \delta_{ij} \tag{7.31}$$

左辺・右辺ともに，i，j が自由指標，k がダミー指標である．式 (7.31) は，A_{11} を A_{11} で微分すると1，A_{11} を A_{12} で微分すると0，すなわち自分自身との微分が1，自分以外との微分が0となる関係をクロネッカーのデルタにより表現している．

$\boldsymbol{A}$ を $\boldsymbol{A}$ で微分することを考える．$\boldsymbol{A}$ は2階テンソルであるので，2階テンソルを2階テンソルで微分した結果は4階テンソルになる．また，$\boldsymbol{A}$ が対称な2階テンソルである場合は，平均をとって次のようにする．

$$\frac{\partial A_{ij}}{\partial A_{kl}} = \frac{\partial A_{ij}}{\partial A_{lk}} = \frac{1}{2}(\delta_{ik}\delta_{jl} + \delta_{il}\delta_{jk}) \tag{7.32}$$

左辺・右辺ともに，i，j，k，l はすべて自由指標である．テンソルの微分といっても，実際はテンソルの成分をテンソルの成分で微分しているにすぎないので，通常の微分法と同様に積の微分公式や合成関数の微分公式を適用することができる．

例題 7.5　テンソルの微分と連鎖則

対称な2階テンソル $\boldsymbol{A}$ について，以下の微分を求めよ．

(1) $\dfrac{\partial}{\partial \boldsymbol{A}}(\mathrm{tr}\boldsymbol{A})^2$　　(2) $\dfrac{\partial}{\partial \boldsymbol{A}}(\boldsymbol{A} : \boldsymbol{A})$

解

(1) ボールド表記で微分の連鎖則を適用すると，次のようになる．

$$\frac{\partial(\mathrm{tr}\boldsymbol{A})^2}{\partial \boldsymbol{A}} = \frac{\partial(\mathrm{tr}\boldsymbol{A})^2}{\partial(\mathrm{tr}\boldsymbol{A})}\frac{\partial(\mathrm{tr}\boldsymbol{A})}{\partial \boldsymbol{A}} = 2\mathrm{tr}\boldsymbol{A}\frac{\partial(\mathrm{tr}\boldsymbol{A})}{\partial \boldsymbol{A}}$$

また，次のように，積の微分公式を適用してもよい．

$$\frac{\partial(\mathrm{tr}\boldsymbol{A})^2}{\partial\boldsymbol{A}} = \frac{\partial\{(\mathrm{tr}\boldsymbol{A})(\mathrm{tr}\boldsymbol{A})\}}{\partial\boldsymbol{A}} = \frac{\partial(\mathrm{tr}\boldsymbol{A})}{\partial\boldsymbol{A}}\mathrm{tr}\boldsymbol{A} + \mathrm{tr}\boldsymbol{A}\frac{\partial(\mathrm{tr}\boldsymbol{A})}{\partial\boldsymbol{A}}$$
$$= 2\mathrm{tr}\boldsymbol{A}\frac{\partial(\mathrm{tr}\boldsymbol{A})}{\partial\boldsymbol{A}}$$

これを指標表記で表すと，次のようになる．

$$\frac{\partial(A_{kk})^2}{\partial A_{ij}} = \frac{\partial(A_{kk}A_{ll})}{\partial A_{ij}} = \frac{\partial A_{kk}}{\partial A_{ij}}A_{ll} + A_{kk}\frac{\partial A_{ll}}{\partial A_{ij}}$$
$$= 2A_{kk}\frac{\partial A_{ll}}{\partial A_{ij}} = 2A_{kk}\delta_{li}\delta_{lj} = 2A_{kk}\delta_{ij}$$

以上より，$\partial(\mathrm{tr}\boldsymbol{A})^2/\partial\boldsymbol{A} = 2(\mathrm{tr}\boldsymbol{A})\boldsymbol{I}$ であることがわかる．

(2) 指標表記で表すと，次のようになる．

$$\frac{\partial(A_{kl}A_{kl})}{\partial A_{ij}} = \frac{\partial A_{kl}}{\partial A_{ij}}A_{kl} + A_{kl}\frac{\partial A_{kl}}{\partial A_{ij}} = 2A_{kl}\frac{\partial A_{kl}}{\partial A_{ij}}$$
$$= 2A_{kl}\cdot\frac{1}{2}(\delta_{ik}\delta_{jl} + \delta_{il}\delta_{jk}) = A_{ij} + A_{ji} = 2A_{ij}$$

これより，$\partial(\boldsymbol{A}:\boldsymbol{A})/\partial\boldsymbol{A} = 2\boldsymbol{A}$ であることがわかる．

付録A　連続体力学で扱う主要なテンソル

A.1　応力テンソルと応力速度テンソル

A.1.1　応力テンソル

連続体力学で学ぶ主な応力テンソルを表 A.1 に示す．コーシー応力テンソル $\boldsymbol{\sigma}$ は最も重要な応力テンソルであり，その他の応力テンソルは $\boldsymbol{\sigma}$ から派生して導かれる．

表 A.1　主な応力テンソルの一覧

応力テンソル（参照する配置）	主要な式や機能	関連する章
コーシー応力テンソル $\boldsymbol{\sigma}$（現在配置 B_t）	$\boldsymbol{t} = \boldsymbol{\sigma}\boldsymbol{n}$	第 2, 4, 5 章
平均応力テンソル $\boldsymbol{\sigma}_{\mathrm{m}}$（現在配置 B_t）	$\boldsymbol{\sigma}_{\mathrm{m}} = \sigma_{\mathrm{m}}\boldsymbol{I} = \dfrac{1}{3}(\mathrm{tr}\,\boldsymbol{\sigma})\boldsymbol{I}$	第 2 章
偏差応力テンソル $\boldsymbol{s}$（現在配置 B_t）	$\boldsymbol{s} = \boldsymbol{\sigma} - \sigma_{\mathrm{m}}\boldsymbol{I}$	第 2 章
キルヒホッフ応力テンソル $\boldsymbol{\tau}$（現在配置 B_t）	$\boldsymbol{\tau} = J\boldsymbol{\sigma}$	第 5 章
第 1 ピオラ - キルヒホッフ応力テンソル $\boldsymbol{P}$（ツーポイントテンソル）	$\boldsymbol{P} = J\boldsymbol{\sigma}\boldsymbol{F}^{-T}$	第 5 章
第 2 ピオラ - キルヒホッフ応力テンソル $\boldsymbol{S}$（基準配置 B_0）	$\boldsymbol{S} = J\boldsymbol{F}^{-1}\boldsymbol{\sigma}\boldsymbol{F}^{-T}$	第 5 章
ビオ応力テンソル $\tilde{\boldsymbol{T}}$（基準配置 B_0）	$\tilde{\boldsymbol{T}} = \dfrac{1}{2}(\boldsymbol{S}\boldsymbol{U} + \boldsymbol{U}\boldsymbol{S})$	第 5 章

A.1.2　応力速度テンソル

連続体力学で学ぶ代表的な応力速度テンソルを表 A.2 に示す．複雑な材料挙動を記述するうえで，簡易な関数表現が可能であるため，速度形構成則が利用されることがある．その際，コーシー応力テンソル $\boldsymbol{\sigma}$ の物質時間微分には客観性がなく，さまざまな応力速度テンソルが提案されている．

表 A.2　主な応力速度テンソルの一覧

応力速度テンソル（参照する配置）	主要な式	関連する章
ヤウマンの応力速度テンソル $\overset{\circ}{\boldsymbol{\sigma}}_{[\mathrm{J}]}$（現在配置 B_t）	$\overset{\circ}{\boldsymbol{\sigma}}_{[\mathrm{J}]} = \dot{\boldsymbol{\sigma}} - \boldsymbol{w}\boldsymbol{\sigma} + \boldsymbol{\sigma}\boldsymbol{w}$	第 6 章
コッター - リブリンの応力速度テンソル $\overset{\circ}{\boldsymbol{\sigma}}_{[\mathrm{C}]}$（現在配置 B_t）	$\overset{\circ}{\boldsymbol{\sigma}}_{[\mathrm{C}]} = \dot{\boldsymbol{\sigma}} + \boldsymbol{l}^T\boldsymbol{\sigma} + \boldsymbol{\sigma}\boldsymbol{l}$	第 6 章

表 A.2 主な応力速度テンソルの一覧（続き）

応力速度テンソル（参照する配置）	主要な式	関連する章
トゥルーズデルの応力速度テンソル $\mathring{\boldsymbol{\sigma}}_{[\mathrm{T}]}$（現在配置 B_t）	$\mathring{\boldsymbol{\sigma}}_{[\mathrm{T}]} = \dot{\boldsymbol{\sigma}} - \boldsymbol{l\sigma} - \boldsymbol{\sigma l}^T + (\mathrm{tr}\ \boldsymbol{l})\boldsymbol{\sigma}$	第 6 章
キルヒホッフ応力のトゥルーズデル速度 $\mathring{\boldsymbol{\tau}}_{[\mathrm{T}]}$（現在配置 B_t）	$\mathring{\boldsymbol{\tau}}_{[\mathrm{T}]} = \dot{\boldsymbol{\tau}} - \boldsymbol{l\tau} - \boldsymbol{\tau l}^T$	第 6 章
オルドロイドの応力速度テンソル $\mathring{\boldsymbol{\sigma}}_{[\mathrm{O}]}$（現在配置 B_t）	$\mathring{\boldsymbol{\sigma}}_{[\mathrm{O}]} = \dot{\boldsymbol{\sigma}} - \boldsymbol{l\sigma} - \boldsymbol{\sigma l}^T$	第 6 章
グリーン - ナグディの応力速度テンソル $\mathring{\boldsymbol{\sigma}}_{[\mathrm{G}]}$（現在配置 B_t）	$\mathring{\boldsymbol{\sigma}}_{[\mathrm{G}]} = \dot{\boldsymbol{\sigma}} - \dot{\boldsymbol{R}}\boldsymbol{R}^T\boldsymbol{\sigma} + \boldsymbol{\sigma}\dot{\boldsymbol{R}}\boldsymbol{R}^T$	第 6 章

しかし，現在の有限要素解析では，力学問題を初期値・境界値問題として扱うことが世界標準となっている．

A.2 運動・変形に関連するテンソル

A.2.1 変形に関連するテンソル 変形に関連するテンソルを表 A.3 に示す．変形を考えるうえでは，変形勾配テンソル $\boldsymbol{F}$ が重要な機能を果たしている．変形に関連するテンソルでは，テンソルの定義式だけでなく，線形変換や 2 次形式が表すテンソルの機能を理解してほしい．

表 A.3 主な変形に関連するテンソルの一覧

変形に関連するテンソル（参照する配置）	主要な式（機能）	関連する章
変形勾配テンソル $\boldsymbol{F}$（ツーポイントテンソル）	$\boldsymbol{F}(\boldsymbol{X},t) = \dfrac{\partial \boldsymbol{x}(\boldsymbol{X},t)}{\partial \boldsymbol{X}}$ $(\mathrm{d}\boldsymbol{x} = \boldsymbol{F}\mathrm{d}\boldsymbol{X})$	第 3, 5, 6 章
[ストレッチテンソル] 物質ストレッチテンソル $\boldsymbol{U}$（基準配置 B_0）	$\boldsymbol{F} = \boldsymbol{RU}$ $(\boldsymbol{R}^{-1}\mathrm{d}\boldsymbol{x} = \boldsymbol{U}\mathrm{d}\boldsymbol{X})$	第 3, 5 章
[ストレッチテンソル] 空間ストレッチテンソル $\boldsymbol{V}$（現在配置 B_t）	$\boldsymbol{F} = \boldsymbol{VR}$ $(\mathrm{d}\boldsymbol{x} = \boldsymbol{V}(\boldsymbol{R}\mathrm{d}\boldsymbol{X}))$	第 3, 5 章
直交（回転）テンソル $\boldsymbol{R}$（ツーポイントテンソル）	$\boldsymbol{F} = \boldsymbol{RU} = \boldsymbol{VR}$ $(\boldsymbol{x} = \boldsymbol{RX} + \boldsymbol{x}_{\mathrm{T}})$	第 3, 6 章
右コーシー - グリーンテンソル $\boldsymbol{C}$（基準配置 B_0）	$\boldsymbol{C} = \boldsymbol{F}^T\boldsymbol{F} = \boldsymbol{U}^2$ $(\mathrm{d}\boldsymbol{x}\cdot\mathrm{d}\boldsymbol{x} = \mathrm{d}\boldsymbol{X}\cdot\boldsymbol{C}\mathrm{d}\boldsymbol{X})$	第 3, 5, 6 章

表 A.3 主な変形に関連するテンソルの一覧（続き）

変形に関連するテンソル（参照する配置）	主要な式（機能）	関連する章
左コーシー - グリーンテンソル $\boldsymbol{b}$（現在配置 B_t）	$\boldsymbol{b} = \boldsymbol{F}\boldsymbol{F}^T = \boldsymbol{V}^2$ $(\mathrm{d}\boldsymbol{X} \cdot \mathrm{d}\boldsymbol{X} = \mathrm{d}\boldsymbol{x} \cdot \boldsymbol{b}^{-1}\mathrm{d}\boldsymbol{x})$	第 3, 6 章
[有限ひずみテンソル] ラグランジュ - グリーンひずみテンソル $\boldsymbol{E}$（基準配置 B_0）	$\boldsymbol{E} = \frac{1}{2}(\boldsymbol{C} - \boldsymbol{I})$ $((\mathrm{d}s)^2 - (\mathrm{d}S)^2 = 2\mathrm{d}\boldsymbol{X} \cdot \boldsymbol{E}\mathrm{d}\boldsymbol{X})$	第 3, 6 章
[有限ひずみテンソル] オイラー - アルマンジひずみテンソル $\boldsymbol{e}$（現在配置 B_t）	$\boldsymbol{e} = \frac{1}{2}\left(\boldsymbol{I} - \boldsymbol{b}^{-1}\right)$ $((\mathrm{d}s)^2 - (\mathrm{d}S)^2 = 2\mathrm{d}\boldsymbol{x} \cdot \boldsymbol{e}\mathrm{d}\boldsymbol{x})$	第 3, 6 章
微小ひずみテンソル $\boldsymbol{\varepsilon}$（微小変形理論）	$\boldsymbol{\varepsilon} = \frac{1}{2}\left\{\left(\frac{\partial \boldsymbol{u}}{\partial \boldsymbol{x}}\right) + \left(\frac{\partial \boldsymbol{u}}{\partial \boldsymbol{x}}\right)^T\right\}$	第 3, 4, 5 章
微小回転テンソル $\boldsymbol{\xi}$（微小変形理論）	$\boldsymbol{\xi} = \frac{1}{2}\left\{\left(\frac{\partial \boldsymbol{u}}{\partial \boldsymbol{x}}\right) - \left(\frac{\partial \boldsymbol{u}}{\partial \boldsymbol{x}}\right)^T\right\}$	第 3 章
変位勾配テンソル $\frac{\partial \boldsymbol{u}}{\partial \boldsymbol{x}}$（微小変形理論）	$\frac{\partial \boldsymbol{u}}{\partial \boldsymbol{x}} = \boldsymbol{\varepsilon} + \boldsymbol{\xi}$ $\left(\mathrm{d}\boldsymbol{u} = \frac{\partial \boldsymbol{u}}{\partial \boldsymbol{x}}\mathrm{d}\boldsymbol{x}\right)$	第 3, 4 章

A.2.2 変形の速度に関するテンソル □□

変形の速度に関連するテンソルを表 A.4 に示す．変形の速度に関連しては，一般に，それぞれのひずみテンソルの物質時間微分が対応する．その際に，頻出する変形勾配テンソル $\boldsymbol{F}$ の物質時間微分にかかわるテンソルが，変形の速度に関連する基本的なテンソルとして表 A.4 のように整理されている．

表 A.4 主な変形の速度に関連するテンソルの一覧

変形の速度に関連するテンソル（参照する配置）	主要な式（機能）	関連する章
速度勾配テンソル $\boldsymbol{l}$（現在配置 B_t）	$\boldsymbol{l} = \frac{\partial \boldsymbol{v}}{\partial \boldsymbol{x}} = \dot{\boldsymbol{F}}\boldsymbol{F}^{-1}$ $(\mathrm{d}\boldsymbol{v} = \boldsymbol{l}\,\mathrm{d}\boldsymbol{x})$	第 3, 6 章
変形速度テンソル $\boldsymbol{d}$（現在配置 B_t）	$\boldsymbol{d} = \frac{1}{2}\left(\boldsymbol{l} + \boldsymbol{l}^T\right)$ $\left(\frac{\mathrm{D}}{\mathrm{D}t}(\mathrm{d}\boldsymbol{x} \cdot \mathrm{d}\boldsymbol{x}) = 2\mathrm{d}\boldsymbol{x} \cdot \boldsymbol{d}\mathrm{d}\boldsymbol{x}\right)$	第 3, 4, 6 章
スピンテンソル $\boldsymbol{w}$（現在配置 B_t）	$\boldsymbol{w} = \frac{1}{2}\left(\boldsymbol{l} - \boldsymbol{l}^T\right)$ $(\mathrm{d}\boldsymbol{v}_w = \boldsymbol{w}\mathrm{d}\boldsymbol{x} = \boldsymbol{\omega} \times \mathrm{d}\boldsymbol{x})$	第 3 章
角速度テンソル $\boldsymbol{\Omega}$（現在配置 B_t）	$\boldsymbol{\Omega} = \dot{\boldsymbol{R}}\boldsymbol{R}^T$ $(\dot{\boldsymbol{x}} = \boldsymbol{\Omega}(\boldsymbol{x} - \boldsymbol{x}_\mathrm{T}) + \dot{\boldsymbol{x}}_\mathrm{T})$	第 3 章

A.3 弾性係数テンソル

構成則の物質時間微分により現れる線形関係式の係数は 4 階テンソルであり，それを弾性係数テンソルという．弾性係数テンソルは，ひずみテンソルの物質時間微分を応力速度テンソルに線形変換する機能†をもっている．超弾性体と線形弾性体に関連するテンソルを表 A.5 に示す．

表 A.5 主な弾性係数テンソルの一覧

弾性係数テンソル（参照する配置）	主要な式（機能）	関連する章
物質弾性係数テンソル $\boldsymbol{D}^0$（基準配置 B_0）	$\boldsymbol{D}^0 = \dfrac{\partial \boldsymbol{S}(\boldsymbol{E})}{\partial \boldsymbol{E}} = \dfrac{\partial^2 \mathcal{H}}{\partial \boldsymbol{E} \partial \boldsymbol{E}}$ $(\dot{\boldsymbol{S}} = \boldsymbol{D}^0 : \dot{\boldsymbol{E}})$	第 6 章
空間弾性係数テンソル $\boldsymbol{D}^t$（現在配置 B_t）	$D^t{}_{ijkl} = J^{-1} F_{iK} F_{jL} F_{kM} F_{lN} D^0{}_{KLMN}$ $(\mathring{\boldsymbol{\sigma}}_{[\mathrm{T}]} = \boldsymbol{D}^t : \boldsymbol{d})$	第 6 章
線形弾性体の弾性係数テンソル $\boldsymbol{D}$（現在配置 B_t）	$D_{ijkl} = \lambda \delta_{ij} \delta_{kl} + \mu(\delta_{ik}\delta_{jl} + \delta_{il}\delta_{jk})$ $(\boldsymbol{\sigma} = \boldsymbol{D} : \boldsymbol{\varepsilon})$	第 6 章

A.4 仕事に関して共役な応力テンソル・ひずみテンソルの組み合わせ

さまざまな応力テンソルは，現在配置 B_t に関する力のつり合い式（仮想仕事式）から，正しく等しい仕事（仮想仕事）を算出する組み合わせに基づいて導かれる．こうした応力テンソルとひずみテンソルの組み合わせを「仕事に関して共役である」という．また，仕事に関して共役な組み合わせでは，変形の速度を表すテンソルを用いて仕事率を用いることもある．さまざまな応力テンソルと仕事に関して共役なテンソルを表 A.6 に示す．

表 A.6 仕事に関して共役なテンソルの組み合わせ

応力テンソル	変形に関するテンソル	変形速度に関するテンソル
コーシー応力テンソル $\boldsymbol{\sigma}$	微小ひずみテンソル $\boldsymbol{\varepsilon} = [\partial \boldsymbol{u}/\partial \boldsymbol{x}]_{\mathrm{s}}$	変形速度テンソル $\boldsymbol{d} = [\partial \boldsymbol{v}/\partial \boldsymbol{x}]_{\mathrm{s}}$
キルヒホッフ応力テンソル $\boldsymbol{\tau}$	微小ひずみテンソル $\boldsymbol{\varepsilon} = [\partial \boldsymbol{u}/\partial \boldsymbol{x}]_{\mathrm{s}}$	変形速度テンソル $\boldsymbol{d} = [\partial \boldsymbol{v}/\partial \boldsymbol{x}]_{\mathrm{s}}$
第 1 ピオラ - キルヒホッフ応力テンソル $\boldsymbol{P}$	変形勾配テンソル $\boldsymbol{F} = \boldsymbol{I} + \partial \boldsymbol{u}/\partial \boldsymbol{X}$	$\boldsymbol{F}$ の物質時間微分 $\dot{\boldsymbol{F}} = \partial \boldsymbol{u}/\partial \boldsymbol{X}$
第 2 ピオラ - キルヒホッフ応力テンソル $\boldsymbol{S}$	ラグランジュ - グリーンひずみテンソル $\boldsymbol{E}$	$\boldsymbol{E}$ の物質時間微分 $\dot{\boldsymbol{E}}$
ビオ応力テンソル $\tilde{\boldsymbol{T}}$	物質ストレッチテンソル $\boldsymbol{U}$	$\boldsymbol{U}$ の物質時間微分 $\dot{\boldsymbol{U}}$

† 線形弾性体では，ひずみテンソルを応力テンソルに線形変換することと同義である．そのために線形弾性体と呼ばれる．

参考文献

[1] 京谷孝史：よくわかる連続体力学ノート，森北出版，2008
[2] 久田俊明，野口裕久：非線形有限要素法の基礎と応用，丸善，1995
[3] 久田俊明：非線形有限要素法のためのテンソル解析の基礎，丸善，1992
[4] 清水昭比古：連続体力学の話法—流体力学，材料力学の前に—，森北出版，2012
[5] EA de Souza Neto, D Perić, DRJ Owen 著，寺田賢二郎 監訳：非線形有限要素法—弾塑性解析の理論と実践—，森北出版，2012
[6] Javier Bonet, Richard D. Wood: Nonlinear Continuum Mechanics for Finite Element Analysis, 2nd edition, Cambridge Univ. Press, 2008
[7] Gerhard A. Holzapfel: Nonlinear solid mechanics, Wiley, 2000
[8] Koichi Hashiguchi, Yuki Yamakawa: Introduction to Finite Strain Theory for Continuum Elasto-Plasticity, Wiley, 2012
[9] 佐藤和也，只野裕一，下本陽一：工学基礎　はじめての線形代数学，講談社，2014
[10] 伊藤秀一：常微分方程式と解析力学，共立出版，1998

索 引

英数字

あ 行

か 行

さ 行

た 行

な 行

は 行

ま　行

や　行

ら　行

著　者　略　歴

石井　建樹（いしい・たてき）　博士（工学）
2000 年　東北大学工学部土木工学科卒業
2005 年　東北大学大学院工学研究科土木工学専攻博士課程修了
2005 年　東北大学大学院工学研究科助手
2006 年　木更津工業高等専門学校講師
2010 年　木更津工業高等専門学校准教授

只野　裕一（ただの・ゆういち）　博士（工学）
2000 年　慶應義塾大学理工学部システムデザイン工学科卒業
2002 年　慶應義塾大学大学院開放環境科学専攻前期博士課程修了
2002 年　九州大学大学院工学研究院助手
2005 年　慶應義塾大学理工学部助手
2008 年　佐賀大学大学院工学系研究科准教授

加藤　準治（かとう・じゅんじ）　Dr. -Ing.
1994 年　関西大学工学部土木工学科卒業
1994 年　日本技術開発株式会社（構造技術部）入社
2002 年　日本技術開発株式会社退社
2002 年　ドイツ国立シュトゥットガルト大学修士課程留学
2010 年　ドイツ国立シュトゥットガルト大学建設工学科博士課程修了
2010 年　東北大学大学院工学研究科助教
2012 年　東北大学災害科学国際研究所助教
2015 年　東北大学大学院工学研究科准教授

車谷　麻緒（くるまたに・まお）　博士（工学）
2002 年　東北大学工学部土木工学科卒業
2007 年　東北大学大学院工学研究科土木工学専攻博士課程修了
2007 年　日本学術振興会特別研究員 PD
2009 年　東北大学大学院工学研究科助教
2010 年　茨城大学工学部助教
2011 年　茨城大学工学部講師
2014 年　茨城大学工学部准教授

編集担当　二宮　惇(森北出版)
編集責任　富井　晃(森北出版)
組　　版　ウルス
印　　刷　ワコープラネット
製　　本　協栄製本

2016 年 5 月 20 日　第 1 版第 1 刷発行　

編　　者　非線形 CAE 協会
著　　者　石井建樹・只野裕一・加藤準治・車谷麻緒
発 行 者　森北博巳
発 行 所　**森北出版株式会社**
東京都千代田区富士見 1–4–11（〒102–0071）
電話 03–3265–8341 ／ FAX 03–3264–8709
http://www.morikita.co.jp/
日本書籍出版協会・自然科学書協会　会員

Printed in Japan／ISBN978–4–627–94821–1